Wavelets

Eine Einführung für Ingenieure

von
Werner Bäni

2., überarbeitete Auflage

Oldenbourg Verlag München Wien

Professor Dr. Werner Bäni lehrt Mathematik an der Hochschule für Technik und Informatik (HTI) Burgdorf, Schweiz

Beispielprogramme des Buchs sowie Lösungen der Aufgaben stehen auf der Homepage des Verlags (www.oldenbourg.de) zur Verfügung.

Bibliografische Information Der Deutschen Bibliothek

Die Deutsche Bibliothek verzeichnet diese Publikation in der Deutschen Nationalbibliografie; detaillierte bibliografische Daten sind im Internet über <http://dnb.ddb.de> abrufbar.

© 2005 Oldenbourg Wissenschaftsverlag GmbH
Rosenheimer Straße 145, D-81671 München
Telefon: (089) 45051-0
www.oldenbourg.de

Lektorat: Kathrin Mönch
Herstellung: Anna Grosser
Umschlagkonzeption: Kraxenberger Kommunikationshaus, München
Gedruckt auf säure- und chlorfreiem Papier
Druck: Grafik + Druck, München
Bindung: R. Oldenbourg Graphische Betriebe Binderei GmbH

ISBN 3-486-57706-9

Vorwort

Wavelets sind ein mathematisches Werkzeug zur hierarchischen Darstellung und Approximation von Funktionen. Sie erlauben uns, eine Funktion als Summe von groben Näherungen und immer feineren Details darzustellen. Hauptgrund für die wachsende Popularität der Wavelets innerhalb der letzten Jahre waren eindrückliche Anwendungen, vor allem bei der Kompression und Glättung akustischer Signale und digitaler Bilder sowie in der statistischen Datenanalyse. Die Wavelet-Literatur ist immens und umfasst Anwendungsversuche in praktisch allen Gebieten, in denen Daten mathematisch zu verarbeiten oder zu analysieren sind, von Bildverarbeitung in Medizin und Astronomie bis zur Analyse von turbulenten Strömungen oder von Börsenkursen, von atomphysikalischen Fragestellungen bis zu Untersuchungen zum Einfluss der Ozeanströme auf die Erdrotation. Ein neues Instrument muss eben in allen möglichen Situationen ausprobiert werden! Auch wenn viele dieser Versuche nicht so durchschlagenden Erfolg haben, dass sie andere, bewährte Methoden zu verdrängen vermögen, hat die Wavelettransformation ihren festen Platz im Instrumentarium der angewandten Mathematik gefunden, denn vielfach treten Wavelet- und ähnliche Multiskalenverfahren nicht in Konkurrenz zu anderen Verfahren, sondern bilden eine Ergänzung und Verbesserung derselben, indem sie ihren Anwendungsbereich erweitern.

Das vorliegende Buch fußt auf Notizen zu einem Einführungskurs in das Gebiet der Wavelets, den F. Bachmann und ich an der Berner Fachhochschule gehalten haben; den Anstoß zur Ausarbeitung gab der Verlag. Mein Ziel war es, dem Leser die wichtigsten Ideen der – nicht ganz einfachen – Theorie anschaulich, aber mathematisch sauber, näher zu bringen und ihn dazu zu befähigen, eigene Experimente mit Wavelets durchzuführen. Gewisse mathematische Begriffe werden im Interesse der Anschaulichkeit bewusst etwas vereinfacht formuliert; ebenso wird auf die Diskussion delikater Probleme verzichtet, zum Beispiel wenn es um Konvergenzfragen geht. In diesem Sinne soll das Buch dazu beitragen, eine Lücke zu schließen: Die Lücke zwischen Darstellungen einerseits, die nur Lesern mit speziellen mathematischen Kenntnissen zugänglich sind, und populärwissenschaftlichen Publikationen anderseits. Als Voraussetzungen sollten Grundkenntnisse in Analysis, wie sie etwa an Fachhochschulen oder in den unteren Semestern von naturwissenschaftlichen und technischen Studiengängen an Universitäten vermittelt werden, genügen. Im Anhang (Kapitel 10) sind die Grundlagen, wie sie in diesem Buch verwendet werden, zusammengestellt. Obwohl mir Ingenieure oder Naturwissenschaftler als Leser vorschwebten, kann das Buch auch Mathematikern als Schnupperlehre dienen.

Die diskrete Wavelettransformation hat historisch gesehen Wurzeln in der Funktionalanalysis (Orthonormalbasen in Funktionenräumen) und in der digitalen Signalverarbeitung (Subband Coding, Pyramidenalgorithmus). Kapitel 1 gibt eine Übersicht über diese Entwicklung und Kapitel 2 stellt beide Standpunkte am transparenten Beispiel der Haarschen Wavelets vor. Die Kapitel 3 bis 6 enthalten die Theorie der diskreten Wavelettransformation und der Multiskalen-Analyse; wer den funktionalanalytischen Standpunkt bevorzugt, kann auch zuerst Kapitel 4 (Multiskalen-Analyse) lesen. Kapitel 7 erläutert Ergänzungen und verwandte Ideen, während Kapitel 8 eine kurze Einführung in die kontinuierliche Wavelettransformation enthält. In Kapitel 9 werden einige Anwendungen näher vorgestellt.

Es gibt mehrere Softwareprodukte (public domain oder kommerziell), die zum Experimentieren mit Wavelets einladen. Trotzdem habe ich entschieden, einige Programme (in MATLAB) selbst zu schreiben und diese teilweise in den Text zu integrieren, um dem Leser ein direktes Nachvollziehen zu ermöglichen; all diese Programme können von der Website des Verlags (www.oldenbourg.de, Titelsuche, Downloads) heruntergeladen werden. Sie sind durchwegs programmiertechnisch so einfach wie möglich gehalten, um ihre Verständlichkeit nicht durch kryptische Konstruktionen zu erschweren. Diese elektronische Ergänzung zum Buch enthält auch Lösungsvorschläge für die am Ende jedes Kapitels zusammengestellten Aufgaben.

Allen Personen, die in irgendeiner Form zum Entstehen dieses Buches beigetragen haben, möchte ich meinen herzlichen Dank aussprechen, vorab meinen Kollegen F. Bachmann und E. Badertscher von der Berner Fachhochschule sowie Herrn M. Reck vom Oldenbourg-Verlag.

Für die zweite Auflage wurden alle bekannten Druckfehler des Manuskripts korrigiert sowie einige Aktualisierungen vorgenommen. Die Einteilung der Kapitel blieb jedoch unverändert, sodass in Vorlesungen und Kursen beide Auflagen problemlos nebeneinander verwendet werden können.

Werner Bäni

Inhalt

Wichtige Bezeichnungen

$\mathbb{Z}, \mathbb{R}, \mathbb{C}$	die Mengen der ganzen, reellen, komplexen Zahlen
j	imaginäre Einheit
$\bar{z}$	die zu z konjugierte komplexe Zahl
$\delta_{n,k}$	Kronecker-Symbol (= 1, falls $n = k$, sonst immer 0)

1 Einleitung

1.1 Orthogonale Funktionensysteme

Es ist ein fundamentales Arbeitsprinzip in vielen Wissensgebieten, die einer mathematischen Beschreibung zugänglich sind, eine Funktion f als Linearkombination (Superposition) „einfacher" Grundfunktionen ψ_k darzustellen:

$$f = \sum_k c_k \psi_k \qquad\qquad (1.1)$$

(Das bekannteste Beispiel ist sicher die *Fourierreihe*, die eine periodische Funktion als Summe von harmonischen Schwingungen beschreibt.) So können manche Aufgaben über Funktionen gelöst werden, indem man zunächst Lösungen für die Grundfunktionen ψ_k bestimmt und dann durch Superposition zur Lösung für eine beliebige Funktion f gelangt. Ist zum Beispiel in der Signalverarbeitung die Wirkung eines linearen Filters auf die Grundfunktionen bekannt, so lässt sich mit (1.1) seine Wirkung auf ein beliebiges Signal f berechnen. Ferner kann eine solche Darstellung dazu dienen, spezielle Eigenschaften von f zu erkennen: Welche Frequenzen kommen im akustischen Signal f vor? Hat das Bildsignal f eine besondere Textur? Hat die Funktion f Sprungstellen?

Bei gegebenem System von Grundfunktionen stellen sich drei Fragen:

- Welche Funktionen f lassen sich in der Form (1.1) darstellen?
- Sind die Koeffizienten c_k eindeutig bestimmt?
- Wie berechnet man die Koeffizienten praktisch?

Für das Studium dieser Fragen ist es hilfreich, ein analoges Problem der Vektorgeometrie zu betrachten. Es seien a und b zwei linear unabhängige Vektoren der Ebene. Jeder Vektor v lässt sich dann auf eindeutige Weise als Linearkombination $v = \alpha\, a + \beta\, b$ darstellen (siehe nachstehende Figur). Sind a, b und v durch ihre Komponenten bezüglich eines Koordinatensystems gegeben, so führt diese Zerlegung von v auf ein lineares Gleichungssystem für die unbekannten Koeffizienten α und β.

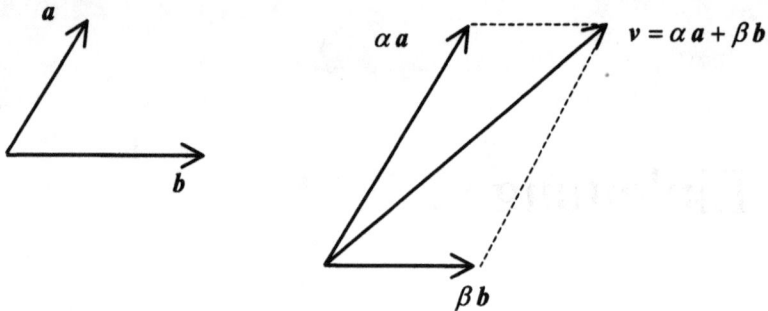

Eine besonders einfache Situation liegt vor, wenn *a* und *b* *orthogonal* sind, wenn also für ihr *Skalarprodukt* $< a, b > = 0$ gilt. Man sagt dann: *a* und *b* bilden eine *orthogonale Basis* des Vektorraums $\mathbb{R}^2$. In diesem Fall lassen sich α und β durch orthogonale Projektion von *v* auf *a* und *b* bestimmen. Rechnerisch bedeutet das, die Gleichung $v = \alpha a + \beta b$ beidseitig skalar mit *a* und *b* zu multiplizieren. So erhält man

$$\alpha = \frac{< a, v >}{< a, a >} \quad , \quad \beta = \frac{< b, v >}{< b, b >} \tag{1.2}$$

Beispiel

Es seien $a = (2,1)$ und $b = (-3,6)$. Diese beiden Vektoren sind orthogonal, denn $<a,b> = 2 \cdot (-3) + 1 \cdot 6 = 0$. Die Darstellung des Vektors $v = (-20,16)$ in dieser Basis ist daher $v = \alpha a + \beta b$ mit

$$\alpha = \frac{(-20) \cdot 2 + 16 \cdot 1}{2 \cdot 2 + 1 \cdot 1} = -\frac{24}{5} \quad , \quad \beta = \frac{(-20) \cdot (-3) + 16 \cdot 6}{(-3) \cdot (-3) + 6 \cdot 6} = \frac{52}{15}$$

Am einfachsten ist das Zerlegungsproblem zu lösen, wenn *a* und *b* orthogonal sind und beide die Länge 1 haben, wenn also $<a,b> = 0$ und $<a,a> = <b,b> = 1$ gilt: *a* und *b* bilden dann eine *Orthonormalbasis* des Vektorraumes $\mathbb{R}^2$ und (1.2) vereinfacht sich weiter zu

$$\alpha = < a, v > \quad , \quad \beta = < b, v > \tag{1.3}$$

Was wir hier im Fall der Vektoren zeigten, lässt sich nun direkt auf Funktionen übertragen. Anstelle von $\mathbb{R}^2$ tritt eine Menge von Funktionen einer reellen Variablen. Für uns stehen die folgenden beiden Funktionenmengen (wegen der Analogie zur Vektorgeometrie sprechen wir auch von *Funktionenräumen*) im Vordergrund:

- $L^2(\mathbb{R})$: Die Menge der komplexwertigen Funktionen f, für die

$$\int_{-\infty}^{\infty} |f(t)|^2 \, dt < \infty \text{ gilt }^1$$

- $L^2(T)$: Die Menge der T-periodischen komplexwertigen Funktionen f, für die

$$\int_0^T |f(t)|^2 \, dt < \infty \text{ gilt}$$

In diesen Funktionenräumen ist durch die folgenden Formeln ein *Skalarprodukt* definiert:

$$\langle f,g \rangle_T := \int_0^T \overline{f(t)} g(t) \, dt \quad \text{für } f, g \text{ in } L^2(T)$$

$$(1.4)$$

$$\langle f,g \rangle := \int_{-\infty}^{\infty} \overline{f(t)} g(t) \, dt \quad \text{für } f, g \text{ in } L^2(\mathbb{R})$$

Bemerkungen

- Wenn man – ein wenig naiv – eine Funktion f als „Vektor mit unendlich vielen Komponenten $f(t)$" auffasst, dann ist (1.4) nichts anderes als eine Erweiterung des Skalarprodukts $\langle u,v \rangle = u_1 v_1 + u_2 v_2$ von Vektoren in $\mathbb{R}^2$.

- Der zur *Länge* eines Vektors analoge Begriff ist die *Norm* einer Funktion f. Sie ist wie folgt definiert:

$$\|f\|_T := \sqrt{\langle f, f \rangle_T} = \sqrt{\int_0^T |f(t)|^2 \, dt} \quad \text{für } f \text{ in } L^2(T)$$

$$\|f\| := \sqrt{\langle f, f \rangle} = \sqrt{\int_{-\infty}^{\infty} |f(t)|^2 \, dt} \quad \text{für } f \text{ in } L^2(\mathbb{R})$$

(Das Konjugieren eines Faktors in den Formeln (1.4) bewirkt, dass $\langle f,f \rangle$ auch für komplexwertige Funktionen immer eine positive reelle Zahl ist.) So wie die Länge des Differenzvektors zweier Vektoren ein Mass für die Abweichung darstellt, kann die Güte der Approximation einer Funktion f durch eine Funktion g mit der Norm der Differenz-

---

[1] Solche Funktionen heißen *quadratintegrierbar*. Funktionen, die in praktischen Anwendungen vorkommen, sind immer quadratintegrierbar und meist auch reellwertig.

funktion, also mit $\|g - f\|$, gemessen werden. Die hier definierte Norm heißt L²-Norm·
Es gibt jedoch viele andere Möglichkeiten, einer Funktion eine Norm zuzuordnen.

- Quadratintegrierbare Funktionen haben also eine endliche Norm. Man kann zeigen, dass
  für quadratintegrierbare Funktionen f, g auch das Integral in (1.4) immer existiert. Anschaulich bedeutet die Quadratintegrierbarkeit für eine Funktion f, dass $f(t)$ für $t \to \pm \infty$
  genügend stark abklingen muss.

- $L^2(\mathbb{R})$ und $L^2(T)$ sind Beispiele von *Hilberträumen*. So nennen die Mathematiker Vek-
  torräume mit einem Skalarprodukt, das gewisse Axiome erfüllt.

Orthonormierte Basen

Wir wenden uns nun dem – wie eingangs erwähnt – zentralen Problem zu, eine Funktion f
als Linearkombination $f = \sum_k c_k \psi_k$ darzustellen. Dabei sei $(\psi_k)_{k \in J}$ eine Menge gegebe-
ner Grundfunktionen, indiziert durch eine endliche oder unendliche Menge J. Wie im Fall
der Vektorgeometrie ist die Berechnung der Koeffizienten c_k besonders einfach, wenn
$(\psi_k)_{k \in J}$ ein *orthonormiertes Funktionensystem* ist, wenn also gilt

$$< \psi_i , \psi_k > = \delta_{i,k} := \begin{cases} 1 & \text{falls } i = k \\ 0 & \text{falls } i \neq k \end{cases} \qquad \text{(„Kroneckersymbol“)}$$

Wenn man (1.1) mit ψ_k multipliziert, erhält man folgende wichtige Aussagen:

- *Ist $(\psi_k)_{k \in J}$ ein orthonormiertes Funktionensystem und hat die Funktion f*
  eine Darstellung $f = \sum_k c_k \psi_k$, so gilt

$$c_k = < \psi_k , f > \qquad \text{für alle } k \in J$$

- *Ist das System $(\psi_k)_{k \in J}$ nur orthogonal, nicht aber normiert, so gilt die zu* $\qquad (1.5)$
  (1.2) analoge Formel

$$c_k = \frac{< \psi_k , f >}{< \psi_k , \psi_k >}$$

Damit sind die Fragen nach der praktischen Berechnung und nach der Eindeutigkeit der
Koeffizienten im Fall orthogonaler Systeme beantwortet. Schwieriger ist das Problem,
welche Funktionen mit Hilfe eines gegebenen Funktionensystems dargestellt werden können. Die „schönsten“ Systeme sind natürlich diejenigen, mit denen man *alle* Funktionen des
jeweils verwendeten Funktionenraumes darstellen kann! Für solche Systeme muss die In-
dexmenge J notwendig eine unendliche Menge sein; Funktionenräume wie $L^2(\mathbb{R})$ sind
unendlichdimensional, im Gegensatz zum zweidimensionalen $\mathbb{R}^2$.

Ein Funktionensystem $(\psi_k)_{k\in J}$ heißt *orthonormierte Basis* eines Funktionenraums, wenn es orthonormiert ist und wenn sich jede Funktion des Funktionenraums als Linearkombination (1.1) schreiben lässt. Analog sind *orthogonale Basen* definiert.

Beispiel 1

Die *Fourierreihe einer periodischen Funktion* ist ein klassisches Thema. Eine Funktion f heißt *T-periodisch*, wenn $f(t+T) = f(t)$ für alle t. Ist zum Beispiel ω eine positive reelle Zahl und $T=\dfrac{2\pi}{\omega}$, so sind cos(ωt) und sin(ωt) reellwertige *T*-periodische Funktionen.

J. B. Fourier untersuchte 1807 das Problem, eine reellwertige *T*-periodische Funktion f als unendliche Reihe

$$f(t) = \frac{a_0}{2} + \sum_{k=1}^{\infty} a_k \cos(k\omega t) + b_k \sin(k\omega t) \tag{1.6}$$

darzustellen. Er gab für die Koeffizienten dieser Reihe – die *Fourierkoeffizienten* von f – die Formeln

$$a_k = \frac{2}{T} \int_0^T f(t) \cos(k\omega t)\,dt \qquad k = 0,1,2,\dots$$

$$b_k = \frac{2}{T} \int_0^T f(t) \sin(k\omega t)\,dt \qquad k = 1,2,\dots$$

an. Tatsächlich sind diese Formeln eine unmittelbare Anwendung von (1.5), denn

Die Funktionen 1, cos(ωt), cos$(2\omega t)$, cos$(3\omega t)$, ..., sin(ωt), sin$(2\omega t)$, sin$(3\omega t)$, ... *bilden eine orthogonale Basis des Funktionenraumes* $L^2(T)$.

Während die Orthogonalität der Grundfunktionen durch die bekannten *Orthogonalitätsrelationen* zwischen den trigonometrischen Funktionen ausgedrückt wird, nämlich durch die für alle natürlichen Zahlen k, m geltenden Formeln

$$< \cos(k\omega t), \cos(m\omega t) >_T = \int_0^T \cos(k\omega t)\cos(m\omega t)\,dt = \delta_{k,m}\frac{T}{2}$$

$$< \sin(k\omega t), \sin(m\omega t) >_T = \int_0^T \sin(k\omega t)\sin(m\omega t)\,dt = \delta_{k,m}\frac{T}{2}$$

$$< \cos(k\omega t), \sin(m\omega t) >_T = \int_0^T \cos(k\omega t)\sin(m\omega t)\,dt = 0$$

konnte erst viele Jahre nach Fourier geklärt werden, welche Funktionen als Fourierreihe darstellbar und deshalb eine Linearkombination der Grundfunktionen sind. Dass alle Funktionen in $L^2(T)$ dabei sind, geht auf den „Satz von Dirichlet" zurück.

Die Fourierreihe konvergiert übrigens bei den Sprungstellen von f gegen den Mittelwert zwischen dem linksseitigen und rechtsseitigen Grenzwert. Dort stellt man auch das bekannte *Gibbssche Phänomen* fest, das heißt ein „Überschwingen" der Fourierapproximationen

$$f_N(t) := \frac{a_0}{2} + \sum_{k=1}^{N} a_k \cos(k\omega t) + b_k \sin(k\omega t) \quad \text{(siehe Figur 1.1)}. \text{ Das Gibbssche Phänomen}$$

tritt allerdings nicht nur bei der Fourierapproximation, sondern auch bei anderen Approximationsarten auf.

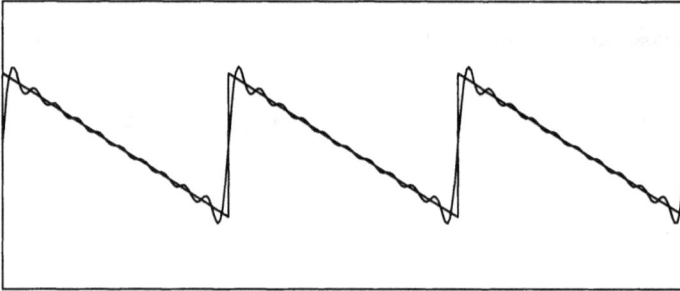

Figur 1.1: Fourierapproximation (N = 10) einer Sägezahnschwingung

Beispiel 2

Lässt man auch komplexwertige Grundfunktionen zu, so bieten sich die *komplexen Exponentialfunktionen* als Grundfunktionen in $L^2(T)$ an:

Es sei wieder ω eine positive reelle Zahl und $T = \dfrac{2\pi}{\omega}$. Die Funktionen $\mathrm{e}^{jk\omega t}$ ($k \in \mathbb{Z}$) bilden eine orthogonale Basis des Funktionenraumes $L^2(T)$. Jede Funktion $f \in L^2(T)$ lässt sich daher als Fourierreihe

$$f(t) = \sum_{k \in \mathbb{Z}} c_k \mathrm{e}^{jk\omega t} \tag{1.7}$$

darstellen. Für die komplexen Fourierkoeffizienten gilt

$$c_k = \frac{1}{T} \int_{-T/2}^{T/2} f(t) \mathrm{e}^{-jk\omega t} \, dt \tag{1.8}$$

Wir begnügen uns mit dem Nachweis der Orthogonalität und der Formel für c_k. Sind k und m ganze Zahlen, dann gilt nach der Definition des Skalarprodukts

$$<e^{jk\omega t}, e^{jm\omega t}>_T = \int_0^T e^{-jk\omega t} e^{jm\omega t} dt = \int_0^T e^{j(m-k)\omega t} dt .$$ Ist nun $m = k$, so folgt

$$<e^{jk\omega t}, e^{jm\omega t}>_T = T .$$ Andernfalls ist $<e^{jk\omega t}, e^{jm\omega t}>_T = \frac{e^{j(m-k)\omega t}}{j(m-k)\omega}\Big|_{t=0}^T = 0.$

Damit ist die Orthogonalität bewiesen. Für den Koeffizienten c_k erhält man aus (1.5)

$$c_k = \frac{<e^{jk\omega t}, f>_T}{T} ,$$ also gerade die Formel (1.8).

Bemerkungen

- Ist f eine *reellwertige* T-periodische Funktion, so lässt sich f entweder als reelle (1.6) oder als komplexe Fourierreihe (1.7) darstellen. Mit Hilfe der Eulerformel $e^{\pm jk\omega t} = \cos(k\omega t) \pm j\sin(k\omega t)$ sieht man, dass die beiden Reihen identisch sind. Es gilt $a_k = 2\operatorname{Re}(c_k)$ und $b_k = -2\operatorname{Im}(c_k)$ für alle $k \in \mathbb{N}$.

- Wegen der Periodizität des Integranden kann das Integral über ein beliebiges Intervall der Länge T berechnet werden, also zum Beispiel $[0,T]$ oder $[-T/2, T/2]$.

- Wenn man in der Fourierdarstellung (1.7) beidseitig das Quadrat der Norm berechnet und auf der rechten Seite die Orthogonalitätsrelationen beachtet, erhält man die *Parsevalsche Formel für periodische Funktionen*:

$$\|f\|_T^2 = T\sum_{k\in\mathbb{Z}} |c_k|^2$$

Orthogonale Projektionen

Wir kehren jetzt zur allgemeinen Situation zurück. Ist $(\psi_k)_{k\in J}$ ein Funktionensystem in $L^2(\mathbb{R})$, so kann man mit den Funktionen ψ_k mittels Bildung von Linearkombinationen (1.1) im Allgemeinen nicht ganz $L^2(\mathbb{R})$ „erzeugen", sondern nur einen „Teilraum" V davon. Dies ist die Menge aller Funktionen, die sich als Linearkombination des Systems $(\psi_k)_{k\in J}$ darstellen lassen.

Beispiel

Es sei $\varphi(x) := \begin{cases} 1 & \text{für } 0 \le x < 1 \\ 0 & \text{für alle anderen } x \end{cases}$ und $\varphi_k(x) := \varphi(x-k)$ *für* $k \in \mathbb{Z}$:

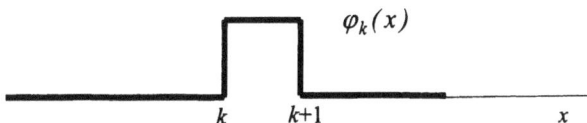

Das Funktionensystem $(\varphi_k)_{k\in\mathbb{Z}}$ ist orthonormiert, da φ_i und φ_k für $i\ne k$ nicht „überlappen". Die erzeugte Funktionenmenge V besteht aus allen *Treppenfunktionen*, die auf den Intervallen $[k, k+1[$ konstant sind, zum Beispiel:

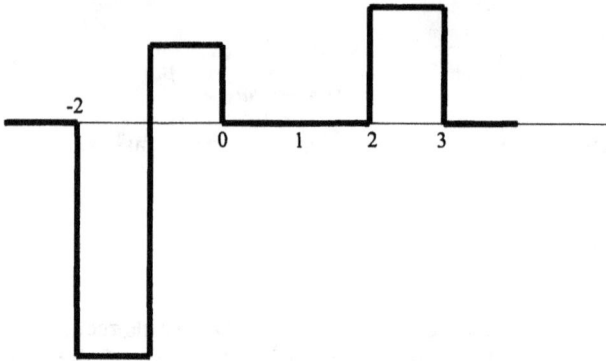

Figur 1.2: Die Funktion $-3\,\varphi_{-2}(x)+1\,\varphi_{-1}(x)+\dfrac{3}{2}\,\varphi_2(x)$

Eine interessante und für uns wichtige Frage lautet nun wie folgt:

Welche Funktion in der von einem Funktionensystem $(\psi_k)_{k\in J}$ *erzeugten Funktionenmenge* V *approximiert eine gegebene Funktion* $f\in L^2(\mathbb{R})$ *am besten?*

Gesucht sind also Zahlen $(c_k)_{k\in J}$, so dass der „Abstand" $\left\|\sum_{k\in J} c_k\psi_k - f\right\|$ minimal ist. Als Maß für die Güte der Approximation wurde hier wieder die L^2-Norm gewählt. Es stellt sich heraus, dass auch dieses Problem einfach zu lösen ist, wenn das Funktionensystem $(\psi_k)_{k\in J}$ orthonormiert ist. Dann folgt nämlich

$$<\sum c_k\psi_k - f, \sum c_k\psi_k - f> = \sum c_k{}^2 - 2\sum c_k <\psi_k, f> + <f,f>$$

(Wir betrachten hier der Einfachheit halber nur den Fall von reellen Funktionen f und Koeffizienten c_k.) Wenn dieser Ausdruck minimal sein soll, dann müssen die partiellen Ableitungen nach allen Unbekannten c_k verschwinden und es folgt $2c_k - 2<\psi_k, f> = 0$. Für die optimalen Koeffizienten gilt also $c_k = <\psi_k, f>$, und wir haben gezeigt:

Es sei (ψ_k)$_{k \in J}$ ein orthonormiertes Funktionensystem, das den Funktionenraum V

erzeugt, und f eine gegebene Funktion aus L^2(ℝ). Dann ist

$$P_V f := \sum_{k \in J} < \psi_k, f > \psi_k \qquad\qquad (1.9)$$

diejenige Funktion in V, die f im Sinne der L^2-Norm am besten approximiert.

Die Funktion $P_V f$ heißt *orthogonale Projektion* von f auf den Unterraum V aller von
(ψ_k)$_{k \in J}$ erzeugten Funktionen. Auch hier gibt es einen analogen Sachverhalt in der Vektorgeometrie: Ist E eine Ebene, die von zwei orthonormierten Vektoren a und b aufgespannt
wird, so gilt für die orthogonale Projektion v' eines beliebigen Vektors v auf E

$$v' = < a, v > a + < b, v > b$$

Im obigen Beispiel der Treppenfunktionen erhält man für die optimalen Koeffizienten

$$c_k = < \varphi_k, f > = \int_{-\infty}^{\infty} \varphi_k(x) f(x) dx = \int_k^{k+1} f(x) dx$$

Die optimale Treppenapproximation einer Funktion $f \in L^2(\mathbb{R})$ hat also auf dem Intervall
$[k, k+1[$ den Wert des Integralmittelwerts von f.

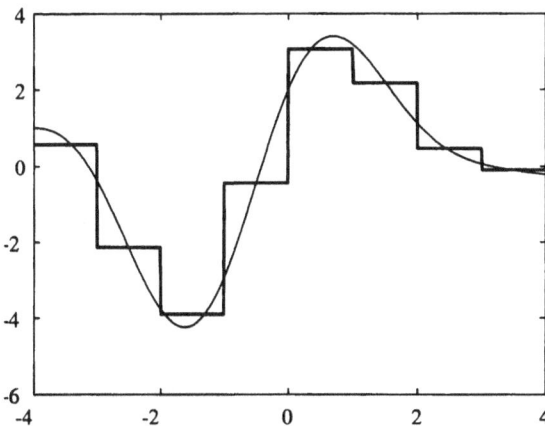

Figur 1.3: Treppenapproximation
einer Funktion

1.2   Wavelet-Reihen

Eine wichtige Anwendung der Ideen des vorhergehenden Abschnitts ist die *Approximation von Signalen*, etwa zum Zwecke der *Kompression*[2]. Nehmen wir an, die in Figur 1.4 darge-stellte Funktion *f* sei in möglichst komprimierter Form zu beschreiben.

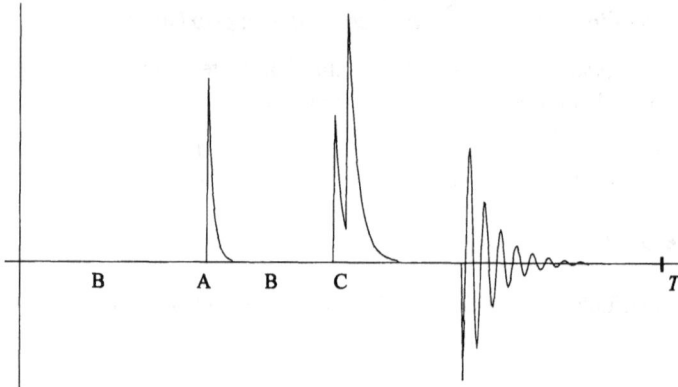

Figur 1.4: Graph der Funktion f

Dies könnte etwa mit einer Reihendarstellung vom Typ (1.1) geschehen. Wenn nämlich in dieser Reihe nur wenige der Koeffizienten c_k wesentlich von Null verschieden sind und die Darstellung numerisch stabil[3] ist, dann stellen diese wenigen Koeffizienten eine stark komprimierte Beschreibung einer guten Näherung von *f* dar.

Versuchen wir dies mit der Fourierreihe (1.7), also mit den Grundfunktionen

$$\psi_k(t) = e^{j2\pi\frac{k}{T}t} = \cos(2\pi\frac{k}{T}t) + j\sin(2\pi\frac{k}{T}t) \quad (k \in \mathbb{Z})$$

wobei wir uns die Funktion *f* periodisch über 0 und *T* hinaus fortgesetzt denken. Die fol-gende heuristische Überlegung zeigt, dass die Fourierapproximation bei dieser Funktion an ihre Grenzen stößt:

Die verschiedenen Harmonischen sollten sich im Bereich A im Wesentlichen aufsummie-ren, im Bereich B aber auslöschen. Dieser abrupte Wechsel zwischen Verstärkung und Auslöschung kann nicht mit wenigen Harmonischen erreicht werden. Also müssen offenbar *sehr viele*, wenn auch relativ kleine, Koeffizienten vorhanden sein, die man für eine eini-

---

[2]   Wir meinen hier nicht verlustfreie Kompression wie sie bei Computer-Dateien verlangt wird, sondern eine, bei der gewisse Qualitätseinbußen in Kauf genommen werden. Diese Art der Kom-pression kommt etwa bei der Übertragung von Audio- und Videodaten zur Anwendung.

[3]   Dies bedeutet, dass kleine Ungenauigkeiten in den Koeffizienten c_k auch nur kleine Ungenauig-keiten in der rekonstruierten Funktion *f* verursachen können.

germaßen getreue Rekonstruktion von f nicht vernachlässigen darf. Es kommt daher keine gute Kompression zustande! Ferner führt das Weglassen (Nullsetzen) eines Koeffizienten c_k zu einem Fehler in der Darstellung von f, der sich über den *ganzen* Definitionsbereich erstreckt, weil eben die entsprechende Grundfunktion ψ_k dies tut. Dies fällt beim obigen Beispiel vor allem in den Bereichen B (wo die Funktion ja Null sein sollte) unangenehm auf. Besonders krass wirken sich *Unstetigkeiten* von f aus: Die Fourierkoeffizienten c_k gehen dann nur ungefähr mit $1/k$ gegen Null, und die schlechte Rekonstruktion wird als starke Welligkeit im ganzen Definitionsbereich sichtbar. In der Figur 1.5 ist die Rekonstruktion von f aus den 100 betragsgrößten Fourierkoeffizienten zu sehen.

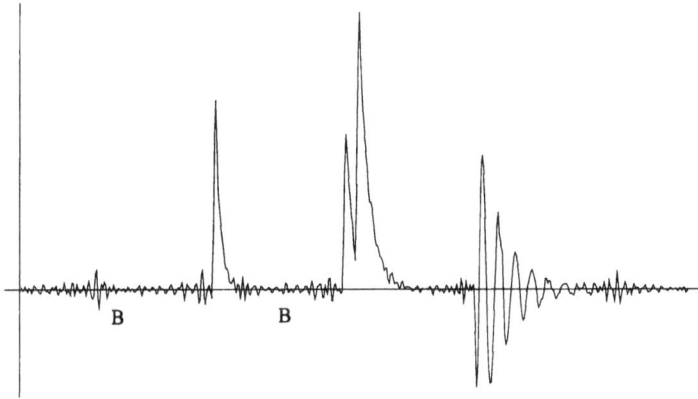

Figur 1.5: Rekonstruktion von f aus den 100 betragsgrößten Fourierkoeffizienten

Bei beiden Effekten (schlechte Kompressionsrate, schlechte Qualität der rekonstruierten Funktion) liegt das Übel offenbar darin, dass sich die einzelnen Grundfunktionen gleichmäßig über den ganzen Definitionsbereich ausdehnen und daher keinerlei *lokale* Information enthalten: Lokale Merkmale der Funktion f werden über eine Vielzahl von Koeffizienten „verschmiert". Nicht nur bei der Datenkompression, sondern immer, wenn es wichtig ist, lokale Merkmale einer Funktion in einer Darstellung (1.1) zu erkennen, ist die Fourierreihe ungeeignet.

Anforderungen an Basisfunktionen

Dieser Umstand hat die Forscher zur Suche nach andern Grundfunktionen angeregt. Für viele Anwendungen kann man die folgende Liste von wünschbaren Eigenschaften einer Menge $\{\psi_k\}$ von Grundfunktionen zusammenstellen:

(B1)   Eine Darstellung (1.1) ist für eine genügend große Klasse von Funktionen möglich, und Analyse (Berechnung der Koeffizienten c_k) sowie Synthese (Rekonstruktion von f aus den Koeffizienten c_k) können numerisch rasch und stabil durchgeführt werden.

(B2)   Die Grundfunktionen sind zeitlich gut lokalisiert, also nur auf einem beschränkten Bereich wesentlich von Null verschieden.

(B3)   Die Grundfunktionen sind im Frequenzbereich gut lokalisiert, das heißt ihre
         Fouriertransformierten[4] sind gut lokalisiert.

Oft verlangt man noch

(B4)   Die Grundfunktionen bilden ein orthonormiertes System.

Die Forderung (B1), also die effiziente numerische Durchführbarkeit von Analysen und
Synthesen, ist eigentlich eine Selbstverständlichkeit, wenn die Transformation in der Praxis
angewendet werden soll. Sie wird von den Fourierreihen recht gut erfüllt: die schnelle Fouriertransformation FFT (siehe Anhang 10.2, Seite 251) kann als Näherung für die Berechnung der Fourierkoeffizienten verwendet werden.

Die beiden nächsten Forderungen (B2) und (B3) – Lokalisierung der Grundfunktionen im
Zeit- wie im Frequenzbereich – müssen in einem gemeinsamen Kontext betrachtet werden:
Die Fourier-Basisfunktionen beispielsweise sind im Frequenzbereich perfekt, im Zeitbereich dagegen überhaupt nicht lokalisiert. Das ist nicht etwa ein Zufall, sondern gehorcht
der *„Unschärferelation"* (siehe (10.6) im Anhang 10.1):

$$\Delta t(\psi) \, \Delta \xi(\hat{\psi}) \geq \frac{1}{\pi}$$

Dabei bedeutet $\Delta t(\psi)$ die Ausdehnung des Bereichs, über dem $\psi(t)$ wesentlich von Null
verschieden ist. Je besser also eine Funktion im Zeitbereich lokalisiert ist, desto schlechter
ist ihre Lokalisierung im Frequenzbereich, und umgekehrt. Man könnte sich zwar fragen,
wieso überhaupt die Forderung nach guter Frequenzlokalisierung aufrecht erhalten wird,
wenn doch eben Alternativen zur Fouriertransformation gesucht werden. Die Antwort ist
die, dass in den Naturwissenschaften die beiden Beschreibungen eines Signals als Zeitfunk-
tion $f(t)$ oder als Frequenzfunktion $\hat{f}(\xi)$ als praktisch gleichberechtigt betrachtet werden.
Eine neue Menge $\{\psi_k\}$ von Grundfunktionen soll daher nicht die Fourier-Theorie ersetzen,
sondern wenn möglich lokale Informationen sowohl über f wie über die Fouriertransformierte $\hat{f}$ in leicht erkennbarer Form enthalten. Dies ist der Sinn der beiden Forderungen
(B2) und (B3); die Unschärferelation setzt jedoch diesem Bestreben Grenzen. Die Konstruktion neuer Grundfunktionen, zum Beispiel gewisser Wavelets, geschieht übrigens
häufig einfacher im Frequenzbereich als im Zeitbereich.

Die Forderung (B4) schließlich bewirkt, wie wir aus dem Abschnitt 1.1 wissen, dass die
Koeffizienten c_k gemäß (1.5) *eindeutig bestimmt* sind. Man sagt daher auch, die Reihen-
darstellung (1.1) sei *redundanzfrei*, da jede Veränderung der Koeffizienten c_k sich in einer
Veränderung von f auswirkt.

Historische Entwicklung der diskreten Wavelettransformation

Wir schildern nun die wichtigsten Versuche, die gemacht wurden, um solche den obigen
Forderungen möglichst gut genügende Grundfunktionen zu finden. Der erste wichtige

---

[4]   Hier verwenden wir die im Anhang 10.1 erklärte Fouriertransformation. Der Leser, der noch nicht
       damit vertraut ist, möge die sich auf (B3) beziehenden Bemerkungen ignorieren.

Schritt gelang 1910 *A. Haar*: Ausgehend von der in Figur 1.6 dargestellten Funktion ψ definierte er für alle ganzzahligen Werte von m und n die Funktionen

$$\psi_{m,n}(t) := 2^{-\frac{m}{2}} \psi(2^{-m}t - n) \tag{1.10}$$

und zeigte, dass die doppelt indizierte Funktionenmenge $\{\psi_{m,n} \mid m, n \in \mathbb{Z}\}$ eine Orthonormalbasis von $L^2(\mathbb{R})$ bildet. Damit hatte Haar die erste *Waveletbasis* („Wellchen", franz. ondelette) gefunden! Zu beachten ist, dass mittels (1.10) alle $\psi_{m,n}$ durch Streckungen und Schiebungen aus der Funktion ψ hervorgehen; diese heißt deshalb *Mother-Wavelet*. Die Haarsche Basis und ihre Anwendungen sind das Thema von Kapitel 2.

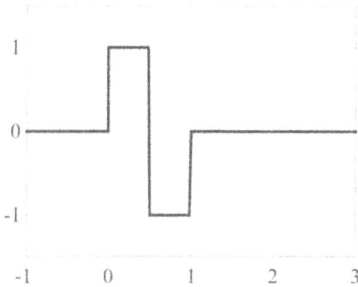

Figur 1.6: Das Haarsche Mother-Wavelet

Obwohl die Haarsche Basis historisch wichtig und sehr einfach ist, hat sie nur eine geringe Bedeutung für die Praxis. Wegen seiner Sprungstellen ist das Haarsche Mother-Wavelet nämlich im Frequenzbereich schlecht lokalisiert; seine Fouriertransformierte klingt also nur langsam ab. Die Haarsche Basis verhält sich somit „komplementär" zur Fourier-Basis bezüglich der Forderungen (B2) und (B3).

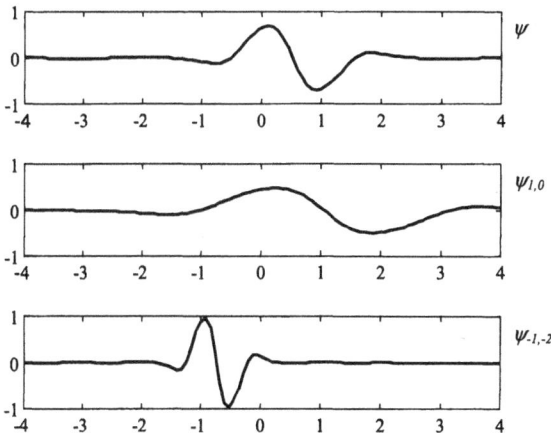

Figur 1.7: Drei Wavelets, ausgehend von einem Mother-Wavelet $\psi = \psi_{0,0}$

Trotz oder wegen dieses Einwandes hat die Haarsche Basis zu einer grundsätzlichen Frage Anlass gegeben: Kann man nicht einfach ein „besseres" Mother-Wavelet ψ finden, die Grundfunktionen aber immer noch gemäß der Formel (1.10), also durch Schieben und Strecken, konstruieren (siehe Figur 1.7)? Dieses Problem hat vielen Mathematikern Kopfzerbrechen bereitet. Lange Zeit glaubte niemand daran, dass es tatsächlich eine Funktion ψ gibt, so dass die Funktionen $\psi_{m,n}$ alle Bedingungen (B1) – (B4) erfüllen. Der französische Mathematiker Y. Meyer versuchte sogar, dies zu beweisen, fand dabei aber 1985 eine Reihe von Mother-Wavelets ψ, die sowohl im Zeit- wie im Frequenzbereich gut lokalisiert sind, und deren Familien $\{\psi_{m,n} \mid m, n \in \mathbb{Z}\}$ Orthonormalbasen von $L^2(\mathbb{R})$ bilden (siehe Figur 1.8).

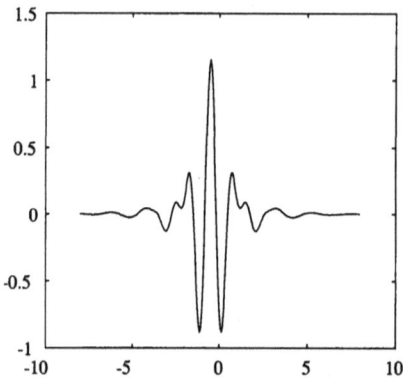

Figur 1.8: Eines der Mother-Wavelets von Meyer

S. Mallat erkannte als Erster Ähnlichkeiten der Haarschen und Meyerschen Konstruktionen mit Entwicklungen, wie sie seit einiger Zeit in der Bildverarbeitung und in der digitalen Signalverarbeitung im Gange waren:

- In der Bildverarbeitung war der so genannte Pyramiden-Algorithmus entwickelt worden, bei welchem, grob gesagt, ein Bild in eine gröbere Approximation und Details zerlegt wird, wobei das Verfahren rekursiv auf die Approximation angewendet werden kann, so dass man Details immer gröberer Skalen erhält. Die Rekonstruktion des Bildes geschieht ebenfalls rekursiv durch „Addition" der Details zur jeweiligen Approximation, was die nächstfeinere Approximation liefert. Eine genauere Beschreibung des Pyramiden-Algorithmus geben wir im Abschnitt 2.4.

- In der digitalen Signalverarbeitung war, hauptsächlich zur Kompression von Audio-Signalen, die Methode des Subband Coding entwickelt worden, bei welcher mit speziellen Digitalfiltern, genannt Quadrature Mirror Filters (QMF), ein ähnliches Zerlegungs- und Rekonstruktionsschema realisiert wurde wie beim Pyramiden-Algorithmus in der Bildverarbeitung. Das Subband Coding wird in Abschnitt 3.4 behandelt. Für Audio-Applikationen ist übrigens eine logarithmische Frequenzeinteilung (wie sie durch die Formel (1.10) induziert wird) besonders geeignet, weil sie dem Hörprozess aus anatomischen Gründen gut angepasst ist.

Im Jahre 1986 schufen Mallat und Meyer mit der Multiskalen-Analyse (MSA)[5] eine einheitliche theoretische Grundlage für diese Konstruktionen und ihren Zusammenhang mit den bisher bekannten Wavelets. Die Multiskalen-Analyse ist das Thema von Kapitel 4. Darüber hinaus hat die Theorie der MSA dem Gebiet der Wavelets entscheidende neue Impulse gegeben:

• Sie führt zu effizienten rekursiven Algorithmen für die Analyse und Synthese von Funktionen. Bei dieser *schnellen Wavelettransformation* wächst der Rechenaufwand nur proportional zur Anzahl n der Abtastwerte.

• In den späten 80er Jahren wurden neue Mother-Wavelets gefunden, welche wie diejenigen von Haar und Meyer zu Orthonormalbasen führen, die aber im Gegensatz zum Meyer-Wavelet nur auf einem endlichen Intervall (dem so genannten Träger von ψ) ungleich 0 sind. Diese Wavelets besitzen also eine fast so gute Zeit-Lokalisierung wie das Haar-Wavelet, sind aber im Gegensatz zu diesem stetig oder sogar differenzierbar, was sich auch günstig auf die Frequenz-Lokalisierung auswirkt. Diese Überlegungen (sie werden im Kapitel 5 ausführlich dargestellt) sind weitgehend der Mathematikerin I. Daubechies zu verdanken; eines ihrer Wavelets ist in Figur 1.9 zu sehen. Die Endlichkeit des Trägers von ψ impliziert dabei, dass die zugehörigen QMF, auf welchen die schnelle Transformation beruht, nur endlich viele Filterkoeffizienten (also eine endliche „Impulsantwort") haben, was die Implementation der Analyse- und Synthesealgorithmen besonders einfach macht.[6]

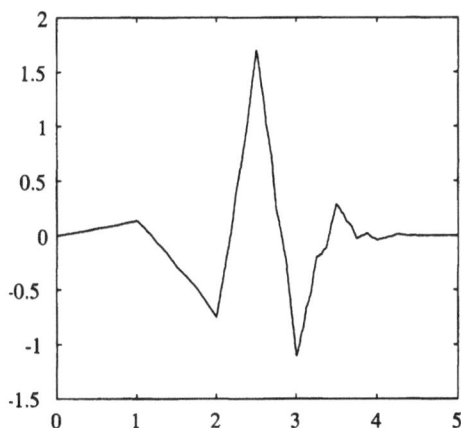

Figur 1.9: Eines der Mother-Wavelets von Daubechies

Daubechies' Konstruktion verläuft übrigens rückwärts: Es werden zuerst Filter konstruiert, welche die gewünschten algebraischen Eigenschaften aufweisen, und daraus dann die zugehörigen Wavelets. Diese sind dabei nicht durch direkte Formeln definierbar, wie man dies von „anständigen" Funktionen gewohnt ist, sondern müssen durch re-

---

[5] engl. *multiresolution analysis*, abgekürzt MRA

[6] Man kann also – etwas überspitzt – sagen, dass die ersten in der Praxis einsatzfähigen Wavelets (für die diskrete Transformation) diejenigen von Daubechies waren.

kursive Konstruktionen angenähert werden (was intuitiv die „fraktale" Natur ihrer Graphen erklärt). Das macht weiter nichts, weil in den Analyse- und Synthesealgorithmen nur die Filterkoeffizienten verwendet werden. Trotzdem spielen natürlich ihre Regularitätseigenschaften (Stetigkeit, Differenzierbarkeit) eine große Rolle, insbesondere für die Frequenz-Auflösung der Analyse und für die numerische Stabilität der Synthese. Diese Regularitätsdiskussion ist genau das, was durch die Wavelet-Formulierung dem ursprünglichen rein algebraisch-diskreten QMF-Konzept hinzugefügt wurde.

Zum Schluss illustrieren wir die Stärke des Daubechies-Wavelets ψ aus Figur 1.9 anhand unserer Beispielfunktion f. Die Zerlegung von f in der Orthonormalbasis $\{\psi_{m,n} \mid m, n \in \mathbb{Z}\}$ hat die Form

$$f = \sum_{m \geq 1} \sum_{n \in \mathbb{Z}} v_{m,n}\, \psi_{m,n} \qquad\qquad (1.11)$$

Figur 1.10 zeigt die Beträge der Waveletkoeffizienten[7] $v_{m,n}$. Aus den 75 betragsgrößten Waveletkoeffizienten haben wir eine Approximation von f berechnet und in der Figur 1.11 graphisch dargestellt. Der Leser möge das Resultat mit der Rekonstruktion aus den 100 größten Fourierkoeffizienten (Figur 1.5) vergleichen!

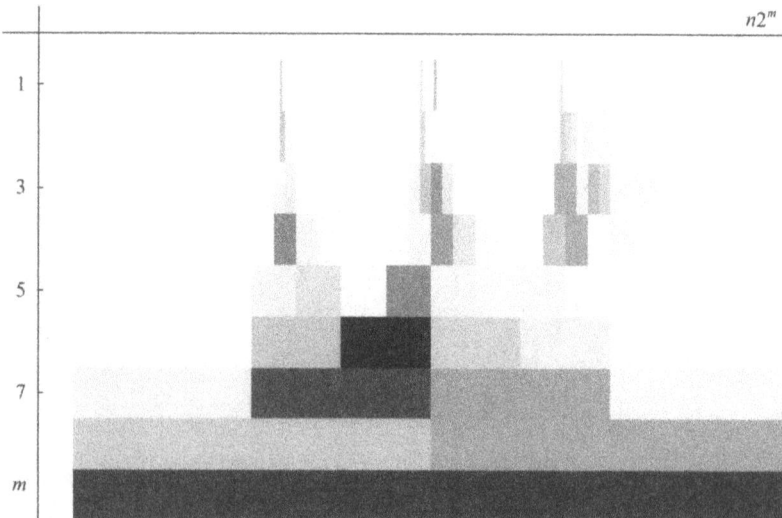

Figur 1.10: Waveletkoeffizienten der Beispielfunktion f bezüglich des Daubechies-Wavelets von Figur 1.9 (nur Beträge, weiß → 0, schwarz → groß)

---

[7]   Die Koeffizienten wurden mit Hilfe der schnellen Wavelettransformation, ausgehend von den 512 Abtastwerten von f, berechnet.

Figur 1.11: Rekonstruktion von f aus den 75 größten Wavelet-Komponenten

Bemerkung

In dieser Einleitung haben wir uns auf Waveletreihen und damit auf die *diskrete* Wavelettransformation beschränkt, was auch dem Hauptziel des Buches entspricht. Der Begriff „Wavelet" wurde jedoch in den Anfängen der *kontinuierlichen* Wavelettransformation geprägt; wir verweisen den Leser auf Kapitel 8.

1.3   Aufgaben zu Kapitel 1

1   Zeigen Sie, dass die Vektoren *(2,2,1)*, *(2,–1,–2)*, *(–1,2,–2)* eine orthogonale
Basis von $\mathbb{R}^3$ bilden, und zerlegen Sie den Vektor *(–1,1,3)* bezüglich dieser Basis.

2   Wir ergänzen die auf Seite 7 eingeführten Rechteckfunktionen φ_k durch die Funktionen

$$\vartheta_k(x) := \vartheta(x-k), \quad \text{wo } \vartheta(x) := \begin{cases} 2\sqrt{3}(x-\tfrac{1}{2}) & \text{für } 0 \leq x < 1 \\ 0 & \text{für alle anderen } x \end{cases}$$

a)   Zeigen Sie, dass alle φ_k und ϑ_k zusammen ein orthonormiertes System
von Funktionen bilden.

b)   Die orthogonale Projektion $P_V f$ einer Funktion f auf den von diesem Orthonormalsystem erzeugten Funktionenraum V approximiert f stückweise linear
mit „Bruchstellen" bei $k \in \mathbb{Z}$. Zeigen Sie, dass diese Bruchstellen nur Knickstellen
sind, falls f eine quadratische Funktion ist (das heißt $P_V f$ ist in diesem Falle sogar
stetig.)

c)   Erstellen Sie ein MATLAB-Programm, welches eine vorgegebene Funktion f und ihre Approximation $P_V f$ graphisch darstellt.

3   Wir betrachten die drei Vektoren $\boldsymbol{a} = (1,0)$, $\boldsymbol{b} = (-\tfrac{1}{2}, \tfrac{\sqrt{3}}{2})$, $\boldsymbol{c} = (-\tfrac{1}{2}, -\tfrac{\sqrt{3}}{2})$ in der
Ebene. Da sie ja linear abhängig sind, lässt sich jeder Vektor $\boldsymbol{x}$ der Ebene auf un-
endlich viele Arten als Linearkombination $\boldsymbol{x} = \alpha \boldsymbol{a} + \beta \boldsymbol{b} + \gamma \boldsymbol{c}$ darstellen, aber es
gibt doch eine in gewissem Sinne natürliche Art, dies zu tun:

a)   Zeigen Sie, dass $\boldsymbol{x} = \tfrac{2}{3} < \boldsymbol{a}, \boldsymbol{x} > \boldsymbol{a} + \tfrac{2}{3} < \boldsymbol{b}, \boldsymbol{x} > \boldsymbol{b} + \tfrac{2}{3} < \boldsymbol{c}, \boldsymbol{x} > \boldsymbol{c}$

b)   Zeigen Sie, dass unter allen Darstellungen $\boldsymbol{x} = \alpha \boldsymbol{a} + \beta \boldsymbol{b} + \gamma \boldsymbol{c}$ diejenige
von a) die kleinste Quadratsumme $\alpha^2 + \beta^2 + \gamma^2$ hat, nämlich $\tfrac{2}{3} \| \boldsymbol{x} \|^2$.

2   Haar-Wavelets und Haar-Filter

2.1   Die Haarsche Basis

Das Prinzip der Entwicklung einer Funktion in eine Waveletreihe (1.11) und der schnellen Wavelettransformation lässt sich am Beispiel des auf Seite 13 eingeführten *Haarschen Funktionensystems* gut zeigen. Diese Funktionen wurden wie erwähnt von A. Haar schon im Jahr 1910 definiert und untersucht. Bis zur eigentlichen „Renaissance" der Wavelets dauerte es allerdings noch einige Jahrzehnte! Ausgangspunkt ist die Funktion

$$\psi(t) := \begin{cases} 1 & \text{falls } 0 \leq t < \dfrac{1}{2} \\ -1 & \text{falls } \dfrac{1}{2} \leq t < 1 \\ 0 & \text{für alle anderen } t \end{cases}$$

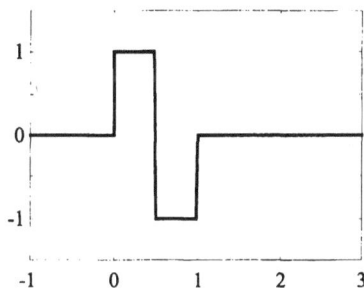

Figur 2.1: Das Haarsche Mother-Wavelet

Sind m und n ganze Zahlen, so ist das *Haarsche Wavelet* $\psi_{m,n}$ durch

$$\psi_{m,n}(t) := 2^{-\frac{m}{2}} \psi(2^{-m}t - n) \tag{2.1}$$

definiert. Figur 2.2 zeigt die Graphen einiger Funktionen $\psi_{m,n}$ für verschiedene Werte der Parameter m und n. Der Graph von $\psi_{m,n}$ entsteht aus dem des *Mother-Wavelets* ψ durch Änderung der Skalen und durch Verschiebung längs der t-Achse. Für $m = n = 0$ erhält man das Mother-Wavelet zurück, es gilt also $\psi_{0,0} = \psi$. Alle $\psi_{m,n}$ haben Norm 1, denn

$$\left\| \psi_{m,n} \right\|^2 = \int_{-\infty}^{\infty} \left| \psi_{m,n}(t) \right|^2 dt = \int_{n2^m}^{(n+1)2^m} 2^{-m} dt = 1$$

und direkt aus der Definition (2.1) folgt

$\psi_{m,n}(t)$ *ist nur für* $n\,2^m \leq t < (n+1)\,2^m$ *ungleich Null*

Wir sagen, $\psi_{m,n}$ habe als *Träger* das Intervall

$$I_{m,n} := [n2^m, (n+1)2^m[\qquad\qquad (2.2)$$

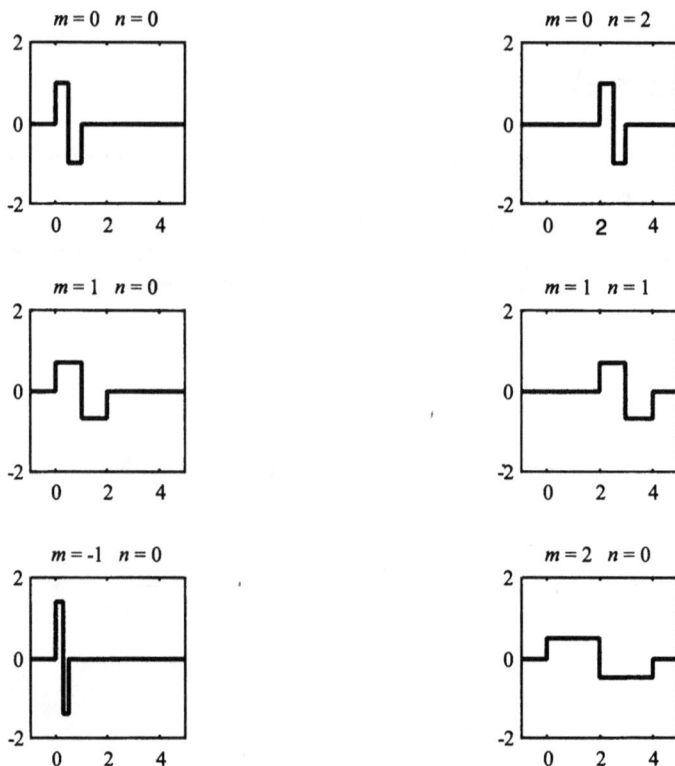

Figur 2.2: Die Graphen einiger Funktionen $\psi_{m,n}$

In MATLAB lassen sich die Funktionen $\psi_{m,n}$ etwa wie folgt definieren:

```
function y = haarpsi(m,n,t);
%----------------------------
if (m==0) & (n==0),
   y = ((t>=0) & (t<1)).*(1-2*(t>=0.5));
else
   y = 2^(-m/2)*haarpsi(0,0,t*2^(-m)-n);
end;
```

(Wir werden diese Funktion später verwenden.)

In diesem Abschnitt begründen wir den in der Einleitung erwähnten Satz:

Das Funktionensystem $\{\psi_{m,n} \mid m, n \in \mathbb{Z}\}$ ist eine orthonormierte Basis von $L^2(\mathbb{R})$

Beim Beweis verzichten wir auf technische Einzelheiten und begnügen uns mit der Darstellung der Beweisidee. Es ist zu zeigen:

a) Das obige System ist orthonormiert

b) Jede Funktion aus $L^2(\mathbb{R})$ lässt sich beliebig genau durch eine Linearkombination von Funktionen $\psi_{m,n}$ approximieren

Beweisskizze zu a): Wir haben oben $\left\| \psi_{m,n} \right\| = 1$ gezeigt. Es bleibt also nachzurechnen, dass

gilt $<\psi_{m,n}, \psi_{m',n'}> = \int\limits_{-\infty}^{\infty} \psi_{m,n}(t)\,\psi_{m',n'}(t)\,dt = 0$, falls $m \neq m'$ oder $n \neq n'$. Ist $m = m'$, aber

$n \neq n'$, so ist der Integrand identisch 0, denn die Träger (2.2) von $\psi_{m,n}$ und $\psi_{m,n'}$ sind disjunkt, das heißt, überlappen sich nicht. Der Fall $m \neq m'$ ist ein wenig heikler, da die beiden Träger sich überlappen können. Die Figur 2.3 zeigt die Graphen von $\psi_{3,0}$ *und* $\psi_{0,1}$.

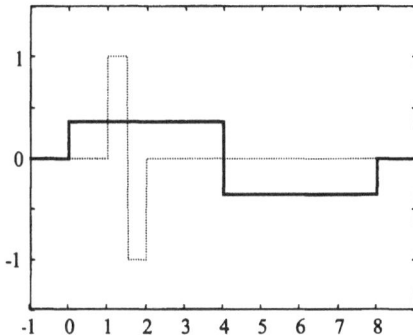

Figur 2.3: Der Fall $m \neq m'$

In diesem Beispiel ist $<\psi_{3,0}, \psi_{0,1}> = \int\limits_{-\infty}^{\infty} \psi_{3,0}(t)\,\psi_{0,1}(t)\,dt = 0$, da die „längere" Funktion

$\psi_{3,0}$ auf dem Träger $[1,2[$ der „kürzeren" Funktion konstant ist. Dies ist nun immer so, wenn die beiden Träger überhaupt überlappen! Der Grund liegt darin, dass die Träger der beiden Funktionen durch aufeinanderfolgende ganzzahlige Vielfache von Potenzen von 2 begrenzt sind und daher der kürzere Träger ganz in der linken oder rechten Hälfte des längeren Trägers enthalten ist, wo die andere Funktion konstant ist.

Beweisskizze zu b):

Ist f eine Funktion aus $L^2(\mathbb{R})$ und $m \in \mathbb{Z}$, so betrachten wir zunächst die *Treppenapproximation* $T_m f$ der Feinheit (Stufenbreite) 2^m von f (siehe Figur 2.4). Die Funktion $T_m f$ hat auf allen Intervallen $I_{m,n}$ ($n \in \mathbb{Z}$) den konstanten Wert

$$f_{m,n} := 2^{-m} \int_{n2^m}^{(n+1)2^m} f(t)\,dt \qquad\qquad (2.3)$$

Dies ist der Mittelwert von f auf $I_{m,n}$. Die Treppenapproximation $T_m f$ kann beliebig genau gemacht werden, indem man m genügend klein wählt.

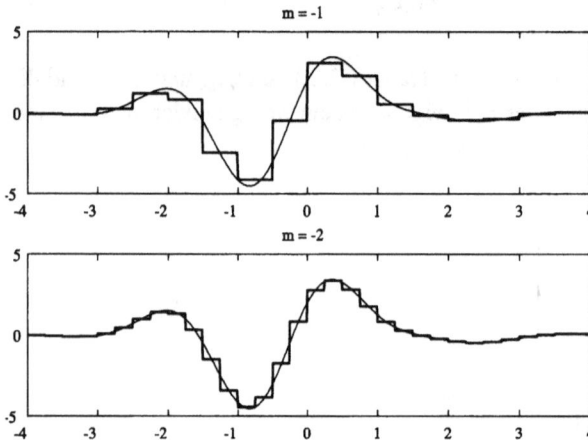

Figur 2.4: Die Funktion $f(t) = e^{-0.3\,t^2}(4\sin(2t) + 2\cos(3t))$ auf dem Intervall $[-4,4]$ und ihre Treppenapproximationen $T_{-1}f$ (oben) und $T_{-2}f$ (unten)

Nun kommt die entscheidende Überlegung! Wir betrachten die Treppenapproximationen $T_m f$ und $T_{m-1} f$ auf dem Intervall $I_{m,n}$. Dieses Intervall zerfällt in die beiden gleichlangen Teilintervalle $I_{m-1,2n}$ und $I_{m-1,2n+1}$ der Länge 2^{m-1}. Während $T_m f$ auf dem ganzen Intervall $I_{m,n}$ den konstanten Wert $f_{m,n}$ hat, nimmt die feinere Approximation $T_{m-1} f$ auf dem ersten Teilintervall $I_{m-1,2n}$ den Wert $f_{m-1,2n}$ und auf dem zweiten Teilintervall $I_{m-1,2n+1}$ den Wert $f_{m-1,2n+1}$ an. Nun ist aber der Mittelwert (2.3) von f auf $I_{m,n}$ gleich dem „Mittel der Mittelwerte" von $T_{m-1} f$ auf den beiden Teilintervallen:

$$f_{m,n} = \frac{f_{m-1,2n} + f_{m-1,2n+1}}{2} \qquad\qquad (2.4)$$

Es zeigt sich darum, dass die Differenz $T_{m-1}f - T_m f$ auf den beiden Hälften des Intervalls $I_{m,n}$ entgegengesetzte Werte annimmt:

$$f_{m-1,2n} - f_{m,n} = f_{m-1,2n} - \frac{f_{m-1,2n} + f_{m-1,2n+1}}{2} = \frac{f_{m-1,2n} - f_{m-1,2n+1}}{2}$$

$$(2.5)$$

$$f_{m-1,2n+1} - f_{m,n} = f_{m-1,2n+1} - \frac{f_{m-1,2n} + f_{m-1,2n+1}}{2} = \frac{f_{m-1,2n+1} - f_{m-1,2n}}{2}$$

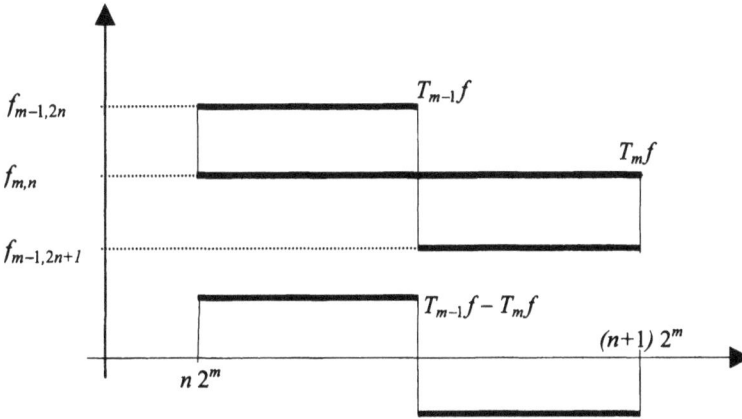

Figur 2.5: Die Treppenapproximationen $T_m f$ und $T_{m-1} f$ sowie ihre Differenz, auf dem Intervall $I_{m,n}$

Betrachtet man also $T_{m-1}f - T_m f$ nur auf $I_{m,n}$, so ist diese Funktion ein Vielfaches der Haar-schen Funktion $\psi_{m,n}$. Insgesamt ist damit die Differenz zwischen der feineren Treppenap-proximation $T_{m-1}f$ und der gröberen $T_m f$ eine Linearkombination von Haarschen Wavelets:

$$T_{m-1}f - T_m f = \sum_n v_{m,n} \psi_{m,n}$$

$$(2.6)$$

Da die Amplitude von $\psi_{m,n}$ gleich $2^{-\frac{m}{2}}$ ist, ergibt sich wegen (2.5) für den „Waveletkoef-fizienten" $v_{m,n}$ der Wert

$$v_{m,n} = 2^{\frac{m}{2}} \frac{f_{m-1,2n} - f_{m-1,2n+1}}{2}$$

$$(2.7)$$

Es sei nun $T_{m_0} f$ eine Treppenapproximation von f mit vorgegebener Stufenbreite und $m_1 > m_0$. Wiederholte Anwendung der Zerlegung (2.6) führt auf

$$T_{m_0} f = T_{m_1} f + \sum_{m=m_0+1}^{m_1} \sum_{n \in \mathbb{Z}} v_{m,n} \psi_{m,n}$$

$$(2.8)$$

Eine feine Treppenapproximation $T_{m_0} f$ lässt sich also darstellen als Summe einer groben Treppenapproximation $T_{m_1} f$ und einer Linearkombination von Haar-Wavelets. Weil $f(t)$ für $t \to \pm \infty$ gegen 0 abklingt, wird der Beitrag von $T_{m_1} f$ für große Werte von m_1 immer kleiner und es gilt

$$ f \approx T_{m_0} f \approx \sum_{m=m_0+1}^{m_1} \sum_{n \in \mathbb{Z}} v_{m,n} \psi_{m,n} $$

Anderseits kann der Näherungsfehler in der linken Näherung beliebig klein gemacht werden, indem m_0 genügend klein gewählt wird. Damit ist die Begündung des Satzes abgeschlossen.

Beispiel

Es soll eine Haarsche Approximation der Funktion $f(t) = e^{-0.3 t^2} (4 \sin(2t) + 2 \cos(3t))$ berechnet werden. Mit der Formel

$$ v_{m,n} = <\psi_{m,n}, f> = \int_{n2^m}^{(n+1)2^m} \psi_{m,n}(t) f(t)\, dt = 2^{-\frac{m}{2}} (\int_{n2^m}^{(n+0.5)2^m} f(t)\, dt - \int_{(n+0.5)2^m}^{(n+1)2^m} f(t)\, dt) \qquad (2.9) $$

erhält man die *Haar-Koeffizienten* von f. Um auf dem Intervall $[-4,4]$ eine akzeptable Approximation zu erhalten, haben wir m alle ganzen Zahlen zwischen -2 und 6 durchlaufen lassen. Für jedes m wurden die Indices n gewählt, für die $\psi_{m,n}$ auf dem Intervall $[-4,4]$ nicht ganz verschwindet:

m	-2	-1	0	1	2	3	4	5	6
n	$-16..15$	$-8..7$	$-4..3$	$-2..1$	$-1..0$	$-1..0$	$-1..0$	$-1..0$	$-1..0$

Mit Hilfe von MATLAB haben wir diese 70 Haar-Koeffizienten und die approximierende Funktion numerisch bestimmt. Figur 2.6 zeigt das Resultat. Obwohl wir mit 70 Haar-Koeffizienten rechneten, ist die feinste Auflösung nur 2^{-3}; die Approximation ist deshalb nicht sehr gut. Die rechteckförmigen Haarschen Funktionen können sich offensichtlich der gegebenen Funktion f nur schlecht anpassen. Der Leser beachte, dass diese Approximation wegen (2.8) bis auf den Summanden $T_6 f$, der schon recht klein ist, mit $T_{-3} f$ übereinstimmt.

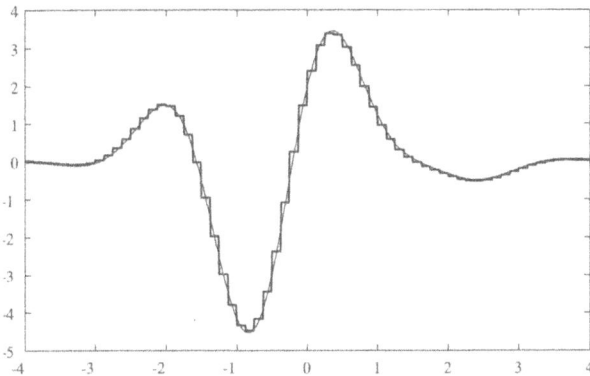

Figur 2.6: Approximation von f als Linearkombination von Haarschen Wavelets

Wir fügen hier noch den MATLAB-Code ein, der zur Berechnung von Figur 2.6 verwendet wurde. Der Leser, der daran nicht interessiert ist, kann direkt im nächsten Abschnitt weiterlesen.

```
function v = haarkoef(f,m,n);
% Berechnung eines Haarkoeffizienten von f
% gemäß Formel ( 2.9 )
% Die Integrale werden mit einer absoluten Toleranz
% von 0.001 berechnet
%----------------------------------------------
v = 2^(-m/2)*(quad(f,n*2^m,(n+1/2)*2^m,[1,0.001])-
      quad(f,(n+1/2)*2^m,(n+1)*2^m,[1,0.001]));
```

```
function haarappr(t,f,mmin,mmax);
% Plottet eine Haarapproximation von f
% Verwendet die Funktionen haarkoef und haarpsi
%----------------------------------------------
a = t(1); b = t(length(t));
y = zeros(size(t));
for m = mmin:mmax,
  nmin = floor(a/2^m); nmax = ceil(b/2^m)-1;
  for n = nmin:nmax,
    y = y + haarkoef(f,m,n)*haarpsi(m,n,t);
  end;
end;
plot(t,y,t,feval(f,t));
```

Durch den Aufruf haarappr (-4:0.01:4, `bsp`, -2, 6) wird schließlich Figur 2.6 erzeugt, wenn sich im File bsp.m die Definition der Funktion befindet.

2.2   Die schnelle Haar-Transformation

Im obigen Beispiel berechneten wir die Haar-Koeffizienten einer Funktion, indem wir 70 numerische Integrationen ausführten! In diesem Abschnitt soll gezeigt werden, wie man die Koeffizienten auf effizientere Weise bestimmen kann. Der Schlüssel dazu sind die Beziehungen (2.4) und (2.7), die wir im vorhergehenden Abschnitt hergeleitet haben:

$$f_{m+1,n} = \frac{f_{m,2n} + f_{m,2n+1}}{2}$$

$$(2.10)$$

$$v_{m+1,n} = 2^{\frac{m+1}{2}} \frac{f_{m,2n} - f_{m,2n+1}}{2}$$

Diese Formeln geben uns die Möglichkeit, die Haar-Koeffizienten *rekursiv* zu berechnen. Angenommen nämlich, wir kennen die Mittelwerte $f_{m_0,n}$ $(n \in \mathbb{Z})$ für eine genügend genaue Treppenapproximation $T_{m_0} f$ von f. Dann können wir durch wiederholte Anwendung von (2.10) alle Waveletkoeffizienten $v_{m,n}$ für $m > m_0$ bestimmen. Die benötigten Startwerte $f_{m_0,n}$ kann man näherungsweise als Funktionswerte in den Mittelpunkten der Intervalle $I_{m_0,n}$ betrachten, also $f_{m_0,n} \approx f((n+0.5)2^{m_0}))$, falls m_0 genügend klein und f genügend glatt ist.

Die Skalierungsfunktion

Nehmen wir nochmals die Treppenapproximation $T_m f$ unter die Lupe. In der Funktionenmenge V_m aller Treppenfunktionen der Stufenbreite 2^m gibt es eine natürlichere Orthonormalbasis als die der Wavelets. Wir haben in der Einleitung den Fall $m = 0$ behandelt (siehe das Beispiel auf Seite 8) und verwenden wieder die dort eingeführte Rechteck-Funktion φ, welche auch als *Haarsche Skalierungsfunktion* bezeichnet wird:

$$\varphi(t) := \begin{cases} 1 & \text{falls } 0 \le t < 1 \\ 0 & \text{falls } t < 0 \text{ oder } 1 \le t \end{cases}$$

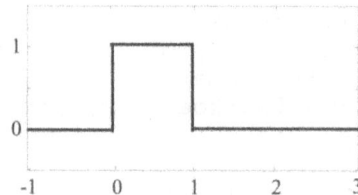

Figur 2.7: Die Haarsche Skalierunsfunktion

Durch Schieben und Strecken (analog zu (2.1)), also mit der Definition

$$\varphi_{m,n}(t) := 2^{-\frac{m}{2}} \varphi(2^{-m} t - n)$$

erhalten wir eine Rechteckfunktion der Höhe $2^{-\frac{m}{2}}$ über dem Intervall $I_{m,n}$. Der Faktor $2^{-\frac{m}{2}}$ bewirkt, dass $\varphi_{m,n}$ Norm 1 hat. Bei festem m bilden somit die Funktionen $\varphi_{m,n}$ ($n \in \mathbb{Z}$) ein orthonormiertes System, da die verschiedenen $\varphi_{m,n}$ mit gleichem m sich nicht überlappen. Wir können also die Treppenapproximation $T_m f$ in der Form

$$T_m f = \sum_{n \in \mathbb{Z}} u_{m,n} \, \varphi_{m,n}$$

schreiben, wobei die Koeffizienten $u_{m,n}$ durch

$$u_{m,n} = 2^{\frac{m}{2}} f_{m,n} = 2^{-\frac{m}{2}} \int_{n2^m}^{(n+1)2^m} f(t)\, dt = < \varphi_{m,n}, f >$$

gegeben sind. Wenn wir die Formeln (2.10) mittels $f_{m,n} = 2^{-\frac{m}{2}} u_{m,n}$ auf die Koeffizienten $u_{m,n}$ umschreiben, erhalten wir die symmetrischeren Gleichungen

$$u_{m+1,n} = \frac{u_{m,2n} + u_{m,2n+1}}{\sqrt{2}}$$

$$\text{(2.11)}$$

$$v_{m+1,n} = \frac{u_{m,2n} - u_{m,2n+1}}{\sqrt{2}}$$

Die rekursive Berechnung der Koeffizienten $v_{m,n}$ aus den $u_{m_0,n}$ verläuft nun gemäß (2.11) nach dem folgenden Schema. Dabei bedeutet beispielsweise u_{m_0} die Folge $(u_{m_0,n})_{n \in \mathbb{Z}}$ aller Koeffizienten $u_{m_0,n}$.

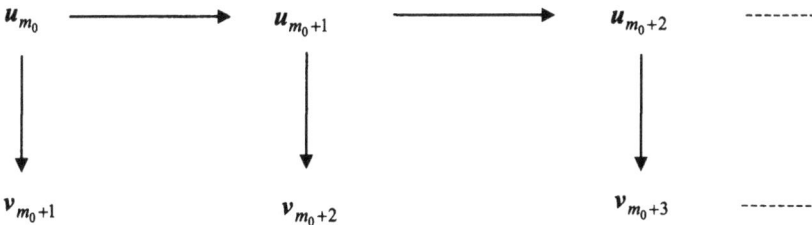

Figur 2.8: Die schnelle Haar-Transformation

Diesen Algorithmus bezeichnen wir als *schnelle Haartransformation* oder *schnelle Wavelettransformation* mit dem Haarschen Wavelet. Die einfache Baumstruktur zur Haar-

Analyse diskreter Signale ist grundlegend; wir werden sie in den Kapiteln 3 und 4 in allgemeinerer Form wieder antreffen. Anstelle von (2.11) werden dann andere geeignete Formeln stehen.

Kehren wir (2.11) um, indem wir die beiden Gleichungen addieren und subtrahieren (und m durch $m-1$ ersetzen), so ergibt sich

$$u_{m-1,2n} = \frac{u_{m,n} + v_{m,n}}{\sqrt{2}}$$

$$\tag{2.12}$$

$$u_{m-1,2n+1} = \frac{u_{m,n} - v_{m,n}}{\sqrt{2}}$$

Dies zeigt, dass sich die schnelle Haartransformation (Figur 2.8) auch umkehren lässt: Aus u_m und v_m lässt sich u_{m-1} berechnen. Hat man also u_{m_1} und $v_{m_1}, v_{m_1-1}, ..., v_{m_0+1}$, so kann man durch wiederholte Anwendung von (2.12) wieder u_{m_0} und damit vermöge

$$f_{m,n} = 2^{-\frac{m}{2}} u_{m,n}$$ die Treppenapproximation $T_{m_0} f$ zurückgewinnen.

Beispiel

Es sei $m_0 = 0$. Wir nehmen an, die Treppenapproximation $T_0 f$ von f sei durch nebenstehende Figur gegeben. Wir lesen aus dem Bild ab:

$$u_0 = f_0 = (..., 0, 1, 3, -1, -1, \mathbf{2}, -1, -3, 1, 0, ...)$$

(Die Komponente mit Index 0 wird jeweils fett geschrieben.)

Daraus berechnen wir mit (2.11)

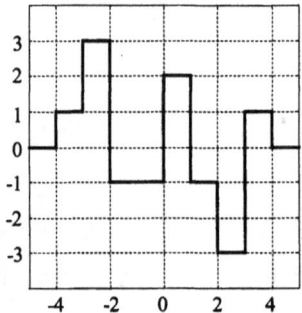

$$u_1 = (..., 0, \frac{4}{\sqrt{2}}, \frac{-2}{\sqrt{2}}, \frac{\mathbf{1}}{\sqrt{\mathbf{2}}}, \frac{-2}{\sqrt{2}}, 0, ...)$$
$$v_1 = (..., 0, \frac{-2}{\sqrt{2}}, 0, \frac{\mathbf{3}}{\sqrt{\mathbf{2}}}, \frac{-4}{\sqrt{2}}, 0, ...)$$

$$u_2 = (..., 0, 1, \frac{\mathbf{-1}}{\mathbf{2}}, 0, ...)$$
$$v_2 = (..., 0, 3, \frac{\mathbf{3}}{\mathbf{2}}, 0, ...)$$

Aufgrund der Koeffizienten v_1, v_2, u_2 lässt sich $T_0 f$ gemäß (2.8) jetzt folgendermaßen ausdrücken:

$$T_0 f = -\frac{2}{\sqrt{2}} \psi_{1,-2} + \frac{3}{\sqrt{2}} \psi_{1,0} - \frac{4}{\sqrt{2}} \psi_{1,1} + 3\psi_{2,-1} + \frac{3}{2}\psi_{2,0} + 1\varphi_{2,-1} - \frac{1}{2}\varphi_{2,0}.$$

Der Summand $-\frac{2}{\sqrt{2}}\psi_{1,-2}$ bedeutet dabei, dass f auf dem Intervall $[-4,-2[$ steigende Tendenz hat, während etwa der Summand $\frac{3}{2}\psi_{2,0}$ aussagt, dass f auf dem Intervall $[0,4[$ fallende Tendenz aufweist. Der Summand $1\,\varphi_{2,-1}$ wiederum drückt aus, dass f auf dem Intervall $[-4,0[$ im Mittel positiv ist.

2.3   Die Haarschen Filter

Es ist nützlich, die Formeln (2.11) und (2.12) in der Sprache der digitalen Signalverarbeitung zu interpretieren. Dabei fassen wir die Zahlenfolgen $u_m = (u_{m,n})_{n\in\mathbb{Z}}$, $v_m = (v_{m,n})_{n\in\mathbb{Z}}$ als diskrete Signale auf.

Der Übergang von u_m zu u_{m+1} und v_{m+1} gemäß (2.11) lässt sich in der Form

$$u_{m+1} = (\downarrow 2)A(u_m)$$

$$\tag{2.13}$$

$$v_{m+1} = (\downarrow 2)D(u_m)$$

schreiben. Hier bezeichnen A, D und $(\downarrow 2)$ Operationen, die aus einem beliebigen diskreten Signal $x = (x_n)_{n\in\mathbb{Z}}$ ein neues erzeugen:

$$A(x)_n = \frac{x_n + x_{n+1}}{\sqrt{2}} \qquad \text{„Gleitender Durchschnitt"} \ (moving\ Average)$$

$$D(x)_n = \frac{x_n - x_{n+1}}{\sqrt{2}} \qquad \text{„Gleitende Differenz"} \ (moving\ Difference)$$

$$((\downarrow 2)x)_n = x_{2n} \qquad \text{„Dezimierung"} \ (Downsampling).$$

Die Bezeichnungen Durchschnitt und Differenz sind wegen der Faktoren $\sqrt{2}$ nicht allzu wörtlich zu nehmen. Mit A und D haben wir zwei einfache Beispiele von *Digitalfiltern* (ein Thema, das wir im Kapitel 3 weiterverfolgen). Downsampling bedeutet nichts anderes, als dass man alle Komponenten mit ungeradem Index weglässt.

Umgekehrt lässt sich jetzt der Übergang von u_m und v_m zu u_{m-1} gemäß (2.12) durch

$$u_{m-1} = \tilde{A}(\uparrow 2)(u_m) + \tilde{D}(\uparrow 2)(v_m) \tag{2.14}$$

beschreiben.

Hier ist $(\uparrow 2)$ die Operation „Spreizen" (*Upsampling*):

$$((\uparrow 2)x)_n = \begin{cases} x_k & \text{falls } n \text{ gerade, } n = 2k \\ 0 & \text{falls } n \text{ ungerade} \end{cases}$$

was bedeutet, dass man zwischen je zwei Komponenten von x eine Null einfügt, während die Filter $\tilde{A}$ und $\tilde{D}$ durch

$$\tilde{A}(x)_n := \frac{x_n + x_{n-1}}{\sqrt{2}} \quad \text{und} \quad \tilde{D}(x)_n := \frac{x_n - x_{n-1}}{\sqrt{2}}$$

definiert sind. In der Tat ist

$$\tilde{A}(\uparrow 2)(x)_{2n} = \tilde{A}(\uparrow 2)(x)_{2n+1} = \frac{x_n}{\sqrt{2}}$$

$$\tilde{D}(\uparrow 2)(y)_{2n} = \frac{y_n}{\sqrt{2}}, \quad \tilde{D}(\uparrow 2)(y)_{2n+1} = -\frac{y_n}{\sqrt{2}}$$

und damit

$$(\tilde{A}(\uparrow 2)(x) + \tilde{D}(\uparrow 2)(y))_{2n} = \frac{x_n + y_n}{\sqrt{2}}$$

$$(\tilde{A}(\uparrow 2)(x) + \tilde{D}(\uparrow 2)(y))_{2n+1} = \frac{x_n - y_n}{\sqrt{2}}$$

womit gezeigt ist, dass (2.14) tatsächlich eine Umformulierung von (2.12) ist.

Wir erläutern den Verlauf der Rechnung an dem Beispiel aus dem letzten Abschnitt, indem wir aus $u_2 = (...,0,1,\frac{-1}{2},0,...)$, $v_2 = (...,0,3,\frac{3}{2},0,...)$ und $v_1 = (...,0,\frac{-2}{\sqrt{2}},0,\frac{3}{\sqrt{2}},\frac{-4}{\sqrt{2}},0,...)$

unter Verwendung von (2.14) die Koeffizienten u_0 zurückberechnen:

$$u_1 = (...,0,\frac{1}{\sqrt{2}},\frac{1}{\sqrt{2}},\frac{-1}{2\sqrt{2}},\frac{-1}{2\sqrt{2}},0,...) + (...,0,\frac{3}{\sqrt{2}},\frac{-3}{\sqrt{2}},\frac{3}{2\sqrt{2}},\frac{-3}{2\sqrt{2}},0,...) =$$

$$= (...,0,\frac{4}{\sqrt{2}},\frac{-2}{\sqrt{2}},\frac{1}{\sqrt{2}},\frac{-2}{\sqrt{2}},0,...)$$

$$u_0 = (...,0,2,2,-1,-1,\frac{1}{2},\frac{1}{2},-1,-1,0,...) + (...,0,-1,1,0,0,\frac{3}{2},-\frac{3}{2},-2,2,0,...) =$$

$$= (...,0,1,3,-1,-1,\mathbf{2},-1,-3,1,0,...)$$

Das Zusammenspiel von (2.13) und (2.14) wird häufig folgendermaßen dargestellt:

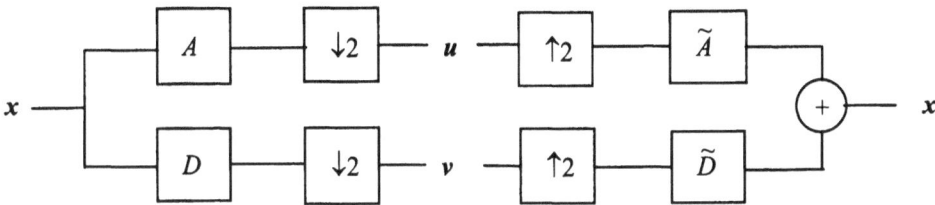

Figur 2.9: Die Haarsche Filterbank

Man nennt diese Anordnung eine *PR-Filterbank* (*P*erfect *R*econstruction). Im linken Teil der Bank (der „Analyse-Bank") wird ein diskretes Signal x in zwei Teilsignale u und v zerlegt, wobei der obere Ast den Übergang zur nächstgröberen Skala bewirkt (Approxima-tionskoeffizienten), während im unteren Ast Detailinformationen der aktuellen Skala (Wa-veletkoeffizienten) extrahiert werden. Mit dem rechten Teil der Bank (der „Synthese-Bank") kann das Signal aus den beiden Teilsignalen exakt rekonstruiert werden, falls u und v in der Mitte nicht verändert wurden. Der Nutzen liegt aber gerade in der Möglichkeit, dies auf gezielte Art und Weise zu tun. Beispiele dazu bringen wir im nächsten Abschnitt, ob-wohl die Leistungsfähigkeit dieser Haarschen Filter noch zu wünschen übrig lässt. Wie man bessere Filter und bessere Wavelets findet, wird in den späteren Kapiteln dargelegt.

2.4   Anwendungen

Um mit MATLAB einige Rechnungen durchführen zu können, treffen wir folgende An-nahmen: Es sei $(f_0, f_1, ..., f_{N-1})$ eine Folge von äquidistanten „Abtastwerten" (Funktionswer-ten) einer Funktion f; die Schrittweite der Abtastung sei so klein, dass die Folge alle we-sentliche Information über f im untersuchten Abschnitt enthält. Wir betrachten die Schritt-weite als Einheit und den Anfang des Abschnitts als Nullpunkt. Dann können wir die schnelle Haartransformation (Figur 2.8) mit $m_0 = 0$ und $u_0 = (...,0, f_0, f_1, ..., f_{N-1}, 0, ...)$ star-ten. Wir denken uns also die endliche Folge der Abtastwerte links und rechts mit Nullen fortgesetzt („zero padding"), was zwar einfach, aber nicht immer die beste Wahl ist. Über dieses „Randwertproblem" wird an anderer Stelle noch zu diskutieren sein. Da nun durch Anwendung von $(\downarrow 2)A$ oder $(\downarrow 2)D$ immer eine Komponente mit geradem Index und die darauffolgende mit ungeradem Index zusammengefasst werden, haben die berechneten u- und v-Folgen für $n < 0$ nur Nullen, und nach $K = \log_2(N)$ (aufgerundet auf eine ganze Zahl) Schritten ist höchstens noch die Komponente mit Index 0 von Null verschieden. Es genügt also, von u_0 die Komponenten $u_{0,0}$ bis $u_{0,2^K-1}$ zu betrachten; meistens wählen wir gerade von Anfang an N als Zweierpotenz 2^K und damit $(u_{0,0}, ..., u_{0,2^K-1}) = (f_0, ..., f_{N-1})$. Bei jedem Schritt mit $(\downarrow 2)A$ oder $(\downarrow 2)D$ halbiert sich die Anzahl der wesentlichen Komponenten. Fassen wir dann nach K Schritten die wesentlichen Komponenten von $u_K, v_K, v_{K-1}, ...v_1$ zu einem neuen „Vektor" (in der Sprache von MATLAB) zusammen, so hat dieser wiederum Länge 2^K.

Im nachfolgend abgedruckten MATLAB-Code werden zwei Funktionen hanastep und
hsynstep definiert, welche je einen Schritt in der Haar-Analyse (linker Teil der Filterbank, Figur 2.9) und Haar-Synthese (rechter Teil der Filterbank) repräsentieren. Die gesamte Analyse und Synthese mit K Schritten wird mit den rekursiven Funktionen hana und
hsyn bewerkstelligt.

```
function [u,v] = hanastep(x);
% Ein Schritt in der Haar-Transformation des Vektors x
% Input: x (Zeilenvektor mit gerader Länge)
% Output: u (Zeilenvektor, "Durchschnitt")
%          v (Zeilenvektor, "Details")
% Bemerkungen: u und v sind halb so lang wie x
%              Beachte Indexverschiebung (u_{0,0} = x(1))
%-------------------------------------------------------
n = length(x);
ug = x(1:2:n-1);          % Komponenten mit geradem Index
uu = x(2:2:n);            % Komponenten mit ungeradem Index
u = (ug+uu)/sqrt(2);
v = (ug-uu)/sqrt(2);

function x = hsynstep(u,v);
% Ein Schritt in der Haar-Rücktransformation
% Input: u,v (gleichlange Zeilenvektoren)
% Output: x (Zeilenvektor, doppelt so lang wie u und v)
%-------------------------------------------------------
n = length(u);
u = [u; zeros(1,n)]; u = u(:)';        % Upsampling von u
u = (u+[0,u(1:2*n-1)])/sqrt(2);        % Filter A~
v = [v; zeros(1,n)]; v = v(:)';        % Upsampling von v
v = (v-[0,v(1:2*n-1)])/sqrt(2);        % Filter D~
x = u+v;

function y = hana(x);
% Haar-Transformation eines Zeilenvektors x,
%    wobei length(x) eine Potenz von 2 ist.
% Input: x (Zeilenvektor)
% Output: y (Zeilenvektor derselben Länge wie x)
%-----------------------------------------------------
y = x;
if length(x)>1,
   [u,v] = hanastep(x);            % Transformationsschritt
   y = [hana(u),v];               % u rekursiv transformieren
end;

function x = hsyn(y);
% Haar-Synthese (Rücktransformation) eines Zeilenvektors y
% Input: y (Zeilenvektor), length(y) sei eine Potenz von 2.
% Output: x (Zeilenvektor, gleichlang wie y)
%-----------------------------------------------------
x = y; n = length(y);
if n>1,
   u = hsyn(y(1:n/2));    % hsyn rekursiv anwenden
```

```
  v = y(n/2+1:n);
 x = hsynstep(u,v);        % Einzelschritt
end;
```

Beispiel 1

Als Erstes überprüfen wir das Beispiel am Schluss von Abschnitt 2.2, und zwar schrittweise:

```
[u1,v1] = hanastep([1,3,-1,-1,2,-1,-3,1])⁸
[u2,v2] = hanastep(u1)
```

liefert

```
 u1 =   2.8284    -1.4142     0.7071    -1.4142
 v1 = -1.4142          0      2.1213    -2.8284
 u2 =   1.0000    -0.5000
 v2 =   3.0000     1.5000
```

Beispiel 2

Die folgenden MATLAB-Anweisungen tasten die Funktion $f(t) := e^{-2t} \sin(30t)$ an 128 äquidistanten Stellen des Intervalls $[0,1]$ ab und bestimmen die Haar-Transformierte des erhaltenen Vektors x:

```
t = linspace(0,1,128);
x = exp(-2*t).*sin(30*t);
y = hana(x);
```

Nun ersetzen wir diejenigen Komponenten der Haar-Transformierten durch 0, deren Absolutbetrag kleiner als der Schwellwert 0.08 ist (dies nennt man „Thresholding"); so erhalten wir eine Approximation yapp von y. Durch Rücktransformation von yapp ergibt sich also eine Approximation von x, bei der die Anteile mit kleinen Waveletkoeffizienten fehlen. Zum Schluss stellen wir das ursprüngliche und das approximierende Signal graphisch dar (Figur 2.10):

```
sch = 0.08;               % Definition des Schwellwerts
klein = abs(y)<sch;       % Nullsetzen der kleinen Komponenten
yapp = (1-klein).*y;      % ergibt Approximation für y
xapp = hsyn(yapp);        % Approximation für x

subplot(2,1,1);
plot(t,x);
subplot(2,1,2);
plot(t,xapp);
```

Diese Approximation sieht recht grob aus, hat aber einen entscheidenden Vorteil: Der Vektor yapp enthält *68 Nullen* – dies erkennt man, indem man den Wert von sum(klein) abruft – und stellt also eine zwar verfälschte, aber stark *komprimierte* Darstellung des Signals x dar. Diese Möglichkeit, mit Hilfe von Wavelets Daten effizient zu komprimieren –

---

8   Der geneigte Leser bemerkt, dass dadurch die Indizes um 4 verschoben wurden. Da wir nur um 2 Stufen transformieren, hat das keinen Einfluss. Im Allgemeinen ist aber die Haar-Transformation oder allgemeiner die diskrete Wavelet-Transformation nicht verschiebungsinvariant.

sie wurde auch schon in der Einleitung angesprochen – hat viel zum Erfolg der Wavelets beigetragen. Wir werden sie in den späteren Kapiteln weiterverfolgen.

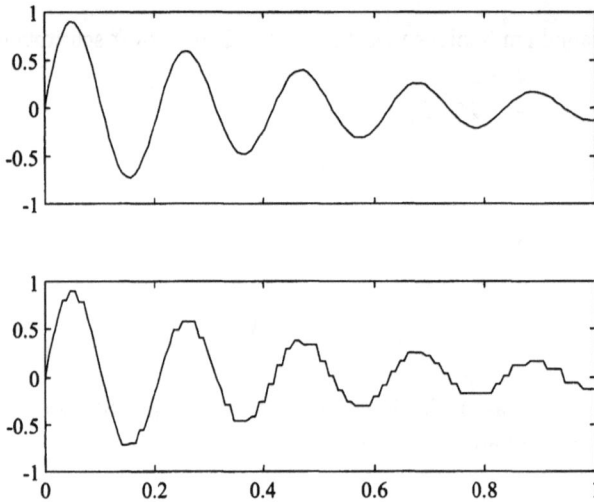

Figur 2.10: Approximation eines Signals durch „Thresholding" der Haarkoeffizienten

Beispiel 3

Auch *Bilder* lassen sich mit der Idee von Beispiel 2, also mittels Thresholding, komprimieren. Ein Grauwertbild wird als Matrix X von Werten aus dem Intervall $[0,1]$ beschrieben (0 = schwarz, 1 = weiss). Nun transformieren wir X, indem wir zunächst die Haartransformation auf alle Zeilen von X und anschließend auf alle Spalten des Resultates anwenden. (Diese Methode stimmt zwar nicht mit der üblichen zweidimensionalen Wavelet-Transformation, wie sie in Abschnitt 7.1 beschrieben wird, überein, wurde aber hier der Einfachheit wegen gewählt.)

Mit einem Scanner haben wir aus einer Fotografie der Eigernordwand ein (256,256)-Grauwertbild erstellt und anschließend mit drei verschiedenen Schwellwerten komprimiert. Figur 2.11 zeigt das Originalbild und die aus den Komprimaten rekonstruierten Bilder.

Originalbild

Schwellwert 0.2

Schwellwert 0.4

Schwellwert 0.8

Figur 2.11: Ein Grauwertbild und 3 komprimierte Versionen davon

Welche *Kompressionsraten* erreicht man mit diesem Verfahren? Das Originalbild X besteht aus $N = 256^2 = 65536$ Bildpunkten. Es sei Y eine transformierte Version von X. Es scheint vernünftig, als grobes Maß für den Informationsgehalt von Y die Anzahl $N_0(Y)$ der Elemente $\neq 0$ von Y und als Kompressionsrate den Quotienten $k := \dfrac{N}{N_0(Y)}$ zu wählen. (Genaueres dazu folgt in Abschnitt 9.1.) Die folgende Tabelle gibt die Kompressionsraten für die obigen drei Bilder:

	Anzahl Elemente $\neq 0$ im transformierten Bild	Kompressionsrate
Schwellwert 0.2	8476	7.7 : 1
Schwellwert 0.4	2504	26 : 1
Schwellwert 0.8	695	94 : 1

Diese Art der Bildkompression hängt mit dem bekannten *Pyramidenalgorithmus* der Bildverarbeitung zusammen. In der 1983 publizierten Arbeit „The Laplacian Pyramid as a
Compact Image Code" stellten P. J. Burt und E. H. Adelson [Bur/Ade] ein Verfahren zur
hierarchischen Darstellung von digitalen Bildern vor.

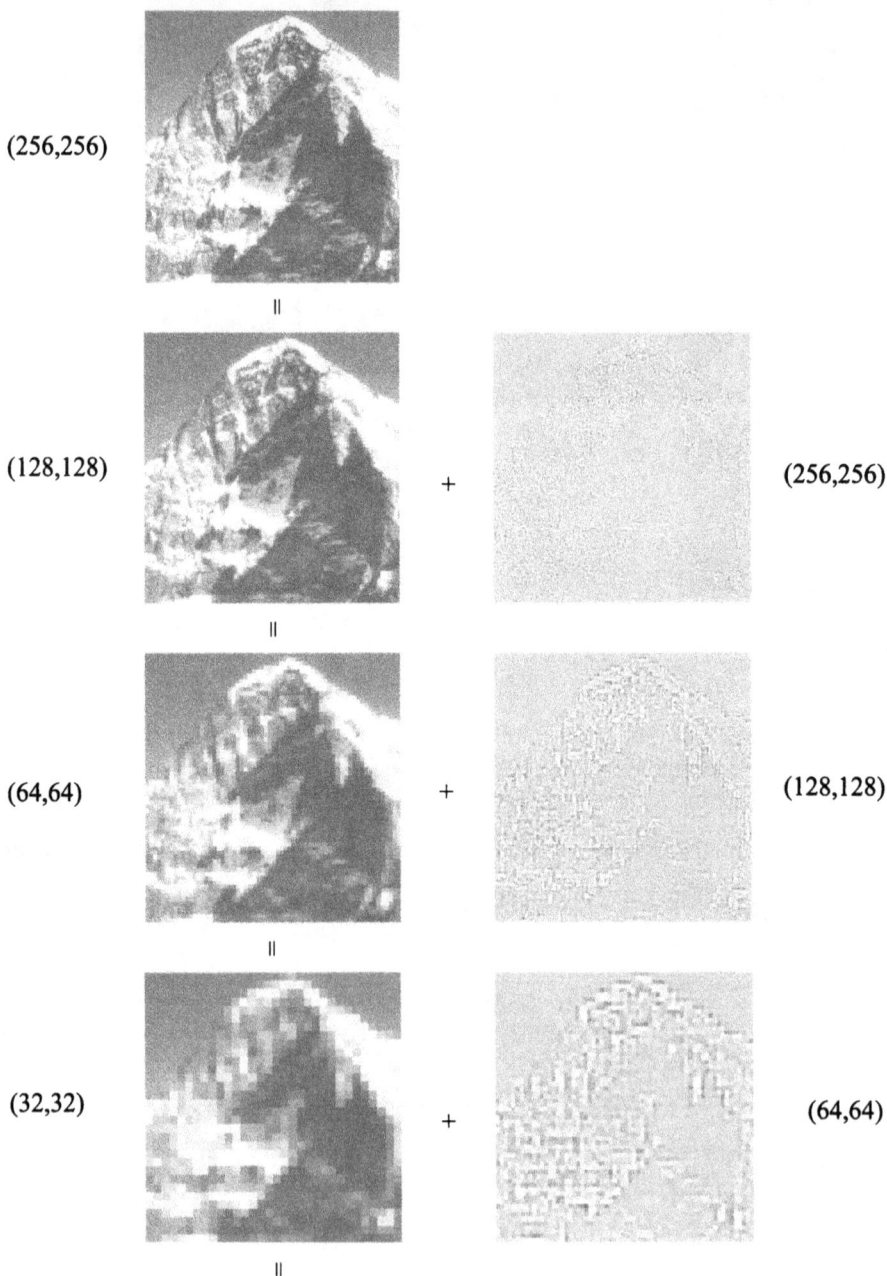

(256,256)

||

(128,128)   +   (256,256)

||

(64,64)   +   (128,128)

||

(32,32)   +   (64,64)

||

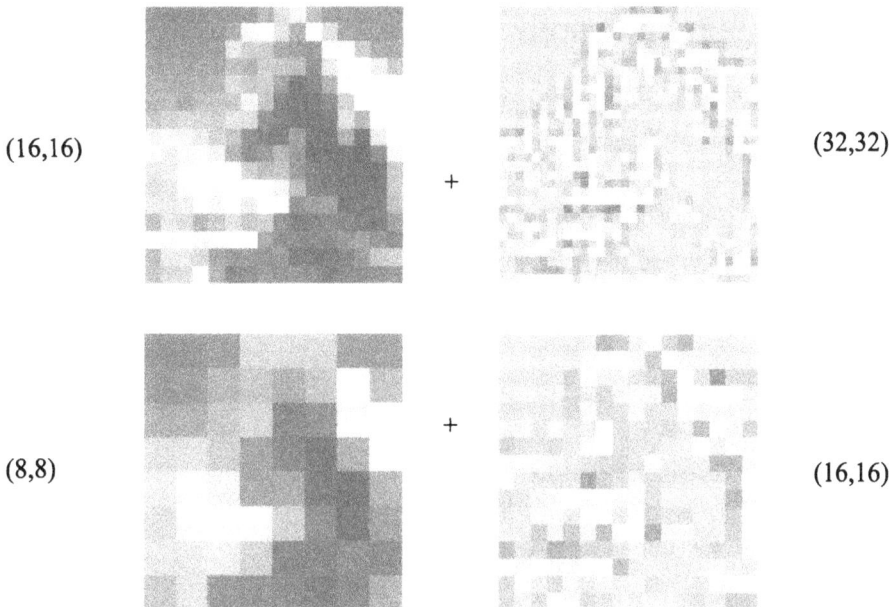

(16,16)   +   (32,32)

(8,8)   +   (16,16)

Figur 2.12: Pyramidendarstellung eines (256,256)-Grauwertbildes

Ihre Idee besteht grundsätzlich darin, ein gegebenes Bild X in gleich große Blöcke zu zerlegen und jedem dieser Blöcke einen gewichteten Mittelwert der Grauwerte seiner Punkte zuzuordnen. Das Resultat dieser zweidimensionalen Tiefpassfilterung ist ein kleineres Bild X_1, das vor allem die großräumigen Bewegungen im Bild X zeigt. Als Ergänzung speichert man zusätzlich die Differenz D_1 zwischen X und einer „aufgeblähten" Version von X_1. Dieses Bild D_1 wird dann die durch den Filterungsprozess verlorenen Details zeigen. Aus X_1 und D_1 lässt sich das Originalbild leicht zurückgewinnen. Nun wird der Prozess wiederholt: Durch Filterung von X_1 erhält man X_2, durch Differenzbildung D_2; so kann man weiter verfahren, bis man ein triviales Bild erreicht hat, das nur aus einem einzigen Bildpunkt besteht. Diese Art der Bilddarstellung benötigt zwar mehr Speicherplatz als das Originalbild; bei gewissen Aufgaben der Bildverarbeitung (Mustererkennung, Bildübertragung) bietet aber die hierarchische Zerlegung große Vorteile. Außerdem kann das Tiefpassfilter dem jeweiligen Problem angepasst werden; ist man zum Beispiel vor allem an *Rändern* interessiert, so wählt man ein Filter, das diese hervorhebt.

Die Haar-Methode – das Tiefpassfilter zuerst zeilenweise, dann spaltenweise angewandt – ergibt eine Einteilung des Bildes in (2,2)-Blöcke. Obwohl die Dimensionen der Bilder bei jedem Schritt halbiert werden, stellen wir sie in Figur 2.12 alle gleich groß dar. Bei den Differenzbildern in der rechten Spalte entspricht der mittlere Grauton dem Wert 0.

2.5   Aufgaben zu Kapitel 2

1   Wie jede Funktion in $L^2(\mathbb{R})$ hat auch die Haarsche Skalierungsfunktion φ selber eine Darstellung als Waveletreihe: $\varphi = \sum_{m,n \in \mathbb{Z}} v_{m,n} \psi_{m,n}$

Bestimmen Sie die Koeffizienten $v_{m,n}$

a)   durch direkte Berechnung der Skalarprodukte $v_{m,n} = \langle \psi_{m,n}, \varphi \rangle$

b)   mittels der schnellen Haartransformation (2.11), ausgehend von $u_{0,n} = \delta_{0,n}$

Kontrollieren Sie direkt, dass $\varphi(t) = \sum_{m,n \in \mathbb{Z}} v_{m,n} \psi_{m,n}(t)$ für alle t. Machen Sie dabei die Fallunterscheidung $t < 0$, $0 \leq t < 1$, $2^k \leq t < 2^{k+1}$ mit $k = 0, 1, 2, \ldots$

2   Die Funktion f sei definiert durch $f(t) := \begin{cases} t & \text{falls } 0 \leq t < 1 \\ 0 & \text{für alle anderen } t \end{cases}$

Berechnen Sie die Approximationskoeffizienten $u_{-4,n}$ als Skalarprodukte und hieraus gemäß (2.11) die Waveletkoeffizienten $v_{m,n}$ für $-3 \leq m \leq 0$. Überzeugen Sie sich mittels einer MATLAB-Graphik davon, dass die rechte Seite von (2.8) für $m_0 = -4$ und $m_1 = 0$ wieder die Treppenapproximation $T_{-4} f$ ergibt.

3   Gehen Sie vom Signal $x = (\ldots, 0, 3, 2, \mathbf{5}, 1, 2, 2, 4, 0, 0, \ldots)$ aus (die Komponente mit Nummer 0 ist fett gedruckt) und führen Sie alle Berechnungen in der Filterbank von Figur 2.9 von Hand aus.

4   Diese Aufgabe können Sie mit den in Abschnitt 2.4 vorgestellten MATLAB-Funktionen oder irgendeiner Wavelet-Software lösen.

Tasten Sie die Funktion $f(t) := \begin{cases} \sin(t) & \text{falls } 0 \leq t < \frac{\pi}{2} \\ 0 & \text{für alle anderen } t \end{cases}$ (oder eine Funktion Ihrer Wahl) an $N = 256$ äquidistanten Stellen für $0 \leq t \leq \pi$ ab und bestimmen Sie die Haartransformierte y dieses diskreten Signals x (vgl. Beispiel 2 in Abschnitt 2.4).

a)   Rekonstruieren Sie für verschiedene Werte M eine Approximation $\hat{x}$ von x aus den M betragsmäßig größten Koeffizienten von y und überzeugen Sie sich davon, dass $\sum_k (x_k - \hat{x}_k)^2$ gleich der Summe der Quadrate der weggelassenen Komponenten von y ist. (Dies ist eine Folge der Orthonormalität der Haar-Basis.) Stellen Sie diese Approximationen auch graphisch dar.

b)   Stellen Sie das Verhältnis $\sum_k (x_k - \hat{x}_k)^2 / \sum_k x_k^2$ als Funktion von M graphisch dar.

3 Filterbänke

In diesem Kapitel sollte der Leser mit den Grundzügen der z-Transformation vertraut sein, wie sie im Anhang, Abschnitt 10.3, dargestellt sind. Wer den funktionalanalytischen Standpunkt bevorzugt (Orthonormalbasen in $L^2(\mathbb{R})$), kann auch zuerst Kapitel 4 lesen.

3.1 Digitalfilter

Ein *Digitalfilter* H ist eine Vorschrift, die einem diskreten Eingangssignal $x = (x_n)_{n \in \mathbb{Z}}$ ein Ausgangssignal $y = (y_n)_{n \in \mathbb{Z}}$ zuordnet. Wir betrachten hier spezielle lineare Filter, deren Wirkung darin besteht, dass das Eingangssignal x mit einer festen Zahlenfolge h *gefaltet* wird. Ein solches Filter ist also durch diese Folge – seine *Filterkoeffizienten* $h = (h_n)_{n \in \mathbb{Z}}$ – gegeben und die n-te Komponente des Ausgangssignals berechnet sich nach der (Faltungs-) Formel

$$y_n = H(x)_n = \sum_{k \in \mathbb{Z}} h_k\, x_{n-k} \quad (n \in \mathbb{Z}) \tag{3.1}$$

Ein besonders einfaches Eingangssignal ist der durch

$$\delta_n := \begin{cases} 1 & \text{falls } n = 0 \\ 0 & \text{falls } n \neq 0 \end{cases}$$

definierte *Einheitsimpuls* δ. Für das zugehörige Ausgangssignal y erhält man

$$y_n = H(\delta)_n = \sum_{k \in \mathbb{Z}} h_k\, \delta_{n-k} = h_n$$

Die Folge h der Filterkoeffizienten eines Filters wird deshalb auch als dessen *Impulsantwort* bezeichnet.

Viele Eigenschaften von Digitalfiltern lassen sich mit Hilfe der z-*Transformation* besonders einfach beschreiben. Wenn wir wie in Abschnitt 10.3 die Transformierte der Folge x mit

$X(z) = \sum_{k\in\mathbb{Z}} x_k z^{-k}$ bezeichnen und analog die Transformierten von y und h mit $Y(z)$ und

$H(z)$ [9], so folgt aus dem Faltungssatz (10.13)

$$Y(z) = H(z) \cdot X(z) \tag{3.2}$$

Im z-Bereich besteht die Wirkung eines Filters also einfach in einer Multiplikation des Eingangssignals mit der *Übertragungsfunktion* $H(z)$.

Wir beschränken uns im Folgenden meistens auf Filter, die nur endlich viele von Null verschiedene Koeffizienten haben, so genannte FIR (*finite impulse response*)-Filter. Die Übertragungsfunktion eines solchen Filters ist ein Laurent-Polynom $H(z) = \sum_{k=N_0}^{N_1} h_k z^{-k}$, also ein „Polynom", in dem auch Potenzen mit negativem ganzzahligem Exponent vorkommen können.

Beispiel 1

Für das Filter $\widetilde{A}$ in Abschnitt 2.3 gilt $y_n = \dfrac{x_n + x_{n-1}}{\sqrt{2}}$. Seine Impulsantwort ist somit gegeben durch $\widetilde{a}_0 = \widetilde{a}_1 = \dfrac{1}{\sqrt{2}}$ (alle anderen Koeffizienten sind Null). Es handelt sich um ein FIR-Filter mit der Übertragungsfunktion $\widetilde{A}(z) = \dfrac{1 + z^{-1}}{\sqrt{2}}$.

Aus der Übertragungsfunktion $H(z)$ eines Filters lässt sich direkt der in der Signalverarbeitung wichtige *Frequenzgang*

$$h^{\wedge}(\xi) := H(e^{j2\pi\xi}) = \sum_{k\in\mathbb{Z}} h_k e^{-jk2\pi\xi} \tag{3.3}$$

gewinnen. Er kann auch als Fouriertransformierte (siehe Abschnitt 10.3) der Koeffizientenfolge h gedeutet werden; umgekehrt ist h die Folge der (komplexen) Fourierkoeffizienten der periodischen Funktion $h^{\wedge}(-\xi)$. Zum Frequenzgang gelangt man auf natürliche Weise, wenn man die Wirkung eines Filters H auf das spezielle Eingangssignal $x = (e^{j2\pi\xi n})_{n\in\mathbb{Z}}$ (eine zu den Zeiten $t = n$ abgetastete harmonische Schwingung der Frequenz ξ) untersucht. Für das zugehörige Ausgangssignal y gilt

$$y_n = \sum_{k\in\mathbb{Z}} h_k x_{n-k} = \sum_{k\in\mathbb{Z}} h_k e^{j(n-k)2\pi\xi} = e^{jn2\pi\xi} \sum_{k\in\mathbb{Z}} h_k e^{-jk2\pi\xi} = e^{jn2\pi\xi} \cdot h^{\wedge}(\xi) = h^{\wedge}(\xi) x_n \text{ , also}$$

$y = h^{\wedge}(\xi)\, x$. Das Ausgangssignal ist damit wieder eine (abgetastete) harmonische Schwingung, und Betrag und Argument von $h^{\wedge}(\xi)$ geben an, wie das Filter die Amplitude und

---

[9]   Wir verwenden also für das Filter und seine z-Transformierte (das heißt seine Übertragungsfunktion) dasselbe Symbol. Es ist aus dem Zusammenhang klar, welche Bedeutung gemeint ist.

Phase der Schwingung $x = (e^{jn2\pi\xi})_{n\in\mathbb{Z}}$ verändert. Man nennt daher die reellwertigen Funktionen $|h^\wedge(\xi)|$ und $\mathrm{Arg}(h^\wedge(\xi))$ *Amplituden-* und *Phasengang*[10] von H. Es sind wie $h^\wedge(\xi)$ periodische Funktionen mit Periode 1; die Schwingungen mit Frequenz ξ und $\xi+1$ ergeben die gleiche Abtastfolge. Diesen Effekt nennt man *Aliasing*. Figur 3.1 illustriert den Sachverhalt, indem die gemeinsame Abtastfolge der Sinusschwingungen mit den Frequenzen 0.2 und 1.2 eingetragen sind. Aliasing kann auch bei Downsampling (siehe Abschnitt 2.3) eintreten, weil dieses als Frequenzverdopplung interpretiert werden kann. So ergibt in Figur 3.1 auch die (gestrichelt gezeichnete) Sinusschwingung mit Frequenz 0.7 – nach Downsampling – die gleiche Abtastfolge.

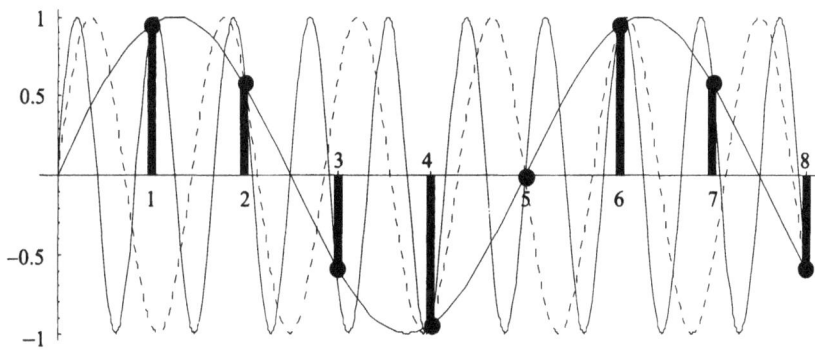

Figur 3.1: Aliasing

Im obigen Beispiel 1 ist der Frequenzgang

$$h^\wedge(\xi) = \frac{1}{\sqrt{2}}(1+e^{-j2\pi\xi}) = e^{-j\pi\xi}\cdot\frac{e^{j\pi\xi}+e^{-j\pi\xi}}{\sqrt{2}} = \sqrt{2}\,e^{-j\pi\xi}\cdot\cos(\pi\xi)$$

Die folgende Figur zeigt den Amplitudengang und Phasengang dieses einfachen Filters. Wir sehen, dass es sich um ein *Tiefpassfilter* handelt und dass der Phasengang im Intervall $[-\frac{1}{2},\frac{1}{2}[$ eine *lineare* Funktion von ξ ist. Der Amplitudengang ist außerdem eine gerade Funktion, $|h^\wedge(-\xi)| = |h^\wedge(\xi)|$ (sein Graph also symmetrisch bezüglich der Ordinatenachse), der Phasengang hingegen eine ungerade Funktion, $\mathrm{Arg}(h^\wedge(-\xi)) = -\mathrm{Arg}(h^\wedge(\xi))$ (sein Graph also symmetrisch bezüglich des Koordinatenursprungs); diese beiden Symmetrieeigenschaften gelten für jedes Filter H mit reeller Impulsantwort, weil dann $h^\wedge(-\xi) = \overline{h^\wedge(\xi)}$.

---

[10] In der elektrotechnischen Literatur stellt man den Amplituden- und Phasengang in logarithmischer Skalierung dar und nennt diese Darstellung das *Bode-Diagramm* von H.

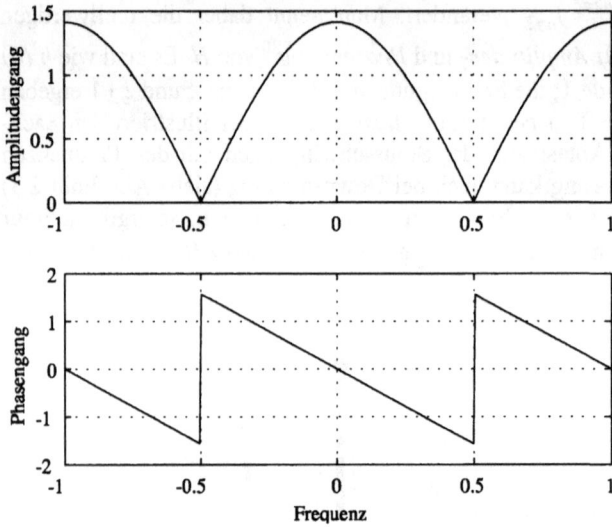

Figur 3.2: Frequenzgang des Filters von Beispiel 1 (Haarsches Tiefpass-Filter)

Beispiel 2

Durch

$$
h_n := \begin{cases}
1 & \text{falls } n = 0 \\
-\dfrac{2}{3} & \text{falls } n = 1 \\
-\dfrac{1}{3} & \text{falls } n = 2 \\
0 & \text{für alle anderen } n
\end{cases}
$$

ist ein *Hochpassfilter* definiert, wie die Figur 3.3 zeigt. Bei diesem Filter ist der Phasengang keine lineare Funktion.

Beispiel 3

Das folgende schöne Tiefpassfilter wurde 1988 von *I. Daubechies* gefunden; es gehört zu einer ganzen Familie von Filtern, die uns im Kapitel 5 beschäftigen wird. Seine Koeffizienten sind wie folgt definiert:

$$h_n := \begin{cases} \dfrac{1+\sqrt{3}}{4\sqrt{2}} & \text{für } n = 0 \\[2mm] \dfrac{3+\sqrt{3}}{4\sqrt{2}} & \text{für } n = 1 \\[2mm] \dfrac{3-\sqrt{3}}{4\sqrt{2}} & \text{für } n = 2 \\[2mm] \dfrac{1-\sqrt{3}}{4\sqrt{2}} & \text{für } n = 3 \\[2mm] 0 & \text{für alle anderen } n \end{cases}$$

Das Quadrat des Amplitudengangs dieses Filter ist, wie man durch Einsetzen in die Definition und Umformen feststellt: $\left| h^\wedge(\xi) \right|^2 = 2 \cos^4(\pi\xi)(1+2\sin^2(\pi\xi))$

Dieses Filter hat eine Reihe interessanter Eigenschaften:

- Die Übertragungsfunktion $H(z)$ hat eine doppelte Nullstelle bei $z = -1$
- Der Amplitudengang hat eine doppelte Nullstelle bei $\xi = \frac{1}{2}$
- Die Ableitung des Amplitudengangs hat eine dreifache Nullstelle bei $\xi = 0$
- Das Filter hat einen „fast-linearen" Phasengang

(siehe Figur 3.4).

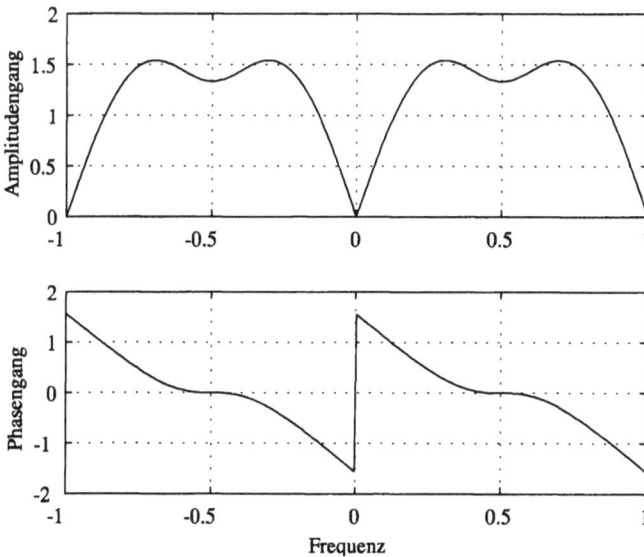

Figur 3.3: Frequenzgang des Hochpassfilters von Beispiel 2

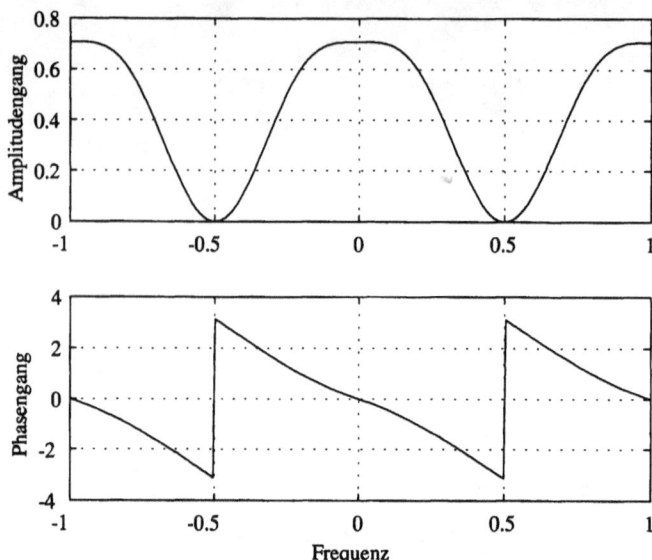

Figur 3.4: Frequenzgang des Filters von Beispiel 3 (Daubechies' Tiefpass-Filter)

Der Leser wird sich fragen, weshalb wir so viel Wert auf einen *linearen Phasengang* gelegt haben. In einigen Anwendungen – vor allem in der Bildverarbeitung – ist man an Filtern interessiert, die die Signale nur glätten und eventuell verzögern, nicht aber verzerren. Dies ist bei linearphasigen Filtern der Fall. Der folgende Satz gibt ein einfaches Kriterium:

> *Falls die Impulsantwort **h** reell ist und entweder symmetrisch oder antisymmetrisch ($h_k = h_{N-k}$ für alle k oder $h_k = - h_{N-k}$ für alle k; N fest), dann ist der Phasengang von H eine stückweise lineare Funktion mit konstanter Steigung $-N\pi$.*

Das Filter in Beispiel 1 ist symmetrisch mit $N = 1$. Vor der Begründung des Satzes bringen wir noch ein Beispiel, in dem **h** antisymmetrisch mit $N = 1$ ist (es handelt sich um das Filter $\tilde{D}$ von Abschnitt 2.3):

Beispiel 4

Das durch $h_0 = \frac{1}{\sqrt{2}}$, $h_1 = - \frac{1}{\sqrt{2}}$ und $h_n = 0$ für alle anderen n definierte Filter hat den in Figur 3.5 gezeigten Frequenzgang. Es handelt sich um ein Hochpassfilter, weil der Amplitudengang bei $\xi = 0$ verschwindet. Der Phasengang hat dort eine Sprungstelle.

Wir beweisen nun den obigen Satz unter der Annahme $h_k = h_{N-k}$ für alle k. Im anderen Fall verläuft der Beweis ähnlich. Aus der Definition des Frequenzgangs (3.3) und der angenommenen Symmetrieeigenschaft folgt

$$h^{\wedge}(\xi) = \sum_k h_k e^{-jk2\pi\xi} = \sum_k h_{N-k} e^{-jk2\pi\xi} = \sum_k h_k e^{-j(N-k)2\pi\xi} = e^{-jN2\pi\xi} \sum_k h_k e^{jk2\pi\xi}$$

$= e^{-jN2\pi\xi} \overline{h^\wedge(\xi)}$. Damit wird

$$\text{Arg}(h^\wedge(\xi)) = \frac{1}{2}\text{Arg}(\frac{h^\wedge(\xi)}{\overline{h^\wedge(\xi)}}) = \frac{1}{2}\text{Arg}(e^{-jN2\pi\xi}) = -N\pi\xi \,(\text{mod}\,\pi)$$

Dies zeigt, dass der Phasengang $\text{Arg}(h^\wedge(\xi))$ eine stückweise lineare Funktion mit konstanter Steigung $-N\pi$ ist.

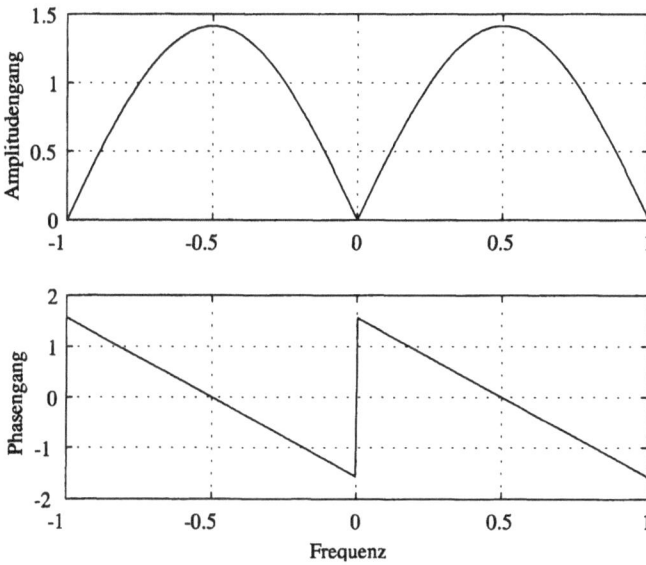

Figur 3.5: Frequenzgang des Filters von Beispiel 4 (Haarsches Hochpass-Filter)

3.2   PR-Filterbänke

Eine Filterbank ist eine Anordnung von Filtern, die dazu dient, ein Signal in verschiedene Teilsignale zu zerlegen oder aus verschiedenen Teilsignalen zu rekonstruieren. Aufgrund des in Abschnitt 2.3 Gesagten interessieren wir uns für 2-Kanal-Filterbänke, die folgendermaßen aufgebaut sind:

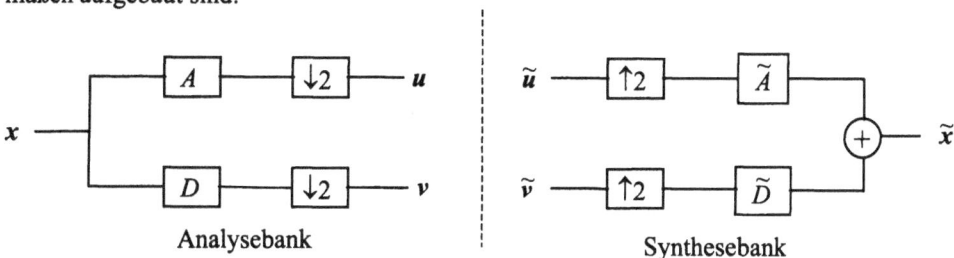

In der Analysebank wird das Signal üblicherweise durch ein Tiefpassfilter A und ein Hochpassfilter D in einen niederfrequenten Bestandteil u und einen hochfrequenten Bestandteil v zerlegt. In der Bank kommen außer den Filtern noch der Dezimationsoperator $\downarrow 2$ und der Expansionsoperator $\uparrow 2$ vor, deren Wirkung darin besteht, dass jede zweite Komponente des Signals weggelassen wird („Downsampling")

$$(...,x_{-2},x_{-1},x_0,x_1,x_2,x_3,x_4,...) \xrightarrow{\downarrow 2} (...,x_{-2},x_0,x_2,x_4,...)$$

beziehungsweise zwischen je zwei Komponenten eine Null eingefügt wird („Upsampling").

$$(...,x_{-1},x_0,x_1,x_2,x_3,x_4,...) \xrightarrow{\uparrow 2} (...,x_{-1},0,x_0,0,x_1,0,x_2,0,x_3,0,x_4,0,...)$$

Wir haben diese Operatoren schon im Abschnitt 2.3 angetroffen. Es sind keine Filter im Sinne des vorhergehenden Abschnittes, da sich ihre Wirkung nicht durch Faltung mit einer festen Folge beschreiben lässt. Sie wurden in der Filterbank eingeführt, damit vor und nach jeder der Teilbänke die pro Zeiteinheit zu verarbeitende Anzahl Signalkomponenten gleich bleibt. In der durch eine senkrechte gestrichelte Linie markierten Lücke können die Teilsignale u, v je nach Anwendung verarbeitet werden: Übertragung, Speicherung in komprimierter Form, Entfernung von Rauschen, ...

Falls nun diese Verarbeitung die Signale u, v exakt rekonstruiert ($\widetilde{u} = u$, $\widetilde{v} = v$), sollte die Synthesebank auch ihrerseits das ursprüngliche Signal x exakt rekonstruieren, das heißt $\widetilde{x} = x$ oder, durch die z-Transformierten ausgedrückt:

$$\widetilde{X}(z) = X(z) \tag{3.4}$$

Eine Filterbank, die dies für alle Signale x leistet, heißt *PR-Filterbank* (*Perfect Reconstruction*). Im Hinblick auf die Konstruktion von solchen PR-Filterbänken wollen wir im Folgenden die Bedingungen studieren, welche durch (3.4) den Filtern in der Filterbank auferlegt werden. Diese Rechnungen präsentieren sich am einfachsten im z-Bereich. Zunächst beachten wir die leicht zu verifizierende Relation (siehe (10.11))

$$y = (\uparrow 2)(\downarrow 2)x \quad \Leftrightarrow \quad Y(z) = \frac{1}{2}(X(z) + X(-z)) \tag{3.5}$$

aus der sich ergibt, dass

$$\widetilde{X}(z) = \frac{1}{2}\Big(\big(A(z)X(z) + A(-z)X(-z) \big)\widetilde{A}(z) + \big(D(z)X(z) + D(-z)X(-z) \big)\widetilde{D}(z) \Big) =$$

$$= \frac{1}{2}\Big(\big(A(z)\widetilde{A}(z) + D(z)\widetilde{D}(z) \big)X(z) + \big(A(-z)\widetilde{A}(z) + D(-z)\widetilde{D}(z) \big)X(-z) \Big)$$

Daraus wir klar, dass (3.4) dann und nur dann für beliebiges x erfüllt werden kann, wenn

$$A(-z)\tilde{A}(z)+D(-z)\tilde{D}(z)=0 \qquad (3.6)$$

$$A(z)\tilde{A}(z)+D(z)\tilde{D}(z)=2 \qquad (3.7)$$

In den Fällen, die uns interessieren, wird (3.6) dadurch gewährleistet, dass

$$D(-z):=z^{\ell}\tilde{A}(z)\ ,\ \ \tilde{D}(z):=-z^{-\ell}A(-z) \qquad (3.8)$$

(wobei ℓ eine zunächst beliebige ganze Zahl bedeutet). Dies ist zwar eine Einschränkung, indem D und $\tilde{D}$ durch A und $\tilde{A}$ bestimmt sind; wir werden aber sehen, dass in der Wahl von A und $\tilde{A}$ noch genügend Freiheit besteht. Um (3.7) zu erfüllen, müssen wir dann A und $\tilde{A}$ so wählen, dass:

$$A(z)\tilde{A}(z)-(-1)^{\ell}A(-z)\tilde{A}(-z)=2 \qquad (3.9)$$

Durch die Einschränkung (3.8) wird also die Aufgabe, eine PR-Filterbank zu entwerfen, auf das Design zweier Filter $A, \tilde{A}$ mit der Eigenschaft (3.9) reduziert. In vielen Fällen geht man von einem Filter M aus, welches die Eigenschaft

$$M(z)-(-1)^{\ell}M(-z)=2 \qquad (3.10)$$

aufweist, und zerlegt dieses in zwei Faktoren,

$$M(z)=A(z)\,\tilde{A}(z) \qquad (3.11)$$

wodurch dann für die beiden Filter $A, \tilde{A}$ die Bedingung (3.9) erfüllt ist. Die Gleichung (3.10) kann aber nur mit ungeradem ℓ erfüllt werden und lautet dann

$$M(z)+M(-z)=2 \qquad (3.12)$$

was bedeutet, dass $m_0=1$, $m_k=0$ für gerades $k\neq 0$.

Beispiel 1

Wählen wir $M(z):=\frac{1}{2}(z^{-1}+2+z)=\frac{1}{2}(1+z^{-1})^2z$, so ist (3.12) erfüllt und wir können (3.11) mit $\tilde{A}(z):=\frac{1}{\sqrt{2}}(1+z^{-1})$, $A(z):=z\tilde{A}(z)=\frac{1}{\sqrt{2}}(1+z)$ Genüge tun. Mit $\ell:=1$ wird dann nach (3.8) also $\tilde{D}(z)=\frac{1}{\sqrt{2}}(1-z^{-1})$, $D(z)=\frac{1}{\sqrt{2}}(1-z)$. Dies sind die Haarschen Filter, die wir schon von Kapitel 2 kennen, und die auch in Abschnitt 3.1 (Beispiele 1 und 4) erwähnt sind. Ihre Frequenzgänge sind in Figur 3.2 und Figur 3.5 zu sehen.

Beispiel 2

Das Filter $M(z) = \frac{1}{16}(-z^{-3} + 9z^{-1} + 16 + 9z - z^3)$ erfüllt (3.12). Mit einem Computer-Algebra-System finden wir die Faktorisierung

$$M(z) = z^{-3}(\frac{1+z}{2})^4(-1 + 4z - z^2) = z^3(\frac{1+z^{-1}}{2})^4(-1 + 4z^{-1} - z^{-2})$$

welche für die Faktorzerlegung (3.11) verschiedene Möglichkeiten offen lässt, zum Beispiel

$$\tilde{A}(z) := \frac{1}{\sqrt{2}}(\frac{1+z^{-1}}{2})^2(-1 + 4z^{-1} - z^{-2}) = \frac{\sqrt{2}}{8}(-1 + 2z^{-1} + 6z^{-2} + 2z^{-3} - z^{-4})$$

$$A(z) := \sqrt{2}(\frac{1+z^{-1}}{2})^2 z^3 = \frac{\sqrt{2}}{4}(z^3 + 2z^2 + z)$$

Mit $\ell = 3$ erhalten wir aus (3.8)

$$\tilde{D}(z) = \frac{\sqrt{2}}{4}(1 - 2z^{-1} + z^{-2}) , \qquad D(z) = \frac{\sqrt{2}}{8}(z^3 + 2z^2 - 6z + 2 + z^{-1})$$

In beiden Beispielen gilt $\tilde{A}(-1) = 0 = \tilde{D}(1)$; im zweiten Beispiel sind diese Nullstellen sogar doppelt. Dies bedeutet, dass der Amplitudengang von $\tilde{A}$ bei $\xi = 0.5$ und der Amplitudengang von $\tilde{D}$ bei $\xi = 0$ je eine einfache oder doppelte Nullstelle haben. Da ferner $\tilde{A}(1) = \sqrt{2} = \tilde{D}(-1)$, ist $\tilde{A}$ ein Tiefpassfilter, $\tilde{D}$ ein Hochpassfilter. Analoges gilt nach (3.8) für A und D; die Analysebank zerlegt also das Signal in einen niederfrequenten und einen hochfrequenten Bestandteil. In Beispiel 1 ist $\tilde{A}$ symmetrisch, $\tilde{D}$ antisymmetrisch; in Beispiel 2 sind beide Filter symmetrisch. Gemäß Abschnitt 3.1 haben also alle vier Filter lineare Phasengänge. Figur 3.6 zeigt die Amplitudengänge von $\tilde{A}$ und $\tilde{D}$ in Beispiel 2.

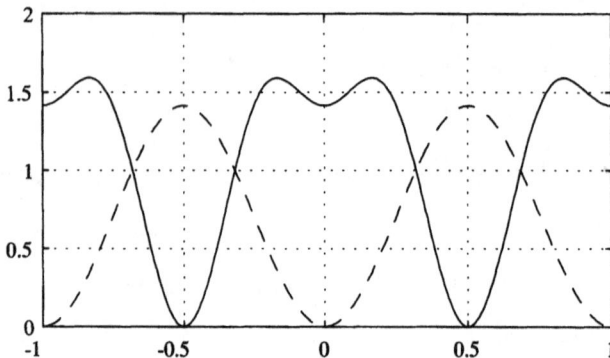

Figur 3.6: Amplitudengänge der Synthese-Filter von Beispiel 2

Beispiel 3

Das Polynom $M(z) = \frac{1}{16}(-z^{-3} + 9z^{-1} + 16 + 9z - z^3)$ von Beipiel 2 hat die vierfache

Nullstelle -1, wie aus der Faktorisierung $M(z) = z^3 (\frac{1+z^{-1}}{2})^4 (-1 + 4z^{-1} - z^{-2})$ hervor-

geht. Der Faktor $-1 + 4z^{-1} - z^{-2}$ hat außerdem noch die Nullstellen $2 - \sqrt{3}$,

$2 + \sqrt{3} = (2 - \sqrt{3})^{-1}$, was uns die Wahl

$$\widetilde{A}(z) := \frac{\sqrt{2}}{-\sqrt{3}-1} (\frac{1+z^{-1}}{2})^2 (z^{-1} - (2 + \sqrt{3}))$$
$$= \frac{\sqrt{2}}{8} ((1+\sqrt{3}) + (3+\sqrt{3})z^{-1} + (3-\sqrt{3})z^{-2} + (1-\sqrt{3})z^{-3})$$

$$A(z) := \frac{\sqrt{2}}{\sqrt{3}-1} (\frac{1+z^{-1}}{2})^2 (z^{-1} - (2 - \sqrt{3}))z^3$$
$$= \frac{\sqrt{2}}{8} ((1-\sqrt{3})z^3 + (3-\sqrt{3})z^2 + (3+\sqrt{3})z + (1+\sqrt{3}))$$

ermöglicht. Das Tiefpassfilter $\widetilde{A}$ wurde auch schon in Abschnitt 3.1, Beispiel 3, vorgestellt. Das Analyse-Tiefpassfilter A steht jetzt aber – im Gegensatz zu Beipiel 2 – in engem Zusammenhang mit $\widetilde{A}$: Es gilt

$$A(z) = \widetilde{A}(z^{-1})$$

Für die Filterkoeffizienten bedeutet dies $a_k = \tilde{a}_{-k}$. Das Synthese-Hochpassfilter ergibt sich darum gemäß (3.8) mit $\ell = 3$ zu $\widetilde{D}(z) = -z^{-3}\widetilde{A}(-z^{-1})$, also $\tilde{d}_k = (-1)^k \tilde{a}_{3-k}$ (Komponenten in umgekehrter Reihenfolge, mit alternierendem Vorzeichen):

$$\widetilde{D}(z) = \frac{\sqrt{2}}{8}((1-\sqrt{3}) - (3-\sqrt{3})z^{-1} + (3+\sqrt{3})z^{-2} - (1+\sqrt{3})z^{-3})$$

Für die Amplitudengänge folgt daraus $|\tilde{d}^{\wedge}(\xi)| = |\tilde{a}^{\wedge}(\frac{1}{2}-\xi)| = |\tilde{a}^{\wedge}(\xi - \frac{1}{2})|$, das heißt ihre Graphen sind gegeneinander um $\frac{1}{2}$ verschoben, und die Analysefilter haben nach (3.8) dieselben Amplitudengänge. Aus (3.7) und $A(z) = \widetilde{A}(z^{-1})$, $D(z) = \widetilde{D}(z^{-1})$ ergibt sich ferner $\widetilde{A}(z)\widetilde{A}(z^{-1}) + \widetilde{D}(z)\widetilde{D}(z^{-1}) = 2$, was für die Amplitudengänge die Beziehung $|\tilde{a}^{\wedge}(\xi)|^2 + |\tilde{d}^{\wedge}(\xi)|^2 = 2$ liefert. Es handelt sich um so genannte QMF (*Q*uadrature *M*irror *F*ilters). In Beispiel 1 liegt ebenfalls ein QMF-Paar vor, nicht aber in Beispiel 2, wie man aus Figur 3.6 sofort sieht.

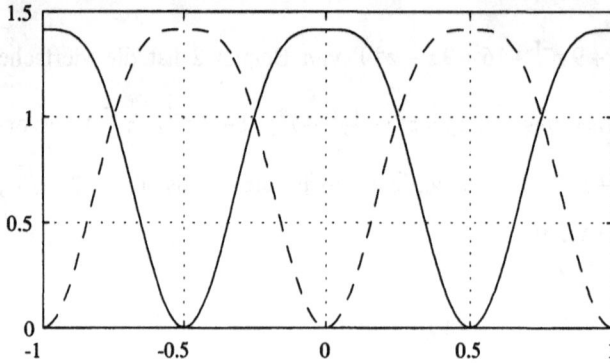

Figur 3.7: Amplitudengänge der Synthese-Filter von Beispiel 3

Zur Illustration zeigen wir in Figur 3.8, wie ein konkretes Signal s mit der Filterbank von Beispiel 3 zerlegt und wieder rekonstruiert wird. Beim Signal handelt es sich um eine Summe zweier Schwingungen und einer „Störung" bei $n = 10$. Die beiden Schwingungen haben die Frequenzen $\frac{1}{12}$ und $\frac{1}{2}$. Während die rasche Schwingung – wie vom Amplitudengang (siehe Figur 3.7) her zu erwarten – vom Tiefpassfilter A vollständig eliminiert wird, passiert die langsame Schwingung neben dem Tiefpassfilter – stark gedämpft – auch das Hochpassfilter D. Die Störung ist sowohl in $A(s)$ wie in $D(s)$ noch gut zu erkennen und zeitlich lokalisierbar, ebenso in den dezimierten Signalen $(\downarrow 2)A(s)$ und $(\downarrow 2)D(s)$. Ein interessanter Effekt zeigt sich bei der Rekonstruktion vor der Addition der beiden Teilsignale $\tilde{A}((\uparrow 2)(\downarrow 2)A(s))$ und $\tilde{D}((\uparrow 2)(\downarrow 2)D(s))$: Das erstere enthält offensichtlich im Vergleich zu $A(s)$ eine zusätzliche rasche, wenn auch ziemlich schwache Schwingung. Dies kann man so erklären: Nach dem Downsampling können Schwingungen der Frequenzen $\frac{1}{12}$ und $\frac{1}{12} - \frac{1}{2}$ nicht mehr unterschieden werden (Aliasing), und die Rekonstruktion $\tilde{A}((\uparrow 2)(\downarrow 2)A(s))$ von $(\downarrow 2)A(s)$ kann daher eine Linearkombination von Schwingungen dieser beiden Frequenzen enthalten. Analog enthält die Rekonstruktion $\tilde{D}((\uparrow 2)(\downarrow 2)D(s))$ von $(\downarrow 2)D(s)$ eine solche Linearkombination, da ja die Schwingung mit Frequenz $\frac{1}{12}$ in $D(s)$ auch noch schwach vorhanden ist. Bei der Addition von $\tilde{A}((\uparrow 2)(\downarrow 2)A(s))$ und $\tilde{D}((\uparrow 2)(\downarrow 2)D(s))$ müssen sich – wegen der PR-Eigenschaft – diese Schwingungen der Frequenz $\frac{1}{12} - \frac{1}{2}$ aufheben; dies ist nichts anderes als die Aussage der Gleichung (3.6), welche also dafür besorgt ist, dass sich das durch das Downsampling verursachte Aliasing der beiden Kanäle bei der Rekonstruktion wieder aufhebt.

Eingangssignal s

$A(s)$ $D(s)$

$(\downarrow 2)A(s)$ $(\downarrow 2)D(s)$

$\tilde{A}((\uparrow 2)(\downarrow 2)A(s))$ $\tilde{D}((\uparrow 2)(\downarrow 2)D(s))$

Ausgangssignal $\tilde{A}((\uparrow 2)(\downarrow 2)A(s)) + \tilde{D}((\uparrow 2)(\downarrow 2)D(s)) = s$

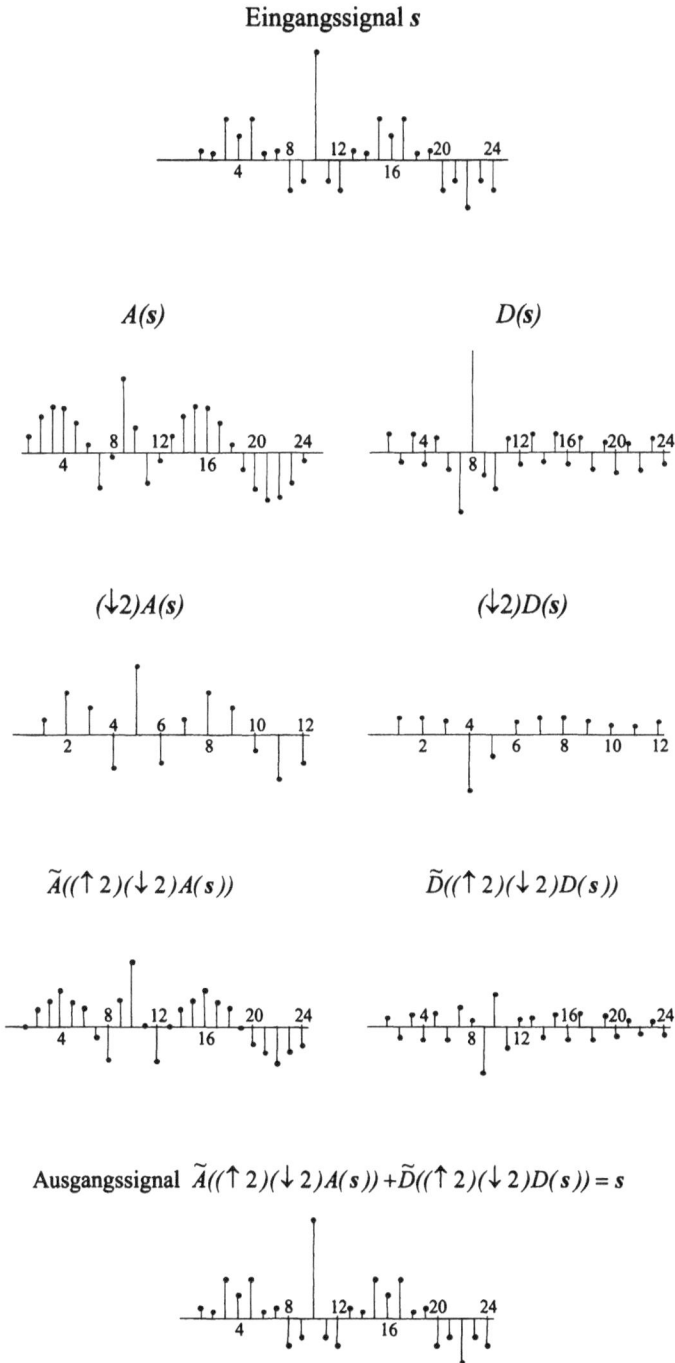

Figur 3.8: Ein Signal durchläuft die Filterbank

3.3   Orthogonale PR-Filterbänke

In den Beispielen 1 und 3 des letzten Abschnitts galt die bemerkenswerte Beziehung

$$A(z) = \tilde{A}(z^{-1}) \tag{3.13}$$

Tatsächlich handelt es sich um eine sehr erwünschte Eigenschaft: Wie sich in Kapitel 4 zeigt, ist sie notwendig für die Orthogonalität des zur Filterbank gehörenden Wavelet-Systems. Wir sprechen daher von einer *orthogonalen* PR-Filterbank, wenn zusätzlich zu den früheren Bedingungen die Relation (3.13) erfüllt ist. Für das Produktfilter M in (3.11) gilt dann $M(z) = \tilde{A}(z)\tilde{A}(z^{-1})$. Eine orthogonale PR-Filterbank wird also durch ein einziges Filter $\tilde{A}$ (normalerweise ein Tiefpassfilter) definiert, welches der Bedingung (3.12), das heißt jetzt

$$\tilde{A}(z)\tilde{A}(z^{-1}) + \tilde{A}(-z)\tilde{A}(-z^{-1}) = 2 \tag{3.14}$$

genügt. Die beiden Hochpass-Filter ergeben sich dann gemäß (3.8) zu

$$\tilde{D}(z) = -z^{-\ell}\tilde{A}(-z^{-1}) \quad , \quad D(z) = (-z)^{\ell}\tilde{A}(-z) \tag{3.15}$$

wobei die Zahl ℓ ungerade sein muss, wie wir im Abschnitt 3.2 gesehen haben, im Übrigen aber frei wählbar ist. Im Falle von FIR-Filtern setzen wir sie normalerweise so fest, dass der erste nichtverschwindende Filterkoeffizient von $\tilde{D}$ den Index 0 hat. Wenn ferner $\tilde{a}_0$ der erste nichtverschwindende Koeffizient von $\tilde{A}$ ist und $\tilde{a}_L$ der letzte (L = „Ordnung" von $\tilde{A}$, $L+1$ = „Filterlänge" von $\tilde{A}$), bedeutet dies nach (3.15) gerade, dass $\ell = L$. Damit ℓ unge-rade ist, muss allerdings die Filterlänge $L+1$ von $\tilde{A}$ gerade sein. Tatsächlich folgt dies aber aus (3.14), was man sieht, wenn man (3.14) in den Zeitbereich übersetzt:

$$\sum_{k=0}^{L} \tilde{a}_k \tilde{a}_{k-n} + (-1)^n \tilde{a}_k \tilde{a}_{k-n} = 2\,\delta_{0,n} \qquad \textit{für alle } n \in \mathbb{Z}$$

Da sich auf der linken Seite die Terme mit ungeradem n ohnehin aufheben, ist dies gleich-wertig zu

$$\sum_{k=0}^{L} \tilde{a}_k \tilde{a}_{k-2n} = \delta_{0,n} \tag{3.16}$$

Wäre nun L gerade, so würde für $2n = L$ aus (3.16) folgen: $\tilde{a}_L \tilde{a}_0 = 0$, ein Widerspruch!

Mit der Wahl $\ell = L$ ergeben sich die Filterkoeffizienten von $\tilde{D}$ gemäß (3.15) zu

$$\tilde{d}_k = (-1)^k \tilde{a}_{L-k} \qquad\qquad (3.17)$$

das heißt $\tilde{d}_0 = \tilde{a}_L$, $\tilde{d}_1 = -\tilde{a}_{L-1}$, $\tilde{d}_2 = \tilde{a}_{L-2}$, ..., $\tilde{d}_{L-1} = \tilde{a}_1$, $\tilde{d}_L = -\tilde{a}_0$.

Die Bedingung (3.16) liefert eine weitere Rechtfertigung der Terminologie „orthogonal": Die Impulsantwort von $\tilde{A}$ ist orthogonal zu den um eine gerade Anzahl von Komponenten verschobenen Versionen dieser Impulsantwort. In der englischen Literatur wird diese Eigenschaft auch als „double-shift orthogonality" bezeichnet. Erwähnen wir schließlich nochmals die QMF-Eigenschaft (siehe Beispiel 3 des Abschnitts 3.2), also die Beziehung der Amplitudengänge

$$\left|\tilde{a}^\wedge(\xi)\right|^2 + \left|\tilde{d}^\wedge(\xi)\right|^2 = 2 \qquad\qquad (3.18)$$

die sich unmittelbar aus (3.14) und (3.15) ergibt.

Im Hinblick auf die erwähnte Orthogonalität der Wavelets ist (3.14) – oder die äquivalente Bedingung (3.16) – eine wichtige Eigenschaft. Leider aber ist es so, dass sie bis auf triviale Beispiele, im Wesentlichen die Haarschen Filter, die ebenso erwünschte Symmetrie der Filter ausschließt (siehe unten). Nur die jeweilige Anwendung kann entscheiden, ob Orthogonalität oder Symmetrie wichtiger sind. Ein (nichtorthogonales) Beispiel mit symmetrischen Filtern ist Beispiel 2 des vorhergehenden Abschnitts.

Die genaue Formulierung der Unverträglichkeit von Orthogonalität und Symmetrie lautet:

Ist in einer orthogonalen PR-Filterbank mit FIR-Filtern das Tiefpass-Filter $\tilde{A}$ symmetrisch, so ist $\tilde{A}(z) = \frac{1}{\sqrt{2}}(1 + z^{-\ell})$ (ℓ ungerade).

Beweis: Die Symmetrie von $\tilde{A}$ bedeutet $\tilde{A}(z^{-1}) = z^\ell \tilde{A}(z)$, wenn wir wieder annehmen, dass $\tilde{a}_0$ der erste nichtverschwindende Filterkoeffizient ist und $\tilde{a}_\ell$ der letzte, wobei, wie wir oben gesehen haben, ℓ ungerade sein muss. Dadurch wird (3.14) zu $\tilde{A}(z)^2 - \tilde{A}(-z)^2 = 2 z^{-\ell}$, also $(\tilde{A}(z) - \tilde{A}(-z)) \cdot (\tilde{A}(z) + \tilde{A}(-z)) = 2 z^{-\ell}$. Nun ist $\tilde{A}$ ein (Laurent-)Polynom, aber die einzigen Zerlegungen von $2 z^{-\ell}$ in polynomiale Faktoren sind von der Form $(b z^{-p})(c z^{-q})$ mit $bc = 2$, $p + q = \ell$. Es folgt etwa $\tilde{A}(z) + \tilde{A}(-z) = b z^{-p}$, $\tilde{A}(z) - \tilde{A}(-z) = c z^{-q}$ und daraus weiter $\tilde{A}(z) = \frac{1}{2}(b z^{-p} + c z^{-q})$. So ergibt sich $p = 0$, $q = \ell$, und wegen der Symmetrie muss $b = c = \sqrt{2}$ sein, also $\tilde{A}(z) = \frac{1}{\sqrt{2}}(1 + z^{-\ell})$.

Für nicht-FIR-Filterbänke sind Orthogonalität und Symmetrie durchaus verträglich, wie das folgende Beispiel zeigt. Es handelt sich um das „ideale Tiefpassfilter", das heißt sein Frequenzgang ist die periodische Funktion

$$\tilde{a}^\wedge(\xi) = \sqrt{2} \cdot \begin{cases} 1 & \text{falls } 0 \leq |\xi| < 0.25 \\ 0 & \text{falls } 0.25 \leq |\xi| < 0.5 \end{cases} \qquad \text{(mit Periode 1 fortgesetzt)}$$

und seine Impulsantwort besteht aus den komplexen Fourierkoeffizienten von $\tilde{a}^\wedge(-\xi)\,(=\tilde{a}^\wedge(\xi))$:

$$\tilde{a} = \sqrt{2}(...,\frac{1}{5\pi},0,\frac{-1}{3\pi},0,\frac{1}{\pi},\frac{\mathbf{1}}{\mathbf{2}},\frac{1}{\pi},0,\frac{-1}{3\pi},0,\frac{1}{5\pi},...)$$

Man sieht, dass

$$\tilde{A}(z^{-1}) = \tilde{A}(z),\ \tilde{A}(-z) = -\tilde{A}(z)+\sqrt{2},\ \tilde{A}(-z^{-1}) = \tilde{A}(-z)\text{, also}$$

$$\tilde{A}(z)\tilde{A}(z^{-1})+\tilde{A}(-z)\tilde{A}(-z^{-1}) = 2\tilde{A}(z)^2 - 2\sqrt{2}\tilde{A}(z)+2 = 2 + 2(\tilde{A}(z)^2 - \sqrt{2}\tilde{A}(z)).$$

Um die Gültigkeit der Orthogonalitätsrelation (3.14) zu zeigen, muss man die Gleichheit $\tilde{A}(z)^2 = \sqrt{2}\tilde{A}(z)$ verifizieren. Es genügt, dies für $z = e^{j2\pi\xi}$ zu tun. In diesem Fall ergibt sich die Gleichheit aber sofort aus der Definition von $\tilde{a}^\wedge(\xi)$.

3.4   Subband Coding

Von der Filterbank zu den Wavelets

Ein diskretes Signal s kann gemäß Abtasttheorem (10.8) als Abtastung (mit Abtastfrequenz 1) eines kontinuierlichen *bandbegrenzten* Signals, und zwar mit Frequenzen $|\xi| \leq \frac{1}{2}$ betrachtet werden. Im Abschnitt 3.2 haben wir weiter gesehen, dass eine Analyse-Filterbank ein diskretes Signal s in zwei Teile aufspaltet, nämlich in ein hochfrequentes Signal $D(s)$, das im Wesentlichen die Anteile mit Frequenzen zwischen $|\xi| = \frac{1}{4}$ und $|\xi| = \frac{1}{2}$ repräsentiert, und ein niederfrequentes Signal $A(s)$, das die Anteile mit Frequenzen $|\xi| \leq \frac{1}{4}$ darstellt. Je nach Filterbank – siehe Amplitudengänge von A und D – ist diese Trennung der Frequenzen mehr oder weniger scharf.

Durch das Downsampling von $A(s)$ zu $u_1 := (\downarrow 2)A(s)$ und von $D(s)$ zu $v_1 := (\downarrow 2)D(s)$ werden die Frequenzen in $A(s)$ wieder auf den Bereich $|\xi| \leq \frac{1}{2}$ normalisiert. Es ist deshalb nahe liegend, die Analyse-Filter jetzt auf u_1 anzuwenden. Man erhält ein Signal $v_2 := (\downarrow 2)D(u_1)$, das – nach Rekonstruktion – die Frequenzanteile von s zwischen $|\xi| = \frac{1}{8}$ und $|\xi| = \frac{1}{4}$ enthält, sowie ein Signal $u_2 := (\downarrow 2)A(u_1)$, das die Frequenzanteile von s mit $|\xi| \leq \frac{1}{8}$ darstellt. So weiter verfahrend, erhalten wir Signale v_1, v_2, v_3, ..., v_k, u_k, wobei v_i Anteile von s mit Frequenzen im Band $\frac{1}{2^{i+1}} \leq |\xi| \leq \frac{1}{2^i}$ darstellt. Das Verfahren wird deshalb auch als *Subband Coding* bezeichnet. Schematisch dargestellt (mit $u_0 = s$):

$$u_0 \quad \xrightarrow{\quad (\downarrow 2)A \quad} \quad u_1 \quad \xrightarrow{\quad (\downarrow 2)A \quad} \quad u_2 \quad \cdots$$

$$\downarrow (\downarrow 2)D \qquad\qquad \downarrow (\downarrow 2)D$$

$$v_1 \qquad\qquad\qquad v_2$$

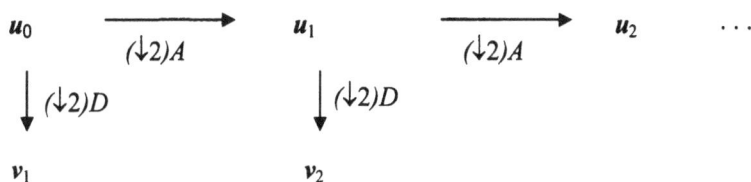

Die Rekonstruktion des ursprünglichen Signals s aus dem Subband-Code v_1, v_2, v_3, ..., v_k, u_k erfolgt durch wiederholte Anwendung der Synthese-Filterbank, das heißt nach dem Schema:

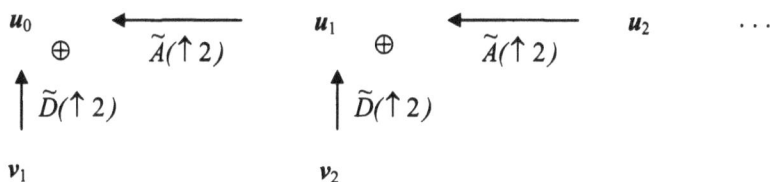

$$u_0 \quad \xleftarrow{\quad \tilde{A}(\uparrow 2) \quad} \quad u_1 \quad \xleftarrow{\quad \tilde{A}(\uparrow 2) \quad} \quad u_2 \quad \cdots$$

$$\uparrow \tilde{D}(\uparrow 2) \qquad\qquad \uparrow \tilde{D}(\uparrow 2)$$

$$v_1 \qquad\qquad\qquad v_2$$

Dabei können wir auch ein v_i (oder u_k) „einzeln" rekonstruieren, indem wir alle andern Teilsignale des Subband-Codes durch $\mathbf{0} = (..., 0, 0, 0, ...)$ ersetzen. So erhalten wir Signale d_i (einzeln rekonstruiert aus v_i, $1 \leq i \leq k$) und a_k (einzeln rekonstruiert aus u_k) mit

$$s = a_k + d_k + d_{k-1} + ... + d_1 \tag{3.19}$$

wobei d_i – bis auf Aliasing-Effekte (siehe das Beispiel am Ende des Abschnitts 3.2) und die den Filtern immanente Unschärfe der Trennung der Frequenzen (wie sie in den Amplitudengängen zum Ausdruck kommt) – aus Schwingungen mit Frequenzen im Band $\frac{1}{2^{i+1}} \leq |\xi| \leq \frac{1}{2^i}$ besteht, und a_k aus Schwingungen mit Frequenzen $|\xi| \leq \frac{1}{2^{k+1}}$.

Bei vielen Anwendungen, vor allem in der Datenkompression, werden die betragsmäßig kleinen Komponenten der Signale v_1, v_2, v_3, ..., v_k, u_k auf Null gesetzt. Es stellt sich daher die wichtige Frage, welche Auswirkungen dies auf das rekonstruierte Signal s hat. Der Fehler, der durch das Nullsetzen einer einzelnen Komponente eines v_i oder von u_k entsteht, ist aber bei dieser Komponente das aus $v_i = \delta$ oder $u_k = \delta$ rekonstruierte (und dem Index der Komponente entsprechend verschobene) d_i oder a_k. In Figur 3.9 sind diese Signale für $i = k = 3$ und für $i = k = 5$ dargestellt, und zwar zuerst für die Filter von Beispiel 1 in 3.2 (Haar) und dann für die Filter von Beispiel 3 in 3.2 (Daubechies). Man erkennt, dass der Übergang von $i = k = 3$ zu $i = k = 5$ für diese Signale im Wesentlichen nur eine Interpolation[11] mit Umnumerierung und eine y-Skalenänderung mit Faktor 0.5 bewirkt. Die Vermutung, dass diese Signale näherungsweise als Abtastungen von zwei kontinuierlich definierten Funktionen aufgefasst werden können, ist damit nicht abwegig.

---

[11] Im zweiten Beispiel werden die schon vorhandenen Werte bei genauerem Hinsehen auch leicht verändert.

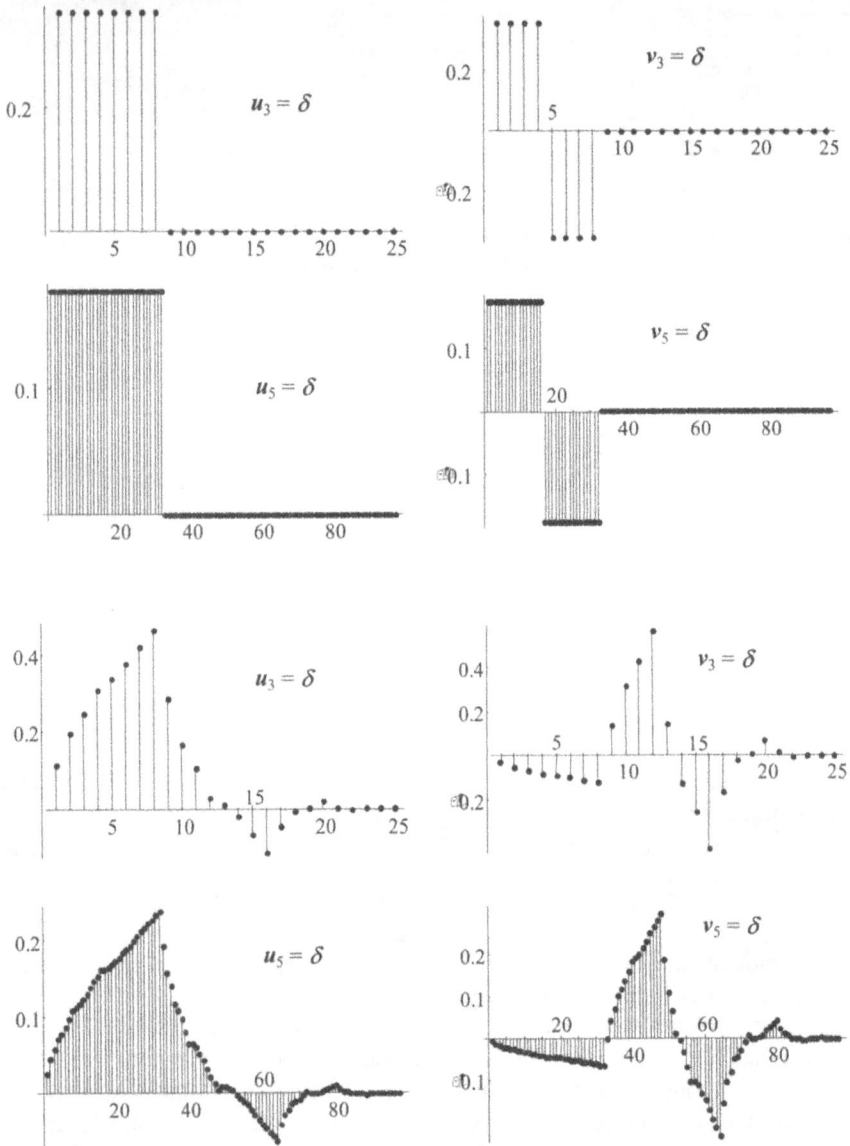

Figur 3.9: Signale, die einzelnen Koeffizienten im Subband Code entsprechen. Oben: mit den Filtern von Beispiel 1 in 3.2 (Haar). Unten: mit den Filtern von Beispiel 3 in 3.2 (Daubechies)

Für eine Filterbank mit „guten" Eigenschaften existieren tatsächlich solche Funktionen (Genaueres darüber ist im Kapitel 6 zu erfahren); sie heißen *Skalierungsfunktion* und *Wavelet* der Filterbank. Da jedes der Signale v_1, v_2, v_3, ..., v_k, u_k als Linearkombination von verschobenen δ's aufgefasst werden kann, ergibt die Rekonstruktion (3.19) dann eigentlich näherungsweise eine Darstellung von s als Linearkombination von Abtastungen verschobener und gestreckter Kopien der Skalierungsfunktion und des Wavelets.

Dass diese Funktionen eine wichtige Rolle spielen, wird durch Figur 3.10 illustriert. Dort wurden im Subband-Code (mit $k = 5$) eines diskreten Signals s alle Signalkomponenten auf eine Genauigkeit von 0.1 gerundet, und anschließend wurde das Signal rekonstruiert. Das Resultat zeigt deutliche Spuren dieser Wavelets und Skalierungsfunktionen! (Wir haben hier statt eines Stabdiagrammes die Darstellung gewählt, in der aufeinanderfolgende Graphpunkte durch eine Strecke verbunden werden, um zu betonen, dass das Signal s als Abtastung einer kontinuierlichen Funktion aufgefasst werden soll.)

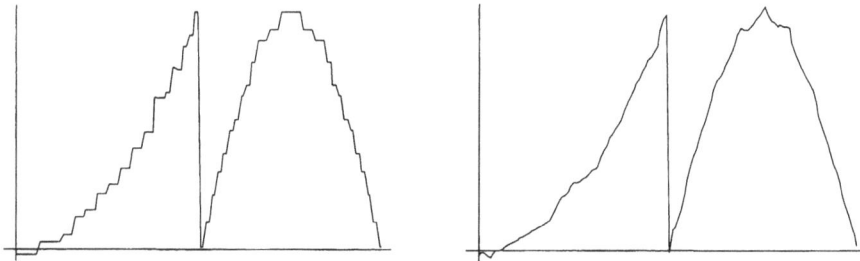

Figur 3.10: Aus Subband Code rekonstruiertes Signal, nachdem alle Komponenten auf eine Genauigkeit von 0.1 gerundet wurden. Links: mit den Filtern von Beispiel 1 in 3.2 (Haar). Rechts: mit den Filtern von Beispiel 3 in 3.2 (Daubechies)

In der im nächsten Kapitel entwickelten „Multiskalen-Analyse" werden solche Darstellungen von kontinuierlich definierten Funktionen untersucht, wobei die Skalierungsfunktion als Ausgangspunkt genommen wird. Im Kapitel 5 werden einige Methoden zur Konstruktion geeigneter Filterbänke vorgestellt, und im Kapitel 6 wird gezeigt, wie aus einer PR-Filterbank die Skalierungsfunktion und das Wavelet gewonnen werden können und welche Eigenschaften diese auszeichnen.

Implementation

Zum Schluss dieses Abschnitts präsentieren wir, als Verallgemeinerung der in 2.4 für den Haarschen Fall vorgestellten MATLAB-Funktionen, eine MATLAB-Implementation des Subband Coding. Natürlich beschränken wir uns dabei auf FIR-Filter. Da wir aber auch immer nur einen endlichen Ausschnitt aus einem diskreten Signal darstellen können, stellt sich bei der Durchführung einer Faltung das „Randwertproblem", die fehlenden Komponenten des Signals links und rechts wenigstens auf eine bestimmte Länge irgendwie zu ergänzen, will man nicht eine ungebührliche Verkürzung der Signale in Kauf nehmen. Die einfachste Art, dies zu tun, ist das „zero padding", also das Einsetzen von Nullen, obwohl dies häufig nicht die dem Signal am besten angepasste Methode ist. In MATLAB kann diese Faltung mit zero padding durch den Befehl `conv` erreicht werden. Wegen des Downsampling und Upsampling ist es ferner wichtig zu wissen, welche Komponente eines MATLAB-Vektors x als Signalkomponente mit Index 0 betrachtet wird. Alle im Folgenden aufgeführten Funktionen enthalten deshalb zu jedem Vektor x noch einen Parameter px, welcher den Index (im Signal x) der ersten Komponente von x angibt. Der MATLAB-

Vektor x = [3 −4 5 13 8] gibt also, falls zum Beispiel px = -2, einen Ausschnitt aus dem Signal x = (..., 3, −4, **5**, 13, 8, ...) wieder, wobei wir wie früher die Komponente von x mit Index 0 fett gedruckt haben.

Für die Analyse brauchen wir die Funktion downfold:

```
function [y,py] = downfold(x,px,h,ph);
% Faltung von x mit h und anschließendes Downsampling
% Input: Signalvektor x mit Anfangsindex px
%        Impulsantwort h mit Anfangsindex ph
% Output: Signalvektor y mit Anfangsindex py
%-------------------------------------------------------
y = conv(x,h);                              % Faltung
py = px+ph; ly = length(y);
if rem(py,2)~=0,                            % Wenn py ungerade,
  py = py+1; y = y(2:ly); ly = ly-1;        % fällt y(1) weg
end;
y = y(1:2:ly); py = py/2;                    % Downsampling
```

Selbstverständlich könnte man dies effizienter bewerkstelligen; es werden ja doppelt so
viele Koeffizienten berechnet wie wirklich benötigt werden. Der Einfachheit halber wollen
wir uns aber getreu an die mathematische Formulierung halten. Die Wavelet-Toolbox von
MATLAB (Release 13) macht es übrigens auch so. Ein Analyse-Schritt im Subband Coding sieht dann also so aus (a und d enthalten die Impulsantworten der Filter A und D):

```
function [u,pu,v,pv] = anastep(x,px,a,pa,d,pd);
% Ein Analyse-Schritt im Subband Coding
%-------------------------------------------------
[u,pu] = downfold(x,px,a,pa);
[v,pv] = downfold(x,px,d,pd);
```

Für die Synthese verwenden wir die Funktion foldup:

```
function [y,py]=foldup(x,px,h,ph);
% Upsampling von x und anschließende Faltung mit h
%-------------------------------------------------
y = [zeros(size(x));x]; y = y(:).';          % Upsampling
y = y(2:length(y)); py = 2*px;
y = conv(y,h); py = py+ph;                    % Faltung
```

Beim Addieren der beiden expandierten und gefalteten Signale trifft man auf eine Schwierigkeit: Die beiden Signale können verschiedene Längen haben, und ihre Anfangsindizes
können verschieden sein (as und ds bezeichnen die Impulsantworten der Filter $\tilde{A}$ und $\tilde{D}$):

```
function [y,py]=synstep(u,pu,v,pv,as,pas,ds,pds);
% Ein Synthese-Schritt im Subband Coding
%-------------------------------------------
[y1,py1] = foldup(u,pu,as,pas);
[y2,py2] = foldup(v,pv,ds,pds);
py = min(py1,py2);               % Anfangsindex bestimmen
y1 = [zeros(1,py1-py) y1];       % links mit Nullen angleichen
y2 = [zeros(1,py2-py) y2];
ly1 = length(y1); ly2 = length(y2);
y1 = [y1 zeros(1,ly2-ly1)];      % rechts mit Nullen angleichen
```

```
y2 = [y2 zeros(1,ly1-ly2)];
y = y1+y2;                              % jetzt addieren !
```

Als Beispiel berechnen wir zuerst mit den Filtern von Beispiel 2 in Abschnitt 3.2 die aus $u_{10} = \delta$ oder $v_{10} = \delta$ einzeln rekonstruierten Signale (analog zu Figur 3.9):

```
% Definition der Filter
as = sqrt(2)/8*[-1 2 6 2 -1]; pas = 0;
ds = sqrt(2)/4*[1 -2 1]; pds = 0;
a = sqrt(2)/4*[1 2 1]; pa = -3;
d = sqrt(2)/8*[1 2 -6 2 1]; pd = -3;

% „Skalierungsfunktion"
u = [1]; pu = 0; n = 10;
for k = 1:n,
   [u,pu] = synstep(u,pu,[0],0,as,pas,ds,pds);
end;
subplot(1,2,1); plot((1:length(u)),u);

% „Wavelet"
u = [0]; pu = 0; v = [1]; pv = 0;
[u,pu] = synstep(u,pu,v,pv,as,pas,ds,pds);
for k = 2:n,
   [u,pu] = synstep(u,pu,[0],0,as,pas,ds,pds);
end;
subplot(1,2,2); plot(1:3*2^n,u(1:3*2^n));
```

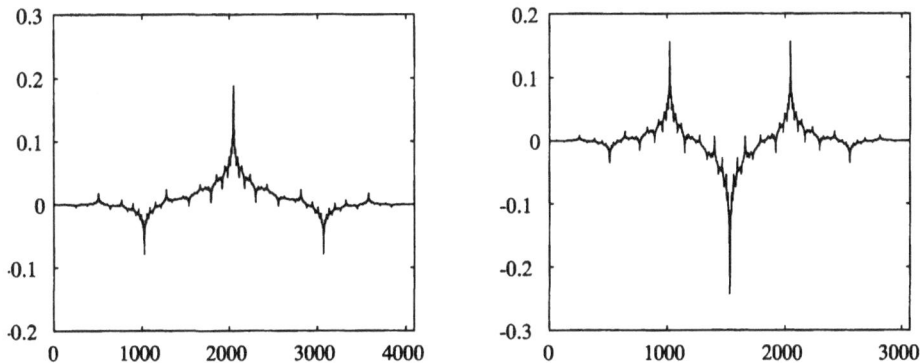

Figur 3.11: Aus $u_{10} = \delta$ (links) und $v_{10} = \delta$ (rechts, jeweils alle andern Koeffizienten Null) rekonstruiertes Signal, mit der Filterbank von Beispiel 2 in Abschnitt 3.2

Das Resultat lässt vermuten, dass diese Filterbank nicht sehr geeignet ist für Subband Coding. In der Tat: Wenn wir eine Abtastung einer Funktion durch Thresholding der Koeffizienten im Subband Code komprimieren (siehe Beispiel 1 in Abschnitt 2.4) und anschließend rekonstruieren, erhalten wir folgendes Resultat:

```
% Signal
t = linspace(0,1,1024);
s = 100*(t.^2).*exp(-8*t);
```

```
% Initialisierungen
u = s; pu = 0; k = 10; v = []; l = []; p = [];

% Analyse
for i = 1:k,
   [u,pu,vi,pvi] = anastep(u,pu,a,pa,d,pd);
   v = [vi v]; l = [length(vi) l]; p = [pvi p];
end;
% Thresholding der v-Koeffizienten
v = v.*(abs(v)>=0.1);

% Synthese
for i = 1:k,
   [u,pu] = synstep(u,pu,v(1:l(1)),p(1),as,pas,ds,pds);
   v = v((l(1)+1):length(v));
   l = l(2:length(l)); p = p(2:length(p));
end;

% Resultat darstellen
plot(u(-pu+1:-pu+1024));
```

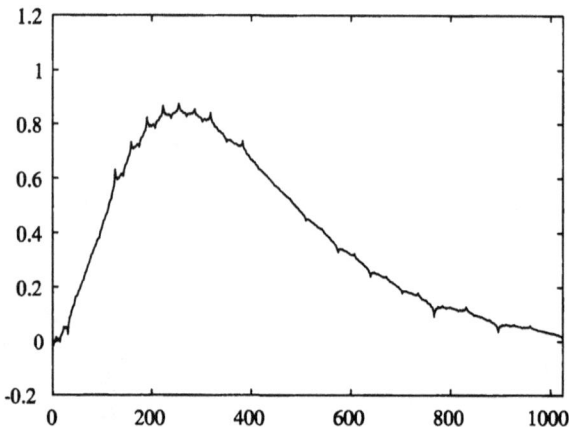

Figur 3.12: Die Funktion
$f(t):=100\,t^2\,e^{-8\,t}$ *nach Thresholding der v-Koeffizienten mit Schwellwert 0.1, Filterbank von Beispiel 2 in Abschnitt 3.2*

Interessanterweise liegen die Verhältnisse ganz anders, wenn wir die Rollen der Synthese- und Analysefilter vertauschen. Die algebraischen Bedingungen für eine PR-Filterbank (Gleichungen (3.6) und (3.7)) bleiben dabei erhalten. Wir verzichten hier auf den MAT-LAB-Code und zeigen nur das Resultat (Figur 3.13). Dieses wird verständlich, wenn wir auch wieder, wie in Figur 3.11, die den einzelnen Komponenten im Subbandcode entsprechenden Signale anschauen (Figur 3.14).

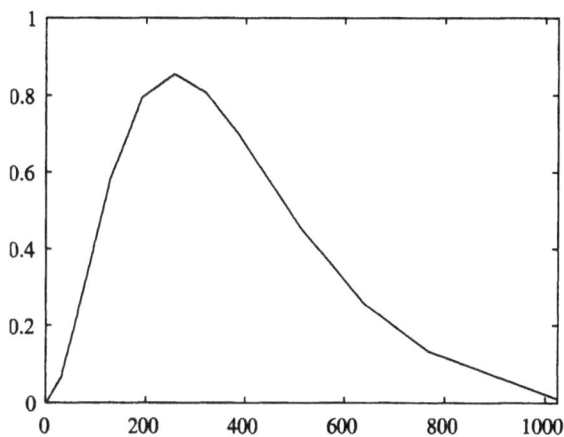

Figur 3.13: Wie Figur 3.12, aber mit vertauschten Rollen der Analyse- und Synthesefilter

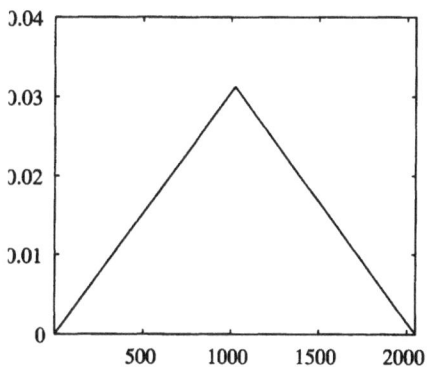

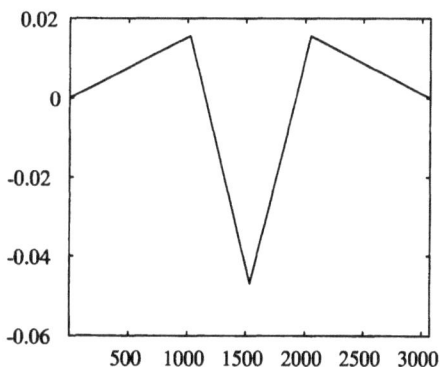

Figur 3.14: Wie Figur 3.11, aber mit vertauschten Rollen der Analyse- und Synthesefilter

3.5   Aufgaben zu Kapitel 3

1   Hier sind die Impulsantworten zweier Filter, die sich beide als Synthese-Tiefpassfilter $\tilde{A}$ einer orthogonalen PR-Filterbank eignen:

$$\sqrt{2}(\mathbf{0.2},\ 0.6,\ 0.3,\ -0.1)$$

$$\tfrac{\sqrt{2}}{16}(-1+\sqrt{7},\ 5+\sqrt{7},\ 8,\ 0,\ 1-\sqrt{7},\ 3-\sqrt{7}\,)$$

a)   Prüfen Sie dies nach (Bedingungen (3.14) oder (3.16)) und geben Sie jeweils auch die anderen drei Filter der Filterbank an ((3.13) und (3.15)).

b)   Zeichnen Sie mit MATLAB die Amplituden- und Phasengänge aller Filter und erzeugen Sie die zu Figur 3.11 analogen Figuren.

2   Die beiden Filter $\tilde{A}$ und A mit den Impulsantworten

$$\tfrac{\sqrt{2}}{32}(-1,\ 0,\ 9,\ \mathbf{16},\ 9,\ 0,\ -1)\ \text{und}\ \tfrac{\sqrt{2}}{64}(1,\ 0,\ -8,\ 16,\ \mathbf{46},\ 16,\ -8,\ 0,\ 1)$$

erfüllen (mit $M(z) = A(z)\tilde{A}(z)$) die Bedingung (3.12), definieren also mittels (3.8) eine PR-Filterbank (Wählen Sie dort $\ell = 1$). Bearbeiten Sie die gleichen Aufträge wie in Aufgabe 1.

3   Formulieren Sie die Bedingung (3.16), also $\displaystyle\sum_{k\in\mathbb{Z}} \tilde{a}_k \tilde{a}_{k-2n} = \delta_{0,n}$, mit Hilfe der Operationen „Faltung", „Zeitumkehr" und „Downsampling".

4   Wir wollen alle Filter $\tilde{A}$ mit Impulsantwort $(\tilde{a}_0, \tilde{a}_1, \tilde{a}_2, \tilde{a}_3)$ der Länge 4 bestimmen, welche (3.16) (zwei Gleichungen) und zusätzlich die Bedingung $\tilde{a}_0 + \tilde{a}_1 + \tilde{a}_2 + \tilde{a}_3 = \sqrt{2}$ erfüllen. (Die Bedeutung dieser Bedingung wird in Kapitel 4 klar werden.)

a)   Benützen Sie beispielsweise die Symbolic Math Toolbox von MATLAB, um die drei Gleichungen mit $\tilde{a}_0$ als Parameter nach $\tilde{a}_1, \tilde{a}_2, \tilde{a}_3$ aufzulösen. Mit $\tilde{a}_0 = \sqrt{2}\cdot 0.2$ erhalten Sie dann beispielsweise das erste Filter in Aufgabe 1, mit $\tilde{a}_0 = \tfrac{\sqrt{2}}{8}(1+\sqrt{3}\,)$ das Daubechies-Filter (Beispiel 3 in Abschnitt 3.2)

b)   Benützen Sie die in Abschnitt 3.4 vorgestellten MATLAB-Funktionen, um mit einigen dieser Filter den Subband Code (etwa über 3 Stufen) einer Abtastfolge je einer konstanten, linearen und quadratischen Funktion zu berechnen und hierauf eine Näherung der Abtastfolge unter Vernachlässigung aller „Detailkoeffizienten" $v_{m,n}$ zu rekonstruieren. Worin unterscheidet sich in dieser Hinsicht das Daubechies-Filter von den übrigen Filtern?

4   Multiskalen-Analyse

4.1   Orthogonale Multiskalen-Analyse (MSA)

Die Multiskalen-Analyse ist eine Theorie, welche Entwicklungen in der Wavelet-Theorie (Wavelet-Orthonormalbasen des $L^2(\mathbb{R})$ von Haar und Meyer), der digitalen Signalverarbeitung (Subband Coding, Quadrature Mirror Filters, Filterbänke) und der Bildverarbeitung (Pyramidenalgorithmus) auf eine einheitliche begriffliche Basis stellt.

Eine MSA ist mit einem Mikroskop vergleichbar, durch welches man eine Funktion mit frei wählbarer Auflösung (Vergrößerung) an frei wählbarer Stelle betrachten kann. Sie verwendet dazu eine *Skalierungsfunktion* φ, die man sich als kurzen, mehrheitlich positiven Impuls vorstellen muss. Skalierungsfunktionen sind also keine Wavelets (Wavelets haben immer Mittelwert 0, siehe Abschnitt 8.2). Wavelets werden wir erst später durch eine Art Differenzenbildung konstruieren, ähnlich wie man das Haarsche Wavelet von Kapitel 2 als Differenz zweier gegeneinander verschobener Rechteckfunktionen gewinnen kann. Wir sind nur an reellen Skalierungsfunktionen interessiert; daher brauchen wir in Formeln mit Skalarprodukten nicht auf das Konjugieren zu achten.

Um eine L^2-Funktion f in der Skala 2^m darzustellen, versucht man, sie möglichst genau als Linearkombination der mit 2^m gestreckten und um $n2^m$ verschobenen Versionen von φ zu schreiben:

$$f \approx \sum_{n \in \mathbb{Z}} u_{m,n} \varphi_{m,n} \text{ möglichst genau bezüglich der } L^2\text{-Norm}$$

wobei wieder

$$\varphi_{m,n}(t) := 2^{-\frac{m}{2}} \varphi(2^{-m}t - n)$$

Wählt man als Skalierungsfunktion eine Rechteckfunktion der Breite 1 (die „Haarsche Skalierungsfunktion" von Abschnitt 2.2), so ist die Approximation von f in der Skala 2^m gerade die Treppenfunktion $T_m f$ von Kapitel 2. Der Nachteil dieser Skalierungsfunktion ist aber ihre Unstetigkeit. Wie eine Approximation durch eine *stetige* Skalierungsfunktion etwa aussehen könnte, lässt sich aus Figur 4.1 erahnen.

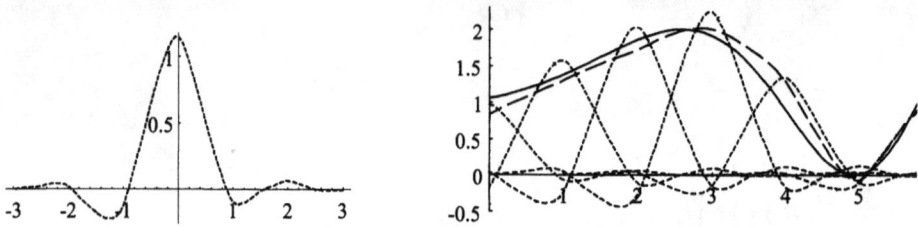

Figur 4.1: Links: Eine Skalierungsfunktion φ. Rechts: Eine Funktion f (durchgezogen) und ihre Approximation (grob gestrichelt) als Summe der $u_{0,n}$ $\varphi_{0,n}$, $n = 0, 1, 2, ..., 6$ (fein gestrichelt)

Die Bestimmung der besten Koeffizienten $u_{m,n}$ ist besonders einfach, wenn die $\varphi_{m,n}$ ($n \in \mathbb{Z}$) pro Skala, also bei festem m, eine *orthonormierte Familie* bilden, wenn also $<\varphi_{m,n}, \varphi_{m,k}> = \delta_{n,k}$ gilt. Im Kapitel 1 (Seite 9) wurde gezeigt, dass für die Koeffizienten der besten L^2-Approximation $\sum\limits_{n \in \mathbb{Z}} u_{m,n} \varphi_{m,n}$ einer Funktion f gilt:

$$u_{m,n} = <\varphi_{m,n}, f> = \int\limits_{-\infty}^{\infty} \varphi_{m,n}(t)f(t)dt \qquad (4.1)$$

Diese Formel besagt, dass man sich $u_{m,n}$ als einen gewichteten Mittelwert von f in einer Umgebung der Stelle $n2^m$ vorstellen muss. Je kleiner m, desto enger ist diese Umgebung, desto genauer werden die $u_{m,n}$ proportional zu *Abtastwerten* von f. Dies ist wichtig für die in Abschnitt 4.3 diskutierte schnelle Wavelet-Transformation.

Wegen der Verschiebungs- und Streckungseigenschaften des Skalarproduktes (Integral!) $<,>$ genügt es, die Orthonormalitätsbedingung für $m = 0$ zu verlangen, oder noch spezieller

$$< \varphi_{0,n}, \varphi> = \delta_{0,n} \quad \text{für } n \in \mathbb{Z} \qquad \qquad \text{„Orthonormalitätsbedingung"} \quad (M1)$$

Bezeichnen wir die beste Approximation von f in der Skala 2^m mit $A_m f$, so gilt wegen (4.1)

$$A_m f = \sum\limits_{n \in \mathbb{Z}} <\varphi_{m,n}, f> \varphi_{m,n} \qquad (4.2)$$

Weiter sei V_m der von den $\varphi_{m,n}$ ($n \in \mathbb{Z}$) erzeugte Funktionenraum oder, anders ausgedrückt, die Menge aller f, die in der Skala 2^m exakt dargestellt werden können, also die Menge aller $f \in L^2(\mathbb{R})$ mit $f = A_m f$. Für ein beliebiges $f \in L^2(\mathbb{R})$ deuten wir $A_m f$ gemäß den Ausführungen in der Einleitung als *Projektion* von f auf V_m:

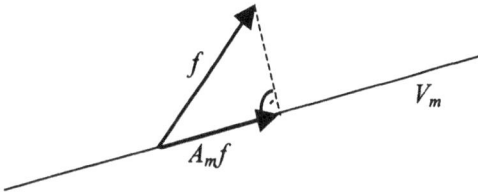

Figur 4.2: Orthogonale Projektion auf V_m

Die Skalierungsfunktion φ selber liegt in V_0. Wir stellen jetzt noch eine Forderung, welche die verschiedenen Approximationen einer Funktion f miteinander verknüpft. Intuitiv gesehen sollte ein f, das in der Skala 2^m exakt dargestellt werden kann, auch in jeder feineren Skala 2^p exakt darstellbar sein, das heißt V_m sollte in jedem V_p enthalten sein, wenn $p<m$:

$$... \subset V_1 \subset V_0 \subset V_{-1} \subset V_{-2} \subset ...$$

Dazu genügt es zu verlangen, dass φ ($\in V_0$) auch in V_{-1} liegt, was bedeutet, dass es (reelle, weil wir φ als reell vorausgesetzt haben) Zahlen h_k ($k \in \mathbb{Z}$) gibt mit $\varphi = \sum_{k \in \mathbb{Z}} h_k \varphi_{-1,k}$, also

$$\varphi(t) = \sqrt{2} \sum_{k \in \mathbb{Z}} h_k \varphi(2t - k) \qquad \text{„2-Skalenrelation"} \qquad (M2)$$

Daraus folgt, wie man durch Einsetzen von t bestätigt,

$$\varphi_{m,n} = \sum_{k \in \mathbb{Z}} h_k \varphi_{m-1,k+2n} = \sum_{k \in \mathbb{Z}} h_{k-2n} \varphi_{m-1,k} \in V_{m-1} \qquad (4.3)$$

Ist $f \in V_m$, dann auch $f \in V_{m-1}$. Schließlich ist auch

$$\varphi \text{ integrierbar und } \int_{-\infty}^{\infty} \varphi(t)\, dt = 1 \qquad \text{„Mittelungseigenschaft"} \qquad (M3)$$

eine natürliche Forderung. Die folgende Überlegung soll dies begründen: Da wir uns ja φ als kurzen Impuls bei 0 vorstellen, sollte φ jedenfalls integrierbar sein, und $\varphi_{m,n}$ ist dann für $m \to -\infty$ ein sehr kurzer Impuls bei $n2^m$. Für jede stetige und integrierbare Funktion f muss also gelten: $<\varphi_{m,n}, f> \approx f(n2^m) \int_{-\infty}^{\infty} \varphi_{m,n}(t)\, dt = f(n2^m) 2^{\frac{m}{2}} \int_{-\infty}^{\infty} \varphi(t)\, dt = f(n2^m) 2^{\frac{m}{2}} C$

mit $C := \int_{-\infty}^{\infty} \varphi(t)\, dt$. Soll ferner $f \approx \sum_{n \in \mathbb{Z}} <\varphi_{m,n}, f> \varphi_{m,n}$ gelten, so folgt weiter

$$\int_{-\infty}^{\infty} f(t)\,dt \approx \sum_{n\in\mathbb{Z}} f(n2^m)2^{\frac{m}{2}} C \int_{-\infty}^{\infty} \varphi_{m,n}(t)\,dt = \sum_{n\in\mathbb{Z}} f(n2^m)(2^{\frac{m}{2}} C)^2 = C^2 \sum_{n\in\mathbb{Z}} f(n2^m)2^m \approx$$

$\approx C^2 \int_{-\infty}^{\infty} f(t)\,dt$. Bei der letzten Approximation haben wir verwendet, dass $\displaystyle\sum_{n\in\mathbb{Z}} f(n2^m)2^m$

eine Riemann-Näherung von $\displaystyle\int_{-\infty}^{\infty} f(t)\,dt$ ist. Diese Rechnungen zeigen, dass unter relativ

schwachen Voraussetzungen an φ die Forderung $f \approx \displaystyle\sum_{n\in\mathbb{Z}} <\varphi_{m,n}, f> \varphi_{m,n}$, dass man also

jede stetige und integrierbare Funktion f beliebig genau durch die $\varphi_{m,n}$ approximieren kann, dazu führt, dass $C^2 = 1$ und damit $C = \pm 1$. Ist $C = -1$, kann man, ohne (M1) und (M2) zu verletzen, φ durch $-\varphi$ ersetzen, und (M3) ist auch erfüllt.

Umgekehrt lässt sich zeigen, dass, wenn φ gut lokalisiert ist und die Bedingungen (M1), (M2), (M3) erfüllt, für jede L^2-Funktion f gilt

$A_m f \to f$ (das heißt $\|A_m f - f\| \to 0$)   für $m \to -\infty$

$$(4.4)$$

$A_m f \to 0$ (das heißt $\|A_m f\| \to 0$)   für $m \to \infty$

Die Haarsche Skalierungsfunktion erfüllt alle drei Forderungen (M1)–(M3) in offensichtlicher Art, (M2) mit $h_0 = h_1 = \dfrac{1}{\sqrt{2}}$ (alle andern $h_k = 0$).

Wir fassen unsere Forderungen an die Skalierungsfunktion φ zusammen:

$<\varphi_{0,n}, \varphi> = \delta_{0,n}$ für $n \in \mathbb{Z}$	„Orthonormalität"	(M1)
$\varphi = \displaystyle\sum_{k\in\mathbb{Z}} h_k \varphi_{-1,k}$, das heißt		
	„2-Skalenrelation"	(M2)
$\varphi(t) = \sqrt{2} \displaystyle\sum_{k\in\mathbb{Z}} h_k \varphi(2t - k)$		
φ integrierbar und $\displaystyle\int_{-\infty}^{\infty} \varphi(t)\,dt = 1$	„Mittelungseigenschaft"	(M3)

Eine orthogonale *Multiskalen-Analyse (MSA)* ist gegeben, wenn eine Funktion φ und Zahlen h_k ($k \in \mathbb{Z}$) vorliegen, so dass diese drei Bedingungen erfüllt sind. Die Zahlen h_k nennt man auch *Filterkoeffizienten* von φ. Für den späteren Gebrauch erwähnen wir die folgenden wichtigen Eigenschaften:

$$\sum_{k\in\mathbb{Z}} h_k = \sqrt{2} \qquad\qquad (4.5)$$

$$\sum_{k\in\mathbb{Z}} h_k\,h_{k+2n} = \delta_{0,n} \qquad \text{für alle } n \qquad (4.6)$$

Die Formel (4.5) ergibt sich durch Integration von (M2), indem man (M3) beachtet. Um (4.6) zu erhalten, setze man in (M1) die Relationen (M2) und (4.3) (mit $m = 0$) ein, und beachte, dass die Funktionen $\varphi_{-1,k}$ ebenfalls ein orthonormiertes System bilden. (Aus $f = \sum_{k\in\mathbb{Z}} a_k\varphi_{-1,k}$ und $g = \sum_{k\in\mathbb{Z}} b_k\varphi_{-1,k}$ folgt also $<f,g> = \sum_{k\in\mathbb{Z}} a_k b_k$.) Der Leser, der Kapitel 3 schon gelesen hat, erkennt in (4.6) unschwer die Bedingung (3.16), was zeigt, dass das Digitalfilter H mit Impulsantwort $h = (h_k)_{k\in\mathbb{Z}}$ als Tiefpassfilter einer orthogonalen PR-Filterbank qualifiziert ist. Damit ist auch nachträglich die in Abschnitt 3.3 eingeführte Bezeichnung „orthogonale" Filterbank gerechtfertigt, ist doch die Orthogonalitätsbedingung (M1) wesentlich für die Gültigkeit von (4.6).

Der Leser wird zu Recht nach weiteren Beispielen von solchen orthogonalen Multiskalen-Analysen fragen – außer der aus Kapitel 2 zur Genüge bekannten Haarschen MSA. Im Moment können wir noch eine weitere seit längerer Zeit bekannte Skalierungsfunktion angeben, nämlich die aus dem Abtasttheorem (siehe Anhang 10.2) bekannte Funktion von *Whittaker-Shannon*. Während die Haarsche Funktion im Zeitbereich unstetig und daher im Frequenzbereich schlecht lokalisiert ist, ist es bei der Shannonschen Funktion gerade umgekehrt. Erst in den nächsten Kapiteln werden wir – mit Hilfe von Filterbänken – bessere Beispiele konstruieren.

Beispiel

Die *Shannon*sche Skalierungsfunktion ist gegeben durch

$$\varphi(t) := \frac{\sin(\pi t)}{\pi t} \qquad\qquad (4.7)$$

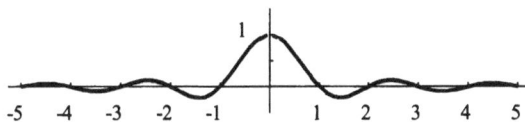

Figur 4.3: Die Shannonsche Skalierungsfunktion

Diese Funktion ist auch unter der Bezeichnung *ideales (analoges) Tiefpassfilter* bekannt, weil ihre Fouriertransformierte gegeben ist durch

$$\varphi^\wedge(\xi) = \begin{cases} 1 & \text{falls} \quad |\xi| < 0.5 \\ 0 & \text{falls} \quad |\xi| > 0.5 \end{cases}$$

Die Bedingungen (M1)–(M3) lassen sich am besten im Spektralbereich nachweisen. (Der Leser, der noch nicht mit der Fouriertransformation bekannt ist, kann diese Rechnungen übergehen.) Die Orthonormalität (M1) ergibt sich aus der Parseval-Identität (10.4) und dem Verschiebungssatz $\varphi_{0,n}^\wedge(\xi) = e^{-j2\pi n\xi}\varphi^\wedge(\xi)$:

$$< \varphi_{0,n}, \varphi > = < \varphi_{0,n}^\wedge, \varphi^\wedge > = \int_{-0.5}^{0.5} e^{j2\pi n\xi} d\xi = \delta_{0,n}$$

und (M3) folgt aus $\int_{-\infty}^{\infty} \varphi(t)dt = \varphi^\wedge(0) = 1$. Die 2-Skalenrelation (M2) schließlich ist eine Folgerung aus dem Shannonschen Abtasttheorem (10.8), angewandt auf φ (mit Grenzfrequenz $\xi_g = \dfrac{1}{2}$ und $\varDelta t = \dfrac{1}{2}$):

$$\varphi(t) = \sum_{n\in\mathbb{Z}} \frac{\sin(2\pi(t - \frac{n}{2}))}{2\pi(t - \frac{n}{2})} \varphi(\frac{n}{2}) = \sum_{n\in\mathbb{Z}} \varphi(2t - n)\varphi(\frac{n}{2})$$

(M2) ist daher erfüllt mit den Koeffizienten $h_k = \dfrac{1}{\sqrt{2}}\varphi(\dfrac{k}{2})$, das heißt

$$(h_k)_{k\in\mathbb{Z}} = \sqrt{2}(...,0,\frac{1}{5\pi},0,\frac{-1}{3\pi},0,\frac{1}{\pi},\frac{1}{2},\frac{1}{\pi},0,\frac{-1}{3\pi},0,\frac{1}{5\pi},0,...)$$

Das Digitalfilter H hat in diesem Beispiel eine symmetrische, aber unendliche Impulsantwort, ist also kein FIR-Filter. Es handelt sich um das auch am Ende von Abschnitt 3.3 erwähnte Beispiel eines symmetrischen, orthogonalen (nicht FIR-) Filters.

Wie sieht nun aber die Approximation $A_0 f$ einer Funktion f aus? Wir erhalten

$$A_0 f(t) = \sum_{n\in\mathbb{Z}} < \varphi_{0,n}, f > \varphi_{0,n}(t) = \sum_{n\in\mathbb{Z}} < \varphi_{0,n}^\wedge, f^\wedge > \varphi_{0,n}(t) =$$

$$\sum_{n\in\mathbb{Z}} \left(\int_{-\infty}^{\infty} e^{j2\pi n\xi}\varphi^\wedge(\xi)f^\wedge(\xi) d\xi \right) \varphi(t-n) = \sum_{n\in\mathbb{Z}} F(n) \frac{\sin(\pi(t-n))}{\pi(t-n)} = F(t)$$

(die letzte Umformung ist wieder das Abtasttheorem), wobei die Funktion F durch ihre Fouriertransformierte $F^\wedge = f^\wedge\varphi^\wedge$ definiert ist. Also ist $A_0 f = F$ die Funktion, die man erhält, wenn man f durch das ideale Tiefpassfilter φ schickt, das heißt Anteile mit Frequenzen >0.5 unterdrückt. Analog ist $A_m f$ die Funktion, die man aus f durch Unterdrücken der Anteile mit Frequenzen $|\xi| > 2^{-m-1}$ erhält.

4.2 Konstruktion der Wavelets aus einer MSA

Unser Ziel in diesem Abschnitt ist die Konstruktion einer Orthonormalbasis von $L^2(\mathbb{R})$, ähnlich der in Kapitel 2 besprochenen Haarschen Basis, aber aufbauend auf einer beliebigen orthogonalen MSA.

Die Funktionen $\varphi_{m,n}$ selber bilden aus zwei Gründen keine Orthonormalbasis: Erstens brauchen Funktionen verschiedener Skalen 2^m nicht orthogonal zueinander zu sein, und zweitens lassen sich die Funktionen gröberer Skala wegen (M2) als Linearkombinationen der Funktionen feinerer Skalen schreiben. Die $\varphi_{m,n}$ einer festen Skala 2^m bilden jedoch eine Orthonormalbasis von V_m, und V_m ist in V_{m-1} enthalten. Als erster Schritt drängt sich daher auf, die $\varphi_{m,n}$ ($n \in \mathbb{Z}$) zu einer Orthonormalbasis von V_{m-1} zu ergänzen. Wir betrachten zunächst den Fall $m = 0$, das heißt, wir möchten die Orthonormalbasis $\varphi_{0,n}$ ($n \in \mathbb{Z}$) von V_0 zu einer Orthonormalbasis von V_{-1} ergänzen. In V_{-1} haben wir anderseits schon die Orthonormalbasis $\varphi_{-1,n}$ ($n \in \mathbb{Z}$), und die Darstellung von $\varphi_{0,n}$ in dieser Orthonormalbasis ist nach (4.3) $\varphi_{0,n} = \sum_{k \in \mathbb{Z}} h_{k-2n} \varphi_{-1,k}$. Natürlich sollen die neu zu konstruierenden Funktionen wieder durch Verschieben einer einzigen Funktion ψ entstehen. Wir machen also den Ansatz $\psi = \sum_{k \in \mathbb{Z}} g_k \varphi_{-1,k}$ und möchten die Koeffizienten g_k so bestimmen, dass das erweiterte System $\varphi_{0,n}$, $\psi_{0,n}$ ($n \in \mathbb{Z}$) eine Orthonormalbasis von V_{-1} bildet. Eine Idee hiezu ist eigentlich schon von der Vektorgeometrie des $\mathbb{R}^2$ bekannt: Um einen zu (x,y) senkrechten Vektor gleicher Länge zu erhalten, kehrt man die Reihenfolge der Komponenten um und versieht sie mit alternierendem Vorzeichen; so findet man zum Beispiel den Vektor $(-y,x)$. Wir könnten daher die Koeffizientenfolge $(g_k)_{k \in \mathbb{Z}}$ von ψ auf die gleiche Art aus der Koeffizientenfolge $(h_k)_{k \in \mathbb{Z}}$ von φ zu gewinnen versuchen. Damit die Rechnungen nicht allzu technisch werden, führen wir sie nur in einem Spezialfall vor: Wir nehmen an, dass $h_k = 0$ für $k < 0$ und für $k > 5$. Die wesentlichen Überlegungen werden auch hier schon deutlich.

Es sei also $(h_k)_{k \in \mathbb{Z}} = (...,0,\boldsymbol{h_0},h_1,h_2,h_3,h_4,h_5,0, ...)$, (wir kennzeichnen wieder die Komponente mit Index 0 durch Fettdruck), und wir definieren $(g_k)_{k \in \mathbb{Z}} :=$ $(...,0,\boldsymbol{h_5},-h_4,h_3, -h_2,h_1, -h_0,0, ...)$. Die Koeffizientenfolgen von $\varphi_{0,n}$ und $\psi_{0,n}$ entstehen aus diesen wegen (4.3) und der analogen Relation $\psi_{m,n} = \sum_{k \in \mathbb{Z}} g_{k-2n} \varphi_{m-1,k}$ durch Verschiebung um $2n$ Positionen. Nun berechnen wir die Skalarprodukte

$$1 = <\varphi, \varphi> = h_0^2 + h_1^2 + h_2^2 + h_3^2 + h_4^2 + h_5^2$$

$$0 = <\varphi, \varphi_{0,1}> = <\varphi, \varphi_{0,-1}> = h_0 h_2 + h_1 h_3 + h_2 h_4 + h_3 h_5 \qquad (4.8)$$

$$0 = <\varphi, \varphi_{0,2}> = <\varphi, \varphi_{0,-2}> = h_0 h_4 + h_1 h_5$$

Dies sind die Bedingungen (4.6); alle anderen $<\varphi, \varphi_{0,n}>$ sind in unserem Spezialfall trivialerweise 0. Weiter erhalten wir $<\varphi, \psi> = h_0 h_5 - h_1 h_4 + h_2 h_3 - h_3 h_2 + h_4 h_1 - h_5 h_0 = 0$, ferner $<\varphi, \psi_{0,1}> = h_2 h_5 - h_3 h_4 + h_4 h_3 - h_5 h_2 = 0$ und $<\varphi, \psi_{0,2}> = h_4 h_5 - h_5 h_4 = 0$, wie erwartet. In dieser Art sehen wir, dass die $\psi_{0,n}$ zu den $\varphi_{0,k}$ orthogonal sind. Auf die gleiche Art zeigt man, dass $<\psi, \psi_{0,n}> = <\varphi, \varphi_{0,n}> = \delta_{0,n}$ (hier treffen immer zwei Minuszeichen aufeinander, heben sich also auf), und so bilden die $\psi_{0,n}$ mit den $\varphi_{0,k}$ zusammen tatsächlich ein Orthonormal*system* in V_{-1}. Das heißt aber noch nicht, dass sie auch eine Orthonormal*basis* sind; dazu müssen wir noch zeigen, dass sich jedes $f \in V_{-1}$ als Linearkombination dieses Systems darstellen lässt. Wenn uns dies für $\varphi_{-1,0}$ gelingt, überträgt es sich durch Verschiebung auf alle $\varphi_{-1,k}$ und durch Bildung von Linearkombinationen auf alle $f \in V_{-1}$. Konzentrieren wir uns also auf $\varphi_{-1,0}$: Durch orthogonale Projektion finden wir die benötigten Koeffizienten, nämlich $<\varphi_{-1,0}, \varphi_{0,n}> = h_{-2n}$ und $<\varphi_{-1,0}, \psi_{0,n}> = g_{-2n} = h_{5+2n}$ (immer noch im obigen Spezialfall). Damit ist zu zeigen, dass $h_0 \varphi_{0,0} + h_2 \varphi_{0,-1} + h_4 \varphi_{0,-2} + h_5 \psi_{0,0} + h_3 \psi_{0,-1} + h_1 \psi_{0,-2} = \varphi_{-1,0}$ ist. Dazu setzen wir auf der linken Seite die Relationen

$$\varphi_{0,-n} = \sum_{k \in \mathbb{Z}} h_{k+2n} \varphi_{-1,k} \quad \text{und} \quad \psi_{0,-n} = \sum_{k \in \mathbb{Z}} g_{k+2n} \varphi_{-1,k} = \sum_{k \in \mathbb{Z}} (-1)^k h_{5-k-2n} \varphi_{-1,k}$$

ein und erhalten $\sum_{k \in \mathbb{Z}} (h_0 h_k + h_2 h_{k+2} + h_4 h_{k+4} + (-1)^k (h_5 h_{5-k} + h_3 h_{3-k} + h_1 h_{1-k})) \varphi_{-1,k}$.

Schlussendlich bleibt also zu zeigen, dass die Summe der 6 Summanden in der Klammer gleich $\delta_{0,k}$ ist. Für gerades k entspricht dies aber gerade den Relationen (4.8), und für ungerades k heben sich wieder je 2 der Summanden auf.

Bevor wir wieder zur allgemeinen Situation zurückkehren, noch eine Bemerkung zur Definition der Koeffizienten g_k: Wir hätten in der Folge $(..., 0, h_5, -h_4, h_3, -h_2, h_1, -h_0, 0, ...)$ ebensogut h_3 oder h_1 als Komponente mit Index 0 auszeichnen können; dies würde die Funktion ψ einfach um 1 oder 2 verschieben und darum nur auf eine Umnummerierung der $\psi_{0,k}$ im zweiten Index hinauslaufen. Wesentlich ist für die obige Rechnung nur, dass als g_0 eine Komponente h_ℓ mit ungeradem ℓ gewählt wird. Für den allgemeinen Fall wählen wir also eine beliebige *ungerade* ganze Zahl ℓ und definieren

$$\psi := \sum_{k \in \mathbb{Z}} g_k \varphi_{-1,k} \quad \text{mit} \quad g_k := (-1)^k h_{\ell-k} \text{ , also}$$

$$\psi(t) = \sqrt{2} \sum_{k \in \mathbb{Z}} (-1)^k h_{\ell-k} \, \varphi(2t - k) \tag{4.9}$$

Mit Rechnungen der obigen Art kann man dann zeigen, dass die verschobenen Kopien $\psi_{0,n}$ die Funktionen $\varphi_{0,n}$ zu einer Orthonormalbasis von V_{-1} ergänzen. Wenn wir schließlich alle diese Funktionen auf die Skala 2^m strecken, sehen wir, dass die $\psi_{m,n}$ ($n \in \mathbb{Z}$, m fest) die $\varphi_{m,n}$ zu einer Orthonormalbasis von V_{m-1} ergänzen.

Schauen wir uns als Beispiel zu (4.9) noch den Haarschen Fall (Kapitel 2) an: Da $h_0 = h_1 = \dfrac{1}{\sqrt{2}}$ und alle andern $h_k = 0$, wählen wir $\ell = 1$ und erhalten aus (4.9)

$\psi(t) = \varphi(2t) - \varphi(2t - 1)$, also das bekannte Haarsche Wavelet.

Wir hoffen nun natürlich, dass das gesamte System aller $\psi_{m,n}$ ($n \in \mathbb{Z}$, $m \in \mathbb{Z}$) wie im Haarschen Fall eine Orthonormalbasis von $L^2(\mathbb{R})$ darstellt. Die Orthonormalität ergibt sich aus folgender Überlegung. Bei festem m bilden die $\psi_{m,n}$ ein orthonormiertes System, das zudem orthogonal auf V_m steht. Da aber die $\psi_{p,n}$ in V_{p-1} liegen und dieses für $p > m$ wegen (M2) in V_m enthalten ist, stehen die $\psi_{p,n}$ für $p > m$ orthogonal auf den $\psi_{m,n}$. Falls $p < m$ vertausche man die Rollen von p und m.

Es fehlt jetzt nur noch der Nachweis, dass für jede L^2-Funktion f die Darstellung

$$f = \sum_{m \in \mathbb{Z}} \sum_{n \in \mathbb{Z}} v_{m,n} \psi_{m,n} \quad \text{mit} \quad v_{m,n} = \langle \psi_{m,n}, f \rangle \tag{4.10}$$

gültig ist. Um dies einzusehen, betrachten wir wieder die im vorhergehenden Abschnitt eingeführten Approximationen $A_m f = \sum_{n \in \mathbb{Z}} u_{m,n} \varphi_{m,n}$ mit $u_{m,n} = \langle \varphi_{m,n}, f \rangle$. Wir benötigen noch die folgende Tatsache:

$$g \in V_m \;\Rightarrow\; \langle g, f \rangle = \langle g, A_m f \rangle \tag{4.11}$$

Für $g = \varphi_{m,n}$ ist dies jedenfalls richtig, da beide Skalarprodukte $u_{m,n}$ ergeben. Weil aber die $\varphi_{m,n}$ eine Orthonormalbasis von V_m sind, folgt (4.11) für alle $g \in V_m$. Nun zerlegen wir $A_{m-1} f$ in der Orthonormalbasis $\varphi_{m,n}$, $\psi_{m,n}$ ($n \in \mathbb{Z}$) von V_{m-1}:

$$A_{m-1} f = \sum_{n \in \mathbb{Z}} u'_{m,n} \varphi_{m,n} + \sum_{n \in \mathbb{Z}} v'_{m,n} \psi_{m,n} \quad \text{mit} \quad u'_{m,n} = \langle \varphi_{m,n}, A_{m-1} f \rangle,\; v'_{m,n} = \langle \psi_{m,n}, A_{m-1} f \rangle.$$

Da aber $\varphi_{m,n}$, $\psi_{m,n}$ in V_{m-1} liegen, folgt nach (4.11), dass $u'_{m,n} = u_{m,n}, v'_{m,n} = v_{m,n}$. Wir haben somit gezeigt, dass

$$A_{m-1} f = A_m f + \sum_{n \in \mathbb{Z}} v_{m,n} \psi_{m,n} \tag{4.12}$$

Nun haben wir genau die gleiche Situation wie im Kapitel 2 (Formel (2.6)) und können auch wie dort weiterfahren: Wiederholte Anwendung von (4.12) führt für $m_0 < m_1$ zu

$$A_{m_0} f = A_{m_1} f + \sum_{m=m_0+1}^{m_1} \sum_{n \in \mathbb{Z}} v_{m,n} \psi_{m,n} \tag{4.13}$$

Lassen wir darin m_0 gegen $-\infty$ und m_1 gegen ∞ gehen, so folgt aus (4.4), dass $A_{m_0} f \to f$, $A_{m_1} f \to 0$, woraus sich die gewünschte Reihendarstellung (4.10) ergibt:

$$f = \sum_{m \in \mathbb{Z}} \sum_{n \in \mathbb{Z}} v_{m,n} \psi_{m,n} \quad \text{mit} \quad v_{m,n} = <\psi_{m,n}, f>.^{12}$$

Wir fassen zusammen:

> *Eine orthogonale MSA, gegeben durch eine Skalierungsfunktion φ mit den Eigenschaften (M1)–(M3), gibt Anlass zu einer Orthonormalbasis $\{\psi_{m,n} \mid m,n \in \mathbb{Z}\}$ von $L^2(\mathbb{R})$, wenn das Mother-Wavelet ψ durch (4.9) definiert wird.*

Die in (4.12) auftretende Funktion

$$D_m f := \sum_{n \in \mathbb{Z}} v_{m,n} \psi_{m,n} \quad (\text{mit } v_{m,n} = <\psi_{m,n}, f>) \qquad\qquad (4.14)$$

wird als *Detail* der Skala 2^m von f bezeichnet. Die Formel (4.13) besagt, dass man zwischen Approximationen verschiedener Skalen wechseln kann, indem man die Details addiert oder subtrahiert. Figur 4.4 illustriert diesen Sachverhalt.

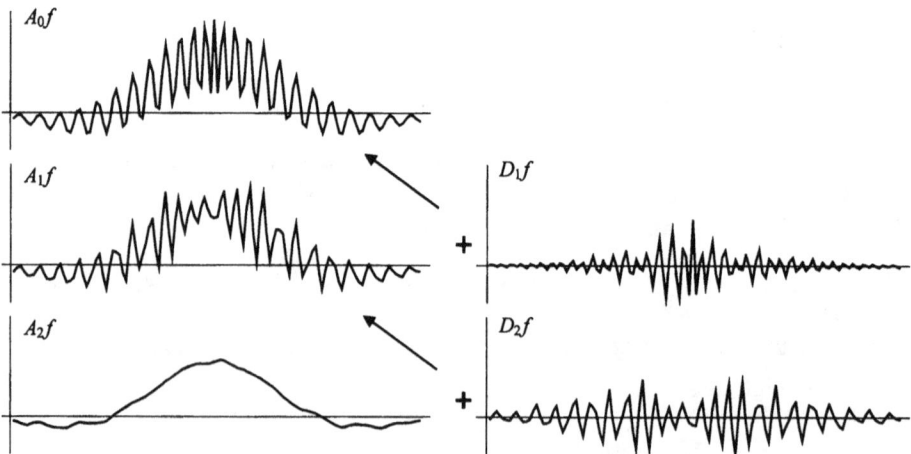

Figur 4.4: Approximationen und Details

---

[12]   Für den mathematisch-kritischen Leser: Die Konvergenz dieser Summen ist im Allgemeinen nicht punktweise für $t \in \mathbb{R}$, auch nicht für das Integral (die $\psi_{m,n}$ haben Integral 0, wie wir später sehen werden), sondern in der L^2-Norm, also *im quadratischen Mittel* zu verstehen. Für die Praxis spielt dieser Umstand allerdings kaum eine Rolle: Die verwendeten Wavelets ψ gehen für $|t| \to \infty$ genügend rasch gegen 0, so dass die Konvergenz der inneren Summe auch punktweise gewährleistet ist. Was die äußere Summe betrifft, arbeitet man immer nur zwischen zwei fest gewählten Approximationen $A_m f$, $A_{m'} f$ von f, also mit der Formel (4.13).

4.3 Die schnelle Wavelet-Transformation

In diesem Abschnitt werden wir eine effiziente Methode zur Bestimmung der Waveletkoeffizienten $v_{m,n}$ einer L^2-Funktion f beschreiben, welche das Berechnen von Integralen weitgehend vermeidet. Formal gesehen handelt es sich um nichts anderes als das historisch ältere, in Kapitel 3 erklärte Subband Coding der digitalen Signalverarbeitung. Der Fall der Haarschen MSA wurde auch schon in Kapitel 2 erläutert. Wie dort werden die Approximationskoeffizienten $u_{m,n}$ als Zwischenstufe in einem rekursiven Algorithmus verwendet.

Wenn wir in der Relation (4.3), $\varphi_{m+1,n} = \sum_{k\in\mathbb{Z}} h_{k-2n} \varphi_{m,k}$, und in der entsprechenden Glei-

chung $\psi_{m+1,n} = \sum_{k\in\mathbb{Z}} g_{k-2n} \varphi_{m,k}$ (diese folgt aus (4.9)) auf beiden Seiten das Skalarprodukt

mit f bilden, ergeben sich die Beziehungen

$$u_{m+1,n} = \sum_{k\in\mathbb{Z}} h_{k-2n} u_{m,k} \quad , \quad v_{m+1,n} = \sum_{k\in\mathbb{Z}} g_{k-2n} u_{m,k} \qquad (4.15)$$

Mit Hilfe dieser Formeln kann man, wenn die Koeffizienten $(u_{m_0,n})_{n\in\mathbb{Z}}$ von f in einer Skala

2^{m_0} bekannt sind, alle Waveletkoeffizienten $v_{m,n}$ für $m > m_0$ rekursiv berechnen, nämlich nach dem schon aus Figur 2.8 bekannten Schema

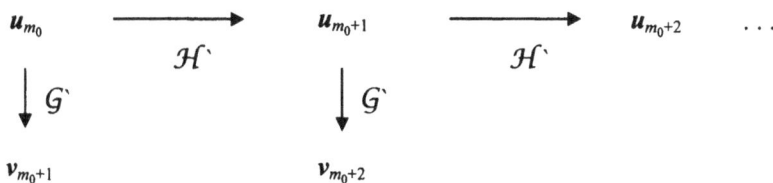

Figur 4.5: Schema der schnellen Wavelet-Transformation

Hier bedeuten $u_m = (u_{m,n})_{n\in\mathbb{Z}}$ etc. und $\mathcal{H}`$ ,$\mathcal{G}`$ bezeichnen die auf Zahlenfolgen x definierten Operationen

$$\mathcal{H}`(x)_n := \sum_{k\in\mathbb{Z}} h_{k-2n} x_k \quad , \quad \mathcal{G}`(x)_n := \sum_{k\in\mathbb{Z}} g_{k-2n} x_k \qquad (4.16)$$

Das Anfangswertproblem

Diese *schnelle Wavelet-Transformation* setzt allerdings wie gesagt die Kenntnis von u_{m_0} für eine feinste zu betrachtende Skala 2^{m_0} voraus. In der Praxis wird dieses *Anfangswertproblem* – die eigentliche Schnittstelle zwischen der analogen und der diskreten Welt – meistens recht pragmatisch gelöst, nämlich durch Begehen des so genannten „wavelet crime". Nehmen wir an, dass von der Funktion f eine Folge von äquidistanten Abtastwerten

$f_n := f(t_0 + n \cdot \Delta)$ verfügbar ist. Wenn wir t_0 als Nullpunkt und Δ als Einheit betrachten (wir schauen also eigentlich eine durch Strecken und Schieben „normalisierte" Version von f an), können wir sogar $f_n := f(n)$ annehmen. Das wavelet crime besteht dann darin, einfach $m_0 := 0$ und $u_{0,n} := f_n$ zu setzen. Unter welchen Umständen ist dies statthaft? Es gibt mehrere Gründe, die strafmindernd wirken können:

– Angenommen, die Skalierungsfunktion φ ist nur auf dem Intervall *[–B/2,B/2]* wesentlich von 0 verschieden (wir erinnern daran, dass φ meistens als gut lokalisiert vorausgesetzt wird), und die Funktion f ist auf Intervallen der Länge $B \cdot \Delta$ ungefähr konstant, dann gilt für die normalisierte Funktion

$$u_{0,n} = <\varphi_{0,n}, f> \approx \int_{n-B/2}^{n+B/2} \varphi(t-n)f(t)\,dt \approx f(n).$$ Wenn f beispielsweise stetig ist, kann

Δ theoretisch immer so klein gewählt werden, dass diese Bedingung erfüllt ist.

– Angenommen, das normalisierte f wird durch die Approximation $A_0 f$ genügend genau angenähert und die Skalierungsfunktion φ ist *interpolierend*, das heißt es gilt $\varphi(n) = \delta_{0,n}$. Dann ist $f(n) \approx A_0 f(n) = \sum_{k \in \mathbb{Z}} u_{0,k} \varphi_{0,k}(n) = u_{0,n}$. Als Beispiel für eine interpolierende Skalierungsfunktion sei diejenige von Shannon genannt. Einige häufig verwendete Skalierungsfunktionen sind nach Verschiebung um eine geeignete Größe λ wenigstens näherungsweise interpolierend, das heißt $\varphi(\lambda+n) \approx \delta_{0,n}$. In diesem Fall gilt also $f(\lambda+n) \approx u_{0,n}$. Die Haarsche Skalierungsfunktion ist interpolierend mit jedem $0<\lambda<1$; diese Betrachtungsweise führt hier zu $u_{0,n} = f(n+\lambda)$ anstelle von $u_{0,n} =$ Mittelwert von f im Intervall *[n,n+1]*. Die Daubechies-Skalierungsfunktionen (siehe Abschnitt 5.3), vor allem diejenigen niedriger Ordnung, sind näherungsweise interpolierend mit $\lambda = \int_{-\infty}^{\infty} t\varphi(t)\,dt = 2^{-\frac{1}{2}} \sum_{k \in \mathbb{Z}} k\, h_k$ (siehe 4.6, Aufgabe 2).

– Angenommen,   das   normalisierte f hat   Taylorentwicklungen $f(t) = f(n) + a_1(t-n) + a_2(t-n)^2 + \dots$ mit rasch abklingenden Koeffizienten $a_1, a_2, \dots$ und die Skalierungsfunktion φ hat *verschwindende Momente* $\lambda_k := \int_{-\infty}^{\infty} \varphi(t)t^k\,dt = 0$ für $k = 1,2, \dots,N$ (Beispiele sind die so genannten „Coiflets", siehe Abschnitt 5.4). Dann wird $u_{0,n} = \int_{-\infty}^{\infty} f(t)\varphi(t-n)\,dt = f(n) + a_{N+1}\lambda_{N+1} + \dots \approx f(n)$.

Diese wenigen Hinweise zeigen, dass die Problematik der Anfangswerte zu tun hat mit Abtast- und Interpolationsfragen, die recht involviert sind. Genaueres dazu ist in [Swe/Pie] zu erfahren. Es spielen immer sowohl Eigenschaften der zu analysierenden Funktion f wie auch der Skalierungsfunktion φ eine Rolle. Deshalb ist es auch schwierig, Kriterien anzugeben, wie fein eine Abtastung sein sollte.

Die Rekonstruktion

Wir kommen nun zur Umkehrung der schnellen Wavelet-Transformation; es geht also darum, aus den Approximationskoeffizienten $u_{m,n}$ und Detailkoeffizienen $v_{m,n}$ der Skala 2^m einer Funktion f die Approximationskoeffizienten $u_{m-1,n}$ der feineren Skala 2^{m-1} zu berechnen. Dazu gehen wir von der Zerlegung (4.12) aus $\sum_{k\in\mathbb{Z}} u_{m-1,k}\varphi_{m-1,k} = \sum_{k\in\mathbb{Z}} u_{m,k}\varphi_{m,k} + \sum_{k\in\mathbb{Z}} v_{m,k}\psi_{m,k}$, und bilden beidseits das Skalarprodukt mit $\varphi_{m-1,n}$. Wir erhalten $u_{m-1,n} = \sum_{k\in\mathbb{Z}} u_{m,k} <\varphi_{m-1,n},\varphi_{m,k}> + \sum_{k\in\mathbb{Z}} v_{m,k} <\varphi_{m-1,n},\psi_{m,k}>$. Wegen der oben schon einmal verwendeten Relationen $\varphi_{m,k} = \sum_{n\in\mathbb{Z}} h_{n-2k}\varphi_{m-1,n}$ und

$\psi_{m,k} = \sum_{n\in\mathbb{Z}} g_{n-2k}\varphi_{m-1,n}$ (wir haben m durch $m-1$ ersetzt und die Rollen von n und k vertauscht) sind die beiden Skalarprodukte gleich h_{n-2k} und g_{n-2k}, und damit wird

$$u_{m-1,n} = \sum_{k\in\mathbb{Z}} h_{n-2k}u_{m,k} + g_{n-2k}v_{m,k} \qquad (4.17)$$

Wenn wir ähnlich wie oben zwei Operationen $\mathcal{H}$ und $\mathcal{G}$ für Zahlenfolgen x definieren,

$$\mathcal{H}(x)_n := \sum_{k\in\mathbb{Z}} h_{n-2k}x_k \ , \quad \mathcal{G}(x)_n := \sum_{k\in\mathbb{Z}} g_{n-2k}x_k \qquad (4.18)$$

so können wir die Umkehrtransformation der schnellen Wavelet-Transformation mit dem folgenden Schema beschreiben:

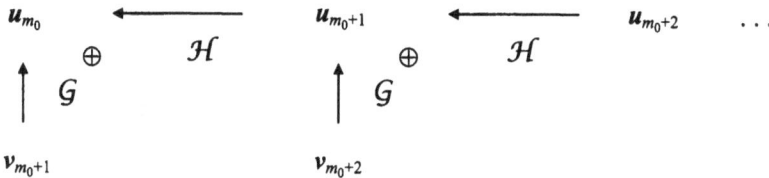

Figur 4.6: Schema der schnellen Wavelet-Rücktransformation

Die assoziierte Filterbank

Wir wollen nun die schnelle Wavelet-Transformation und ihre Rücktransformation in der Sprache der digitalen Signalverarbeitung (siehe Anhang, Abschnitt 10.3) ausdrücken, um so den Anschluss an Kapitel 3 herzustellen. Der Leser, der Kapitel 3 noch nicht gelesen hat, sollte dann genügend motiviert sein, es zu tun.

Die in (4.16) definierte Operation $\mathcal{H}'(x)_n := \sum_{k \in \mathbb{Z}} h_{k-2n} x_k$ bedeutet, dass die Folge x

zuerst mit der Folge $(h'_k)_{k \in \mathbb{Z}} := (h_{-k})_{k \in \mathbb{Z}}$ gefaltet – dies würde $(\sum_{k \in \mathbb{Z}} h_{k-n} x_k)_{n \in \mathbb{Z}}$ liefern –

und anschließend dezimiert wird (Downsampling: Weglassen der Komponenten mit ungerader Nummer mit Umnummerierung $2n \to n$ der verbleibenden Komponenten). Die in
(4.18) definierte Operation $\mathcal{H}(x)_n := \sum_{k \in \mathbb{Z}} h_{n-2k} x_k$ hingegen besagt, dass x zuerst ge-

spreizt (Upsampling: Einfügen einer 0 zwischen je zwei Komponenten von x) und anschließend mit $(h_k)_{k \in \mathbb{Z}}$ gefaltet wird. Damit können wir je einen Schritt in der schnellen
Wavelet-Transformation und -Rücktransformation gemäß Figur 4.5 und Figur 4.6 folgendermaßen darstellen (wobei H das Digitalfilter mit den Koeffizienten $(h_k)_{k \in \mathbb{Z}}$, H' das
Digitalfilter mit den Koeffizienten $(h'_k)_{k \in \mathbb{Z}} := (h_{-k})_{k \in \mathbb{Z}}$ etc. bedeuten):

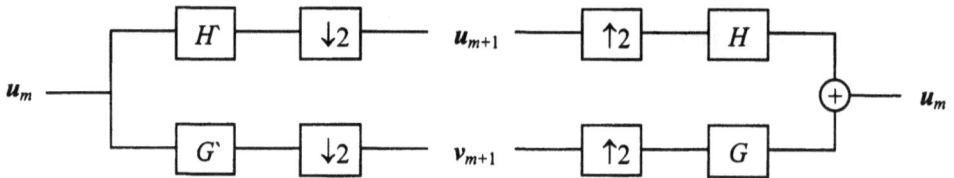

Figur 4.7: Die zu einer orthogonalen MSA assoziierte Filterbank

In der Terminologie von Kapitel 3 haben wir also eine orthogonale PR-Filterbank (Perfect
Reconstruction) vor uns, denn mit $A := H'$, $\tilde{A} := H$, $D := G'$, $\tilde{D} := G$ sind wegen
$g_k = (-1)^k h_{\ell-k}$ die Bedingungen (3.13) und (3.15) in Abschnitt 3.3 erfüllt, und die
schnelle Wavelet-Transformation ist nichts anderes als das in 3.4 beschriebene Subband
Coding. Es muss allerdings betont werden, und dies sollte nach der obigen Diskussion des
Anfangswertproblems klar sein, dass die rekursiv angewandte Filterbank nicht auf Abtastwerten einer Funktion f operiert, sondern auf den Approximationskoeffizienten bezüglich
der Skalierungsfunktion, selbst wenn man sie mit Abtastwerten gestartet hat. Die funktio-
nal-analytische MSA-Deutung des historisch gesehen älteren Subband Coding hat dieses
entschieden aufgewertet und seine Einsatzmöglichkeiten erweitert. Wir werden später sehen, dass sie auch neue Kriterien für das Design der Filter liefert, indem gewisse Eigenschaften der Skalierungsfunktion oder des Mother-Wavelets, wie etwa Stetigkeit, Differenzierbarkeit oder verschwindende Momente, als wünschbar erkannt werden. Ältere Design-
kriterien stellten vor allem auf Eigenschaften des Frequenzganges der Filter ab.

4.4   Biorthogonale Multiskalen-Analyse

Es stellt sich die Frage, ob auch das Subband Coding in einer *nicht-orthogonalen* Filterbank
eine MSA-Interpretation gestattet. (Wir verwenden in diesem Abschnitt die Resultate von
Kapitel 3.) Zwar gibt es wichtige Beispiele von orthogonalen MSAs, und wir werden diese

in den folgenden Kapiteln auch einführen, aber die Orthonormalitätsbedingung ist doch recht einschneidend: Wie im Abschnitt 3.3 gezeigt wurde, schließt sie zum Beispiel symmetrische Filter (und damit symmetrische Skalierungsfunktionen) bis auf wenig interessante Ausnahmen aus. Die Frage ist also berechtigt. Wir skizzieren im Folgenden die nötigen Verallgemeinerungen.

Da die beiden Tiefpassfilter im Gegensatz zum orthogonalen Fall jetzt nicht mehr direkt voneinander abhängen – nur ihr Produkt muss Bedingung (3.12) erfüllen – erscheint es plausibel, dass zwei verschiedene Skalierungsfunktionen eine Rolle spielen. Wir bezeichnen diese mit φ und $\widetilde{\varphi}$. Anstelle der Orthogonalitätsbedingung gilt jetzt die *Biorthogonalitäts-* oder *Dualitätsbedingung*

$$< \varphi_{0,n}, \widetilde{\varphi} > = \delta_{0,n} \qquad\qquad (M1')$$

Dazu käme noch eine Bedingung eher technischer Natur, die garantiert, dass Summen der Form $\sum\limits_{k \in \mathbb{Z}} x_k \varphi_{0,k}$, wo $\sum\limits_{k \in \mathbb{Z}} x_k^2 < \infty$ (und analog für $\widetilde{\varphi}$) weiterhin wohldefiniert sind, obwohl die $\varphi_{0,k}$ ($k \in \mathbb{Z}$) jetzt kein Orthonormalsystem mehr sind. Wir verzichten hier auf die Formulierung dieser Bedingung.

Beide Skalierungsfunktionen müssen weiterhin eine 2-Skalenrelation (M2) (mit verschiedenen Filterkoeffizienten) und die Mittelungseigenschaft (M3) erfüllen:

$$\varphi = \sum_{k \in \mathbb{Z}} h_k \varphi_{-1,k} \quad , \quad \widetilde{\varphi} = \sum_{k \in \mathbb{Z}} \widetilde{h}_k \widetilde{\varphi}_{-1,k} \qquad\qquad (M2')$$

$$\int\limits_{-\infty}^{\infty} \varphi(t)\, dt = 1 = \int\limits_{-\infty}^{\infty} \widetilde{\varphi}(t)\, dt \qquad\qquad (M3')$$

Aus (M1') folgt durch Schieben und Strecken $< \varphi_{m,n}, \widetilde{\varphi}_{m,k} > = \delta_{n,k}$. Damit und mit (M2') kann man auf ähnliche Art wie im Abschnitt 4.1 die Verallgemeinerung zu (4.6) herleiten:

$$\sum_{k \in \mathbb{Z}} h_k \widetilde{h}_{k+2n} = \delta_{0,n} \qquad\qquad (4.19)$$

Analog wie früher (4.5) erhalten wir jetzt

$$\sum_{k \in \mathbb{Z}} h_k = \sqrt{2} = \sum_{k \in \mathbb{Z}} \widetilde{h}_k \qquad\qquad (4.20)$$

Die Definition der Mother-Wavelets (es sind jetzt auch zwei!) geschieht nach Wahl einer ungeraden Zahl ℓ mit den Formeln

$$\psi := \sum_{k \in \mathbb{Z}} g_k \varphi_{-1,k} \quad \text{mit} \quad g_k := (-1)^k \widetilde{h}_{\ell-k}$$

$$(4.21)$$

$$\widetilde{\psi} := \sum_{k \in \mathbb{Z}} \widetilde{g}_k \widetilde{\varphi}_{-1,k} \quad \text{mit} \quad \widetilde{g}_k := (-1)^k h_{\ell-k}$$

Der aufmerksame Leser wird bemerkt haben, dass die Definition der Koeffizienten g_k und $\widetilde{g}_k$ „über's Kreuz" geht. Der Grund hiefür ist Folgender: Die Wavelets $\widetilde{\psi}_{0,n} = \sum_{k \in \mathbb{Z}} \widetilde{g}_{k-2n} \widetilde{\varphi}_{-1,k}$ müssen nicht zu den $\widetilde{\varphi}_{0,n}$ orthogonal sein, sondern zu den $\varphi_{0,n} = \sum_{k \in \mathbb{Z}} h_{k-2n} \varphi_{-1,k}$. Um dies in der gleichen Art zu erreichen wie in Abschnitt 4.2, muss die Folge der $\widetilde{g}_k$ ein alternierendes Spiegelbild der Folge der h_k sein. Mit Überlegungen, die analog zu denjenigen in Abschnitt 4.2 verlaufen, zeigt man so, dass die beiden Waveletsysteme $\psi_{m,n}$, $\widetilde{\psi}_{m,n}$ dual oder *biorthogonal* zueinander sind:

$$< \psi_{m,n}, \widetilde{\psi}_{p,q} > = \delta_{m,p} \delta_{n,q}$$

$$(4.22)$$

Zur Analyse einer Funktion f kann man jetzt Approximationen $\widetilde{A}_m f := \sum_{n \in \mathbb{Z}} u_{m,n} \widetilde{\varphi}_{m,n}$ mit $u_{m,n} = < \varphi_{m,n}, f >$ und Details $\widetilde{D}_m f := \sum_{n \in \mathbb{Z}} v_{m,n} \widetilde{\psi}_{m,n}$ mit $v_{m,n} = < \psi_{m,n}, f >$ definieren, wobei wieder $\widetilde{A}_{m-1} f = \widetilde{A}_m f + \widetilde{D}_m f$ gilt. Ein Analyseschritt in der schnellen Wavelet-Transformation geschieht nach den Formeln

$$u_{m+1,n} = \sum_{k \in \mathbb{Z}} h_{k-2n} u_{m,k} \quad , \quad v_{m+1,n} = \sum_{k \in \mathbb{Z}} g_{k-2n} u_{m,k}$$

während ein Syntheseschritt jetzt durch

$$u_{m-1,n} = \sum_{k \in \mathbb{Z}} \widetilde{h}_{n-2k} u_{m,k} + \widetilde{g}_{n-2k} v_{m,k}$$

gegeben ist. Es liegt also eine PR-Filterbank vor, und zwar mit Analysefiltern (mit den Bezeichnungen von Kapitel 3 und Abschnitt 4.3) $A = H'$, $D = G'$ und Synthesefiltern $\widetilde{A} = \widetilde{H}$, $\widetilde{D} = \widetilde{G}$. Nach (4.21) ist ferner $G(z) = (-z)^{-\ell} \widetilde{H}(-z^{-1})$ und $\widetilde{G}(z) = (-z)^{-\ell} H(-z^{-1})$, sodass also $D(-z) = G(z^{-1}) = z^\ell \widetilde{H}(z) = z^\ell \widetilde{A}(z)$ und $\widetilde{D}(-z) = \widetilde{G}(-z) = z^{-\ell} H(z^{-1}) = z^{-\ell} A(z)$, in Übereinstimmung mit (3.8).

Bemerkung

In der obigen Rollenverteilung nennen wir φ , ψ *Analyse-Funktionen*, da sie mit $u_{m,n} := <\varphi_{m,n}, f>$ und $v_{m,n} := <\psi_{m,n}, f>$ die Approximations- und Waveletkoeffizienten von f bestimmen, und $\tilde{\varphi}, \tilde{\psi}$ bezeichnen wir als *Synthese-Funktionen*, da sie in $\tilde{A}_m f = \sum_{n \in \mathbb{Z}} u_{m,n} \tilde{\varphi}_{m,n}$ und $\tilde{D}_m f = \sum_{n \in \mathbb{Z}} v_{m,n} \tilde{\psi}_{m,n}$ als Bausteine zur Approximation von f verwendet werden. Natürlich könnte man die Rollen auch vertauschen, da die Bedingungen (M1')–(M3') symmetrisch sind. Welche der Funktionen man als Synthese- und welche als Analysefunktionen braucht, spielt meistens eine nicht unbedeutende Rolle, weil ihre Eigenschaften stark verschieden sein können. Als Beispiel verweisen wir auf das am Ende von Abschnitt 3.4 durchgeführte Experiment, wo wir nach Vertauschung der Analysefilter mit den Synthesefiltern recht unterschiedliche Resultate erhielten. Übrigens kann man in Figur 3.11 und Figur 3.14 die 4 Funktionen φ, ψ, $\tilde{\varphi}$, $\tilde{\psi}$ sehen, denn wenn man zum Beispiel aus $u_{10} = \delta$, $v_{10} = 0$, $v_9 = 0$, ..., $v_1 = 0$ die Folge u_0 rekonstruiert, ist diese nach dem in der Diskussion des Anfangswertproblems (Abschnitt 4.3) Gesagten als gute Näherung einer Abtastfolge von $\varphi_{10,0}$ zu interpretieren, jedenfalls wenn φ stetig ist.

4.5   Graphische Darstellung

Manchmal ist es zur Erkennung von Eigenschaften einer Funktion f hilfreich, eine graphische Darstellung der Gesamtheit aller Waveletkoeffizienten anzuschauen, so wie man etwa bei Fourierreihen das Amplituden- und Phasenspektrum betrachten kann. Wenn das Mother-Wavelet um die Stelle μ herum konzentriert ist, bedeutet ein großer Wavelet-Koeffizient $v_{m,n}$, dass bei f in der Umgebung der Stelle $(\mu+n)2^m$ in der Skala 2^m „etwas passiert". Man färbt nun in einer Ebene mit Koordinaten (t, m) ein Rechteck der Breite 2^m an der Stelle $((\mu+n)2^m, m)$ mit einer dem Wert von $v_{m,n}$ entsprechenden Farbe, die aus einer vorher festgelegten Farbskala entnommen wird. Ein Beispiel eines solchen *Skalendiagramms*[13] ist Figur 1.10 in der Einleitung.

Die folgende MATLAB-Funktion übernimmt – unter Benutzung der in Abschnitt 3.4 vorgestellten Funktionen für das Subband Coding – diese Aufgabe für eine orthogonale MSA. Die Indexbereiche der Filter werden so festgelegt, dass die Skalierungsfunktion und das Wavelet möglichst bei 0 zentriert sind. Für die Skalierungsfunktion erfordert dies die Kenntnis von $\int_{-\infty}^{\infty} t\,\varphi(t)\,dt = \frac{1}{\sqrt{2}} \sum_{k \in \mathbb{Z}} k\,h_k$ (siehe Aufgabe 2 in 4.6), für das Wavelet wählen wir die ungerade Zahl $\ell = 1$ in (4.9). Es werden die Beträge der Waveletkoeffizienten mit Grautönen von weiß (0) bis schwarz (maximal) dargestellt.

---

[13]   Man ist versucht, den Term „Skalogramm" zu verwenden. Dieser ist jedoch in der Literatur meist für die aus einer kontinuierlichen Wavelettransformierten abgeleitete Energiedichte in der Zeit-Frequenz-Ebene reserviert.

```
function skalendiagramm(y,h,mmax);
% Skalen-Diagramm des Signals y über mmax Stufen
% h enthält die Filterkoeffizienten der Skalierungsfunktion

%-----------------------------------------------------------

% Definition der Analyse-Filter für das Subband Coding
Lh = length(h);
ph = -floor(h*(0:Lh-1)'/sqrt(2)); qh = ph+Lh-1;
a = fliplr(h); pa = -qh;
L = 1; pd = -L+ph; d = h.*(-1).^(pd:pd+Lh-1);

% Subband Coding (mmax Stufen)
u = y; pu = 0;
c = zeros(s,floor(length(y)/2)+Lh);
for m = 1:mmax,
  [u,pu,v,pv] = anastep(u,pu,a,pa,d,pd);
  v = v(-pv+1:length(v));      % nur Koeffizienten ab Index 0
  for k = 2:m,     % jeden Wavelet-Koeffizienten 2^(m-1) mal
    v=[v;v];               % in die Matrix c schreiben
  end;                     % -> Rechteck der Breite 2^m in der Graphik
  v = v(:)'; c(m,1:length(v)) = v;
end;

% Farbskala festlegen, Graphik erstellen
colormap('gray');
c = abs(c(1:mmax,1:floor(length(y)/2)+1));
c = round((1-c/max(max(c)))*size(colormap,1));
image(0:2:length(y)+1,1:mmax,c);
```

Die Figur 4.8 zeigt ein Beispiel mit einer Treppenfunktion. Die Sprungstellen hinterlassen in allen Skalen ihre Spuren, während in den konstanten Abschnitten die Waveletkoeffizienten verschwinden. Der Grund ist die Relation $\sum_{k \in \mathbb{Z}} g_k = 0$ der Hochpass-Filterkoeffizienten, die in jeder MSA erfüllt ist (Aufgabe 1 in 4.6).

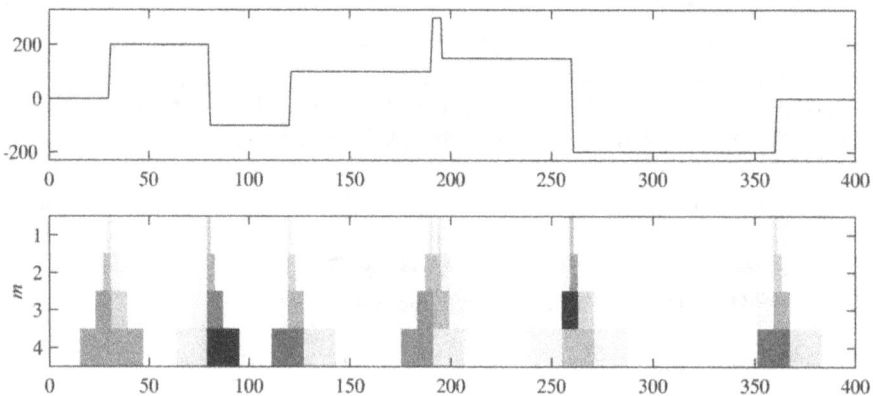

Figur 4.8: Ein Signal und sein Skalendiagramm über 4 Stufen, mit den Filtern von Beispiel 3 in 3.2

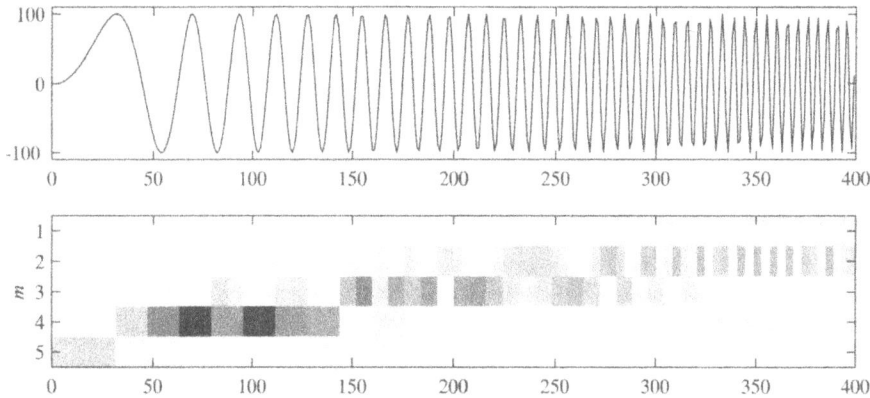

Figur 4.9: Skalendiagramm eines linearen „Chirps"

Wie aus den Betrachtungen in Abschnitt 3.4 hervorgeht, sind die Wavelets der Skala 2^m (je nach Filterbank mehr oder weniger scharf) auf den Frequenzbereich $\dfrac{1}{2^{m+1}} \leq |\xi| \leq \dfrac{1}{2^m}$ beschränkt. In diesem Sinne kann die m-Achse auch als logarithmisch eingeteilte Frequenzachse aufgefasst werden ($m \leq -\log_2(\xi) \leq m+1$). Wenn f mit Abtastfrequenz $\xi_0 = \dfrac{1}{\Delta t}$ abgetastet wurde und bei der Wavelet-Transformation Δt als Einheit betrachtet wird (indem man auf der Abszisse einfach die Nummer des Abtastwertes einträgt), ist der Frequenzbereich in der Skala 2^m gegeben durch $\dfrac{\xi_0}{2^{m+1}} \leq |\xi| \leq \dfrac{\xi_0}{2^m}$.

Zur Illustration wurde in Figur 4.9 das Skalendiagramm eines linearen Chirps aufgezeichnet, eines Tonsignals also, dessen (Momentan-) Frequenz mit der Zeit linear wächst. Im Bereich 150 bis 200 finden zum Beispiel etwa 5 Schwingungen statt, was einer Frequenz von $\xi \approx 0.1 \xi_0$ entspricht. Auf diese müssten also die Wavelets in der Skala 2^3, also auf der Stufe $m = 3$, am meisten ansprechen, was sich in der Figur bestätigt findet.

4.6   Aufgaben zu Kapitel 4

1   Hier und in den folgenden Aufgaben verwenden wir die für eine orthogonale MSA eingeführten Bezeichnungen und nehmen an, dass alle Filter nur endlich viele Koeffizienten $\neq 0$ haben.

a)   Zeigen Sie, dass $\displaystyle\sum_{k\in\mathbb{Z}} g_k = 0$, indem Sie die zu (4.6) äquivalente Relation

$$H(z)H(z^{-1}) + H(-z)H(-z^{-1}) = 2 \text{ (siehe auch (3.14)) und (4.5) verwenden.}$$

b)   Folgern Sie aus a), dass $\int\limits_{-\infty}^{\infty} \psi(t)\,dt = 0$.

2   Es sei $\lambda := \int\limits_{-\infty}^{\infty} t\,\varphi(t)\,dt$ der „Schwerpunkt" von φ.

a)   Zeigen Sie, dass $\lambda = \frac{1}{\sqrt{2}} \sum\limits_{k \in \mathbb{Z}} k\,h_k$. (Multiplizieren Sie die 2-Skalenrelation (M2) mit t und integrieren Sie !)

b)   Begründen Sie die Interpretation $u_{0,n} \approx f(\lambda + n)$ für den Start der schnellen Wavelettransformation (siehe die Diskussion des „Anfangswertproblems" in Abschnitt 4.3), indem Sie den Anfang einer Taylorentwicklung von f um die Stelle $\lambda + n$ verwenden, um $<f, \varphi_{0,n}>$ zu schätzen.

3   Zeigen Sie, dass die „Hutfunktion" (siehe nebenstehende Figur) die Bedingungen (M2) mit $h = \frac{\sqrt{2}}{4}(1, 2, 1)$ und (M3) einer MSA erfüllt. Wie steht es mit der Orthogonalitätsbedingung (M1)?
(Wir werden im nächsten Kapitel sehen, dass die Hutfunktion als Skalierungsfunktion in verschiedenen biorthogonalen MSA's vorkommt; siehe auch Figur 3.14.)

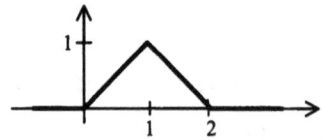

4   Schreiben Sie unter Verwendung der in Abschnitt 3.4 vorgestellten MATLAB-Funktionen ein Programm, mit welchem man einzelne Approximationen (siehe (4.2)) $A_m f$ und Details (siehe (4.14)) $D_m f$ einer Funktion f darstellen kann: Starten Sie die schnelle Wavelettransformation (Subband Coding) mit einer genügend feinen Abtastfolge von f, führen Sie m Schritte durch, und setzen Sie bei der Rekonstruktion alle Koeffizienten außer denjenigen von $A_m f$ oder $D_m f$ auf Null. Experimentieren Sie mit verschiedenen Funktionen f (auch solchen mit Sprungstellen) und verschiedenen Filterbänken aus Kapitel 3.

5   Zeigen Sie, dass der Rechenaufwand für die schnelle Wavelettransformation eines diskreten Signals mit $N = 2^J$ Komponenten über maximal J Stufen nur ungefähr proportional zu N zunimmt. (Der Aufwand für die schnelle Fouriertransformation FFT nimmt dagegen bekanntlich proportional zu $N \log(N)$ zu.) Dabei ist angenommen, dass die Filterlänge klein ist gegenüber N.

5 Konstruktion von Wavelet-Filtern

5.1 Problemstellung

Im letzten Kapitel zeigten wir, wie sich aus einer Multiskalen-Analyse, also letztlich aus einem Paar von Skalierungsfunktionen φ, $\tilde{\varphi}$ mit den Eigenschaften (M1'), (M2'), (M3'), biorthogonale Waveletbasen von $L^2(\mathbb{R})$ ergeben. Als Beispiele kennen wir aber bis jetzt nur die Haarsche und die Shannonsche Skalierungsfunktion, die mit dem Mangel einer schlechten Frequenz- beziehungsweise Zeitlokalisierung[14] behaftet sind. In diesem und dem nächsten Kapitel sollen nun „bessere" Skalierungsfunktionen beschrieben werden. Das Vorgehen wird dabei so sein, dass wir zuerst untersuchen, welche Konsequenzen die gewünschten Eigenschaften der Skalierungsfunktionen oder Wavelets für die Filter der assoziierten Filterbank nach sich ziehen. In einem nächsten Schritt werden wir darlegen, wie sich Filterbänke mit diesen Eigenschaften finden lassen, und schließlich gilt es dann, aus den Filtern die Skalierungsfunktionen zu konstruieren und zu zeigen, dass sie die Eigenschaften (M1')–(M3') haben, also tatsächlich eine Multiskalen-Analyse definieren. Dieser letzte Schritt ist mathematisch gesehen der schwierigste, und wir werden ihn auch nicht vollständig ausführen. Der kritische Leser wird fragen, ob sich der Aufwand überhaupt lohnt, beruhen doch die schnelle Wavelet-Transformation und ihre Rücktransformation (Subband Coding!) allein auf den Filterkoeffizienten; Kenntnis der Skalierungsfunktionen und Wavelets ist dabei gar nicht nötig. Und doch kann in den Anwendungen die Gestalt dieser Funktionen einen großen Einfluss auf die Qualität der Resultate haben, wie durch Figur 3.12 und Figur 3.13 belegt wird.

Der Forderung nach guter Lokalisierung im Zeitbereich kann man dadurch nachkommen, dass man Skalierungsfunktionen sucht, die außerhalb eines endlichen Intervalls *[a,b]* verschwinden: $\varphi(t) = 0$ wenn $t < a$ oder $t > b$ (und eine analoge Eigenschaft wird für $\tilde{\varphi}$ verlangt.) Wir suchen also Skalierungsfunktionen mit *endlichem Träger*. Dabei verstehen wir wie in Kapitel 2 unter dem *Träger* einer Funktion f die Menge der t mit $f(t) \neq 0$. Dies

---

[14] Wir sprechen vom „Zeitbereich", obwohl die Variable t je nach Anwendung auch andere Bedeutungen haben kann. Mit „Frequenz" ist immer die Variable im Bildbereich der Fouriertransformation gemeint.

stimmt zwar nicht ganz mit dem in der Mathematik üblichen Begriff überein[15], genügt aber für unsere Zwecke. Es wäre wünschbar, dass die Träger von φ und $\tilde{\varphi}$ in ihrer Länge nicht allzu stark voneinander abweichen, denn die Länge des Trägers von φ beinflusst bei der Analyse zum Beispiel die Approximationskoeffizienten $u_{0,n}$, und diese wiederum beeinflussen bei der Synthese die rekonstruierte Funktion auf einem Intervall gleicher Länge wie der des Trägers von $\tilde{\varphi}$.

Wir beginnen mit der folgenden Tatsache:

Falls der Träger von φ im Intervall $[a,b]$ enthalten ist und auch der Träger von $\tilde{\varphi}$ endlich ist, dann gilt $h_k = 0$ für $k < a$ oder $k > b$.

Beweis: Da $\varphi = \sum_{k \in \mathbb{Z}} h_k \varphi_{-1,k}$ nach (M2'), folgt zunächst aus (M1'), dass $h_k = \,<\varphi, \tilde{\varphi}_{-1,k}>$.

Wenn also $|k|$ so groß ist, dass die Träger von φ und $\tilde{\varphi}_{-1,k}$ nicht mehr überlappen, dann ist $h_k = 0$. Sei dann r der größte Index mit $h_r \neq 0$ und $b_0 \leq b$ die (kleinstmögliche) Obergrenze des Trägers von φ. Wegen $\varphi = \sum_{k \in \mathbb{Z}} h_k \varphi_{-1,k}$ muss die Obergrenze $\dfrac{r}{2} + \dfrac{b_0}{2}$ des Trägers von

$\varphi_{-1,r}$ ebenfalls gleich b_0 sein, also $\dfrac{r}{2} + \dfrac{b_0}{2} = b_0$ und daher $r = b_0 \leq b$. Analoge Überlegungen macht man an der Untergrenze.

Die Bedingung bedeutet, dass die Filter der assoziierten Filterbank vom Typ FIR (Finite Impulse Response, siehe Kapitel 3) sein müssen, was für eine effiziente Implementation des Subband Coding wichtig ist. Wir werden im nächsten Kapitel sehen, dass auch das Umgekehrte richtig ist: Wenn H und $\tilde{H}$ FIR-Filter sind, haben φ und $\tilde{\varphi}$ endliche Träger. Der obige Beweis zeigt, dass dann der Träger von φ (beispielsweise) bis an a und b heranreicht, wenn a und b den kleinsten und größten Index k mit $h_k \neq 0$ bezeichnen. Mit wachsender Filterlänge $b - a + 1$ wird also der Träger von φ größer und damit die Lokalisierung im Zeitbereich schlechter. Man kann aber hoffen, im Gegenzug durch geschickte Wahl der Filterkoeffizienten die Frequenzlokalisierung der Skalierungsfunktion φ und des Mother-Wavelets ψ zu verbessern.

Um nun geeignete Bedingungen zu suchen, welche die Lokalisierung im Frequenzbereich unterstützen sollen, ist die Verwendung der Fouriertransformation unumgänglich. Für den Leser, der mit dieser noch nicht vertraut ist, haben wir im Anhang, Abschnitt 10.1, die benötigten Grundlagen zusammengestellt. Zuerst übersetzen wir die Relationen (M2') und (4.21), nämlich $\varphi(t) = \sqrt{2} \sum_{k \in \mathbb{Z}} h_k \varphi(2t - k)$, $\psi(t) = \sqrt{2} \sum_{k \in \mathbb{Z}} (-1)^k \tilde{h}_{\ell-k} \varphi(2t - k)$ und die

entsprechenden Gleichungen für $\tilde{\varphi}$ und $\tilde{\psi}$ in den Spektralbereich, wobei wir auf der rechten Seite jeweils den Ähnlichkeitssatz und den Verschiebungssatz anwenden:

---

[15] Darum sprechen wir auch nicht, wie in der Literatur üblich, von Funktionen mit „kompaktem Träger".

$$\varphi^\wedge(\xi) = \sqrt{2}\sum_{k\in\mathbb{Z}} h_k \tfrac{1}{2}\mathrm{e}^{-\mathrm{j}\pi k\xi}\,\varphi^\wedge(\tfrac{\xi}{2})$$

$$\psi^\wedge(\xi) = \sqrt{2}\sum_{k\in\mathbb{Z}}(-1)^k \widetilde{h}_{\ell-k}\tfrac{1}{2}\mathrm{e}^{-\mathrm{j}\pi k\xi}\,\varphi^\wedge(\tfrac{\xi}{2}) = \sqrt{2}\sum_{k\in\mathbb{Z}}(-1)^{\ell-k}\widetilde{h}_k\tfrac{1}{2}\mathrm{e}^{-\mathrm{j}\pi(\ell-k)\xi}\,\varphi^\wedge(\tfrac{\xi}{2}) =$$

$$= -\tfrac{\sqrt{2}}{2}\mathrm{e}^{-\mathrm{j}\pi\ell\xi}\sum_{k\in\mathbb{Z}}(-1)^{-k}\widetilde{h}_k\,\mathrm{e}^{\mathrm{j}\pi k\xi}\,\varphi^\wedge(\tfrac{\xi}{2})$$

Wenn wir mit $H(z) = \sum_{k\in\mathbb{Z}} h_k z^{-k}$ wieder wie in Kapitel 3 die z-Transformierte von $(h_k)_{k\in\mathbb{Z}}$

bezeichnen, können wir dies so schreiben:

$$\varphi^\wedge(\xi) = \tfrac{\sqrt{2}}{2} H(\mathrm{e}^{\mathrm{j}\pi\xi})\,\varphi^\wedge(\tfrac{\xi}{2}) \tag{5.1}$$

$$\psi^\wedge(\xi) = -\tfrac{\sqrt{2}}{2}\mathrm{e}^{-\mathrm{j}\pi\ell\xi}\,\widetilde{H}(-\mathrm{e}^{-\mathrm{j}\pi\xi})\,\varphi^\wedge(\tfrac{\xi}{2}) \tag{5.2}$$

Diese und die analogen Gleichungen für $\widetilde{\varphi}^\wedge$ und $\widetilde{\psi}^\wedge$ verknüpfen die z-Transformierten (oder Frequenzgänge) der Filter H und $\widetilde{H}$ mit den Fouriertransformierten der Skalierungsfunktionen und Wavelets und liefern daher Anhaltspunkte dafür, wie H und $\widetilde{H}$ gewählt werden könnten, damit die Funktionen $\varphi^\wedge$, $\psi^\wedge$, $\widetilde{\varphi}^\wedge$, $\widetilde{\psi}^\wedge$ gut lokalisiert sind oder andere gewünschte Eigenschaften aufweisen. Um zu gewährleisten, dass $H(z)$ gute Tiefpass- und $G(z) = -z^{-\ell}\widetilde{H}(-z^{-1})$ gute Hochpasseigenschaften haben, kann man verlangen, dass H und $\widetilde{H}$ bei $z = -1$ eine Nullstelle möglichst hoher Ordnung haben; dann wird nämlich der Verlauf der Frequenzgänge von H bei $\xi = \tfrac{1}{2}$ und von G bei $\xi = 0$ sehr flach sein (vgl. Abschnitt 3.1). Nehmen wir an, dass H und $\widetilde{H}$ bei $z = -1$ eine Nullstelle der Ordnung p beziehungsweise $\widetilde{p}$ haben. Was bedeutet dies für $\varphi^\wedge$ und $\psi^\wedge$? Aus (5.1) folgt per Induktion (man beginne bei ungeraden ganzen Zahlen $\xi = 2k+1$, wo also $\mathrm{e}^{\mathrm{j}\pi\xi} = -1$ ist), dass $\varphi^\wedge$ bei allen ganzzahligen Stellen $\xi = k$ außer bei $\xi = 0$ eine Nullstelle der Ordnung (mindestens) p hat, was natürlich der Lokalisierung bei $\xi = 0$ nur nützen kann. Übrigens ist

$$\varphi^\wedge(0) = \int_{-\infty}^{\infty}\varphi(t)\,dt = 1 \text{ nach (M3'), woraus mit (5.1) folgt, dass } H(1) = \sqrt{2}, \text{ in Überein-}$$

stimmung mit (4.20). Für $\psi^\wedge$ ergibt sich aus (5.2) dann bei $\xi = 0$ eine Nullstelle der Ordnung $\widetilde{p}$, bei geraden Zahlen $\xi = 2k \neq 0$ sogar der Ordnung $p + \widetilde{p}$.

Das Vorhandensein dieser Nullstellen hat noch zwei weitere wichtige Konsequenzen:

- *Verschwindende Momente der Wavelets*

Gemeint sind die Integrale $\mu_k := \int\limits_{-\infty}^{\infty} \psi(t)\,t^k\,dt$. Nach dem Differenziationssatz der inversen

Fouriertransformation (siehe Anhang, Abschnitt 10.1) sind diese nämlich gleich

$(\frac{-1}{2\pi\,\mathrm{j}})^k\,\psi^{\wedge(k)}(0)$, also 0 für $k = 0, 1, ..., \tilde{p}-1$. Dies hat zur Folge, dass für eine Funktion

f, die über dem Träger eines Wavelets $\psi_{m,n}$ durch ein Polynom vom Grade $\tilde{p}-1$ dargestellt werden kann, der entsprechende Wavelet-Koeffizient $v_{m,n}$ Null wird (man nennt daher $\tilde{p}$ auch *Approximationsordnung* von $\tilde{H}$). Etwas salopper ausgedrückt: In Bereichen, wo die Funktion genügend glatt ist, verschwinden die Waveletkoeffizienten näherungsweise. Für Anwendungen wie Datenkompression oder Unterdrücken von Rauschen ist diese Eigenschaft der Wavelet-Transformation von zentraler Bedeutung!

- *Regularität der Skalierungsfunktionen und Wavelets*

Mit Regularität sind die Eigenschaften Stetigkeit, Differenzierbarkeit, mehrfache Differenzierbarkeit angesprochen. Auch hier steckt eine Eigenschaft der Fouriertransformation dahinter: Je rascher $\varphi^{\wedge}(\xi) \to 0$ für $|\xi| \to \infty$, desto besser die Regularität von φ (siehe Anhang, Ende von Abschnitt 10.1). Die Regularität von ψ ist dieselbe wie diejenige von φ, da ja ψ eine Linearkombination von verschobenen und gestreckten Kopien von φ ist, und dürfte also nach dem oben Gesagten mit wachsendem p zunehmen, wobei aber in einer Zerlegung $H(z) = (z+1)^p W(z)$ der Faktor $W(z)$ eine ebenso wichtige Rolle spielt. Genaueres darüber ist im nächsten Kapitel zu erfahren. Wir können hier auch nochmals auf Beispiel 2 in Abschnitt 3.2 verweisen. Dort ist $p = \tilde{p} = 2$, und trotzdem scheint die Regularität von φ und ψ stark von derjenigen von $\tilde{\varphi}$ und $\tilde{\psi}$ verschieden zu sein, wie man aus Figur 3.11 und Figur 3.14, welche ja Approximationen dieser Funktionen zeigen, erkennen kann.

Vorgehen

Unsere Strategie wird nun wie folgt sein. Wir suchen ein FIR-Filter M mit der Eigenschaft $M(z) + M(-z) = 2$ (denn (4.19) entspricht (3.12) für das Produktfilter $M(z) = H`(z)\tilde{H}(z)$) und einer q-fachen Nullstelle bei $z = -1$. Wir zerlegen $q = p + \tilde{p}$ und

$$M(z) = 2(\frac{z+1}{2})^p(\frac{z^{-1}+1}{2})^{\tilde{p}} M_0(z).$$ Wegen $M(-1) = 0$ ist $M(1) = 2$ und daher $M_0(1) = 1$.

Weiter zerlegen wir $M_0(z) = H_0`(z)\tilde{H}_0(z)$ mit $H_0`(1) = 1 = \tilde{H}_0(1)$ und definieren

$$H(z) = \sqrt{2}(\frac{z^{-1}+1}{2})^p H_0(z) \qquad \text{(wobei} \qquad \text{wieder} \qquad H_0(z) = H_0`(z^{-1})\text{)} \qquad \text{und}$$

$\tilde{H}(z) = \sqrt{2}(\frac{z^{-1}+1}{2})^{\tilde{p}} \tilde{H}_0(z)$. Dann sind alle algebraischen Erfordernisse ((4.19) und (4.20) erfüllt; insbesondere haben wir damit bereits eine PR-Filterbank, mit der wir Subband Coding betreiben können. Wie aus diesen Filtern dann die Skalierungsfunktionen zu gewinnen sind, und dass unter geeigneten Zusatzvoraussetzungen wirklich eine MSA vorliegt, wird im nächsten Kapitel ausgeführt. Immerhin können wir schon jetzt mit der im Abschnitt 3.4 erläuterten Methode Approximationen der Skalierungsfunktionen und Wavelets gewinnen. Ferner wissen wir nach den obigen Ausführungen, dass durch eine Erhöhung von $\tilde{p}$ (auf Kosten von p) gleichzeitig die Regularität der Synthesefunktionen $\tilde{\varphi}, \tilde{\psi}$ verbessert und die Anzahl der verschwindenden Momente des Analyse-Wavelets ψ vergrößert wird.

5.2 Daubechies-Filter

Es ist das Verdienst von I. Daubechies, das soeben skizzierte Verfahren vorgeschlagen und erfolgreich durchgeführt zu haben. Dabei hat sie zuerst den orthogonalen Fall untersucht, in welchem $H = \tilde{H}$ gilt. Man nennt daher ein FIR-Filter H ein *Daubechies-Filter*, wenn das Produktfilter $M(z) := H^*(z)H(z) = H(z^{-1})H(z)$ die Eigenschaft

$$M(z) + M(-z) = 2 \qquad (5.3)$$

und H bei $z = -1$ eine Nullstelle möglichst hoher Ordnung p (bei fest vorgegebener Filterlänge) hat. Setzen wir

$$M(z) = 2(\frac{1+z}{2})^p (\frac{1+z^{-1}}{2})^p M_0(z) \qquad (5.4)$$

so ist zu gegebenem p ein M_0 mit möglichst kleiner Filterlänge zu bestimmen. Außerdem muss M_0 symmetrisch sein, das heißt $M_0(z) = M_0(z^{-1})$; dies im Hinblick auf die gewünschte Faktorzerlegung $M(z) = H(z^{-1})H(z)$. Wir werden sehen, dass es ein solches M_0 gibt, und dass es durch all diese Forderungen eindeutig bestimmt ist. Setzen wir zur Abkürzung

$$u(z) := \frac{1+z}{2} \cdot \frac{1+z^{-1}}{2}, \text{ so muss } M_0(z) \text{ die Gleichung}$$

$$u(z)^p M_0(z) + u(-z)^p M_0(-z) = 1 \qquad (5.5)$$

erfüllen. Im Fall $p = 1$ kennen wir schon eine Lösung, nämlich von der Haarschen MSA her. Dort ist $H(z) = \frac{1+z^{-1}}{\sqrt{2}}$, also $M(z) = \frac{1+z}{\sqrt{2}} \cdot \frac{1+z^{-1}}{\sqrt{2}} = 2u(z)$, also $M_0(z) \equiv 1$. Tatsächlich gilt ja $u(z) + u(-z) = 1$. Durch einen Trick kann man jetzt aus dieser Gleichheit eine Lösung von (5.5) mit beliebigem p erhalten: Wir setzen sie in die $(2p-1)$ -te Potenz und wenden die binomische Formel an, was folgende Identität liefert:

$$\sum_{k=0}^{p-1} \binom{2p-1}{k} u(z)^{2p-1-k} u(-z)^k + \sum_{k=0}^{p-1} \binom{2p-1}{k} u(z)^k u(-z)^{2p-1-k} = 1$$

Dabei haben wir die erste Hälfte und die zweite Hälfte der Summanden getrennt aufge-
schrieben und die Symmetrie der binomischen Formel ausgenutzt. Nun entsteht aber die
zweite Summe offensichtlich aus der ersten, indem man z durch $-z$ substituiert. Aus der
ersten Summe kann man außerdem den Faktor $u(z)^p$ ausklammern. Wenn wir also

$$M_0(z) := \sum_{k=0}^{p-1} \binom{2p-1}{k} u(z)^{p-1-k} u(-z)^k \qquad (5.6)$$

setzen, ist (5.5) erfüllt. Bei dem so gefundenen M_0 handelt es sich (glücklicherweise!)
tatsächlich um ein symmetrisches Filter (weil $u(z)$ symmetrisch ist). Sei nun $\hat{M}_0$ irgendein
symmetrisches Filter mit Filterlänge $\leq 2p-1$, für welches (5.5) gilt. Dann ist
$V(z) := z^{p-1}(M_0(z) - \hat{M}_0(z))$ ein gewöhnliches Polynom vom Grad $\leq 2p-2$ und erfüllt
die Gleichung $u(z)^p V(z) + u(-z)^p V(-z) = 0$. Weil nun aber $u(1) = 1$, muss die $2p$-
fache Nullstelle 1 von $u(-z)^p$ ganz in $V(z)$ drin stecken, was nur geht, wenn $V(z)$ identisch
verschwindet. Also stimmt $\hat{M}_0$ mit M_0 überein. In der Literatur wird meist eine andere
Darstellung von $M_0(z)$ bevorzugt:

$$M_0(z) = \sum_{k=0}^{p-1} \binom{p+k-1}{k} u(-z)^k \qquad (5.7)$$

Diese findet man durch eine Taylorreihenentwicklung von $(1-v)^{-p}$ in der aus (5.5) folgenden Gleichung $M_0(z) = u(z)^{-p}(1 - u(-z)^p M_0(-z)) = (1-v)^{-p}(1 - v^p M_0(-z))$ mit
$v := u(-z) = 1 - u(z)$, unter Beachtung der Tatsache, dass $M_0(z)$ ein Polynom vom Grad
$p-1$ in v ist (dies muss man also ohnehin zuerst beweisen). Wir werden aber hier mit der
Darstellung (5.6) weiterfahren.

Nachdem wir nun ein geeignetes M_0 gefunden haben, müssen wir es in ein Produkt
$M_0(z) = H_0(z^{-1})H_0(z)$ zerlegen. Dies tun wir wie üblich durch sukzessives Abspalten von
Faktoren $(cz^{-1} - 1)$, wo c eine Nullstelle von M_0 ist. Gleichzeitig bauen wir $H_0(z)$ auf, indem wir mit 1 beginnen und einzelne dieser Faktoren hinzufügen. Weil nun aber M_0 reell
und symmetrisch ist, sind mit c immer auch $\bar{c}, c^{-1}$ und $\bar{c}^{-1}$ Nullstellen, und da diese vier
Zahlen zum Teil zusammenfallen können (nämlich wenn sie auf der rellen Achse oder auf
dem Einheitskreis liegen), müssen wir drei Fälle unterscheiden:

1. Falls $c, \bar{c}, c^{-1}$ und $\bar{c}^{-1}$ alle voneinander verschieden sind, spalten wir das Produkt
   $(cz^{-1} - 1)(cz - 1)(\bar{c}z^{-1} - 1)(\bar{c}z - 1)$ ab und fahren dann mit dem Restfaktor weiter,
   der wiederum reell und symmetrisch ist. Das Teilprodukt $(cz^{-1} - 1)(\bar{c}z^{-1} - 1)$ mit den
   Nullstellen c und $\bar{c}$ nehmen wir zu dem aufzubauenden Faktor $H_0(z)$ hinzu, der damit
   reell bleibt. Das andere Teilprodukt $(cz - 1)(\bar{c}z - 1)$ mit den Nullstellen

c^{-1} und $\bar{c}^{-1}$ entsteht aus dem ersten durch die Substitution $z \to z^{-1}$ und gehört dann automatisch zu $H_0(z^{-1})$.

2. Falls $c = \bar{c}$, aber $c \neq c^{-1}$, spalten wir $(cz^{-1} - 1)(cz - 1)$ ab, was wieder einen reellen und symmetrischen Restfaktor liefert, und fügen den Faktor $(cz^{-1} - 1)$ zu $H_0(z)$ hinzu.

3. Der Fall, wo c auf dem Einheitskreis liegt, würde Schwierigkeiten bereiten (es wäre dann eventuell nicht möglich, ein reelles H_0 zu finden), kann aber bei Daubechies-Filtern nicht vorkommen, denn wegen $c^{-1} = \bar{c}$ wäre $u(c) = \left| \dfrac{1+c}{2} \right|^2$, $u(-c) = \left| \dfrac{1-c}{2} \right|^2$, sodass c unmöglich eine Nullstelle von (5.6) sein könnte.

Wenn alle Nullstellen abgespalten sind, haben wir eine Zerlegung $M_0(z) = C \cdot H_0(z^{-1}) H_0(z)$ mit einer Konstanten C gewonnen. Weil aber $M_0(1) = 2$, muss C positiv sein, und wir schlagen noch $\sqrt{C}$ zu $H_0(z)$ hinzu. Damit ist die Faktorzerlegung $M_0(z) = H_0(z^{-1}) H_0(z)$ perfekt!

Die praktische Durchführung einer solchen Zerlegung steht und fällt mit der Kenntnis der Nullstellen von M_0. Wir werden sie nachher in den Fällen $p = 2$ und $p = 3$ explizit ausrechnen. Als Verschnaufpause gönnen wir uns aber vorher noch einen Blick auf die numerisch berechneten 78 Nullstellen im Fall $p = 40$ (Figur 5.1). Man sieht, dass sie sich in 19 Quadrupel (1. Fall) und ein reelles Paar (2. Fall) aufteilen. Bei jedem Quadrupel und jedem reellen Paar gibt es zwei Möglichkeiten, die Nullstellen auf $H_0(z)$ und $H_0(z^{-1})$ zu verteilen (wenn H_0 reell sein soll); also gibt es genau 2^{20} verschiedene Daubechies-Filter der „Ordnung" $p = 40$. Ihre Filterlänge ist 80. Für $p = 41$ würden wir 80 Nullstellen in 20 Quadrupeln erhalten, also wieder 2^{20} verschiedene Daubechies-Filter, diesmal mit Filterlänge 82. Es lässt sich zeigen, dass diese beiden Situationen typisch sind, das heißt es gibt für $p = 2q$ oder $p = 2q + 1$ genau 2^q verschiedene Daubechies-Filter. Alle Daubechies-Filter mit gleicher Ordnung p haben übrigens den gleichen Amplitudengang, nämlich

$$\left| H(e^{j2\pi\xi}) \right| = \sqrt{H(e^{j2\pi\xi}) H(e^{-j2\pi\xi})} = \sqrt{M(e^{j2\pi\xi})} = \sqrt{2} \left| \cos(\pi\xi) \right|^p \sqrt{M_0(e^{j2\pi\xi})} ; \qquad \text{sie}$$

unterscheiden sich also lediglich in ihrem Phasengang.

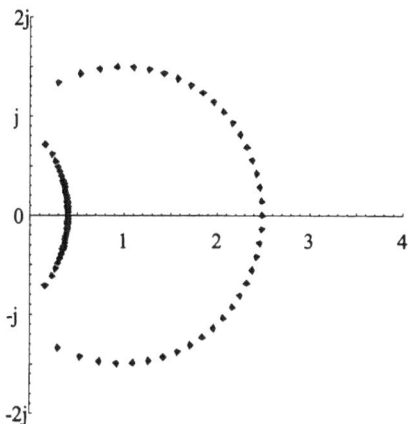

Figur 5.1: Nullstellen von M_0 für $p = 40$

Beispiel 1: $p = 1$

Dies führt, wie wir schon früher gesehen haben, zu den Haarschen Filtern.

Beispiel 2: $p = 2$

Aus (5.6) erhalten wir, weil $u(z) = z^{-1}(\frac{1+z}{2})^2$ und $u(-z) = -z^{-1}(\frac{1-z}{2})^2$,

$M_0(z) = z^{-1}((\frac{1+z}{2})^2 - 3(\frac{1-z}{2})^2)$. Die beiden Nullstellen finden wir demnach aus

$1 + z = \pm\sqrt{3}(1-z)$: Es sind die beiden zueinander inversen Zahlen $2 \pm \sqrt{3}$. Wir wollen

$2 - \sqrt{3}$ als Nullstelle von H_0 haben und erhalten daraus (wegen $H_0(1) = 1$) die Darstellung

$$H_0(z) = \frac{(2-\sqrt{3})z^{-1} - 1}{(2-\sqrt{3}) - 1} = \frac{1}{2}(1 + \sqrt{3} + (1 - \sqrt{3})z^{-1}).$$

Somit ergibt sich schließlich

$$H(z) = \sqrt{2}(\frac{1+z^{-1}}{2})^2 H_0(z) = \frac{1}{4\sqrt{2}}((1+\sqrt{3}) + (3+\sqrt{3})z^{-1} + (3-\sqrt{3})z^{-2} + (1-\sqrt{3})z^{-3}).$$

Dies ist genau das Filter von Beispiel 3 in Abschnitt 3.1. Wenn man statt $2 - \sqrt{3}$ die Nullstelle $2 + \sqrt{3}$ verwendet, erhält man die gleichen Koeffizienten, aber in umgekehrter Reihenfolge, denn dies bewirkt einfach, dass $H(z)$ mit $H(z^{-1})$ vertauscht wird.

Beispiel 3: $p = 3$

Die Gleichung $M_0(z) = z^{-2}((\frac{1+z}{2})^4 - 5(\frac{1+z}{2})^2(\frac{1-z}{2})^2 + 10(\frac{1-z}{2})^4) = 0$ lässt sich als

quadratische Gleichung für $(\frac{1+z}{1-z})^2$ auffassen und ergibt $(\frac{1+z}{1-z})^2 = \frac{5 \pm \sqrt{15}\,j}{2}$, also

$\frac{1+z}{1-z} = \pm\frac{1}{2}(\sqrt{2\sqrt{10}+5} \pm \sqrt{2\sqrt{10}-5}\,j)$. Setzen wir $w := \frac{1}{2}(\sqrt{2\sqrt{10}+5} + \sqrt{2\sqrt{10}-5}\,j)$, so

sind die vier Nullstellen von M_0 das durch $c = \frac{w-1}{w+1}$ erzeugte Quadrupel. Es gibt also wiederum nur 2 Möglichkeiten für H_0 und damit auch für H; diese gehen natürlich wieder
durch Umkehrung der Koeffizientenreihenfolge auseinander hervor. Wählt man

$$H_0(z) = \frac{(cz^{-1} - 1)(\overline{c}z^{-1} - 1)}{(c-1)(\overline{c}-1)} =$$

$$= \frac{1}{4}((w\overline{w} + w + \overline{w} + 1)) + (2 - 2w\overline{w})z^{-1} + (w\overline{w} - w - \overline{w} + 1)z^{-2}),$$

so erhält man wegen $w\overline{w}=\sqrt{10}$ und $w+\overline{w}=\sqrt{2\sqrt{10}+5}$ schließlich die Koeffizienten von

$$H(z)=\sqrt{2}\,(\frac{1+z^{-1}}{2})^3 H_0(z)=\sum_{k=0}^{5}h_k z^{-k}\,:$$

$h_0 = \frac{\sqrt{2}}{32}\,(1+\sqrt{10}+\sqrt{5+2\sqrt{10}}\,)\approx 0.332671$

$h_1 = \frac{\sqrt{2}}{32}\,(5+\sqrt{10}+3\sqrt{5+2\sqrt{10}}\,)\approx 0.806892$

$h_2 = \frac{\sqrt{2}}{32}\,(10-2\sqrt{10}+2\sqrt{5+2\sqrt{10}}\,)\approx 0.459878$

$h_3 = \frac{\sqrt{2}}{32}\,(10-2\sqrt{10}-2\sqrt{5+2\sqrt{10}}\,)\approx -0.135011$

$h_4 = \frac{\sqrt{2}}{32}\,(5+\sqrt{10}-3\sqrt{5+2\sqrt{10}}\,)\approx -0.085441$

$h_5 = \frac{\sqrt{2}}{32}\,(1+\sqrt{10}-\sqrt{5+2\sqrt{10}}\,)\approx 0.035226$

Für höhere p wollen wir die Bestimmung der Nullstellen von M_0 nur noch numerisch vornehmen, obwohl sie bis $p=5$ theoretisch exakt möglich wäre. Wie oben können wir nämlich durch Einführen der Variablen $y:=\dfrac{u(-z)}{u(z)}=-(\dfrac{1-z}{1+z})^2$ den Grad der Gleichung von $2p-2$ auf $p-1$ drücken, was auch für die numerische Lösung sehr wertvoll ist. Es ist

$$\frac{M_0(z)}{u(z)^{p-1}}=\sum_{k=0}^{p-1}\binom{2p-1}{k}(\frac{u(-z)}{u(z)})^k=\sum_{k=0}^{p-1}\binom{2p-1}{k}y^k=:M_{00}(y) \qquad (5.8)$$

Für jede Nullstelle y von $M_{00}(y)$ löse man $y=-(\dfrac{1-z}{1+z})^2$ nach z auf, das heißt man bestimme w mit $w^2=-y$ und löse $\pm w=\dfrac{1-z}{1+z}$ nach z auf, was zwei Nullstellen $c_1=\dfrac{1-w}{1+w}$

und $c_2=\dfrac{1+w}{1-w}=c_1^{-1}$ von M_0 liefert. Die eigentliche Aufgabe besteht also in der Bestimmung der Nullstellen von M_{00}, die wie gesagt im Allgemeinen numerisch erfolgen muss.

Numerische Berechnung von Daubechies-Filtern

Wir sind jetzt soweit, dass wir eine MATLAB-Funktion zur Berechnung von Daubechies-Filtern schreiben können. Dabei stellt sich noch die Frage, nach welchen Kriterien die Nullstellen auf $H(z)$ und $H(z^{-1})$ verteilt werden sollen, was – wie wir wissen – den Phasengang der Filter beeinflusst. Wir stellen zwei gängige Methoden vor:

1. **Daubechies-Filter mit minimalem Phasengang.** Hier teilt man systematisch die Null-
   stellen c mit $|c| < 1$ dem Faktor $H_0(z)$ zu. Von einem Paar c, c^{-1} von Nullstellen liegt
   immer eine innerhalb, die andere
   außerhalb des Einheitskreises (sie
   können ja, wie wir gesehen haben,
   nicht Betrag 1 haben). Eine Nullstelle c von $H_0(z)$ liefert zur Phase
   $\mathrm{Arg}(H(e^{j2\pi\xi}))$ den variablen (addi-
   tiven) Beitrag $\mathrm{Arg}(e^{-j2\pi\xi} - c^{-1})$, weil
   wir ja $H_0(z)$ als Produkt von Fak-
   toren $(cz^{-1} - 1)$ schreiben; wenn
   nun c innerhalb des Einheitskreises
   liegt, durchläuft dieser Beitrag einen Winkelbereich von weniger
   als 180°, andernfalls einen solchen
   von 360° (siehe nebenstehende Figur); daher durchläuft die gesamte Phase einen minimalen Bereich, wenn alle Nullstellen von $H_0(z)$ innerhalb des Einheitskreises liegen.

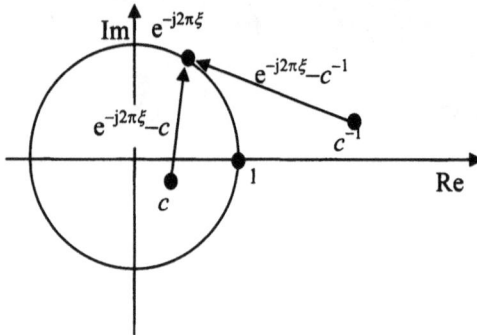

2. **Daubechies-Filter mit minimaler Abweichung von linearer Phase.** Für gewisse
   Anwendungen wären Filter mit *linearem* Phasengang wünschenswert. Dieser Fall tritt
   dann ein, wenn H symmetrisch ist (siehe Abschnitt 3.1), was hier
   $H(z^{-1}) = z^{2p-1} H(z)$ bedeutet (H kann nicht antisymmetrisch sein, weil sonst $H(1) = 0$
   sein müsste). Für die noch aus H zu konstruierende Skalierungsfunktion φ würde dies
   Achsensymmetrie des Graphen nach sich ziehen. Es leuchtet ein, dass dies zum Beispiel
   in der Bildverarbeitung eine erwünschte Eigenschaft ist. Nun haben wir aber in Abschnitt 3.3 gezeigt, dass in einer symmetrischen, orthogonalen PR-Filterbank
   $H(z) = \frac{1}{\sqrt{2}}(1 + z^{-\ell})$ gilt. Da dieses Filter aber nur eine einfache Nullstelle bei -1 hat,
   handelt es sich nur im Fall $\ell = 1$ um ein Daubechies-Filter. Somit kann ein Daubechies-
   Filter (außer im Haarschen Fall) nicht linearen Phasengang haben. Durch geschickte
   Wahl der Nullstellen von H_0 lässt sich aber erreichen, dass die Abweichung von
   Linearität minimal wird. Statt als Nullstellen von H_0 die Nullstellen von M_0 innerhalb
   des Einheitskreises zu wählen, wählt man sie abwechslungsweise (bezogen auf die aus
   Figur 5.1 ersichtliche Anordnung) innerhalb und außerhalb; $H_0(z)$ erhält so die Form
   $...(cz^{-1} - 1)(\bar{c}\,z^{-1} - 1)(d^{-1}z^{-1} - 1)(\bar{d}^{-1}z^{-1} - 1)...$, wobei $c \approx d$. Ein solches Produkt
   von 4 Faktoren ist ungefähr symmetrisch (es wäre exakt symmetrisch, wenn $c = d$). Den
   Erfolg dieser Maßnahme kann man aus Figur 5.2, Figur 5.3 und Figur 5.4 ersehen.

Hier nun also eine MATLAB-Funktion, welche diese Filter berechnen kann:

```
function h = daubfilt(p,typ);
% Berechnung des Daubechies-Filters der Ordnung p
%   (das heißt -1 ist p-fache Nullstelle)
%   mit minimalem Phasengang (typ='min') oder
%   minimaler Abweichung von linearer Phase (typ='symm')
%-------------------------------------------------------------
% Polynom M00 berechnen
```

```
m00(p) = 1;
for k = 1:p-1,
  m00(p-k) = m00(p-k+1)*(2*p-k)/k;
end;

% Nullstellen w von M00 und c von M0 bestimmen
m00 = fliplr(m00);        % betrachte M00(1/z), zwecks
                          % besserer numerischer Stabilität
w = sqrt(-1./roots(m00));   % alle w's haben Realteil>0
                            % (wegen sqrt)
c = (1-w)./(1+w);         % diese c's haben kleineren Betrag
                          % als ihre Inversen, sind also dieje-
                          % nigen im Innern des Einheitskreises

% Abwechseln zwischen innen und aussen,
% falls typ='symm' (oder ähnlich)
if (nargin>1)&(typ(1)=='s'|typ(1)=='S'),
  for k = 1:p-1,
    if mod(k,4)==0|mod(k,4)==3,
    c(p-k) = 1/c(p-k);
    end;
  end;
end;

% Filter H bestimmen (Impulsantwort h)
h = [1];
for k = 1:p-1,
  h = conv(h,[-1,c(k)]); % Produkt der Faktoren (cz⁻¹-1)
end;
for k = 1:p,
  h = conv(h,[1,1]);     % p Faktoren (1+z⁻¹) dazufügen
end;
h = real(h);             % imaginäre Anteile entfernen
                         % (es sind nur Rundungsfehler)
h = h/sum(h)*sqrt(2);    % h normieren
```

Diese Funktion liefert für $p \leq 50$ brauchbare Resultate. Für größere p werden die Rundungsfehler übermächtig. Als ersten Versuch berechnen wir die Koeffizienten für $p = 3$ (hier macht es noch keinen Unterschied, ob typ = 'min' oder 'symm' gewählt wird !):

```
daubfilt(3)
0.33267   0.80689   0.45988   -0.13501   -0.085441   0.035226
```

Die Zahlen stimmen mit den oben in Beispiel 3 berechneten überein. Als Nächstes vergleichen wir die beiden Filter für $p = 8$ (Figur 5.2):

```
hmin = daubfilt(8,'min');
subplot(1,2,1); stem(0:15,hmin);
hsymm = daubfilt(4,'symm');
subplot(1,2,2); stem(0:15,hsymm);
```

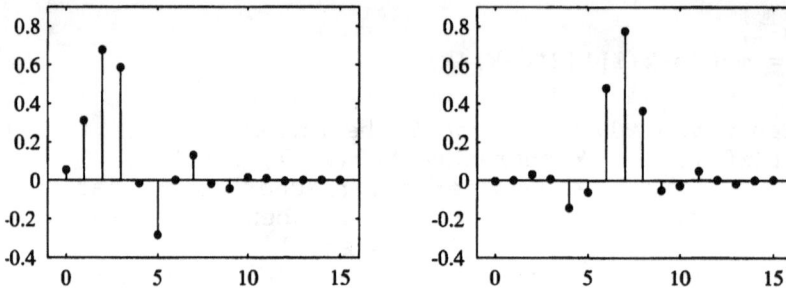

Figur 5.2: Daubechies-Filter der Approximationsordnung p = 8
Links: minimaler Phasengang; rechts: minimale Abweichung von linearem Phasengang

Wir zeigen noch die Phasengänge der beiden Filter (ohne MATLAB-Code, Figur 5.3). Zu bemerken ist dazu, dass diese Phasengänge für $-0.5 \le \xi \le 0.5$ als stetige Funktionen (keine echten Phasensprünge) definiert werden könnten, da die Amplitude nur bei $\xi = \pm 0.5$ Null wird. Man erkennt, dass die Phase im minimalen Fall einen Bereich von $4 \cdot 360°$, im „fast-symmetrischen" Fall aber von $7 \cdot 360°$ durchläuft.

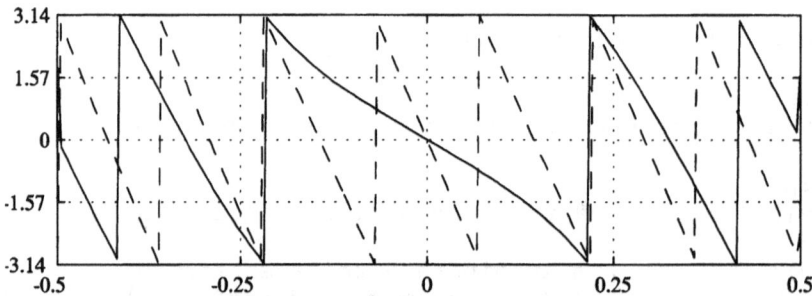

Figur 5.3: Phasengänge der Daubechies-Filter für p = 8. Durchgezogen: minimaler Phasengang;
gestrichelt: minimale Abweichung von linearem Phasengang

Auch bei den Skalierungsfunktionen und Wavelets (von denen wir noch gar nicht wissen, ob sie existieren) sehen wir einen deutlichen Unterschied (Figur 5.4); im „fast-linearen" Fall sind die Funktionen einigermaßen symmetrisch. Diese fast-symmetrischen Daube-chies-Wavelets werden in der Literatur häufig „Symmlets" genannt, diejenigen mit minima-ler Phase „Daublets".

Wir verwenden wieder das in Abschnitt 3.4 erläuterte Verfahren, um vermutete Approximationen dieser Funktionen zu erhalten, mit entsprechender Umskalierung. Die Funktion plotorthwav erledigt dies für ein beliebiges orthogonales Filter.

```
function plotorthwav(h);
% Graphen der Skalierungsfunktion und
% des Mother-Wavelets für ein orthogonales Filter h
% -------------------------------------------------
```

```
% Definition der Filter für das Subband Coding
% (nur Rekonstruktion)
L = length(h);
as = h; pas = 0;
ds = fliplr(as).*(-1).^(0:L-1); pds = 0;
% Anzahl Schritte, Skalierungsfaktor
n = 10; s = 2^n;
% Skalierungsfunktion
u = [1]; pu = 0;
for k = 1:n,
   [u,pu] = synstep(u,pu,[0],0,as,pas,ds,pds);
end;
subplot(1,2,1); plot((1:length(u))/s,sqrt(s)*u);
% Wavelet
u = [0]; pu = 0; v = [1]; pv = 0;
[u,pu] = synstep(u,pu,v,pv,as,pas,ds,pds);
for k=2:n,
   [u,pu] = synstep(u,pu,[0],0,as,pas,ds,pds);
end;
subplot(1,2,2); plot((1:length(u))/s,sqrt(s)*u);
```

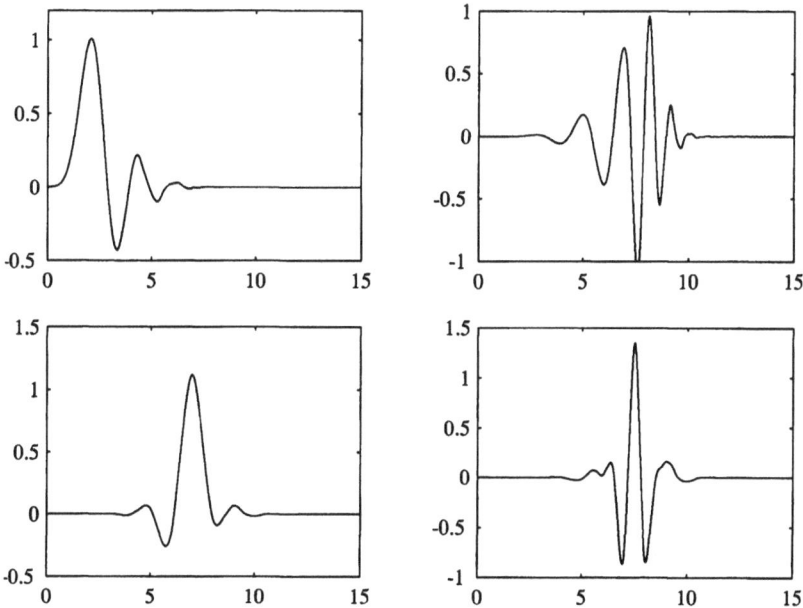

Figur 5.4: Skalierungsfunktionen (links) und Mother-Wavelets (rechts) der Daubechies-Filter mit Approximationsordnung p = 8
Oben: minimaler Phasengang; unten: minimale Abweichung von linearem Phasengang

Um den Einfluss des Parameters p auf Regularität, Zeit- und Frequenzlokalisierung sichtbar zu machen, haben wir in Figur 5.5 die Skalierungsfunktionen, Mother-Wavelets, sowie die Beträge ihrer Fouriertransformierten für einige Werte von p dargestellt, und zwar für den Fall minimalen Phasengangs. Es wird deutlich, dass Regularität und Frequenzlokalisierung sich mit wachsendem p verbessern, was gar nicht so selbstverständlich ist, da ja mit p auch der Grad des Restfaktors H_0 in $H(z) = 2(\dfrac{1+z^{-1}}{2})^p H_0(z)$ zunimmt. Auf dieses Thema werden wir im nächsten Kapitel noch genauer eingehen.

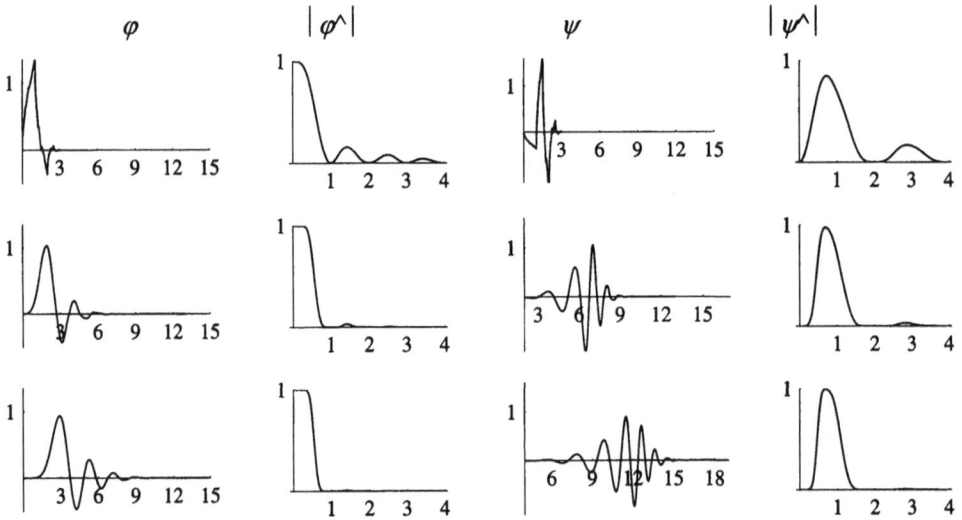

Figur 5.5: Regularität, Zeit- und Frequenzlokalisierung für $p = 2$, 7 und 12

Schließlich zeigen wir noch, wie sich die verschwindenden Momente von ψ auswirken. Dazu machen wir eine Wavelet-Analyse (Subband Coding einer Abtastung) der in Figur 5.6 dargestellten Funktion und schauen uns zum Beispiel die Wavelet-Koeffizienten zweiter Stufe an, das heißt nach zwei Schritten im Subband Coding (Figur 5.7). Wenn wir dies mit $p = 1$, also mit dem Haarschen Wavelet tun, spiegeln die Wavelet-Koeffizienten im Wesentlichen die erste Ableitung (mit einem negativen Proportionalitätsfaktor) wieder. Mit $p = 2$ sind sie schon viel kleiner und proportional zur zweiten Ableitung; mit $p = 3$ sind sie proportional zur dritten Ableitung, also hier Null, mit Ausnahme derjenigen Wavelets, deren Träger eine Nahtstelle der Parabelbögen überschneidet. Um dieses Verhalten zu verstehen, betrachten wir die Taylorentwicklung von f um den Punkt $t_0 := n2^m$ herum:

$$f(t) = f(t_0) + f'(t_0)(t - t_0) + \frac{f''(t_0)}{2}(t - t_0)^2 + \frac{f'''(t_0)}{3!}(t - t_0)^2 + \dots$$

Daraus berechnen wir mit der Substitution $t = t_0 + 2^m \tau$ den Koeffizienten

$$v_{m,n} = <\psi_{m,n}, f> = 2^{-\frac{m}{2}} \int\limits_{-\infty}^{\infty} \psi(2^{-m}t - n) f(t)\,dt = 2^{\frac{m}{2}} \int\limits_{-\infty}^{\infty} \psi(\tau) f(t_0 + 2^m \tau)\,d\tau =$$

$$= 2^{\frac{m}{2}}(\mu_0 + 2^m f'(t_0)\mu_1 + 2^{2m} \frac{f''(t_0)}{2}\mu_2 + 2^{3m}\frac{f'''(t_0)}{3!}\mu_3 + ...),$$ wobei wir die in Abschnitt 5.1

eingeführten Momente $\mu_k := \int\limits_{-\infty}^{\infty} \psi(t) t^k\,dt$ verwenden. Nun verschwinden diese ja für

$0 \le k \le p-1$, sodass für genügend kleines m gilt

$$v_{m,n} \approx 2^{(p+\frac{1}{2})m} \frac{f^{(p)}(n 2^m)}{p!} \mu_p \qquad (5.9)$$

„Genügend kleines m" bedeutet praktisch, dass man das Subband Coding mit einer hinreichend feinen Abtastung von f startet und dann nicht allzu viele Schritte macht. In unserem Beispiel wählten wir 401 Abtastwerte und führten 2 Schritte des Subband Coding durch. Der MATLAB Code lautet

```
% Figur 5.6: Abtastung eines quadratischen Splines
%-------------------------------------------------
y = 1/10*(0:100).^2;
y = [y(1:100)  2000-fliplr(y)]; y = [y(1:200)  fliplr(y)];
plot([0:400],y);
% Figur 5.7: Waveletkoeffizienten der Stufe 2
%-------------------------------------------------
for p = 1:3,
  h = daubfilt(p); L = length(h);   % Daubechies-Filter
  a = fliplr(h); pa = -L+1;         % Analyse-Tiefpass
  d = h.*(-ones(1,L)).^(1:L); pd = -L+1;
                                    % Analyse-Hochpass
  u = y; pu = 0;                    % 2 Analyse-Schritte
  [u,pu,v,pv] = anastep(u,pu,a,pa,d,pd);
  [u,pu,v,pv] = anastep(u,pu,a,pa,d,pd);
  subplot(3,1,p); stem(v);
end;
```

Die Abtastschrittweite wurde als 1 angenommen, sodass wir das Subband Coding mit $m_0 = 0$ starten. Für das Haar-Wavelet ($p = 1$) ist $\mu_1 = -\frac{1}{4}$, wie man rasch nachrechnet. Die Funktion ist im linken Viertel gegeben durch $f(t) = 0.1\,t^2$, also $f'(t) = 0.2\,t$. Dies ergibt nach (5.9) für $m = 2$ als Wavelet-Koeffizienten $v_{2,n} \approx 2^3 f'(4n) \cdot (-\frac{1}{4}) = -0.4 \cdot 4n$, was sehr gut mit der obersten Teilfigur in Figur 5.7 übereinstimmt. Ähnlich ist für das Daubechies-Wavelet mit $p = 2$ das erste nichtverschwindende Moment $\mu_2 = -\sqrt{\frac{3}{8}}$ (siehe 5.5, Aufgabe 2); mit (5.9) erhalten wir daraus $v_{2,n} \approx 2^5 \frac{0.2}{2}(-\sqrt{\frac{3}{8}}) \approx -0.69$, was ebenfalls gut der mittleren Teilfigur entspricht.

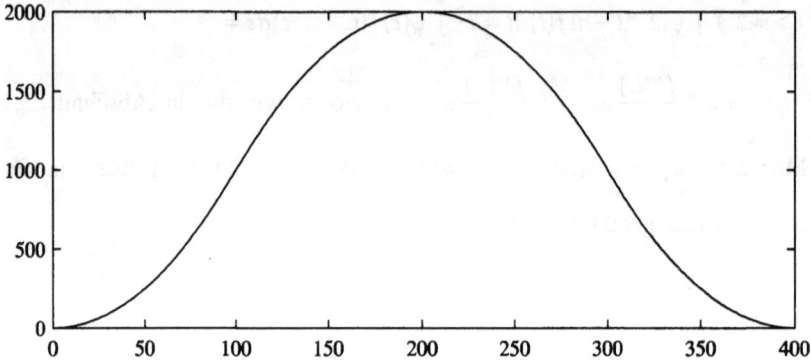

Figur 5.6: Ein aus 3 Parabelbögen zusammengesetzter Funktionsgraph mit stetiger erster Ableitung („quadratischer Spline")

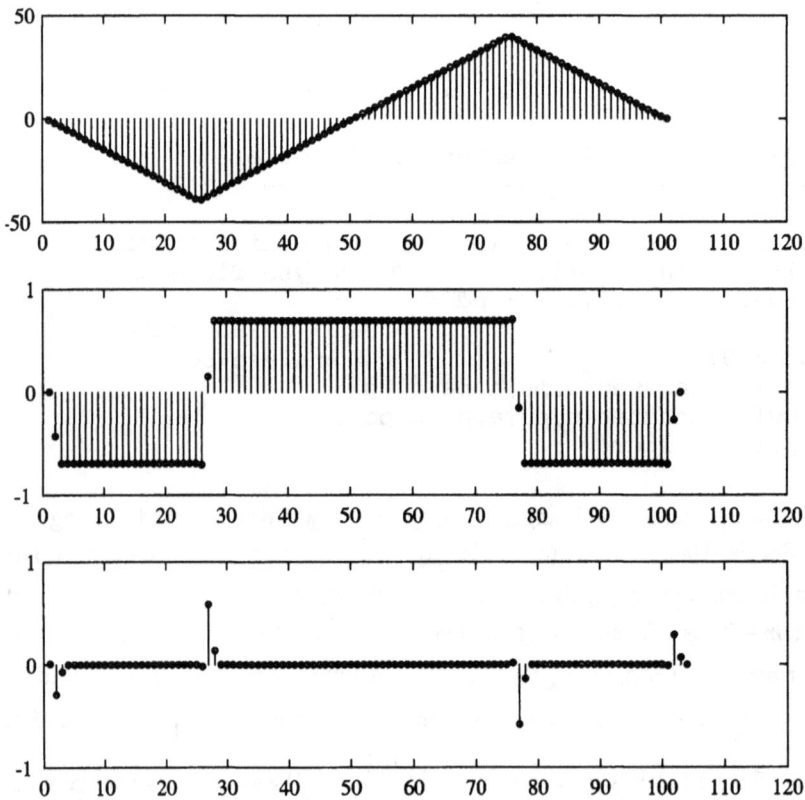

Figur 5.7: Wavelet-Koeffizienten $v_{2,n}$ der Funktion aus Figur 5.6 bezüglich der Daubechies-Wavelets mit Approximationsordnung $p = 1$ (oben), $p = 2$ (Mitte) und $p = 3$ (unten)

5.3   Biorthogonale Spline-Filter

In (5.4) und (5.6) haben wir das kürzeste Filter $M(z)$ bestimmt, das bei -1 eine Nullstelle der Ordnung $2p$ hat und außerdem die für eine PR-Filterbank benötigte Gleichung (5.3) erfüllt. Jede Faktorisierung $M(z) = H^{\cdot}(z)\tilde{H}(z)$ definiert eine PR-Filterbank mit Analyse-Tiefpassfilter H und Synthese-Tiefpassfilter $\tilde{H}$ und gehört unter geeigneten Voraussetzungen zu einer biorthogonalen Multiskalen-Analyse im Sinne von Abschnitt 4.4. Im letzten Abschnitt wurde Orthogonalität verlangt ($H = \tilde{H}$), was eine Fakorisierung des Polynoms M_0 in (5.6) erforderte. Jetzt belassen wir M_0 ganz im Faktor $H^{\cdot}$, das heißt wir betrachten Zerlegungen der Form

$$\tilde{H}(z) = \sqrt{2}(\frac{1+z^{-1}}{2})^{\tilde{p}}, \ H^{\cdot}(z) = \sqrt{2}(\frac{1+z^{-1}}{2})^{p}z^{q}M_0(z) \qquad (5.10)$$

mit $p + \tilde{p} = 2q$ (das p in (5.6) ist jetzt durch q zu ersetzen). Unter der Annahme, dass die Voraussetzungen für die Existenz der Synthese-Skalierungsfunktion $\tilde{\varphi}$ erfüllt sind, wollen wir diese jetzt beschreiben. Wir bestimmen zuerst ihre Fouriertransformierte. Nach (5.1) muss für diese nämlich gelten:

$$\tilde{\varphi}^{\wedge}(\xi) = (\frac{1+e^{-j\pi\xi}}{2})^{\tilde{p}}\ \tilde{\varphi}^{\wedge}(\tfrac{\xi}{2})$$

Anderseits sehen wir auch, dass $\tilde{H}$ im Fall $\tilde{p} = 1$ das Haarsche Filter ist und dass also die Transformierte der Haarschen Skalierungsfunktion φ_{Haar} die obige Gleichung mit $\tilde{p} = 1$ erfüllt. Daraus schließen wir, dass $\tilde{\varphi}^{\wedge} = (\varphi_{\text{Haar}}{}^{\wedge})^{\tilde{p}}$ eine Lösung der Gleichung für beliebiges $\tilde{p}$ ist. Wir werden im nächsten Kapitel sehen, dass die Lösung eindeutig bestimmt ist, sodass wir also durch Rücktransformation in den Zeitbereich die gewünschte Skalierungsfunktion $\tilde{\varphi}$ bestimmen können. Dazu benützen wir den Faltungssatz der inversen Fouriertransformation (Anhang, Abschnitt 10.1), was uns gestattet, $\tilde{\varphi}$ als eine $\tilde{p}$-fache Faltung der Haarschen Rechteckfunktion zu berechnen. Allgemein gilt für die Faltung g von φ_{Haar} mit einer beliebigen Funktion f

$$g(t) = \int_{-\infty}^{\infty}\varphi_{\text{Haar}}(t-\tau)f(\tau)d\tau = \int_{t-1}^{t}f(\tau)d\tau = F(t) - F(t-1)$$

wobei F eine stetige Stammfunktion von f ist. Daraus wird klar, dass unsere Skalierungsfunktion $\tilde{\varphi}$ (wir bezeichnen sie jetzt genauer mit $\tilde{\varphi}_{\tilde{p}}$) auf den Intervallen $[k, k+1]$ durch Polynome vom Grad $\tilde{p} - 1$ dargestellt wird, welche an den Nahtstellen $k \in \mathbb{Z}$ bis zur $(\tilde{p} - 2)$-ten Ableitung übereinstimmen. Solche Funktionen sind als *Splines* vom Grad

$\tilde{p}-1$ bekannt und spielen in vielen Interpolations- und Approximationsproblemen eine wichtige Rolle. Konkret erhalten wir für $\tilde{p}=2$ die *Hut-Funktion*

$$\tilde{\varphi}_2(t) = \int\limits_{t-1}^{t} \varphi_{\text{Haar}}(\tau)\, d\tau = \begin{cases} t & \text{falls } 0 \leq t \leq 1 \\ 2-t & \text{falls } 1 \leq t \leq 2 \\ 0 & \text{sonst} \end{cases}$$

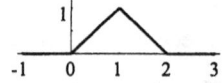

(eine interpolierende Skalierungsfunktion, siehe Abschnitt 4.3) und für $\tilde{p}=3$ den quadratischen „B-Spline"

$$\tilde{\varphi}_3(t) = \int\limits_{t-1}^{t} \tilde{\varphi}_2(\tau)\, d\tau = \begin{cases} \frac{1}{2}t^2 & \text{falls } 0 \leq t \leq 1 \\ \frac{3}{4} - (t-\frac{3}{2})^2 & \text{falls } 1 \leq t \leq 2 \\ \frac{1}{2}(t-3)^2 & \text{falls } 2 \leq t \leq 3 \\ 0 & \text{sonst} \end{cases}$$

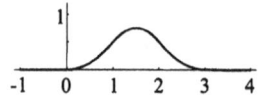

Die Skalierungsfunktionen $\tilde{\varphi}_{\tilde{p}}$ werden als B-Splines bezeichnet, weil ihre Filterkoeffizienten in der 2-Skalenrelation (M2') wegen (5.10) proportional zu den Binomialkoeffizienten der Ordnung $\tilde{p}$ sind:

$$\tilde{h}_k = 2^{-\tilde{p}+\frac{1}{2}} \binom{\tilde{p}}{k} \quad \text{für } k = 0,1,...,\tilde{p} \tag{5.11}$$

Der Leser möge zur Übung direkt verifizieren, dass für die oben angegebene Hutfunktion $\tilde{\varphi}_2$ die Relation $\tilde{\varphi}_2(t) = 2^{-1}(\tilde{\varphi}_2(2t) + 2\tilde{\varphi}_2(2t-1) + \tilde{\varphi}_2(2t-2))$ erfüllt ist (am einfachsten ist dies graphisch einzusehen).

Das Synthese-Wavelet $\tilde{\psi}$ hängt wegen (4.21) vom Filter H und damit via (5.10) und (5.6) auch von p ab, ist aber als Linearkombination der $\tilde{\varphi}_{-1,k}$ ebenfalls ein Spline vom Grad $\tilde{p}-1$, mit Nahtstellen bei $\frac{1}{2}k$ $(k \in \mathbb{Z})$. Außerdem ist $\tilde{\psi}$ symmetrisch, da $\tilde{\varphi}$ symmetrisch ist und H ein symmetrisches Filter (es ist $H(z^{-1}) = H^{\cdot}(z) = z^{\tilde{p}}H(z)$, wie man aufgrund von (5.10) verifiziert). Zum Beispiel findet man für

$\tilde{p}=2$, $p=2$: $H(z) = \frac{\sqrt{2}}{8}(-z + 2 + 6z^{-1} + 2z^{-2} - z^{-3})$

(Dieses Filter kennen wir schon von Beispiel 2 in Abschnitt 3.2.)

$\tilde{p}=2$, $p=4$: $H(z) = \frac{\sqrt{2}}{128}(3z^3 - 6z^2 - 16z + 38 + 90z^{-1} + 38z^{-2} - 16z^{-3} - 6z^{-4} + 3z^{-5})$

$\tilde{p}=3$, $p=1$: $H(z) = \frac{\sqrt{2}}{4}(-1 + 3z^{-1} + 3z^{-2} - z^{-3})$

$\tilde{p}=3$, $p=3$: $H(z) = \frac{\sqrt{2}}{64}(3z^2 - 9z - 7 + 45z^{-1} + 45z^{-2} - 7z^{-3} - 9z^{-4} + 3z^{-5})$

Die Filterkoeffizienten wurden mit der nachstehenden MATLAB-Funktion berechnet.

```
function [hs,h] = splinefilt(ps,p);
% Berechnung der biorthogonalen Filter für den
% B-Spline vom Grad ps-1 als Synthese-Skalierungsfunktion
% Die berechneten Filter sind nicht normiert !
%----------------------------------------------------------
hs = [1];
for k = 1:ps,
  hs = conv(hs,[1 1]);   % ergibt Binomialkoeffizienten
end;                     % für Hs
h = [1];
for k = 1:p,
  h = conv(h,[1 1]);     % H hat p-fache Nullstelle bei -1
end;
q = (p+ps)/2;
m0 = zeros(1,2*q-1);     % Polynom Mo(z) gemäß ( 5.6 )
for k = 0:q-1,
  prod = [1];
  for i = 1:q-1-k,
    prod = conv(prod,[1 2 1]);
  end;
  for i = 1:k,
    prod = conv(prod,[-1 2 -1]);
  end;
  m0 = m0+nchoosek(2*q-1,k)*prod;
end;
h = conv(h,m0)/2;
```

Zum Beispiel ergibt

```
[hs,h] = splinefilt(3,3)
```

das Resultat

```
hs =     1      3      3      1
h =      3     -9     -7     45      45     -7     -9      3
```

Wir wollen noch die Graphen aller Skalierungsfunktionen und Wavelets in den oben aufgeführten vier Beispielen betrachten. Die dabei verwendete MATLAB-Funktion plotbi-
orthwav ist der im letzten Abschnitt gezeigten Funktion plotorthwav ähnlich; wir
verzichten deshalb darauf, sie hier abzudrucken. Genau genommen kann sie natürlich wie
plotorthwav nur vermutete Approximationen der intendierten Funktionen darstellen.
Immerhin scheint das Verfahren wie erwartet die B-Splines als Synthese-
Skalierungsfunktionen zu liefern (Figur 5.8 und Figur 5.9). Die Träger der Funktionen
lassen sich wie in Abschnitt 5.1 bestimmen; man erhält als kleinste abgeschlossene
Intervalle, welche diese Träger enthalten: $[0,\tilde{p}\,]$ für $\tilde{\varphi}$, $[-p+1,\tilde{p}+p-1]$ für φ und
$[0,\tilde{p}+p-1]$ für $\tilde{\psi}$ und ψ (Letzteres mit der Wahl $\ell=\tilde{p}+p-1=2q-1$ in (4.21)).

Synthese-Skalierungsfunktion

Synthese-Wavelet

$\widetilde{p} = 2$

$p = 2$

Analyse-Skalierungsfunktion

Analyse-Wavelet

Synthese-Skalierungsfunktion

Synthese-Wavelet

$\widetilde{p} = 2$

$p = 4$

Analyse-Skalierungsfunktion

Analyse-Wavelet

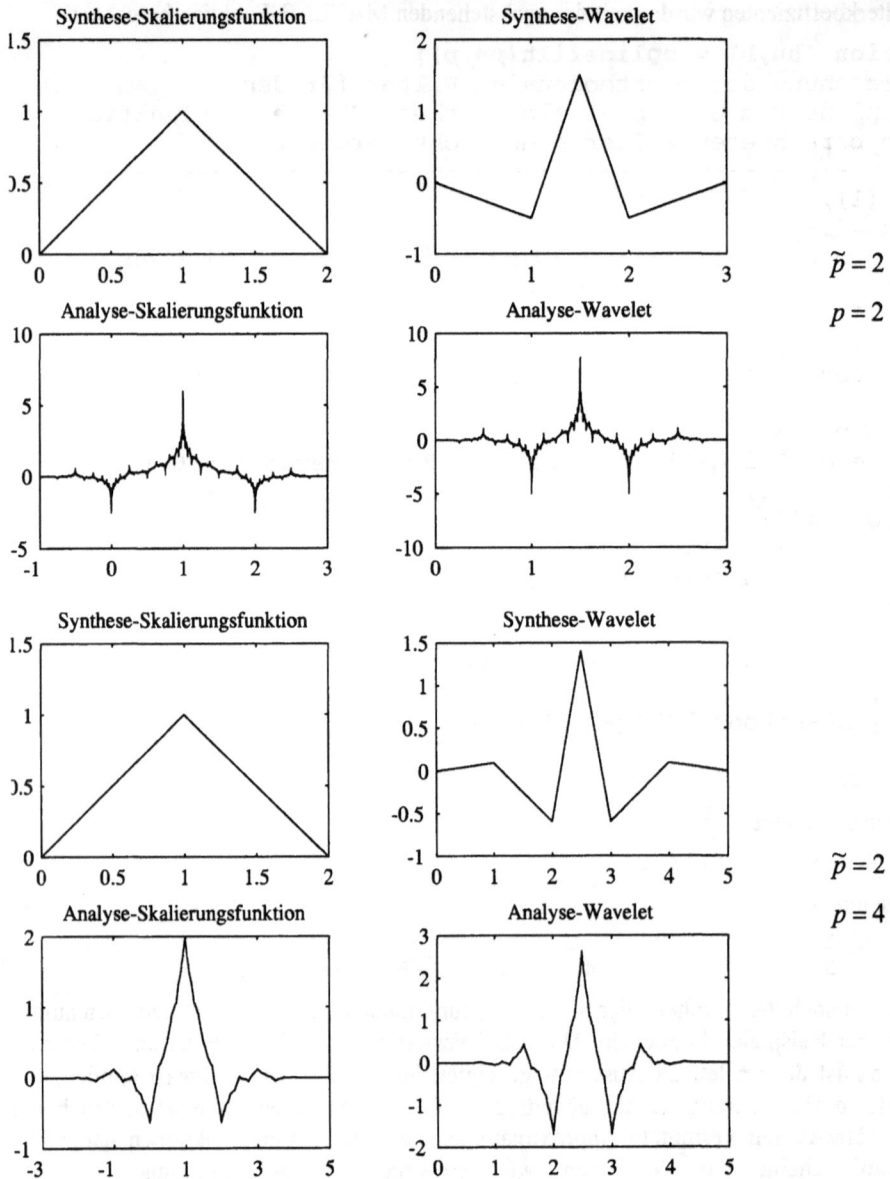

Figur 5.8: Linearer B-Spline ($\widetilde{p} = 2$) als Synthese-Skalierungsfunktion

Auf diesen Bildern kommt deutlich zum Ausdruck, wie eine Vergrößerung von p bei festem $\widetilde{p}$ die Regularität der Analysefunktionen verbessert, wie wir es ja aufgrund der Überlegungen in Abschnitt 5.1 erwarten. In den Fällen $\widetilde{p} = 2$, $p = 2$ und $\widetilde{p} = 3$, $p = 1$ sind die

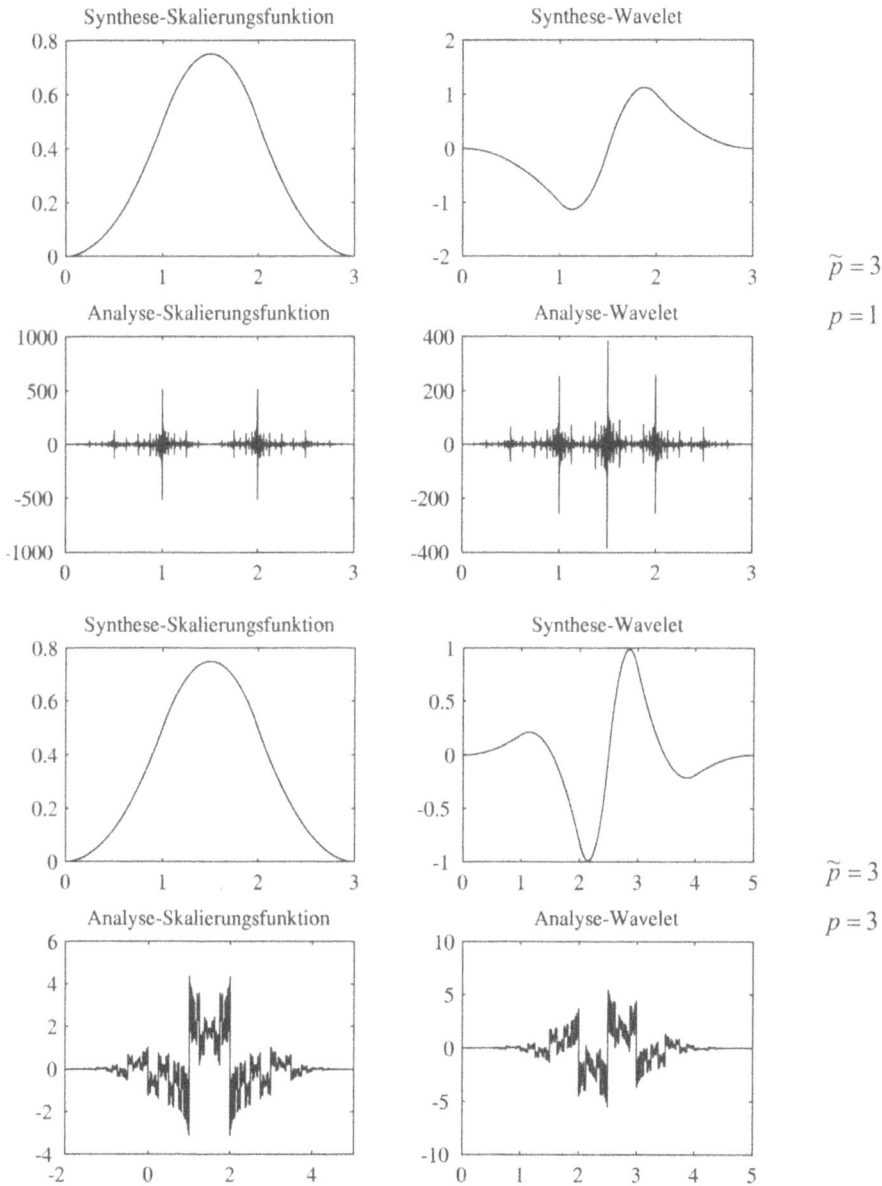

Figur 5.9: Quadratischer B-Spline ($\widetilde{p} = 3$) als Synthese-Skalierungsfunktion

Analysefunktionen (falls überhaupt solche existieren) offenbar stark singulär; auch im Fall $\widetilde{p} = 3$, $p = 3$ sind sie noch unstetig. Allerdings scheint die Regularität der Analysefunktionen in den Anwendungen keine wesentliche Rolle zu spielen, was sicher zum Teil daran liegt, dass aus der $\widetilde{p}$-fachen Nullstelle von $\widetilde{H}(z)$ bei $z = -1$ nicht nur das Verschwinden der ersten $\tilde{p}$ Momente des Analyse-Wavelets (falls ein solches in $L^2(\mathbb{R})$ existiert), sondern auch das Verschwinden der entsprechenden *diskreten* Momente des Analyse-Hochpassfilters folgt:

$$\sum_{k\in\mathbb{Z}} g_k\, k^n = 0 \quad \text{für} \ \ 0 \le n \le \tilde{p}-1$$

Dies ergibt sich aus der Beziehung $G(z) = (-z)^{-\ell}\,\tilde{H}(-z^{-1})$ (siehe auch Aufgabe 1 in 5.5).

Man darf hieraus allerdings nicht den Schluss ziehen, dass der Parameter p unwichtig sei. Nach Abschnitt 5.1 hat zwar $\psi^\wedge$ bei $\xi = 0$ eine Nullstelle der Ordnung $\tilde{p}$, aber bei $\xi = 2k \neq 0$ eine Nullstelle der Ordnung $\tilde{p} + p$. Also wird die Frequenzlokalisierung von ψ auch durch höheres p verbessert. Auf die Wavelet-Koeffizienten kann sich dies wegen $v_{m,n} = \langle \psi_{m,n}, f \rangle = \langle \psi^\wedge_{m,n}, f^\wedge \rangle$ (Parseval-Identität (.10.4)) günstig auswirken. Um die Bedeutung von Zeit- und Frequenzlokalisation zu illustrieren, haben wir mit den beiden in Figur 5.10 gezeigten Funktionen folgenden Test durchgeführt: Nach einer vierstufigen Wavelet-Transformation, ausgehend von ca. 400 Abtastwerten, wurde das Signal aus den Approximationskoeffizienten und den 100 betragsgrößten Waveletkoeffizienten rekonstruiert. Als Maß für die Abweichung verwenden wir die Wurzel aus dem mittleren quadratischen Fehler

$$\frac{1}{\sqrt{b-a}}\left\| f_{\text{rek}} - f \right\| = \sqrt{\frac{1}{b-a}\int_a^b (f_{\text{rek}}(t)-f(t))^2\, dt} \ \approx \ \sqrt{\frac{1}{N}\sum_{k=1}^{N}(y_{\text{rek},k}-y_k)^2}$$

wobei $[a,b]$ das abgetastete Intervall und N die Anzahl der Abtastwerte bezeichnen. Zum Vergleich haben wir den Test auch mit den Daubechies-Filtern von Abschnitt 5.2 durchgeführt. Die Resultate sind in den Tabellen 5.1 und 5.2 zusammengefasst.

Der Code für die beim Test verwendete MATLAB-Funktion lautet:

```
function fehler = filtertest(hs,h,y,s,anz);
% Wavelet-Transformation des Signals y über s Stufen
%    und Rekonstruktion aus den anz größten Wavelet-
%    Koeffizienten und den Approximationskoeffizienten
% hs und h enthalten die Filterkoeffizienten der
%    Synthese- bzw. Analyse-Skalierungsfunktion
% Output: Wurzel aus dem mittleren quadratischen Fehler
%    des rekonstruierten Signals
%-------------------------------------------------------

% Grenzen der Filter
Lhs = length(hs); Lh = length(h);
phs = 0; qhs = phs+Lhs-1;
ph = (Lhs-Lh)/2; qh = ph+Lh-1;

% Definition der Filter für das Subband Coding
L = (Lhs+Lh)/2-1;
```

```
h = sqrt(2)*h/sum(h); hs = sqrt(2)*hs/sum(hs);
as = hs; pas = 0;
pds = L-ph-Lh+1; ds = fliplr(h).*(-1).^(pds:pds+Lh-1);
a = fliplr(h); pa = -qh;
pd = -L+phs; d = hs.*(-1).^(pd:pd+Lhs-1);
```

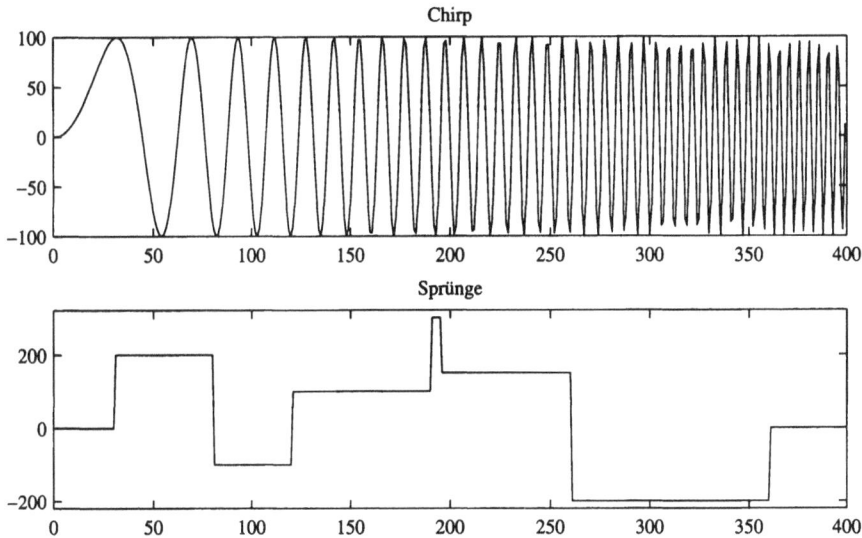

Figur 5.10: *Die beiden für den Test verwendeten Signale*

```
% Subband Coding (s Stufen)
% Es werden alle Waveletkoeffizienten in einen Vektor v
% geschrieben; der Vektor lv enthält die Anfangsindizes
% der einzelnen Stufen
u = y; pu = 0; v = []; pv = []; lv = [1];
for i = 1:s,
  [u,pu,vi,pvi] = anastep(u,pu,a,pa,d,pd);
  v = [vi v]; pv = [pvi pv]; lv = [1,lv+length(vi)];
end;
% Thresholding: anz Komponenten sollen überleben
vsort = fliplr(sort(abs(v))); th = vsort(anz+1);
v = v.*(abs(v)>th);
% Rekonstruktion
for i = 1:s,
  [u,pu]=synstep(u,pu,v(lv(i):lv(i+1)-1),pv(i),as,pas,ds,pds);
end;
% Graphischer Vergleich und mittlerer quadratischer Fehler
subplot(2,1,1); plot(y);
subplot(2,1,2); plot(u(-pu+1:-pu+1+length(y)));
fehler = sqrt(sum((y-u(-pu+1:-pu+length(y))).^2)/length(y));
```

Tabelle 5.1: Wurzel aus dem mittleren quadratischen Fehler bei Approximation der Signale (Figur 5.10) „Chirp" (obere Zahl) und „Sprünge" (untere Zahl) durch biorthogonale Spline-Wavelets. Es wurden, ausgehend von 400 Abtastwerten, nach einer vierstufigen Wavelettransformation die Approximationskoeffizienten und die 100 größten Waveletkoeffizienten zur Rekonstruktion verwendet.

	$\tilde{p}=1$	$\tilde{p}=2$	$\tilde{p}=3$	$\tilde{p}=4$	$\tilde{p}=5$	$\tilde{p}=6$	$\tilde{p}=7$	$\tilde{p}=8$	$\tilde{p}=9$
$p=2$		14.8 / 0.00		10.7 / 0.00		14.3 / 0.5		13.3 / 13.9	
$p=5$	25.3 / 0.00		10.2 / 0.00		8.0 / 0.1		9.3 / 1.8		17.6 / 31.1
$p=8$		12.7 / 0.00		7.8 / 0.04		6.6 / 1.3		8.2 / 10.8	
$p=11$	25.4 / 0.00		8.5 / 0.02		6.4 / 0.4		5.7 / 2.6		13.9 / 15.4
$p=14$		12.6 / 0.02		6.7 / 0.18		5.4 / 2.5		6.8 / 15.2	
$p=17$	25.3 / 0.00		8.1 / 0.05		5.0 / 0.9		4.8 / 8.7		9.8 / 19.3
$p=20$		12.3 / 0.07		5.5 / 0.52		4.8 / 2.6		5.9 / 16.2	

Tabelle 5.2: Wie Tabelle 5.1, aber mit Daubechies-Filtern statt Spline-Filtern

	$p=2$	$p=3$	$p=4$	$p=5$	$p=6$	$p=7$	$p=8$	$p=9$	$p=10$
Daublet	18.8 / 0.00	14.0 / 0.00	11.6 / 0.18	10.0 / 0.74	7.3 / 1.2	7.2 / 1.2	5.6 / 2.0	4.6 / 2.7	4.5 / 2.7
Symmlet	18.8 / 0.00	14.0 / 0.00	12.4 / 0.09	10.4 / 0.26	8.8 / 0.71	7.3 / 0.66	6.8 / 1.1	6.0 / 0.93	5.2 / 1.5

Einige kommentierende Bemerkungen zu diesen Zahlen scheinen angebracht. Zunächst einmal kommt es bei der Funktion mit den Sprüngen vor allem auf gute Zeitlokalisierung an (kurzer Träger, das heißt kleines p und $\tilde{p}$). Die Symmlets weisen offenbar eine etwas bessere Zeitlokalisierung auf als die Daublets, obwohl sie denselben Träger haben; dies ist auch aus Figur 5.4 ersichtlich. Beim Chirp hingegen spielt die Frequenzlokalisierung eine dominierende Rolle, deshalb werden die Fehler mit wachsendem p und $\tilde{p}$ kleiner. Allerdings sieht man, dass es bei den Splines nicht angebracht ist, ein allzugroßes $\tilde{p}$ zu wählen, weil dann auch p ziemlich groß sein muss. Die besten Resultate (innerhalb unserer Testserie) liefert $\widetilde{p} = 7$ zusammen mit $p = 17$ (Filterlängen 8 und 40); diese Fehler werden aber schon durch das Daublet mit $p = 9$ (Filterlänge 18) unterboten.

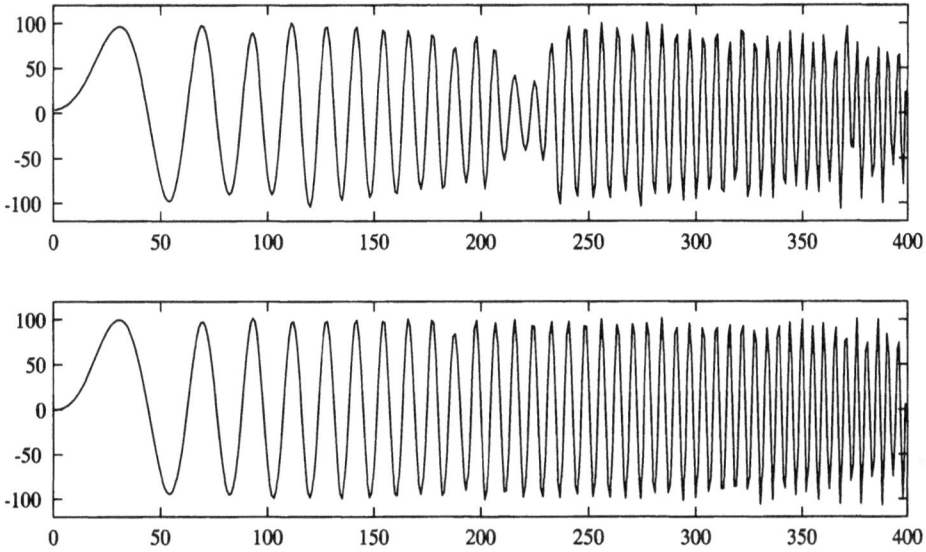

Figur 5.11: Spline-Approximationen des Signals „chirp" wie im Text beschrieben: Oben mit $\widetilde{p} = 8$, $p = 2$, unten mit $\widetilde{p} = 8$, $p = 20$

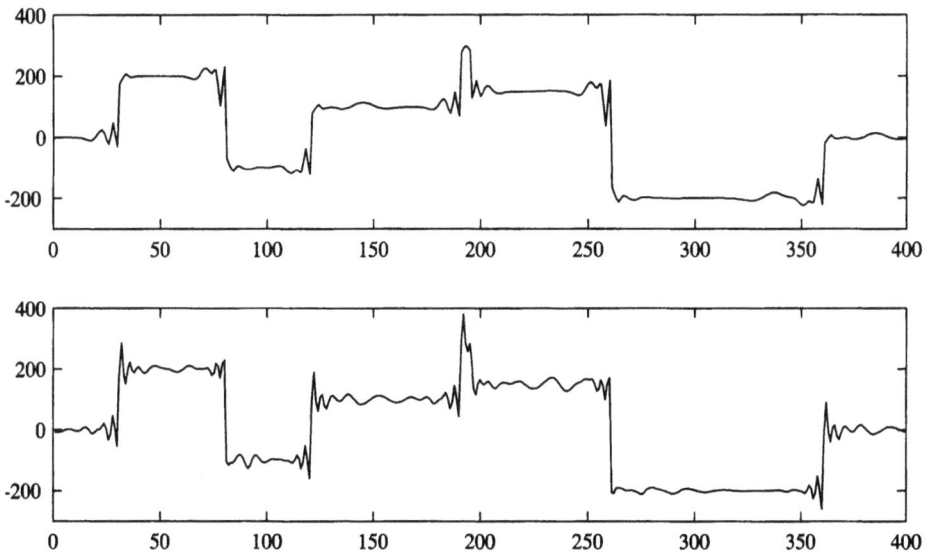

Figur 5.12: Wie Figur 5.11, aber mit dem Signal „Sprünge"

Schließlich ist noch anzufügen, dass bei derartigen Approximationsproblemen die Wurzel aus dem mittleren quadratischen Fehler (oder auch der maximale Fehler) nicht unbedingt ein gutes Maß für die Qualität der Näherung – etwa den visuellen Eindruck eines Bildes – darstellt; er wird nur häufig mangels besserer Kriterien verwendet. So macht etwa in Figur 5.12 die untere Approximation einen deutlich schlechteren Eindruck als die obere, vor allem wegen des ausgeprägteren Gibbs-Effektes, obwohl die Fehler nicht wesentlich verschieden sind (oben 13.9, unten 16.2).

5.4   Diverse Beispiele

Die im letzten Abschnitt vorgestellten biorthogonalen Spline-Filter sind zwar im Gegensatz zu den orthogonalen Daubechies-Filtern symmetrisch; bei zeitkritischen Anwendungen können sich aber die stark unterschiedlichen Filterlängen als Nachteil erweisen. Die bisherigen Überlegungen lassen sich in zweierlei Hinsicht erweitern: Erstens kann man die in Abschnitt 5.1 gefundenen Filter $M(z)$ auf noch andere Arten in zwei Faktoren zerlegen, und zweitens kann man auf die Forderung verzichten, dass M minimale Filterlänge bezüglich der Ordnung der Nullstelle -1 haben soll. Letzteres bezahlt man natürlich mit einer schlechteren Zeitlokalisierung, kann dafür aber andere wünschenswerte Eigenschaften verbessern. Beide Methoden sollen nachfolgend mit je einem Beispiel erläutert werden.

Das FBI-Filterpaar

Für $p = 4$ lautet das Polynom M nach (5.4) und (5.6)

$$M(z)=2u(z)^4\left(u(z)^3 +7u(z)^2 u(-z)+21u(z)u(-z)^2 +35u(-z)^3\right)$$

mit $u(z)=\dfrac{1+z}{2}\dfrac{1+z^{-1}}{2}$. Die Nullstellen des zweiten Faktors $M_0(z)$ berechnen wir mit dem MATLAB-Code

```
u = [1 2 1]/4; u_ = [-1 2 -1]/4;
u2 = conv(u,u); u_2 = conv(u_,u_);
m0 = conv(u,u2)+7*conv(u2,u_)+21*conv(u,u_2)+35*conv(u_,u_2);
w = roots(m0)
```

```
    3.0407
    2.0311 + 1.7390i
    2.0311 - 1.7390i
    0.2841 + 0.2432i
    0.2841 - 0.2432i
    0.3289
```

Es handelt sich um ein reell-inverses Paar und ein konjugiert-inverses Quadrupel. Wenn wir M_0 in reelle, symmetrische Faktoren zerlegen wollen, müssen wir zueinander konjugierte und zueinander inverse Nullstellen dem gleichen Faktor zuordnen, also

```
hs = conv([-1 w(1)],[-1 w(6)]);
h = [1]; for k = 2:5, h = conv(h,[-1 w(k)]); end;
```

oder umgekehrt. Jetzt müssen wir noch die acht Faktoren $\dfrac{1+z}{2}$ verteilen. Das ausgewo-

genste Resultat erhält man, wenn man H und $\tilde{H}$ je vier solche zugesteht, also

```
hs = conv(hs,u2);
h = conv(h,u2);
```

Schließlich normieren wir die beiden Filter

```
hs = hs/sum(hs)*sqrt(2)
  -0.0645 -0.0407 0.4181 0.7885 0.4181 -0.0407 -0.0645
h = real(h)/sum(real(h))*sqrt(2)
  0.0378 -0.0238 -0.1106 0.3774 0.8527 0.3774 -0.1106 -0.0238 0.0378
```

Mit `plotbiorthwav(hs,h)` können wir wie im vorhergehenden Abschnitt Approximationen der Skalierungsfunktionen und Wavelets sichtbar machen.

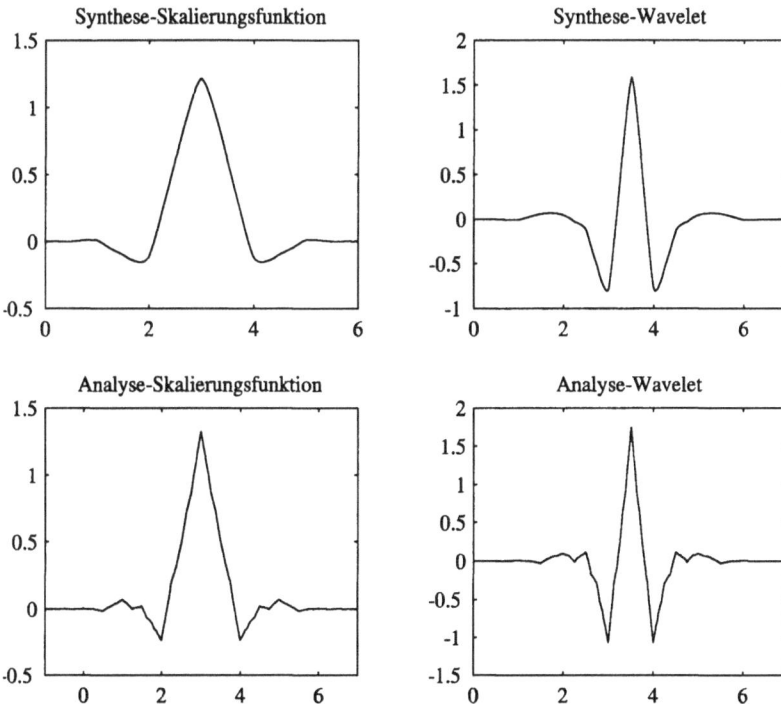

*Figur 5.13: Skalierungsfunktionen und Wavelets des im Text beschriebenen biorthogonalen Filter-
paars. Die beiden Filter haben Längen 7 und 9, bei je 4 verschwindenden Momenten der Wavelets.*

Dieses Filterpaar ist in der Bildverarbeitung beliebt; so wird es beispielsweise im bekannten
Bild-Kompressions-Standard WSQ (Wavelet Scalar Quantization) verwendet, den das
Amerikanische FBI zur Kompression von Fingerabdrücken eingeführt hat. Auch im neuen
Kompressionsstandard JPEG2000 (dem Nachfolger von JPEG) hat es Eingang gefunden.

Im Vergleich zum Symmlet mit $p = 4$ (Figur 5.14) weisen die Skalierungsfunktionen und Wavelets bessere Regularität auf und sind exakt symmetrisch.

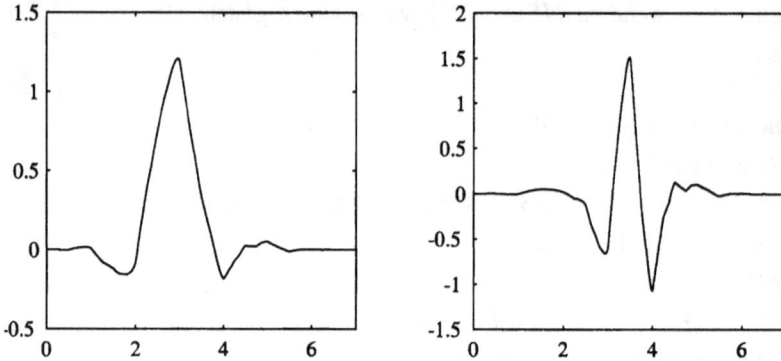

Figur 5.14: Symmlet mit vier verschwindenden Momenten (zum Vergleich mit Figur 5.13)

Coiflet-Filter

Als Beispiel für orthogonale nicht-Daubechies-Filter, also solche, die bezüglich ihrer Approximationsordnung p eine nicht minimale Filterlänge aufweisen, wollen wir die so genannten Coiflet-Filter besprechen. (I. Daubechies berechnete sie auf Veranlassung von R. Coifman und bezeichnete die zugehörigen Wavelets kurz als *Coiflets*.) Nebst den Momen-

ten $\mu_k := \int\limits_{-\infty}^{\infty} \psi(t) t^k \, dt$ des Mother-Wavelets spielen in Anwendungen auch die Momente

$\lambda_k := \int\limits_{-\infty}^{\infty} \varphi(t) t^k \, dt$ der Skalierungsfunktion eine Rolle: Nach (M3) muss $\lambda_0 = 1$ sein, und

wenn $\lambda_k = 0$ für $k = 1, 2, ...$, so ist dies hilfreich für eine effiziente und genaue Bestimmung der Anfangswerte der schnellen Wavelettransformation. (Das Anfangswertproblem wurde in Abschnitt 4.3 diskutiert.) Das Mother-Wavelet ψ einer orthogonalen MSA wird Coiflet der Ordnung p genannt, wenn

$$\lambda_k = 0 \text{ für } k = 1, 2, ..., p-1, \qquad \mu_k = 0 \text{ für } k = 0, 1, ..., p-1 \qquad (5.12)$$

Das Verschwinden der Momente μ_k bedeutet, wie wir in Abschnitt 5.1 ausgeführt haben, dass $H(z)$ bei $z = -1$ eine Nullstelle der Ordnung p hat, was wir wieder durch den Ansatz

$$H(z) = \sqrt{2}\left(\frac{1+z^{-1}}{2}\right)^p H_0(z)$$ garantieren wollen. In ähnlicher Weise können wir zeigen,

dass das Verschwinden der Momente λ_k bedingt, dass $H(z) - H(1)$ bei $z = 1$ eine Nullstelle der Ordnung p aufweist, was gleichbedeutend mit $H'(1) = ... = H^{(p-1)}(1) = 0$ ist. Es ist

nämlich $\lambda_k = \left(\frac{-1}{2\pi j}\right)^k \varphi^{\wedge(k)}(0)$, und die Ordnung der Nullstelle $\xi = 0$ von $\varphi^\wedge(\xi) - \varphi^\wedge(0)$ ist wegen (5.1) gleich der Ordnung der Nullstelle $z = 1$ von $H(z) - H(1)$. Dies sieht man mit Hilfe von Taylorentwicklungen von $\varphi'(\xi)$ bei $\xi = 0$ und $H(z)$ bei $z = 1$: Aus $\varphi^\wedge(\xi) = 1 + a_n \xi^n + a_{n+1} \xi^{n+1} + \dots$ und $H(z) = \sqrt{2} + b_p(z-1)^p + b_{p+1}(z-1)^{p+1} + \dots$ folgt für $z = e^{j\pi\xi}$ wegen $z - 1 = j\pi\xi + \dots$ und $\varphi^\wedge(\xi) = \frac{\sqrt{2}}{2} H(e^{j\pi\xi}) \varphi^\wedge(\frac{\xi}{2})$, dass $n = p$. Wir machen nun für den Faktor $H_0(z)$ von $H(z)$ den Ansatz

$$H_0(z) = (1 + a_1(z^{-1} - 1) + a_2(z^{-1} - 1)^2 + \dots + a_m(z^{-1} - 1)^m) \cdot z^r \qquad (5.13)$$

Der Faktor z^r legt fest, dass der Träger von φ im Intervall $[-r, m+p-r]$ enthalten sein wird. Diese Wahlmöglichkeit ist hier wichtig; wenn nämlich φ einigermaßen symmetrisch sein soll, kann $\lambda_1 = \int\limits_{-\infty}^{\infty} \varphi(t) t \, dt$ nur 0 sein, wenn diese „Symmetrie" bezüglich $t = 0$ stattfindet.

Die Darstellung von $H_0(z)$ durch Potenzen von $(z^{-1} - 1)$ hat die angenehme Folge, dass die Gleichungen $H'(1) = \dots = H^{(p-1)}(1) = 0$ einfache lineare Bedingungen für die Koeffizienten $a_1, \dots, a_{p-1}$ liefern, und zwar unabhängig von den weiteren Koeffizienten (wir werden unten ein Beispiel mit MATLAB rechnen). Die weiteren Koeffizienten $a_p, a_{p+1}, \dots$ müssen dann noch so bestimmt werden, dass $M(z) := H(z)H(z^{-1})$ die Gleichung (5.3), also $M(z) + M(-z) = 2$, erfüllt, was ein quadratisches Gleichungssystem ergibt. Wie viele Koeffizienten nötig sind, das heißt wie groß m in (5.13) sein muss, damit das System eine Lösung hat (falls es überhaupt eine hat), ist nicht ohne weiteres klar, weil die Gleichungen (5.3) und (5.12) nicht voneinander unabhängig sind. So lässt sich etwa zeigen, dass aus (5.3) und $\mu_k = 0$ für $k = 0, 1, \dots, n$, $\lambda_k = 0$ für $k = 1, 2, \dots, 2n-1$ auch $\lambda_{2n} = 0$ folgt (siehe Aufgabe 3 in 5.5). Auf Grund solcher Überlegungen gelangt man zur Vermutung, dass das Gleichungssystem lösbar sein dürfte, wenn man $m = 2p-1$ wählt. Wir rechnen jetzt den Fall $p = 4$, $m = 7$, $r = 4$ mit Hilfe der Symbolic Math Toolbox von MATLAB vor.

```
% Bestimmung der Coiflets der Ordnung 4 mit Träger in [-4,7]
syms z a1 a2 a3 a4 a5 a6 a7;              % Symbolische Variablen
a = [a1 a2 a3 a4 a5 a6 a7];
h = ((1+1/z)/2)^4*(1+sum(a.*(1/z-1).^(1:7))))*z^4;
                                          % h ist 1/sqrt(2)*H(z)

% Bestimmung von a1 a2 a3
subs(diff(h),z,1)                         % H'(1) berechnen
        % ans = 2-a1                      % also a1=2 setzen
h = subs(h,a1,2);
subs(diff(h,2),z,1)                       % H''(1) berechnen
        % ans = -1+2*a2                   % also a2=1/2 setzen
h = subs(h,a2,1/2);
subs(diff(h,3),z,1)                       % H'''(1) berechnen
        % ans = -3-6*a3                   % also a3=-1/2 setzen
h = subs(h,a3,-1/2);

% Bestimmung von a4 a5 a6 a7
m = h*subs(h,z,1/z);                      % m ist 1/2 M(z)
s = expand(m+subs(m,z,-z)-1);             % s sollte 0 sein
```

```
gl1 = subs(s,z,1.5);          % Wir setzen vier Werte
gl2 = subs(s,z,2);            % für z ein und versuchen
gl3 = subs(s,z,2.5);          % das Gleichungssystem
gl4 = subs(s,z,3);            % zu lösen
[b4,b5,b6,b7] = solve(gl1,gl2,gl3,gl4,a4,a5,a6,a7);
```

Das symbolische Resultat ist zu kompliziert, um hier abgedruckt zu werden; wir gehen deshalb zu numerischen Näherungen über und lassen die durch Rundungsfehler entstandenen imaginären Anteile weg (Resultate als Kommentar; der Rechner hat also vier Lösungen des Systems gefunden):

```
b4 = real(double(b4))    %  0.1875    0.1875     0.1875     0.1875
b5 = real(double(b5))    %  0.0846   -0.0348     0.3480     0.5098
b6 = real(double(b6))    % -0.1048   -0.0451    -0.2365    -0.3174
b7 = real(double(b7))    %  0.0135   -0.0082    -0.0710    -0.3944
```

Zur Kontrolle überprüfen wir, ob für alle vier Lösungen das Laurent-Polynom $\frac{1}{2}M(z)+\frac{1}{2}M(-z)-1$ (also s) wirklich 0 ist, indem wir mit sym2poly den Koeffizientenvektor bestimmen und die Absolutbeträge der Koeffizienten summieren:

```
for k = 1:4,
  a4 = b4(k); a5 = b5(k); a6 = b6(k); a7 = b7(k);
  sum(abs(sym2poly(z^10*subs(s))));
end;
      %  1.5168e-018  1.3324e-018  6.2471e-017  4.8432e-018
```

Das sieht vernünftig aus. In Figur 5.15 sind für alle vier Lösungen die Skalierungsfunktion und das Mother-Wavelet dargestellt. Die zweite Lösung ergibt bezüglich Symmetrie das beste Resultat; dieses Coiflet ist wesentlich symmetrischer als das Symmlet von gleicher Ordnung (Figur 5.14), hat aber statt acht Koeffizienten deren zwölf und einen entsprechend längeren Träger. Seine Koeffizienten erhalten wir mit

```
a4 = b4(2); a5 = b5(2); a6 = b6(2); a7 = b7(2);
sqrt(2)*sym2poly(z^7*subs(h))
```

zu

$h_{-4} = 0.01638733646320$ $h_2 = -0.07648859907828$

$h_{-3} = -0.04146493678687$ $h_3 = -0.05943441864643$

$h_{-2} = -0.06737255472373$ $h_4 = 0.02368017194685$

$h_{-1} = 0.38611006682276$ $h_5 = 0.00561143481937$

$h_0 = 0.81272363544941$ $h_6 = -0.00182320887091$

$h_1 = 0.41700518442324$ $h_7 = -0.00072054944552$

Skalierungsfunktion

Wavelet

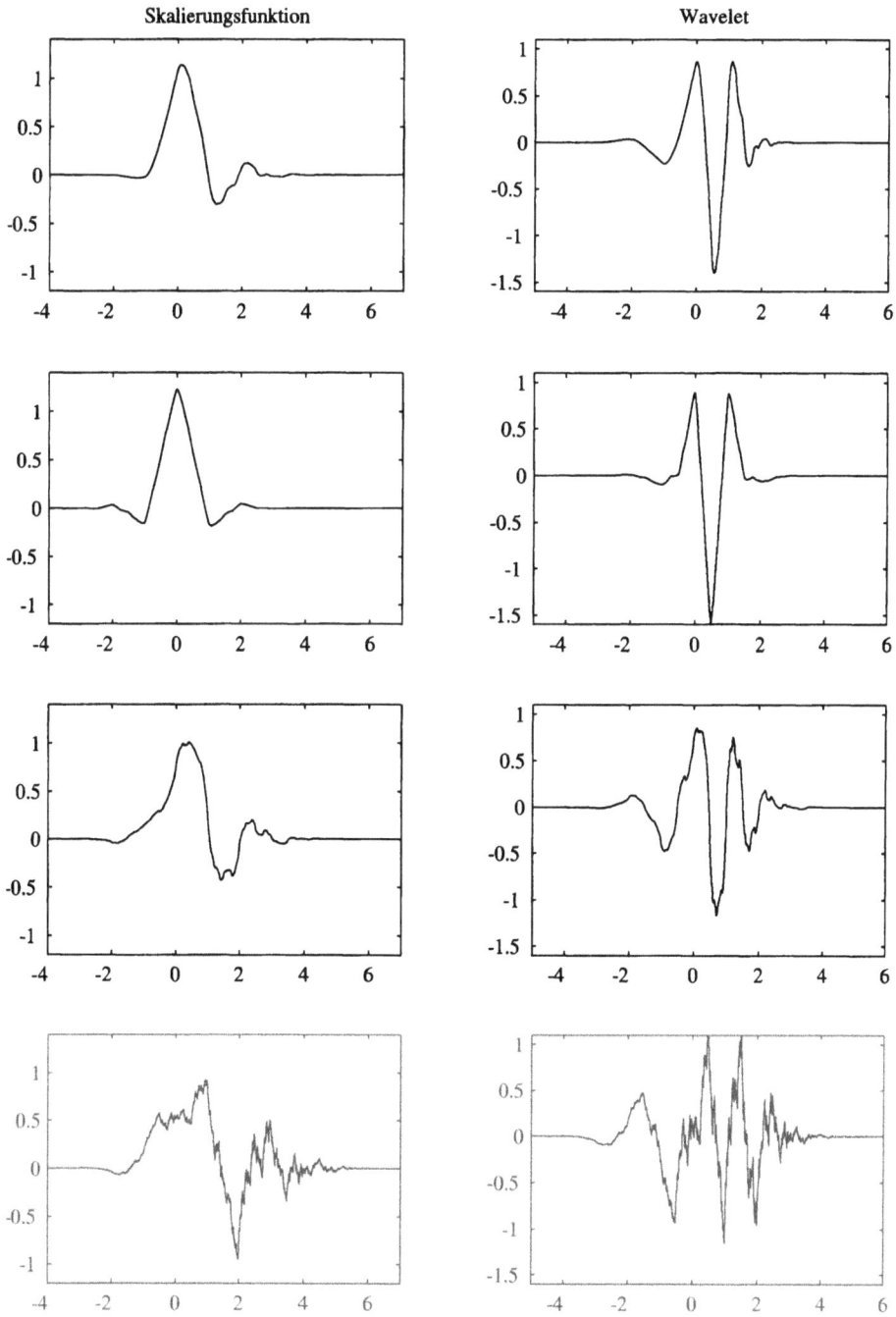

Figur 5.15: Coiflets der Approximationsordnung 4 mit Träger [−4,7]

5.5   Aufgaben zu Kapitel 5

Wir arbeiten wiederum in einer orthogonalen MSA mit Filtern endlicher Länge.

1   Wir haben gesehen, dass die „Momente"

$$\lambda_n := \int_{-\infty}^{\infty} t^n \varphi(t)\, dt \quad \text{und} \quad \mu_n := \int_{-\infty}^{\infty} t^n \psi(t)\, dt$$

eine wichtige Rolle spielen. Diese hängen eng mit den „diskreten Momenten"

$$\Lambda_n := \sum_{k \in \mathbb{Z}} k^n h_k \quad \text{und} \quad M_n := \sum_{k \in \mathbb{Z}} k^n g_k$$

der Filter H und G zusammen. Es ist $\lambda_0 = 1$ wegen (M3) und $\mu_0 = 0$ wegen Aufgabe 1 in 4.6, ferner $\Lambda_0 = \sqrt{2}$ (das ist (4.5)).

a)   Leiten Sie aus (M2) und (4.9) die folgenden Beziehungen her:

$$(1 - \tfrac{1}{2^n})\lambda_n = \tfrac{\sqrt{2}}{2^{n+1}} \sum_{k=1}^{n} \binom{n}{k} \lambda_{n-k} \Lambda_k \quad \text{und} \quad \mu_n = \tfrac{\sqrt{2}}{2^{n+1}} \sum_{k=0}^{n} \binom{n}{k} \lambda_{n-k} M_k$$

b)   Schließen Sie, dass $\lambda_1 = \tfrac{\sqrt{2}}{2} \Lambda_1$ (das haben wir in 4.6 Aufgabe 2 auch schon gesehen) und $\mu_1 = \tfrac{\sqrt{2}}{4} M_1$.

c)   Folgern Sie, dass die Bedingung „p verschwindende Momente von ψ ", also $\mu_0 = \mu_1 = \dots = \mu_{p-1} = 0$, äquivalent ist zu $M_0 = M_1 = \dots = M_{p-1} = 0$.

d)   Folgern Sie, dass die Bedingung „$p-1$ verschwindende Momente von φ ", also $\lambda_1 = \lambda_2 = \dots = \lambda_{p-1} = 0$, äquivalent ist zu $\Lambda_1 = \Lambda_2 = \dots = \Lambda_{p-1} = 0$.

2   Bestimmen Sie mit Hilfe von Aufgabe 1 die Momente λ_1, λ_2 sowie μ_2 für das Daubechies-Wavelet mit Approximationsordnung $p = 2$.

3   Weitere Verknüpfungen zwischen den Momenten ergeben sich aus der Gleichung $H(z)H(z^{-1}) + H(-z)H(-z^{-1}) = 2$ (siehe auch Aufgabe 1 in 4.6), welche wir auch als $H(z)H(z^{-1}) + G(z)G(z^{-1}) = 2$ schreiben können. Durch mehrmaliges Ableiten und anschließendes Einsetzen von $z = 1$ erhalten wir Gleichungen für die diskreten Momente von G und H.

a)   Es empfiehlt sich, statt der Ableitung die durch $F^{\circ}(z) := z\, \dfrac{dF}{dz}$ definierte Operation $F \to F^{\circ}$ zu verwenden. Zeigen Sie, dass diese die Produktregel $(FG)^{\circ} = F^{\circ}G + G^{\circ}F$ erfüllt, ferner $(F^{\backprime})^{\circ} = -(F^{\circ})^{\backprime}$, wobei wie früher $F^{\backprime}(z) := F(z^{-1})$.

b)   Wenn wir mit $F^{\circ n}$ das Resultat der n-maligen Anwendung dieser Operation auf F bezeichnen, ist zum Beispiel $\Lambda_n = (H^{\cdot})^{\circ n}(1) = (-1)^n H^{\circ n}(1)$. So erhalten wir aus $H(z)H(z^{-1}) + G(z)G(z^{-1}) = 2$ die für $n \geq 1$ gültige Gleichung

$$\sum_{k=0}^{n} (-1)^k \binom{n}{k} (\Lambda_{n-k}\Lambda_k + M_{n-k}M_k) = 0$$

c)   Schließen Sie hieraus, dass aus $\Lambda_1 = \Lambda_2 = \dots = \Lambda_n = 0$ und $M_0 = M_1 = \dots = M_n = 0$ folgt, dass $\Lambda_{2n} = 0$.

d)   Schließen Sie hieraus und aus Aufgabe 1, dass aus $\lambda_1 = \lambda_2 = \dots = \lambda_{2n-1} = 0$ und $\mu_0 = \mu_1 = \dots = \mu_n = 0$ folgt, dass $\lambda_{2n} = 0$.

4   Es gelte $\mu_0 = \mu_1 = \dots = \mu_n = 0$. Zeigen Sie, dass für $i \leq n$ die diskreten „Halbmomente" von H gleich sind:

$$\sum_{k \text{ gerade}} k^i h_k = \sum_{k \text{ ungerade}} k^i h_k = \tfrac{1}{2}\Lambda_i$$

So gilt insbesondere immer $\displaystyle\sum_{k \text{ gerade}} h_k = \sum_{k \text{ ungerade}} h_k = \tfrac{\sqrt{2}}{2}$.

5   Zeigen Sie, dass

$$\sum_{k \in \mathbb{Z}} \varphi_{0,k}(t) = 1$$

$$\sum_{k \in \mathbb{Z}} (\lambda_1 + k)\varphi_{0,k}(t) = t \quad , \quad \text{falls } \mu_1 = 0$$

$$\sum_{k \in \mathbb{Z}} (\lambda_2 + 2\lambda_1 k + k^2)\varphi_{0,k}(t) = t^2 \quad , \quad \text{falls } \mu_1 = \mu_2 = 0$$

Hinweise: Die Summen auf der linken Seite der Gleichungen sind für jedes t effektiv nur endliche Summen, weil wir ja Filter endlicher Länge vorausgesetzt haben, was die Endlichkeit des Trägers von φ zur Folge hat. Ein sauberer Beweis der Gleichungen ist etwas mühsam, weil die Funktionen auf der rechten Seite keine L^2-Funktionen sind. Der intuitive Gehalt ist klar: Wenn die entsprechenden Momente Null sind, verschwinden alle Wavelet-Koeffizienten dieser Funktionen, und diese müssen daher durch Skalierungsfunktionen jeder fest gewählten Skala exakt darstellbar sein. Genau hier liegt ein möglicher Ansatzpunkt für den Beweis: Aus dem Verschwinden der Wavelet-Koeffizienten folgt die Gleichheit zweier aufeinanderfolgender Approximationen $A_{m-1}f$ und $A_m f$ gemäß (4.12). Mit Hilfe von (4.4) kann man dann auf $f = A_m f = A_0 f$ schließen. Genau genommen müssen alle diese Überlegungen für die mit Null fortgesetzte Einschränkung von f auf ein beliebig gewähltes endliches Intervall durchgeführt werden, und die Gleichheit von $A_{m-1}f$ und $A_m f$ gilt in einem Randbereich des Intervalls nicht; dieser Randbereich verkleinert sich aber mit $m \rightarrow -\infty$. Ferner machen wir auch hier wieder stillschweigend von der Tatsache Gebrauch, dass die L^2-Konvergenz von (4.4) in diesem Falle auch punktweise Konvergenz nach sich zieht.

6   In dieser Aufgabe sollen mit dem Computer (z.B. mit der Symbolic Math Toolbox von MATLAB) alle möglichen Filter $H(z)$ einer orthogonalen MSA mit Filterlänge ≤ 6 und mindestens zweifacher Nullstelle bei -1 bestimmt werden (was dann nach Abschnitt 5.1 impliziert, dass $\mu_0 = \mu_1 = 0$). Die für eine orthogonale MSA notwendigen Bedingungen sind

$$H(z)H(z^{-1})+H(-z)H(-z^{-1})=2 \tag{*}$$

und $H(1) = \sqrt{2}$. Wir machen den Ansatz

$$H(z^{-1})=\sqrt{2}(\frac{1+z}{2})^2(1+\alpha_1(z-1)+\alpha_2(z-1)^2+\alpha_3(z-1)^3)$$

a)   Zeigen Sie, dass $\alpha_1 = \lambda_1 - 1$ (wobei λ_1 wie in Aufgabe 1).

b)   Wenn wir λ_1 als Parameter betrachten, sind α_2 und α_3 bestimmt, da wir ja im Vergleich zum Daubechies-Filter mit $p = 3$ nur eine Bedingung ($\mu_2 = 0$) weggelassen haben. Setzen Sie in der Gleichung (*) zwei Werte für z ein und bestimmen Sie aus den beiden Gleichungen α_2 und α_3 (es gibt jeweils zwei Lösungen). Überprüfen Sie zur Sicherheit, ob (*) identisch in z erfüllt ist.

c)   Kontrollieren Sie b), indem Sie für λ_1 den richtigen Wert für eines der Daubechies-Filter der Ordnung 2 oder 3 wählen.

d)   Mit $\lambda_1 = 1, 2, 3$ oder 4 erhalten Sie Filter für Coiflets der Ordnung 2. (Man muss dann noch die Nummerierung der Koeffizienten um λ_1 verschieben, damit der Schwerpunkt λ_1 der Skalierungsfunktion φ in den Nullpunkt zu liegen kommt.)

e)   Zeichnen Sie für einige dieser Filter wie in Figur 3.11 Approximationen der Skalierungsfunktion und des Mother-Wavelets.

f)   Kann man aus dieser Serie von Filtern, das heißt durch geeignete Wahl von λ_1, auch das Filter $\frac{\sqrt{2}}{16}(-1+\sqrt{7}, 5+\sqrt{7}, 8, 0, 1-\sqrt{7}, 3-\sqrt{7})$ (Aufgabe 1 in Abschnitt 3.5) erhalten?

6 Vom Filter zur Skalierungsfunktion

In diesem Kapitel geht es darum, ob und wie aus orthogonalen oder biorthogonalen FIR-Filtern, wie sie im letzten Kapitel konstruiert wurden, Skalierungsfunktionen gewonnen werden können, die alle Voraussetzungen für eine Multiskalen-Analyse erfüllen, und ob diese Skalierungsfunktionen erwünschte Eigenschaften wie endlichen Träger, Stetigkeit, Differenzierbarkeit haben. Hinweise dazu wurden schon im letzten Kapitel gegeben. Leider erfordern einige der einschlägigen Sätze, falls man sie exakt und möglichst allgemein begründen will, ein Instrumentarium aus der Funktional-Analysis, welches das Niveau eines Einführungsbuches übersteigt. Insbesondere erweist sich das subtile Zusammenspiel der verschiedenen Konvergenzbegriffe in Funktionenräumen, das wir dem Leser nicht zumuten wollen, als eine Hürde. Trotzdem kann man mit einiger Großzügigkeit in der Argumentation die wesentlichen Aussagen recht plausibel darlegen und so zu einem besseren Verständnis der ganzen Theorie gelangen.

6.1 Konstruktion der Skalierungsfunktion

Ausgehend von einem orthogonalen oder biorthogonalen FIR-Filter $H(z) = \sum_{k \in \mathbb{Z}} h_k z^{-k}$

muss nun eine dazugehörige Skalierungsfunktion φ gefunden werden. Wir präsentieren nachfolgend zwei Methoden, mit denen das Problem angegangen werden kann. Es ist allerdings nicht von vornherein klar, ob beide zur gleichen Funktion führen.

Einen Ansatzpunkt bietet die in den Spektralbereich übersetzte 2-Skalenrelation (5.1): Wenn zu H eine Skalierungsfunktion existiert, muss ihre Fouriertransformierte $\varphi^\wedge$ die Gleichung

$$\varphi^\wedge(\xi) = P(e^{j\pi\xi}) \, \varphi^\wedge(\tfrac{\xi}{2}) \qquad\qquad (6.1)$$

erfüllen. Um in dieser Gleichung den Faktor $\sqrt{2}$ loszuwerden, haben wir

$$P(z) := \tfrac{\sqrt{2}}{2} H(z)$$

gesetzt. Durch Iteration erhält man aus (6.1)

$$\varphi^\wedge(\xi) = P(e^{j\pi\xi})P(e^{j\pi\frac{\xi}{2}})\varphi^\wedge(\tfrac{\xi}{4}) = ... = \left(\prod_{k=0}^{m} P(e^{j\pi\frac{\xi}{2^k}})\right)\varphi^\wedge(\tfrac{\xi}{2^{m+1}})$$

und der Grenzübergang $m \to \infty$ liefert wegen $\varphi^\wedge(0) = 1$ (dies ist die in den Spektralbereich übersetzte Forderung (M3')) schließlich die Gleichung

$$\varphi^\wedge(\xi) = \prod_{k=0}^{\infty} P(e^{j\pi\frac{\xi}{2^k}}) \qquad\qquad\qquad (6.2)$$

Diese drückt $\varphi^\wedge$ allein durch P aus und liefert daher die Möglichkeit, den Spieß umzukehren: Wir verwenden sie als *Definition* von $\varphi^\wedge$ (und damit von φ), wenn H und damit P vorgegeben ist. In analoger Weise wird $\tilde{\varphi}$ aus $\tilde{P}$ definiert, wenn es sich um ein biorthogonales Filterpaar handelt; wir betrachten aber im Folgenden der Einfachheit halber nur noch den orthogonalen Fall. Es muss dann, ebenfalls allein aufgrund der Eigenschaften von H, gezeigt werden, dass

(i)   das unendliche Produkt in (6.2) überhaupt konvergiert

(ii)   die so definierte Funktion $\varphi^\wedge$ eine L^2-Funktion ist, dass also ihre Rücktransformierte φ existiert

(iii)   die Funktion φ endlichen Träger hat

(iv)   die Funktion φ tatsächlich die Eigenschaften (M1), (M2), (M3) hat

Der Beweis von (i) ist nicht schwierig; wir werden ihn im nächsten Abschnitt ausführen. Für (ii) machen wir eine (hinreichende, aber nicht notwendige) Zusatzvoraussetzung, welche aber in vielen Fällen erfüllt ist und außerdem Folgerungen über die Regularität von φ gestattet. Die Eigenschaften (M2) und (M3) beziehungsweise ihre Übersetzungen für $\varphi^\wedge$ (siehe oben) ergeben sich unmittelbar aus der Definition von $\varphi^\wedge$ und aus $P(1) = 1$. Als eigentliche Knacknüsse erweisen sich bei dieser Methode die Aussage (iii) und die Orthogonalitätsrelation (M1). Letztere erfordert übrigens (notwendigerweise) weitere Zusatzvoraussetzungen, auf die wir aus Gründen der Einfachheit nicht eingehen können.

Die zweite Konstruktionsmöglichkeit für φ hat den Vorteil, dass sie ganz im Zeitbereich verläuft. Das Bestehen der Orthogonalitätsrelation (M1) wird zumindest plausibel gemacht, und ferner wird klar sein, dass die Methode eine Funktion mit endlichem Träger liefert, falls sie überhaupt konvergiert. Auch hier handelt es sich nämlich um einen Grenzübergang; wir erhalten φ als Limes einer Folge $\varphi^{[0]}$, $\varphi^{[1]}$, $\varphi^{[2]}$, ... von Funktionen[16]. Wir wählen zum Beispiel $\varphi^{[0]} := \varphi_{\text{Haar}}$ und definieren $\varphi^{[m]}$ rekursiv durch

---

[16]   Eine direkte Formel für φ ergibt sich nur in Ausnahmefällen, was aber unwesentlich ist, da ja φ in den Schemata für Analyse und Synthese (Subband Coding) nicht explizit auftritt.

$$\varphi^{[m+1]}(t) := \sqrt{2}\sum_{k\in\mathbb{Z}} h_k \varphi^{[m]}(2t-k) \text{, das heißt } \varphi^{[m+1]} := \sum_{k\in\mathbb{Z}} h_k \varphi^{[m]}_{-1,k} \qquad (6.3)$$

Nun überträgt sich die Orthogonalität (M1) von $\varphi^{[0]}$ induktiv auf alle Glieder der Folge:

$$<\varphi^{[m+1]}, \varphi^{[m+1]}_{0,n}> = \sum_{k,k'} h_k h_{k'} <\varphi^{[m]}_{-1,k}, \varphi^{[m]}_{-1,k'-2n}> = \sum_{k,k'} h_k h_{k'} \delta_{k,k'-2n} = \sum_k h_k h_{k+2n} = \delta_{0,n}$$

(die letzte Umformung ist die Relation (4.6), die ja zu (5.3) äquivalent ist und von H voraussetzungsgemäß erfüllt wird). Analog wird die Eigenschaft (M3) auf alle Glieder der Folge übertragen. Ist ferner $h_k = 0$ für $k < N_1$ und für $k > N_2$, so ist der Träger von $\varphi^{[1]}$ im Intervall $[\frac{N_1}{2}, \frac{1+N_2}{2}]$ enthalten, der Träger von $\varphi^{[2]}$ im Intervall

$$[\frac{\frac{N_1}{2}+N_1}{2}, \frac{\frac{1+N_2}{2}+N_2}{2}] = [\frac{N_1}{4}+\frac{N_1}{2}, \frac{1+N_2}{4}+\frac{N_2}{2}], \quad \text{derjenige} \quad \text{von} \quad \varphi^{[3]} \quad \text{in}$$

$$[\frac{N_1}{8}+\frac{N_1}{4}+\frac{N_1}{2}, \frac{1+N_2}{8}+\frac{N_2}{4}+\frac{N_2}{2}], \dots$$

Wenn nun unsere Funktionenfolge punktweise gegen eine Funktion $\varphi^{[\infty]}$ konvergiert (das heißt: für alle t gilt $\varphi^{[m]}(t) \to \varphi^{[\infty]}(t)$, wenn $m \to \infty$), so ist deren Träger offensichtlich in $[N_1, N_2]$ enthalten. Ferner scheint es plausibel, dass die Grenzfunktion die Eigenschaften (M1) und (M3) von den Gliedern der Folge erbt (und trivialerweise auch (M2)); um das Argument schlüssig zu machen, müsste man zeigen, dass die Konvergenz auch im Sinne der L²-Norm erfolgt, also $\| \varphi^{[m]} - \varphi^{[\infty]} \| \to 0$ für $m \to \infty$. Dies wiederum wäre wegen der Endlichkeit des Trägers aller Funktionen leicht, wenn man die Stetigkeit von $\varphi^{[\infty]}$ zur Verfügung hätte. In diesem Fall wäre dann auch erwiesen, dass die Grenzfunktion in L²($\mathbb{R}$) liegt, und es würde $\varphi^{[\infty]} = \varphi$ gelten (wobei φ via (6.2) definiert ist), da ja (6.2) eine Folgerung aus (M2) und (M3) ist. Also:

Konvergiert die durch $\varphi^{[0]} = \varphi_{\text{Haar}}$ und (6.3) definierte Funktionenfolge punktweise gegen eine stetige Grenzfunktion $\varphi^{[\infty]}$ (oder allgemeiner im Sinne der L²-Norm gegen eine L²-Funktion $\varphi^{[\infty]}$), so ist $\varphi^{[\infty]} = \varphi$, und φ hat Träger in $[N_1, N_2]$ und erfüllt die Orthogonalitätsrelation (M1).

Bei dieser Methode liegt also das Problem im Nachweis der Konvergenz der Funktionenfolge. Es ist keine leichte Aufgabe, diesen in möglichst allgemeinem Rahmen zu erbringen. In der Praxis jedoch besteht häufig eine experimentelle Evidenz; es zeigt sich nämlich, dass das in Abschnitt 3.4 verwendete Verfahren zur näherungsweisen Berechnung von Abtastfolgen von φ (der so genannte *Kaskaden-Algorithmus*) nichts anderes als eine diskrete Version von (6.3) ist. Der Kaskaden-Algorithmus startet mit $u_{0,n} = \delta_{0,n}$ und berechnet mit den Formeln des inversen Subband Coding (4.17), also

$$u_{m-1,n} = \sum_{k\in\mathbb{Z}} h_{n-2k} u_{m,k}$$

die Approximationskoeffizienten von φ in den Skalen 2^{-1}, 2^{-2}, ... Nach den Überlegungen in Kapitel 4 kann dann $2^{-\frac{m}{2}} u_{m,n}$ als Näherung von $\varphi(n2^m)$ betrachtet werden, wenn m genügend klein ist und φ stetig bei $n2^m$. Um den Vergleich mit (6.3) zu machen, bezeichnen wir mit $y_{-m,n}$ den Funktionswert von $\phi^{[m]}$ bei $n2^{-m}$ (wobei jetzt $m>0$); wir erhalten dann

$$y_{-m-1,n} = \sqrt{2}\sum_k h_k \varphi^{[m]}(2n2^{-m-1} - k) = \sqrt{2}\sum_k h_k \varphi^{[m]}((n - 2^m k)2^{-m}), \text{ also}$$

$$y_{-m-1,n} = \sqrt{2}\sum_k h_k y_{-m,n-2^m k}.$$

Die beiden Rekursionsformeln sehen ziemlich verschieden aus; trotzdem liefern sie dasselbe Resultat, wenn wir sie mit $y_{0,n} = u_{0,n} = \delta_{0,n}$ starten. Dies sieht man am einfachsten anhand der z-Transformierten: $U_{m-1}(z) = H(z)U_m(z^2)$, $Y_{m-1}(z) = \sqrt{2}\,H(z^{2^m})Y_{-m}(z)$. (Die erste Formel bedeutet ein Upsampling von u_m und anschließende Faltung mit h, die zweite m-maliges Upsampling von h und anschließende Faltung mit y_{-m}.)

Daraus berechnen wir der Reihe nach

$U_{-1}(z) = H(z)$, $Y_{-1}(z) = \sqrt{2}\,H(z)$,

$U_{-2}(z) = H(z)H(z^2)$, $Y_{-2}(z) = 2H(z^2)H(z)$,

$U_{-3}(z) = H(z)H(z^2)H(z^4)$, $Y_{-3}(z) = 2\sqrt{2}\,H(z^4)H(z^2)H(z)$, ...

Man erkennt, dass $Y_{-m}(z) = 2^{\frac{m}{2}} H(z^{2^{m-1}})\cdot...\cdot H(z^2)H(z) = 2^{\frac{m}{2}} U_{-m}(z)$.

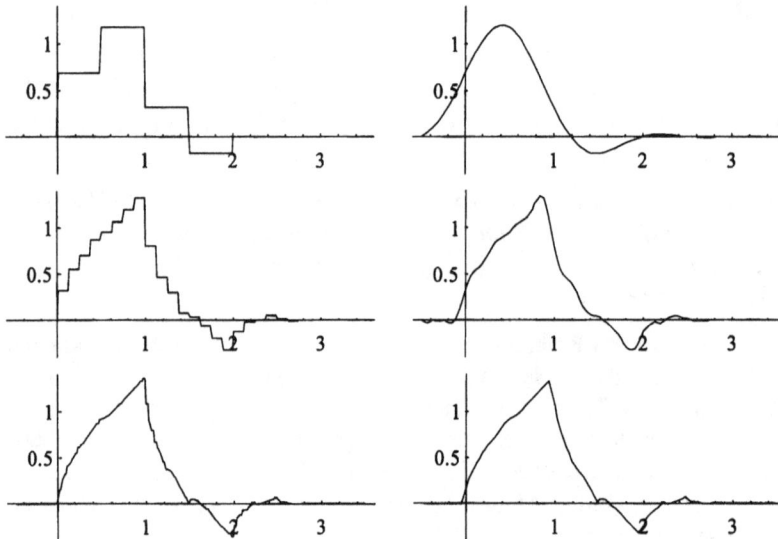

Figur 6.1: Approximation einer Daubechies-Skalierungsfunktion, ausgehend von φ_{Haar} (links) oder von φ_{Shannon} (rechts). Gezeigt sind $\phi^{[1]}$, $\phi^{[3]}$ und $\phi^{[5]}$.

Statt mit $\varphi^{[0]} = \varphi_{\text{Haar}}$ kann man die Funktionenfolge übrigens auch mit einer anderen interpolierenden Skalierungsfunktion, zum Beispiel der in Abschnitt 4.1 beschriebenen Shannonschen Funktion (4.7) starten. Zwar haben die Funktionen $\varphi^{[m]}$ in diesem Fall einen nicht endlichen Träger, dafür ist aber leicht zu sehen, dass ihre Transformierten $\varphi^{[m]\wedge}$ punktweise gegen die in (6.2) definierte Funktion $\varphi^{\wedge}$ konvergieren. Wiederum müsste man aber zeigen, dass diese Konvergenz auch im Sinne der L^2-Norm erfolgt, um auf $\varphi^{[\infty]} = \varphi$ und die Orthogonalitätseigenschaft (M1) schließen zu können. In Figur 6.1 sind die Funktionen $\varphi^{[1]}$, $\varphi^{[3]}$ und $\varphi^{[5]}$ für beide Varianten von $\varphi^{[0]}$ dargestellt, und zwar für das Daubechies-Filter minimaler Phase mit $p = 2$. Die Konvergenz ist augenfällig.

Zum Schluss des Abschnitts wollen wir aber noch ein Beispiel erwähnen, das zeigt, dass die Sache auch schief gehen kann, selbst wenn H die verlangten algebraischen Bedingungen erfüllt: Wir betrachten das Filter $H(z) := \frac{1}{\sqrt{2}}(1 + z^{-3}) = \frac{1}{\sqrt{2}}(1 + z^{-1})(1 - z^{-1} + z^{-2})$.

Es ist ein orthogonales Filter, aber kein Daubechies-Filter, weil es bei -1 nur eine einfache statt einer zweifachen Nullstelle besitzt. Das unendliche Produkt (6.2) in der Definition von $\varphi^{\wedge}$ ergibt sich wegen $P(z) = P_{\text{Haar}}(z^3)$ zu $\varphi^{\wedge}(\xi) = \varphi_{\text{Haar}}^{\wedge}(3\xi)$ und damit ist

$$\varphi(t) = \tfrac{1}{3}\varphi_{\text{Haar}}(\tfrac{1}{3}t) = \begin{cases} \tfrac{1}{3} & \text{falls } 0 \le t < 3 \\ 0 & \text{sonst} \end{cases}$$

Dies ist eine gestreckte Version der Haarschen Skalierungsfunktion, und offensichtlich ist φ nicht orthogonal zu $\varphi_{0,1}$ und $\varphi_{0,2}$! Daher kann die Funktionenfolge (6.3) unmöglich in L^2 gegen φ konvergieren. Was tut sie dann? In Figur 6.2 sind die Funktionen $\varphi^{[4]}$ (für beide Möglichkeiten von $\varphi^{[0]}$) dargestellt; mit wachsendem m vergrößert sich im Bereich 0..3 die Anzahl Schwingungen, aber ihre Amplituden bleiben gleich. Im Fall $\varphi^{[0]} = \varphi_{\text{Haar}}$ ist

$$\left\| \varphi^{[m]} - \varphi \right\|^2 = \int_0^3 (\varphi^{[m]}(t) - \varphi(t))^2 \, dt = \tfrac{1}{3}(\tfrac{2}{3})^2 + \tfrac{2}{3}(\tfrac{1}{3})^2 = \tfrac{2}{9} \text{ unabhängig von } m$$

(hingegen $\int_0^3 \varphi^{[m]}(t) - \varphi(t) \, dt = \tfrac{1}{3} \cdot \tfrac{2}{3} - \tfrac{2}{3} \cdot \tfrac{1}{3} = 0$), denn die Lücken zwischen den Zähnen des Kammes sind doppelt so breit wie die Zähne selbst.

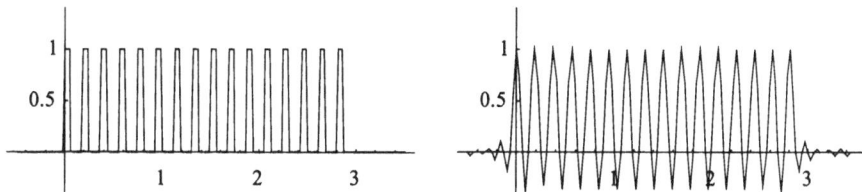

Figur 6.2: *Ein Fall, bei dem die Approximation im Zeitbereich nicht funktioniert*

6.2   Regularität

Betrachtet man die Graphen der Skalierungsfunktionen φ der Daubechies-Filter und ihrer Fouriertransformierten (Figur 5.5), so stellt man fest, dass die Regularität (Stetigkeit und Differenzierbarkeit) von φ und die Lokalisierung von $\varphi^{\wedge}$ (rasches Verschwinden von $\varphi^{\wedge}(\xi)$ für $\xi \to \infty$) mit wachsendem p zunehmen. Wir betonen an dieser Stelle noch einmal, dass die Regularität der Skalierungsfunktion in den Anwendungen eine wichtige Rolle spielen kann, auch wenn diese in den rekursiven Algorithmen für Analyse und Synthese von Funktionen gar nicht explizit auftritt (siehe etwa Figur 3.12 und Figur 3.13!). Ein Zusammenhang zwischen der Regularität von φ und der Lokalisierung von $\varphi^{\wedge}$ ist allgemein gegeben durch den aus dem Anhang (Abschnitt 10.1) zitierten Satz:

Wenn $\left| f^{\wedge}(\xi) \right| \le \dfrac{C}{(1+|\xi|)^{\delta}}$ *für alle* ξ, *mit Konstanten* $C>0$, $1 \le n+1 < \delta$ *(n ganz),*

dann ist f mindestens n-mal differenzierbar und die n-te Ableitung von f ist stetig.

Leider ist das Kriterium nicht umkehrbar, das heißt die Regularität kann besser sein als sich aufgrund dieser Bedingung erwarten ließe, selbst wenn δ optimal (das heißt maximal) ist.

Betrachten wir nun ein Polynom P der Form $P(z) = (\dfrac{1+z^{-1}}{2})^{p} W(z) = P_{\text{Haar}}(z)^{p} W(z)$

mit $W(1) = 1$ (es braucht noch keine weiteren speziellen Eigenschaften zu haben) und gemäß (6.2) die Funktion

$$\varphi^{\wedge}(\xi) = \prod_{k=0}^{\infty} P(e^{j\pi \frac{\xi}{2^k}}) = (\prod_{k=0}^{\infty} P_{\text{Haar}}(e^{j\pi \frac{\xi}{2^k}}))^{p} \prod_{k=0}^{\infty} W(e^{j\pi \frac{\xi}{2^k}}) = ... \qquad (6.4)$$

$$... = (\varphi_{\text{Haar}}^{\wedge}(\xi))^{p} \prod_{k=0}^{\infty} W(e^{j\pi \frac{\xi}{2^k}}) = e^{-j\pi\xi p} (\frac{\sin(\pi\xi)}{\pi\xi})^{p} \prod_{k=0}^{\infty} W(e^{j\pi \frac{\xi}{2^k}})$$

Um zunächst die Konvergenz des unendlichen Produktes der W-Faktoren zu begründen, verwenden wir die Existenz einer Konstanten B mit $|W(e^{j2\pi\xi})-1| \le B|\xi|$. (Weil der Frequenzgang $w^{\wedge}(\xi) = W(e^{j2\pi\xi})$ eine differenzierbare periodische Funktion mit $w^{\wedge}(0) = 1$ ist, kann man etwa $B = \max(|dw^{\wedge}/d\xi|)$ wählen.) Daraus folgt, dass die Logarithmen der W-Faktoren mit $1/2^k$ gegen Null gehen, ihre Summe also konvergiert, was gleichbedeutend mit der Konvergenz des unendlichen Produktes ist. Speziell erhalten wir

$$\left| \prod_{k=0}^{\infty} W(e^{j\pi \frac{\xi}{2^k}}) \right| \le \prod_{k=0}^{\infty} (1 + B\frac{|\xi|}{2^{k+1}}) \le \prod_{k=0}^{\infty} e^{B\frac{|\xi|}{2^{k+1}}} = e^{\sum_{k=0}^{\infty} B\frac{|\xi|}{2^{k+1}}} = e^{B|\xi|} \qquad (6.5)$$

Diese Abschätzung ist für $|\xi| \to \infty$ noch sehr grob; wir wollen sie verfeinern. Sei Γ das Maximum des Amplitudenganges von W, das heißt alle Faktoren in dem unendlichen Produkt $\prod\limits_{k=0}^{\infty} W(e^{j\pi\frac{\xi}{2^k}})$ sind $\leq \Gamma$. Sobald aber mit wachsendem k die Frequenz $\frac{|\xi|}{2^k} \leq 2$ wird, ist

nach (6.5) das ganze Restprodukt $\leq e^{2B}$. Sei also $|\xi| > 2$ und $K = K(\xi)$ die Anzahl Faktoren

mit $\frac{|\xi|}{2^k} > 2$; es gilt somit $\frac{|\xi|}{2^{K-1}} > 2 \geq \frac{|\xi|}{2^K}$ und speziell $2^K < |\xi|$. Damit wird für $|\xi| > 2$

$$\left|\prod_{k=0}^{\infty} W(e^{j\pi\frac{\xi}{2^k}})\right| \leq \Gamma^K e^{2B} = (2^\gamma)^K e^{2B} = (2^K)^\gamma e^{2B} < |\xi|^\gamma e^{2B}, \quad \text{wobei} \quad \gamma = \log_2(\Gamma). \text{ Zu-}$$

sammen mit (6.5), angewandt auf $|\xi| \leq 2$, ergibt sich die für alle ξ gültige polynomiale
Abschätzung

$$\left|\prod_{k=0}^{\infty} W(e^{j\pi\frac{\xi}{2^k}})\right| \leq (1 + |\xi|)^\gamma e^{2B} \tag{6.6}$$

Zurück zu $\varphi^\wedge(\xi)$ in (6.4): Da sicher $\left|\dfrac{\sin(\pi\xi)}{\pi\xi}\right| \leq \dfrac{2}{1+|\xi|}$, folgt schließlich mit $C := 2^p e^{2B}$

$$\left|\varphi^\wedge(\xi)\right| \leq \frac{C}{(1+|\xi|)^{p-\gamma}} \tag{6.7}$$

Durch Kombination dieses Resultates mit dem oben zitierten Satz ergibt sich nun, unter
Beibehaltung der eingeführten Bezeichnungen:

Wenn $p - \gamma - 1 > n$, dann ist φ n-mal differenzierbar, und die n-te Ableitung ist stetig.

Obwohl wir wie gesagt nicht erwarten können, dass dieses Ergebnis optimale Aussagen
liefert, ist es doch in den meisten Fällen recht nützlich, indem γ (der Zweier-Logarithmus
des Maximums des Amplitudenganges von W) eine numerisch leicht zugängliche Größe ist.
(Wir werden unten einige Beispiele machen.) Zu beachten ist noch, dass die obigen Überlegungen für ein *beliebiges* Polynom mit $W(1) = 1$ gelten; insbesondere kann man sie auch
im biorthogonalen Fall anwenden.

Für die Daubechies-Filter ist γ leicht zu bestimmen. Mit den Bezeichnungen von Abschnitt
5.2 und unter Verwendung von (5.6) und (5.7) gilt nämlich für $|z| = 1$ (also $z^{-1} = \bar{z}$)

$$|W(z)|^2 = M_0(z) = \sum_{k=0}^{p-1}\binom{2p-1}{k}u(z)^{p-1-k}u(-z)^k = \sum_{k=0}^{p-1}\binom{p+k-1}{k}u(-z)^k$$

wobei jetzt $u(-z)$ eine reelle Zahl mit $0 \leq u(-z) \leq 1$ ist. Wegen der zweiten Summendarstel-
lung ist klar, dass das Maximum von $|W(z)|^2$ dann erreicht wird, wenn $u(-z) = 1$ ist, also

$z = -1$, $u(z) = 0$. Die erste Summendarstellung liefert $\left| W(-1) \right|^2 = \binom{2p-1}{p-1}$, also

$\gamma = \frac{1}{2} \log_2 \left(\binom{2p-1}{p-1} \right)$. Nach Figur 6.3 und dem Kriterium nach (6.7) ergibt sich daraus *Stetigkeit* von φ für $p \geq 2$, Differenzierbarkeit für $p \geq 21$, ..., was in Anbetracht der Graphen dieser Funktionen (siehe etwa Figur 5.5) sicher noch nicht optimal ist.

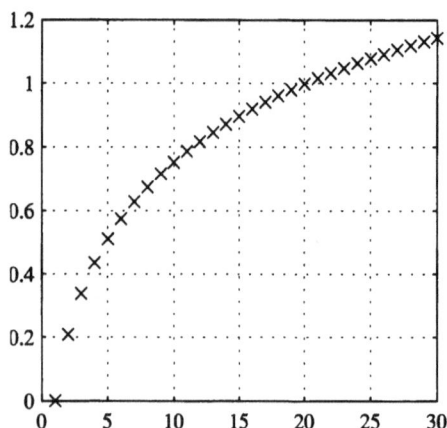

Figur 6.3: Werte von $p - \gamma - 1$ für die Daubechies-Filter, $1 \leq p \leq 30$

Mit einem Trick lässt sich (6.7) verbessern: Wenn man das Quadrat der linken Seite in (6.6) betrachtet und darin jeweils zwei Faktoren $W(e^{j\pi \cdot \frac{\xi}{2^k}}) \, W(e^{j\pi \cdot \frac{\xi}{2^{k+1}}})$ zusammenfasst, kann man statt Γ das Maximum Γ_2 des Amplitudenganges von $W_2(z) := W(z)W(z^2)$ nehmen und man erhält (6.7) mit $\gamma = \gamma_2 := \log_2(\sqrt{\Gamma_2}) = \frac{1}{2} \log_2(\Gamma_2)$ (und einer anderen Konstanten C). Statt des Quadrates kann man auch die m-te Potenz nehmen und erhält (6.7) mit $\gamma = \gamma_m := \log_2(\sqrt[m]{\Gamma_m}) = \frac{1}{m} \log_2(\Gamma_m)$, wobei Γ_m das Maximum des Amplitudenganges von $W_m(z) := W(z)W(z^2)...W(z^{2^{m-1}})$ ist.

Angewandt auf die Daubechies-Filter ergeben diese Überlegungen eine markante Verbesserung (Figur 6.4); man sieht jetzt, dass φ differenzierbar ist für $p \geq 5$, zweimal differenzierbar für $p \geq 9$, ... (die benötigten Werte von Γ_m wurden numerisch bestimmt). Die größte Verbesserung brachte der Schritt von $m = 1$ zu $m = 2$; der Schritt von $m = 2$ zu $m = 3$ ergab sogar eine kleine Verschlechterung. Dies wird verständlich, wenn man die Amplitudengänge von W, W_2, W_3, ... anschaut (Figur 6.5). Es fällt auf, dass alle Kurven $\log_2(\sqrt[m]{\left| w_m^{\wedge}(\xi) \right|})$ bei $\xi = \frac{1}{3}$ und $\xi = \frac{2}{3}$ durch denselben Punkt laufen. Das Spezielle an diesen Frequenzen ist die Tatsache, dass die Potenzen $e^{j2\pi \cdot \frac{1}{3}}$ und $e^{j2\pi \cdot \frac{2}{3}}$ bei der Operation $z \to z^2$ einen Zyklus bilden (jede ist das Quadrat der anderen). Weil aber $\left| W(e^{j2\pi \frac{1}{3}}) \right| = \left| W(e^{j2\pi \frac{2}{3}}) \right|$, ergibt sich damit

$\left|w_m^\wedge\left(\tfrac{1}{3}\right)\right|=\left|w^\wedge\left(\tfrac{1}{3}\right)\right|\left|w^\wedge\left(\tfrac{2}{3}\right)\right|\left|w^\wedge\left(\tfrac{1}{3}\right)\right|...=\left|w^\wedge\left(\tfrac{1}{3}\right)\right|^m$. Es kann also γ_m nie kleiner als $\log_2\left(\left|w^\wedge\left(\tfrac{1}{3}\right)\right|\right)$ werden! Die Graphen lassen auch vermuten, dass $\gamma_m \to \log_2\left(\left|w^\wedge\left(\tfrac{1}{3}\right)\right|\right)$ für $m \to \infty$. Dies lässt sich tatsächlich beweisen, ist aber recht knifflig.

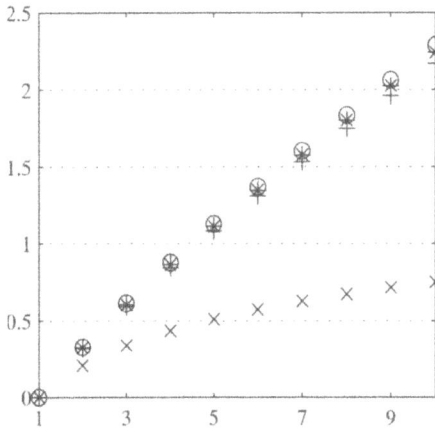

Figur 6.4: Werte von $p-\gamma_m-1$ für die Daubechies-Filter, $1\le p\le 10$, $m = 1(x)$, $2(*)$, $3(+)$ und $4(o)$

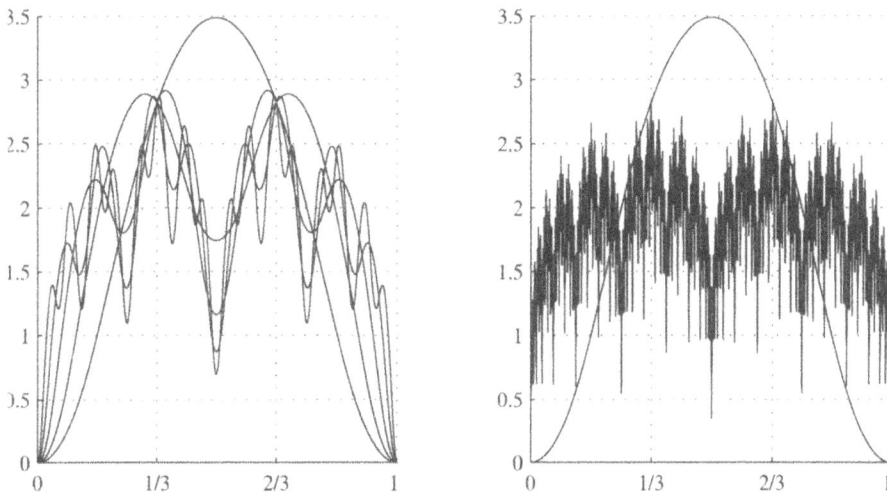

Figur 6.5: Logarithmierte Amplitudengänge $\log_2\left(\sqrt[m]{\left|w_m^\wedge(\xi)\right|}\right)$ für $p = 5$. Links: $m = 1, 2, ..., 5$; Rechts: $m = 1$ und $m = 10$

Mit diesen Betrachtungen haben wir (für die Daubechies-Filter) zwar den optimalen Wert von γ in (6.7) erraten, nicht aber die optimale Ausssage über die Regularität von φ! In der Literatur findet man raffiniertere, genauere Methoden zur Bestimmung derselben, die direkt im Zeitbereich arbeiten. Beispielsweise ist es möglich zu zeigen, dass φ schon für $p = 3$ differenzierbar ist, was einen beim Anblick dieser Funktion (Figur 6.6 links) erstaunt: Man hätte bei $t = 1$ eigentlich eine Spitze erwartet, aber der Auschnitt rechts belehrt einen tatsächlich eines Besseren.

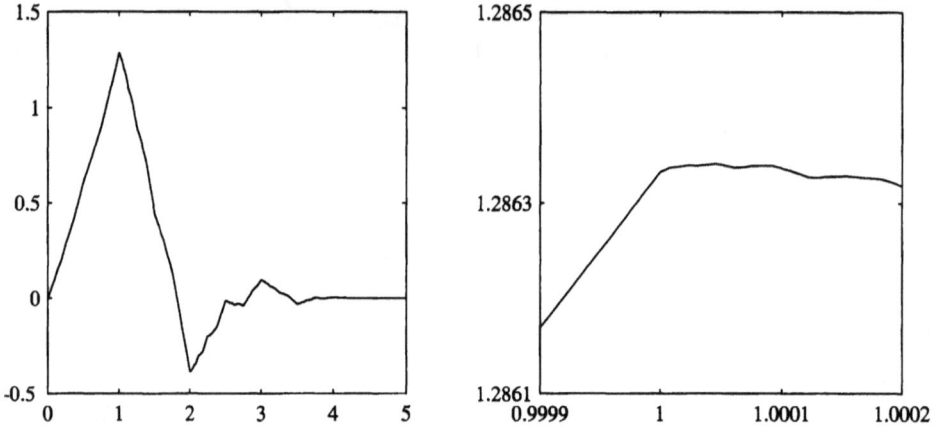

Figur 6.6: Daubechies' Skalierungsfunktion für $p = 3$

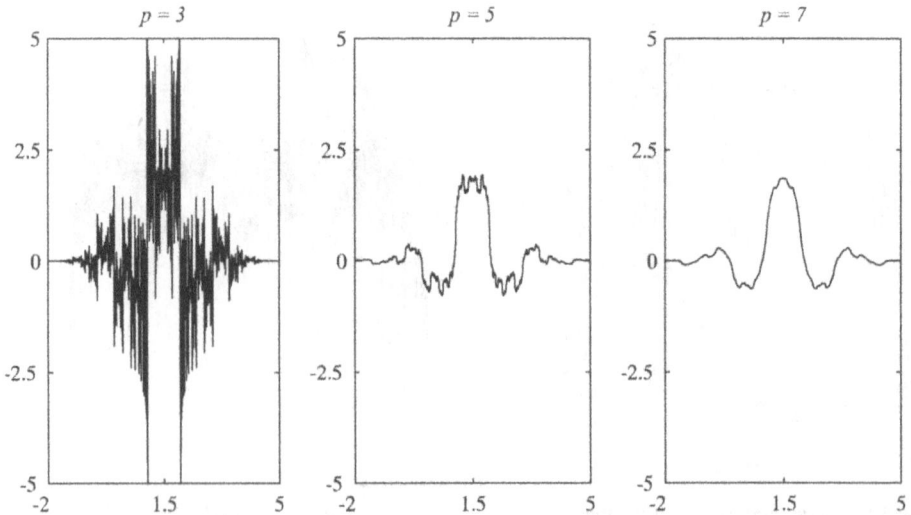

Figur 6.7: Analyse-Skalierungsfunktionen der biorthogonalen Splines mit $\tilde{p} = 3$

Die oben gemachten Abschätzungen erlauben auch Aussagen über die Regularität der Analysefunktionen bei den in Abschnitt 5.3 eingeführten biorthogonalen Splinefiltern. (Die

Synthesefunktionen sind als Splines vom Grad $\tilde{p}-1$ genau ($\tilde{p}-2$)-mal differenzierbar, und die ($\tilde{p}-2$)-te Ableitung ist stetig.) Nach (5.10) müssen wir für $W(z)$ jetzt $M_0(z)$ wählen (nicht $|W(z)|^2 = M_0(z)$, wie bei den Daubechies-Filtern), wobei in der Definition (5.6) von M_0 jetzt p durch $q = \dfrac{p+\tilde{p}}{2}$ zu ersetzen ist. Entsprechend ist das γ in (6.6) und (6.7) zu verdoppeln. Zum Beispiel ist das optimale γ für $\tilde{p} = 3$, $p = 7$ (also $q = 5$) nach Figur 6.5 etwa 2.8. Wegen $7-2\cdot2.8-1>0$ ist die Stetigkeit von φ durch (6.7) garantiert. Für $\tilde{p} = 3$, $p = 5$ (also $q = 4$) ergibt die analoge Rechnung $5-2\cdot2.1-1<0$; trotzdem ist φ effektiv auch hier noch stetig. Für $\tilde{p} = 3, p = 3$ (also $q = 3$) ist φ tatsächlich unstetig (Figur 6.7).

Für die obigen Beispiele haben wir die folgende MATLAB-Funktion verwendet:

```
function [gamma,gamma13] = regularitaet(w,m);
% Abschätzung des Produktes (6.6)
% m Faktoren werden jeweils zusammengefasst
%-------------------------------------------------
xi = linspace(0,1,10000); omega = 2*pi*xi;
f = ones(size(xi));
for k = 1:m,
  b = (-j*[0:length(w)-1]).'*ones(size(omega));
  c = ones(size(w'))*omega;
  f = f.*(w*exp(b.*c));
  plot(xi,log2(abs(f))/k); hold on;
  omega = omega*2;
end;
hold off;
gamma = log2(max(abs(f)))/m;

% Vergleichsmöglichkeit
% häufig, zum Beispiel bei den Daubechies-Filtern,
% gilt gamma->gamma13 für m->unendlich
xi = 1/3; omega = 2*pi*xi;
b = (-j*[0:length(w)-1]).';
f = w*exp(b.*omega);
gamma13 = log2(abs(f));
```

Wenden wir – als weiteres Beispiel – diese Funktion auf das symmetrische biorthogonale Filterpaar an, das in Abschnitt 5.4 konstruiert wurde (das „FBI-Filterpaar"):

```
% Berechnung der Filter (jetzt ohne die Faktoren (1+z)/2)
u = [1 2 1]/4; u_ = [-1 2 -1]/4;
u2 = conv(u,u); u_2 = conv(u_,u_);
m0 = conv(u,u2)+7*conv(u2,u_)+21*conv(u,u_2)+35*conv(u_,u_2);
wurz = roots(m0);
ws = conv([-1 wurz(1)],[-1 wurz(6)]);
w = [1]; for k = 2:5, w = conv(w,[-1 wurz(k)]); end;
ws = ws/sum(ws);
w = real(w)/sum(real(w));
```

```
% Regularität
subplot(1,2,1); 4-regularitaet(ws,6)-1
subplot(1,2,2); 4-regularitaet(w,6)-1
```

so erhalten wir als Antwort (die Graphiken werden hier nicht gezeigt; sie sind ähnlich wie Figur 6.5 links)

```
    1.3103
    0.4629
```

Die Synthesefunktionen sind also mindestens 1-mal differenzierbar, die Analysefunktionen mindestens stetig (vgl. auch Figur 5.13). Eine ähnliche Rechnung mit den vier Coiflets der Ordnung 4 mit Träger in $[-4,7]$ (Figur 5.15) liefert die Zahlen

```
    0.9591
    0.9618
    0.3434
   -0.3429
```

Die ersten drei sind also jedenfalls stetig, die ersten beiden vermutlich sogar differenzierbar (in Anbetracht der Nicht-Optimalität unserer Resultate).

6.3   Aufgaben zu Kapitel 6

1   Untersuchen Sie für verschiedene in früheren Aufgaben (Aufgabe 1 in 3.5, Aufgabe 6 in 5.5) behandelte Filter, ob aufgrund des auf Seite 123 formulierten Kriteriums eine stetige Skalierungsfunktion zu erwarten ist. Vergleichen Sie mit einer Graphik der Skalierungsfunktion, die Sie wie früher (Figur 3.11) mit Hilfe des Kaskadenalgorithmus erstellen können.

2   Schreiben Sie ein MATLAB-Programm zur näherungsweisen Bestimmung einer Abtastfolge der Skalierungsfunktion einer MSA (bei gegebenem Filter H), welches die Formel (6.2) und die MATLAB-Funktion ifft (inverse schnelle Fouriertransformation) verwendet.

Hinweise: Wenn die Filterkoeffizienten als h_0, ..., h_M nummeriert sind, ist der Träger von φ im Intervall $[0,M]$ enthalten. Wählen Sie eine Unterteilung dieses Intervalles mit 2^n Abtaststellen, also mit Schrittweite $\Delta t = \dfrac{M}{2^n}$. Um mit ifft Näherungswerte von φ an diesen Stellen zu erhalten, muss man $\varphi^\wedge$ mit Schrittweite $\Delta \xi = \dfrac{1}{2^n \Delta t} = \dfrac{1}{M}$ abtasten, und zwar über dem Intervall $[-\dfrac{2^{n-1}}{M}, \dfrac{2^{n-1}}{M}]$. Man wähle also M so groß (das Filter kann man sich mit Nullen fortgesetzt denken), dass $\Delta \xi$ genügend klein wird, und anschließend n so groß, dass Δt genügend klein und das Intervall $[-\dfrac{2^{n-1}}{M}, \dfrac{2^{n-1}}{M}]$ genügend groß werden. Im Vektor, auf den ifft angewendet werden soll, müssen die Komponenten zu negativen Frequenzen hinter diejenigen zu positiven Frequenzen gestellt werden. Weil φ reell ist, sind es gerade die konjugierten Werte (siehe Seite 251).

7 Ergänzungen

In diesem Kapitel werden einige Weiterentwicklungen oder Variationen der diskreten Wavelettransformation kurz vorgestellt. Dabei geht es hauptsächlich darum, die Grundideen verständlich zu machen; auf Beweise wird nur dort eingegangen, wo es diesem Ziele dienlich ist.

- Der erste Abschnitt (2D-Wavelets) erläutert eine in der Bildverarbeitung häufig verwendete einfache Methode, eindimensionale Wavelets – in diesem Buch werden nur solche behandelt – auf zweidimensionale Daten anzuwenden.

- Im zweiten Abschnitt (M-Band-Wavelets) wird kurz auf Filterbänke mit M statt nur 2 Kanälen, welche für Multiskalen-Analyse geeignet sind, eingegangen. Durch den Übergang zu $M > 2$ lässt sich eine bessere Frequenzlokalisierung realisieren.

- Im dritten Abschnitt (Multiwavelets) geht es eigentlich um Filterbänke mit vektorwertigem Input und Output und ihre Skalierungsfunktionen und Wavelets. Angewendet auf skalare Daten ergibt sich eine etwas allgemeinere Art von Multiskalen-Analyse, in der beispielsweise orthogonale Basen bestehend aus symmetrischen Wavelets mit guter Regularität möglich werden.

- In den beiden letzten Abschnitten (Wavelet-Pakete; lokale trigonometrische Basen) kommen weitere Transformationen zur Sprache, die auf Basisfunktionen mit besserer Frequenzlokalisierung beruhen.

7.1 Separable 2D-Wavelets

Ein wichtiges Anwendungsgebiet der Wavelets ist die Bildverarbeitung. Hier hat man es mit zweidimensionalen Daten zu tun. Um solche in analoger Manier zu analysieren, wie es für eindimensionale Daten in Kapitel 4 beschrieben wird, braucht man eine MSA in $L^2(\mathbb{R}^2)$, dem Hilbertraum der quadratintegrierbaren Funktionen $f: (x,y) \in \mathbb{R}^2 \to f(x,y) \in \mathbb{C}$ zweier reeller Variablen.

Die einfachste und darum am häufigsten verwendete Methode besteht darin, aus einer eindimensionalen MSA, wie sie in Kapitel 4 besprochen wurde, durch Bildung geeigneter Produkte (in der Literatur heißt diese Konstruktion „Tensorieren") eine zweidimensionale MSA zu konstruieren. Wir wollen der Einfachheit halber eine orthogonale MSA im Sinne von Abschnitt 4.1 voraussetzen. (Die Übertragung auf den biorthogonalen Fall bietet keine Schwierigkeiten.) Mit Hilfe der Skalierungsfunktion φ und des Mother-Wavelets ψ definieren wir

$\Phi(x,y) := \varphi(x)\,\varphi(y)$ (wir schreiben dafür auch $\Phi := \varphi \otimes \varphi$, etc.)

$\Psi^h(x,y) := \varphi(x)\,\psi(y)$

$\Psi^v(x,y) := \psi(x)\,\varphi(y)$

$\Psi^d(x,y) := \psi(x)\,\psi(y)$

Die hochgestellten Indizes h, v, d stehen für „horizontal", „vertikal" und „diagonal", wobei „horizontal" etwa soviel wie „parallel zur x-Achse ausgerichtet" bedeutet (in Figur 7.1 ist ein Beispiel dargestellt).

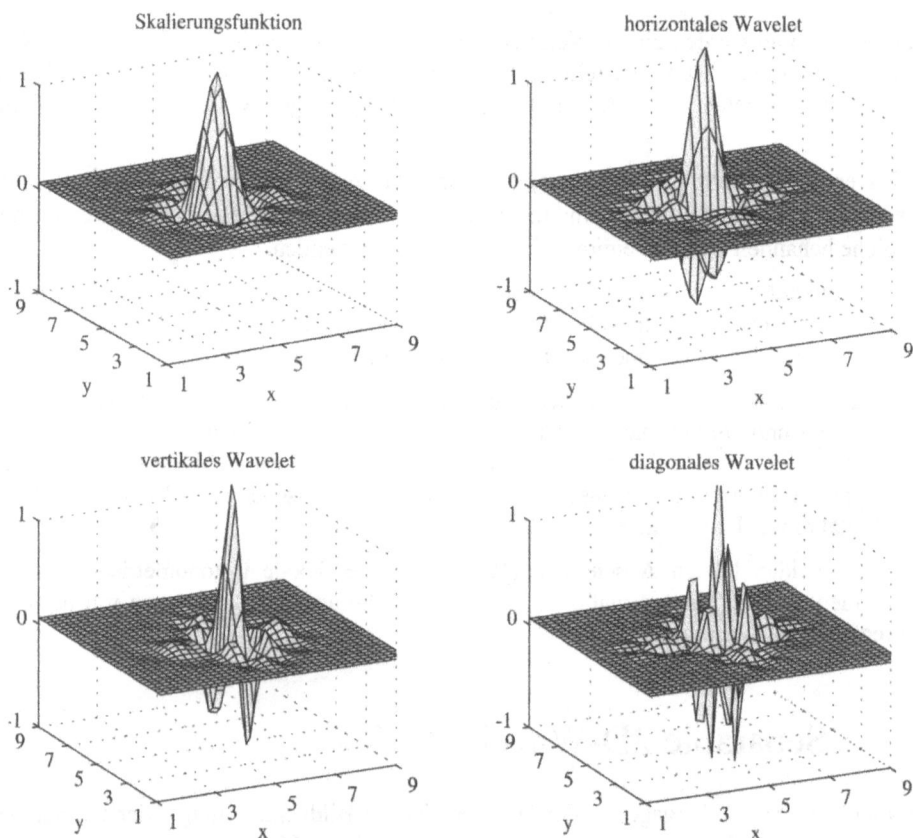

Figur 7.1: Separable 2D-Skalierungsfunktion und -Wavelets basierend auf dem Symmlet mit $p = 6$

Die gestreckten und verschobenen Versionen einer Funktion f aus $L^2(\mathbb{R}^2)$ sind definiert durch

$$f_{m;q,p}(x,y) := 2^{-m} f(2^{-m}x - q, 2^{-m}y - p)$$

Setzen wir noch $V_m :=$ Menge aller f aus $L^2(\mathbb{R}^2)$, die sich in der Form

$$f = \sum_{p \in \mathbb{Z}} \sum_{q \in \mathbb{Z}} u_{m;p,q} \Phi_{m;q,p}$$

darstellen lassen[17], so ist es gar nicht schwierig (nur schreibtechnisch mühsam) zu zeigen, dass die Funktionen $\Phi_{m;q,p}$ $(p,q \in \mathbb{Z})$ eine Orthonormalbasis von V_m bilden und durch die Funktionen $\Psi^\lambda_{m;q,p}$ ($\lambda = $h,v oder d; $p,q \in \mathbb{Z}$) zu einer Orthonormalbasis von V_{m-1} ergänzt werden. Es gilt nämlich zum Beispiel

$$<\Phi_{m;q,p}, \Phi_{m;q',p'}> = <\varphi_{m,q} \otimes \varphi_{m,p}, \varphi_{m,q'} \otimes \varphi_{m,p'}> = <\varphi_{m,q}, \varphi_{m,q'}><\varphi_{m,p}, \varphi_{m,p'}> = \delta_{q,q'} \, \delta_{p,p'}.$$

Aus (M2) und (4.9) erhalten wir auch 2-Skalenrelationen für Φ und die Ψ^λ, zum Beispiel

$$\Psi^h(x,y) = \varphi(x) \, \psi(y) = 2 \sum_{q \in \mathbb{Z}} h_q \varphi(2x-q) \sum_{p \in \mathbb{Z}} g_p \varphi(2y-p) = \sum_{q \in \mathbb{Z}} \sum_{p \in \mathbb{Z}} h_q g_p \Phi_{-1;q,p}(x,y)$$

In der Zerlegung

$$P_m f = \sum_{p \in \mathbb{Z}} \sum_{q \in \mathbb{Z}} u_{m;p,q} \Phi_{m;q,p} =$$

$$= \sum_{p \in \mathbb{Z}} \sum_{q \in \mathbb{Z}} u_{m+1;p,q} \Phi_{m+1;q,p} + \sum_{\lambda = h,v,d} \sum_{p \in \mathbb{Z}} \sum_{q \in \mathbb{Z}} v^\lambda_{m+1;p,q} \Psi^\lambda_{m+1;q,p} = P_{m+1} f + D_{m+1} f$$

kann man wieder die Approximationskoeffizienten $u_{m+1;p,q}$ und Detailkoeffizienten $v^\lambda_{m+1;p,q}$ aus den $u_{m;p,q}$ ausrechnen (und umgekehrt), um so rekursive Algorithmen für Analyse und Synthese zu erhalten:

$$u_{m+1;p',q'} = \sum_{q \in \mathbb{Z}} \sum_{p \in \mathbb{Z}} h_{q-2q'} \, h_{p-2p'} \, u_{m;p,q}$$

$$v^h_{m+1;p',q'} = \sum_{q \in \mathbb{Z}} \sum_{p \in \mathbb{Z}} h_{q-2q'} \, g_{p-2p'} \, u_{m;p,q} \qquad \text{etc.}$$

Dies bedeutet, dass man zum Beispiel die Matrix $v^h_{m+1} = (v^h_{m+1;p,q})_{p,q \in \mathbb{Z}}$ dadurch erhält, indem man die Matrix $u_m = (u_{m;p,q})_{p,q \in \mathbb{Z}}$ zeilenweise mit der in (4.16) definierten Operation $\mathcal{H}`$ (Filtern mit $H$ und Downsampling) bearbeitet, und dann spaltenweise mit $\mathcal{G}`$ (oder auch in umgekehrter Reihenfolge). Analog bekommt man v^v_{m+1}, indem man auf u_m zeilenweise $\mathcal{G}`$ und spaltenweise $\mathcal{H}`$ anwendet.

Damit erhalten wir als Schema für *eine* Stufe der rekursiven Analyse:

---

[17] Es ist also im orthonormierten Fall $u_{m;p,q} = <\Phi_{m;q,p}, f>$, wobei die Umstellung der Indizes p,q nötig ist, damit die Spaltennummer q in der Matrix $(u_{m;p,q})_{p,q \in \mathbb{Z}}$ mit der Variablen x korrespondiert.

Das Skalarprodukt auf $L^2(\mathbb{R}^2)$ ist definiert durch $<f,g> := \int\limits_{-\infty}^{\infty} \int\limits_{-\infty}^{\infty} f(x,y) g(x,y) \, dx \, dy$

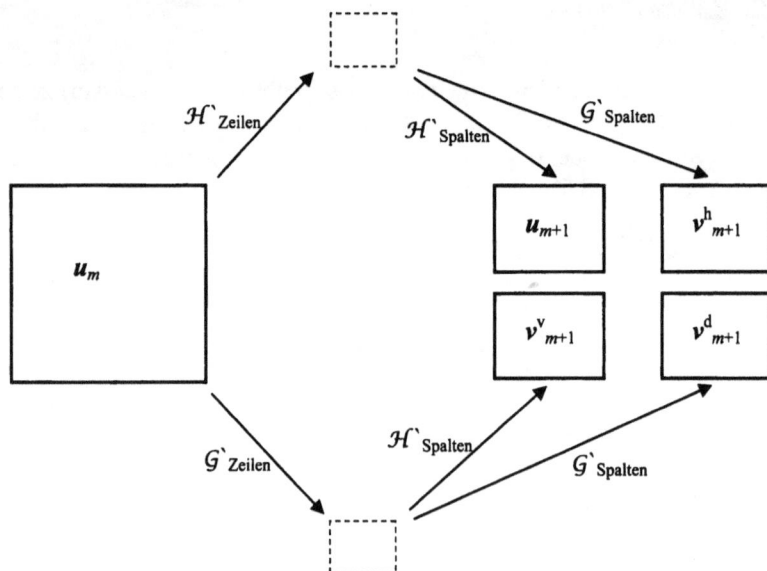

Figur 7.2: Schema eines Schrittes der schnellen 2D-Wavelettransformation

Nach Bedarf kann man u_{m+1} weitertransformieren. Es sei dem Leser überlassen, ein entsprechendes Schema für die Synthese aufzustellen, unter Verwendung der in (4.18) definierten Operationen $\mathcal{H}, \mathcal{G}$ (Upsampling und Filtern).

Wenn nun unser „Bild" u_m eine horizontale Kante -enthält, dann wird diese in v^h_{m+1} stark in Erscheinung treten, in v^v_{m+1} aber nicht (sie wird bei Durchlauf in y-Richtung vom Hochpassfilter G` entdeckt, bei Durchlauf in $x$-Richtung aber eliminiert). In $v^d_{m+1}$, das durch zeilen- wie spaltenweises Hochpass-Filtern von $u_m$ entsteht, wird die horizontale Kante ebenfalls kaum erscheinen, weil sie beim zeilenweisen Filtern mit $G$` verschwindet. Hingegen wird eine diagonal verlaufende Kante in v^d_{m+1} am stärksten auftauchen, wovon man sich in Figur 7.3 überzeugen kann. (Über Kantendetektion wird in Abschnitt 9.5 gesprochen.)

Man nennt – und dies dürfte damit genügend motiviert sein – v^h_m die Matrix der horizontalen, v^v_m die der vertikalen und v^d_m die der diagonalen Detailkoeffizienten der Skala 2^m.

Schließlich sei noch bemerkt, dass die für den Anfang einer Analyse benötigte Matrix u_m auch hier meist durch Abtasten der zu analysierenden Funktion f gewonnen wird. Bei genügend feiner Schrittweite der Abtastung ergibt sich eine brauchbare Näherung. Betrachtet man die Länge des Abtastintervalls als Einheit, so wird $m = 0$ und man hat

$$u_{0;p,q} \approx f(q,p)$$

oder besser

$$u_{0;p,q} \approx f(q+\lambda, p+\lambda) \text{ mit } \lambda = \int_{-\infty}^{\infty} x\, \varphi(x)\, dx = 2^{-\frac{1}{2}} \sum_{k \in \mathbb{Z}} k\, h_k \text{ (siehe Aufgabe 2 in 4.6)}$$

Zur Illustration des Gesagten haben wir in Figur 7.3 das Schema von Figur 7.2 auf ein Graustufenbild (interpretiert als u_0) angewandt. Man erkennt beispielsweise, dass die Kanten dort, wo sie horizontal oder vertikal verlaufen, in v^d_1 verschwinden.

Figur 7.3: Einstufige Wavelet-Transformation eines 2D-Signals (Anordnung gemäß Schema rechts; bei den Detail-Koeffizienten sind durch den Grauton die Beträge angedeutet: schwarz → groß, weiß → klein). Es wurde das Symmlet mit $p = 4$ verschwindenden Momenten verwendet.

7.2 M-Band-Wavelets

Eine Filterbank mit M Kanälen sieht so aus:

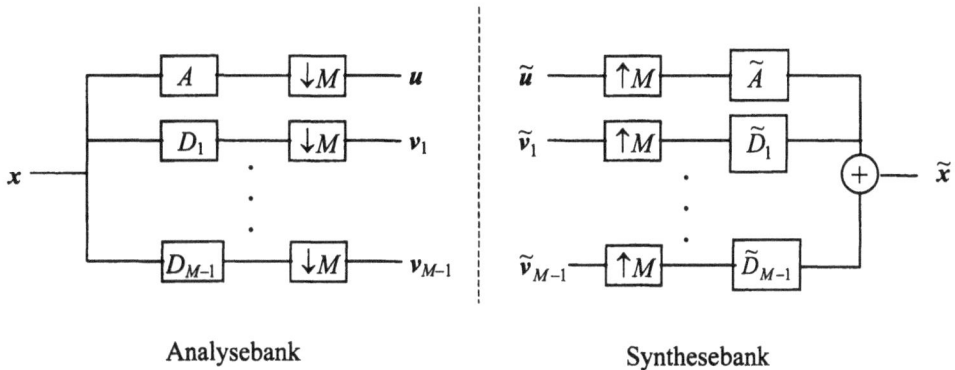

Upsampling und Downsampling geschehen jetzt mit Faktor M, das heißt

$$(...,x_{-2},x_{-1},\boldsymbol{x_0},x_1,x_2,x_3,x_4,\,...) \xrightarrow{\ \downarrow M\ } (...,x_{-M},\boldsymbol{x_0},x_M,x_{2M},\,...)$$

$$(...,x_{-1},\boldsymbol{x_0},x_1,x_2,x_3,...) \xrightarrow{\ \uparrow M\ } (...,x_{-1},0,...,0,\boldsymbol{x_0},0,...,0,x_1,0,...,0,x_2,0,...,0,x_3,0,\,...)$$

(je M–1 Nullen einfügen). Wir interessieren uns für Filterbänke, welche die *PR-Eigenschaft* haben (*Perfect Reconstruction*, das heißt $\tilde{x} = x$ falls $\tilde{u} = u$, $\tilde{v}_i = v_i$ für $i = 1, ..., M-1$) und außerdem *orthogonal* sind (das heißt $D_i(z) = \tilde{D}_i(z^{-1})$ für $i = 0, ..., M-1$, wobei hier wie im Folgenden unter D_0 jeweils A zu verstehen ist). Solche orthogonale PR-Filterbänke heißen in der Literatur manchmal auch *unitär* oder *paraunitär*. Die Bedingungen lassen sich in den Gleichungen ($d_{i,k}$ ist die k-te Komponente der Impulsantwort von D_i)

$$\sum_{k \in \mathbb{Z}} d_{i,k} d_{j,k+nM} = \delta_{i,j} \delta_{0,n} \quad (i,j = 0, ..., M-1; n \in \mathbb{Z}) \tag{7.1}$$

zusammenfassen, welche die Verallgemeinerung von (3.16) darstellen, allerdings mit dem Unterschied, dass dort schon vorweggenommen war, dass D durch alternierende Umkehr (Gleichung (3.17)) aus A gewonnen werden kann, weshalb statt vier Gleichungen nur eine nötig war. Auch jetzt, bei beliebigem M, lässt sich jedes Filter A mit der Eigenschaft

$$\sum_{k \in \mathbb{Z}} a_k a_{k+nM} = \delta_{0,n} \tag{7.2}$$

durch weitere Filter $D_1, ..., D_{M-1}$ zu einem Satz von Filtern ergänzen, die (7.1) erfüllen und die Filterlänge $\leq K \cdot M$ haben, wenn A dies hat. Diese Ergänzung schließt aber einen großen Anteil von Willkür ein. Im Fall $K = 1$ läuft es darauf hinaus, einen Vektor mit Norm 1 im Raum $\mathbb{R}^M$ durch weitere Vektoren zu einer Orthonormalbasis von $\mathbb{R}^M$ zu ergänzen, was normalerweise mit dem Verfahren von Gram-Schmidt geschieht. Dieser Fall ist aber relativ trivial, weil er einer *Blocktransformation* entspricht: Das Signal wird in disjunkte Blöcke der Länge M zerlegt, welche dann einzeln mit einer orthonormierten Matrix multipliziert werden. Für den Fall $K > 1$ gibt es geeignete Erweiterungen des Gram-Schmidt-Verfahrens; häufig versucht man jedoch, die Filter $D_1, ...D_{M-1}$ direkt aus A zu konstruieren. Eine bekannte Methode hiefür ist *Modulation*: Zum Zwecke der Frequenzanalyse möchte man, dass die Amplitudengänge gleichmäßig über das Spektrum verteilt sind und definiert daher

$$D_i(z) := A(\mathrm{e}^{-\mathrm{j}2\pi\frac{i}{M}} z); \text{ das heißt } d_{i,k} := a_k \cdot \mathrm{e}^{\mathrm{j}2\pi\frac{ik}{M}}$$

Dies hat – im Hinblick auf die Multiskalen-Analyse – zwei gravierende Nachteile: Erstens werden die Filterkoeffizienten komplex und zweitens ist das entstehende Filtersystem, falls A ein FIR-Filter ist, höchstens dann orthogonal, das heißt es erfüllt (7.1), wenn $K = 1$, womit wir wieder bei den Blocktransformationen wären (für die zweite Eigenschaft siehe etwa [Vet/Kov, p.166]). Raffinierter ist die so genannte *Cosinus-Modulation* (siehe etwa [Str/Ngu, Chapter 9]). Einer der verschiedenen in der Literatur diskutierten Typen ist bei geradem M gegeben durch

$$\tilde{d}_{i,k} = d_{i,-k} := p_k \cdot \sqrt{\frac{2}{M}} \cos\left((i+\tfrac{1}{2})(k+\tfrac{1}{2}-\tfrac{M}{2})\frac{\pi}{M}\right) \quad (i = 0, ..., M\!-\!1) \qquad (7.3)$$

wobei das „Prototyp-Filter" P in der Filterbank selber nicht vorkommt. Die Modulations-frequenzen sind $\dfrac{1}{4M}, \dfrac{3}{4M}, \dfrac{5}{4M}, ..., \dfrac{2M-1}{4M}$. Anders als bei der gewöhnlichen Modulation sind hier tatsächlich orthogonale Filtersysteme mit FIR-Filtern einer Filterlänge $> M$ möglich. Ein symmetrisches P mit Filterlänge $\leq 2M$ hat beispielsweise die Bedingung

$$p_k{}^2 + p_{k+M}{}^2 = 1 \qquad (k = 0, ..., M\!-\!1)$$

zu erfüllen; ein Beispiel ist $p_k := \sin\left((k+\tfrac{1}{2})\dfrac{\pi}{2M}\right)$ $(k = 0, ..., 2M\!-\!1)$. Schon Malvar, einer der Pioniere der Cosinus-Modulation, hat bemerkt, dass dieser Prototyp im Falle von Filter-länge $\leq 2M$ der einzige ist, welcher die für ein verschwindendes Moment der Wavelets notwendige Bedingung erfüllt (siehe unten). Will man p verschwindende Momente, so steigen die benötigten Filterlängen mit p sehr rasch an, viel rascher als wenn man auf Cosi-nus-Modulation verzichtet [Gop/Bur]. Daraus ergibt sich, dass die aus Cosinus-Modulation herrührenden Bedingungen für die Multiskalen-Analyse sehr einschränkend sind. Überdies erweist sich, dass die modulierten Filter nicht lineare Phase haben, auch wenn der Prototyp symmetrisch ist (wenigstens beim oben beschriebenen Typ von Cosinus-Modulation). Co-sinus-modulierte Filterbänke werden aus diesen Gründen meist nur einstufig eingesetzt, mit entsprechend hoher Kanalzahl M; in Anwendungen, welche gute Frequenzlokalisierung in einem festen Frequenzband erfordern (zum Beispiel Kompression von Audio-Signalen), sind sie sehr erfolgreich.

Zurück zur allgemeinen Theorie: Abgesehen davon, dass das Ergänzungsproblem keine einfache allgemeine Lösung hat, verläuft die Theorie in weiten Teilen analog zum Fall $M = 2$ (siehe etwa [St/He/Go/Bu]). Die Bedingung, die dafür sorgt, dass die noch zu defi-nierenden Wavelet-Funktionen p verschwindende Momente haben, verlangt, dass A bei allen M-ten Einheitswurzeln $\neq 1$ eine Nullstelle der Ordnung p hat, dass also eine Faktori-sierung der Form

$$A(z) = (1 + z + z^2 + ... + z^{M-1})^P B(z) \qquad (7.4)$$

möglich ist. Es lässt sich zeigen, dass dies auch äquivalent dazu ist, dass der Kanal

$$-\boxed{\uparrow M}-\boxed{A}-$$

jedes diskrete polynomiale Signal (also eine äquidistante Abtastung eines Polynoms) eines Grades $n \leq p-1$ in ein ebensolches überführt. (Im Falle einer nicht-orthogonalen PR-Bank (also einer biorthogonalen) sind natürlich diese Eigenschaften wie in Abschnitt 4.4 vom Synthesefilter $\tilde{A}$ zu verlangen.)

Die Orthogonalitätsbedingung (7.2) lässt sich mit Hilfe der M-ten Einheitswurzel $w := e^{j2\pi/M}$ umformen zu

$$A(z)A(z^{-1}) + A(wz)A((wz)^{-1}) + \ldots + A(w^{M-1}z)A((w^{M-1}z)^{-1}) = M \qquad (7.5)$$

(dies ist die zu (3.14) analoge Bedingung). Zusammen mit der Momentenbedingung (7.4) ergibt sich $A(1)^2 = M$; wir verlangen im Hinblick auf die M-Skalenrelation (siehe unten):

$$A(1) = \sum_k a_k = \sqrt{M}$$

In [St/He/Go/Bu] wird gezeigt, dass für jedes p solche Filter existieren, und es werden explizite Formeln angegeben für das Produkfilter $A(z)A(z^{-1})$ kürzestmöglicher Länge, ähnlich wie es in Abschnitt 5.2 für $M = 2$ getan wurde (Daubechies-Filter). Aus dem Produktfilter kann dann wie früher durch „spektrale Faktorisierung" das Tiefpassfilter A gewonnen werden, und dieses lässt sich irgendwie (es ist wie gesagt keine „natürliche" Art bekannt) zu einem orthogonalen System (7.1) ergänzen.

Diese Filter minimaler Länge haben immer nicht-lineare Phase; aber anders als im Fall $M = 2$ lassen sich für $M > 2$ auch nichttriviale symmetrische orthogonale Filter finden (wir werden unten ein Beispiel mit $M = 4$, $p = 1$ und Filterlänge 8 angeben). Aus dieser Tatsache, zusammen mit der potentiell besseren Frequenzauflösung, erklärt sich das Interesse, das man dem Fall $M > 2$ entgegenbringt.

Wir kommen nun zur Multiskalen-Analyse, das heißt zur Konstruktion der Skalierungsfunktion und der Wavelets. Erstere kann wie in Kapitel 6 entweder durch die zu (6.2) analoge Formel für ihre Fouriertransformierte

$$\varphi^\wedge(\xi) = \prod_{k=0}^{\infty} \frac{1}{\sqrt{M}} \tilde{A}(e^{j\pi \frac{\xi}{M^k}})$$

oder im Zeitbereich durch den „Kaskadenalgorithmus" definiert werden. Letzteres ist die wiederholte Anwendung der Synthese-Bank, startend mit $u = \delta$, alle „Detailkoeffizienten" (Kanäle 1 bis $M-1$) auf Null gesetzt, was die Folge mit der z-Transformierten $A(z^{-1})A(z^{-M})A(z^{-M^2})A(z^{-M^3})\ldots$ liefert, welche nach geeigneter Skalierung als Näherung einer Abtastfolge von φ betrachtet wird; siehe Seite 120. Konvergenz dieser Verfahren vorausgesetzt, ergibt sich eine Funktion φ, welche die folgende M-Skalenrelation erfüllt:

$$\varphi(t) = \sqrt{M} \sum_{k\cdot} \tilde{a}_k \varphi(Mt - k) = \sqrt{M} \sum_k a_{-k} \varphi(Mt - k)$$

Statt *eines* Mother-Wavelets haben wir jetzt derer $M-1$, definiert durch

$$\psi_i(t) = \sqrt{M} \sum_k \tilde{d}_{i,k} \varphi(Mt-k) = \sqrt{M} \sum_k d_{i,-k} \varphi(Mt-k) \quad (i=1, ..., M-1)$$

Wenn φ genügend regulär ist (zum Beispiel stetig), bilden die verschobenen und gestreckten Wavelets

$$\psi_{i;m,n}(t) = \sqrt{M^m} \, \psi_i(M^m t - n)$$

wiederum eine Orthonormalbasis von $L^2(\mathbb{R})$.

Wir überlassen es dem Leser, die Zerlegung einer Funktion $f \in L^2(\mathbb{R})$ in eine Approximation $A_m f = \sum_n u_{m,n} \varphi_{m,n}$ und Details $D_m f = \sum_{i=1}^{M-1} \sum_n v_{i;m,n} \psi_{i;m,n}$ der Skala M^m zu beschreiben und zu zeigen, dass – sobald für ein bestimmtes m_0 die Koeffizienten $(u_{m_0,n})_{n \in \mathbb{Z}}$ bekannt sind – die Detailkoeffizienten $v_{i;m,n}$ für $m > m_0$ durch Subband Coding mit der Filterbank berechnet werden können, in Analogie zu Abschnitt 4.3.

Zum Schluss des Abschnitts präsentieren wir das versprochene symmetrische Beispiel mit $M = 4$, $p = 1$ und Filterlänge 8. Wir versuchen dazu gemäß (7.4) mit dem symmetrischen Ansatz $A(z) = (1 + z + z^2 + z^3)(b_0 + b_1 z + b_2 z^2 + b_1 z^3 + b_0 z^4)$ den Bedingungen (7.2) zu genügen. Da (7.2) hier nur zwei Gleichungen liefert, setzen wir in die äquivalente Gleichung (7.5) zwei Werte für z ein und lösen nach b_1, b_2 auf (wir verwenden wieder die Symbolic Math Toolbox von MATLAB):

```
A  = (1+z+z^2+z^3)*(b0+b1*z+b2*z^2+b1*z^3+b0*z^4);
P  = A*subs(A,z,1/z)+subs(A,z,j*z)*subs(A,z,1/(j*z))+...
        subs(A,z,-z)*subs(A,z,-1/z)+...
                    subs(A,z,-j*z)*subs(A,z,-1/(j*z));
loes = solve(subs(P,z,1)-4,subs(P,z,2)-4,b1,b2);
```

Es gibt vier Lösungen, zum Beispiel b_1:

```
loes.b1
    [ -1/4*(1-8*b0-16*b0^2)^(1/2)-1/4-b0]
    [  1/4*(1-8*b0-16*b0^2)^(1/2)-1/4-b0]
    [ -1/4*(1+8*b0-16*b0^2)^(1/2)+1/4-b0]
    [  1/4*(1+8*b0-16*b0^2)^(1/2)+1/4-b0]
```

Setzen wir, um einfache Zahlen zu erhalten, $b_0 = -0.1$ (dann geht die Wurzel auf):

```
subs(loes.b1,b0,-0.1)          subs(loes.b2,b0,-0.1)
    -0.4702                        0.6403
     0.1702                       -0.6403
     0.3000                        0.1000
     0.4000                       -0.1000
```

Wir verwenden die dritte Lösung ($b_0 = -0.1$, $b_1 = 0.3$, $b_2 = 0.1$):

```
AA = expand(subs(A,{b0,b1,b2},{-0.1,0.3,0.1}))
    -1/10+1/5*z+3/10*z^2+3/5*z^3+3/5*z^4+3/10*z^5+1/5*z^6-1/10*z^7
```

Die Filterkoeffizienten von A sind also $(-0.1, 0.2, 0.3, 0.6, 0.6, 0.3, 0.2, -0.1)$. Als Nächstes müssen wir drei Filter D_1, D_2, D_3 finden, so dass (7.1) gilt (mit $D_0 = A$). Obwohl für den allgemeinen Fall keine „natürliche" Wahl getroffen werden kann, gibt es hier eine: Wenn A symmetrisch mit Filterlänge $4K$ ist, kann man nach folgendem Schema vorgehen (wir haben der Einfachheit halber eine neutrale Nummerierung gewählt):

A: (c_0, c_1, c_2, c_3, c_4, c_5, c_6, c_7, ..., c_7, c_6, c_5, c_4, c_3, c_2, c_1, c_0)

D_1: (c_1, $-c_0$, $-c_3$, c_2, c_5, $-c_4$, $-c_7$, c_6, ..., c_6, $-c_7$, $-c_4$, c_5, c_2, $-c_3$, $-c_0$, c_1)

D_2: (c_1, c_0, $-c_3$, $-c_2$, c_5, c_4, $-c_7$, $-c_6$, ..., c_6, c_7, $-c_4$, $-c_5$, c_2, c_3, $-c_0$, $-c_1$)

D_3: (c_0, $-c_1$, c_2, $-c_3$, c_4, $-c_5$, c_6, $-c_7$, ..., c_7, $-c_6$, c_5, $-c_4$, c_3, $-c_2$, c_1, $-c_0$)

Dabei ist D_1 symmetrisch; D_2 und D_3 sind antisymmetrisch und entstehen aus D_1 und A durch alternierende Umkehr. In unserem Beispiel ergibt sich:

A: $(-0.1, 0.2, 0.3, 0.6, 0.6, 0.3, 0.2, -0.1)$

D_1: $(0.2, 0.1, -0.6, 0.3, 0.3, -0.6, 0.1, 0.2)$

D_2: $(0.2, -0.1, -0.6, -0.3, 0.3, 0.6, 0.1, -0.2)$

D_3: $(-0.1, -0.2, 0.3, -0.6, 0.6, -0.3, 0.2, 0.1)$

Der Leser wird rasch nachgeprüft haben, dass die Gleichungen (7.1) in der Tat erfüllt sind. In MATLAB formuliert:

```
a = sym2poly(AA)
   -0.1   0.2   0.3   0.6   0.6   0.3   0.2   -0.1
D1 =poly2sym([a(2) -a(1) -a(4) a(3) a(5) -a(4) -a(8) a(7)],z)
   1/5+1/10*z-3/5*z^2+3/10*z^3+3/5*z^4-3/5*z^5+1/10*z^6+1/5*z^7
D2 = -subs(D1,z,-z)
   -1/5+1/10*z+3/5*z^2+3/10*z^3-3/5*z^4-3/5*z^5-1/10*z^6+1/5*z^7
D3 = -subs(AA,z,-z)
   1/10+1/5*z-3/10*z^2+3/5*z^3-3/5*z^4+3/10*z^5-1/5*z^6-1/10*z^7
```

Nun versuchen wir, mit dem Kaskadenalgorithmus die Graphen der Skalierungsfunktion und der drei Wavelets anzunähern. Mit fünf Iterationen müssen wir also wie früher bemerkt für φ nur die Koeffizientenfolge von $A(z^{-1})A(z^{-4})A(z^{-16})A(z^{-64})A(z^{-256})$ geeignet skalieren, analog für ψ_1 diejenige von $A(z^{-1})A(z^{-4})A(z^{-16})A(z^{-64})D_1(z^{-256})$ etc.:

```
% Rechne mit z statt 1/z und kehre Koeffizientenfolgen um
WA = AA*subs(AA,z^4)*subs(AA,z^16)*subs(AA,z^64);
wa = sym2poly(WA*subs(AA,z^256));    % wa ist symmetrisch
wd1 = sym2poly(WA*subs(D1,z^256));   % wd1 ist symmetrisch
wd2 = -sym2poly(WA*subs(D2,z^256));  % wd2 ist antisymmetrisch
wd3 = -sym2poly(WA*subs(D3,z^256));  % wd3 ist antisymmetrisch
s = 4^5; u = (0:length(wa)-1)/s;
subplot(2,2,1); plot(u,sqrt(s)*wa);
subplot(2,2,2); plot(u,sqrt(s)*wd1);
subplot(2,2,3); plot(u,sqrt(s)*wd2);
subplot(2,2,4); plot(u,sqrt(s)*wd3);
```

Das Resultat ist in Figur 7.4 zu sehen. Die Regularität lässt noch etwas zu wünschen übrig; immerhin scheinen die Funktionen stetig zu sein. Der Leser ist eingeladen, selber weitere Beispiele zu kreieren (siehe Aufgabe 2 in 7.6).

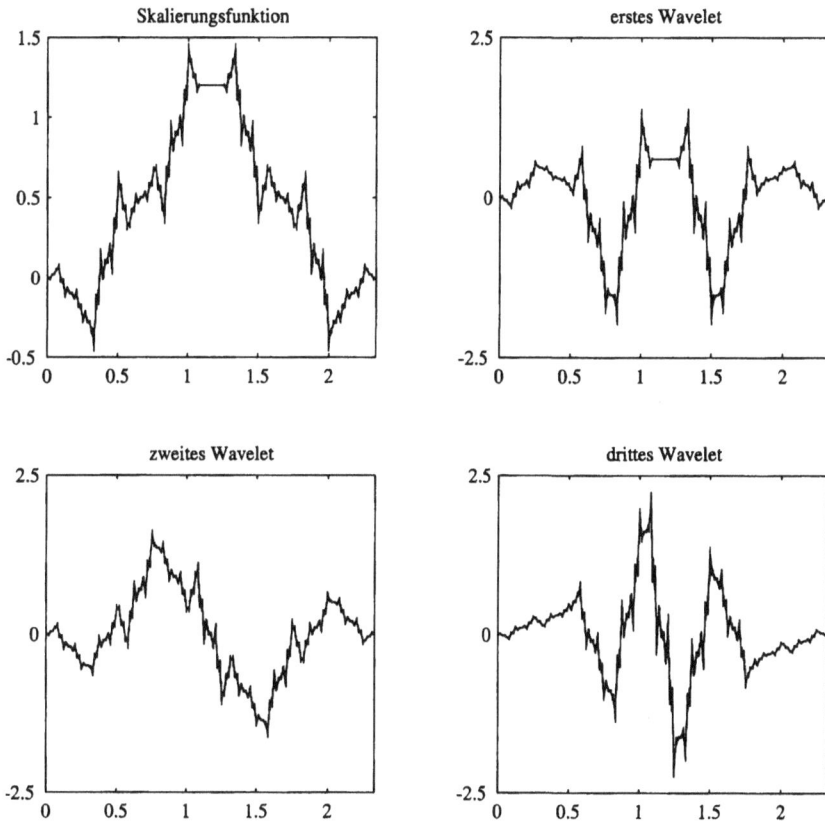

Figur 7.4: Skalierungsfunktion und Wavelets des Beispiels im Text

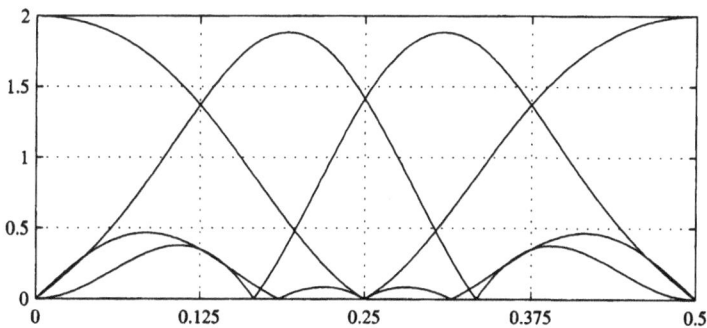

Figur 7.5: Amplitudengänge der Filter des Beispiels im Text

Wir schauen uns auch noch die Amplitudengänge der vier Filter an (Figur 7.5):

```
xi = linspace(0,0.5,300);
plot(xi,abs(subs(AA,exp(j*2*pi*xi))));
plot(xi,abs(subs(D1,exp(j*2*pi*xi))));
plot(xi,abs(subs(D2,exp(j*2*pi*xi))));
plot(xi,abs(subs(D3,exp(j*2*pi*xi))));
```

Sie entsprechen der erwarteten Aufteilung des Frequenzbereichs, wenn auch die Überlappung relativ stark ist.

7.3   Multiwavelets

Unter den Ideen, wie man die Unverträglichkeit von Symmetrie und Orthogonalität beseitigen könnte, darf auch die der Multiwavelets nicht unerwähnt bleiben. Fangen wir diesmal bei der Multiskalen-Analyse an. Angenommen, wir haben zwei Funktionen φ_0, φ_1, deren Verschobene $(\varphi_0)_{0,n}$, $(\varphi_1)_{0,n}$ ($n \in \mathbb{Z}$) zusammen ein orthonormiertes System in $L^2(\mathbb{R})$ bilden und die einer gemeinsamen 2-Skalenrelation genügen,

$$\begin{bmatrix} \varphi_0 \\ \varphi_1 \end{bmatrix} = \sum_k h_k \cdot \begin{bmatrix} (\varphi_0)_{-1,k} \\ (\varphi_1)_{-1,k} \end{bmatrix}$$

wobei die Koeffizienten h_k jetzt 2×2-Matrizen sind. In den guten Beispielen sind φ_0, φ_1 zwei Impulse mit positivem, gleich großem Integral, die gegeneinander um 0.5 verschoben sind. Dann folgt wie in Abschnitt 4.1 (Relationen (4.5) und (4.6)), dass

$$\sum_k h_k \cdot \begin{bmatrix} 1 \\ 1 \end{bmatrix} = \sqrt{2} \begin{bmatrix} 1 \\ 1 \end{bmatrix}, \qquad \sum_k h_k \cdot h_{k+2n}^{\ T} = \delta_{0,n} I$$

(I = 2×2-Einheitsmatrix, $h_k^{\ T}$ die zu h_k transponierte Matrix). Angenommen weiter, wir finden Matrizen g_k mit

$$\sum_k g_k \cdot g_{k+2n}^{\ T} = \delta_{0,n} I \text{ und } \sum_k g_k \cdot h_{k+2n}^{\ T} = 0 = \sum_k h_k \cdot g_{k+2n}^{\ T}$$

(alternierende Umkehr, das heißt $g_k := (-1)^k h_{L-k}$ mit ungeradem L, ist im Allgemeinen *keine* Lösung; siehe Aufgabe 5 in 7.6) und definieren zwei „Wavelets" ψ_0, ψ_1 durch

$$\begin{bmatrix} \psi_0 \\ \psi_1 \end{bmatrix} := \sum_k g_k \cdot \begin{bmatrix} (\varphi_0)_{-1,k} \\ (\varphi_1)_{-1,k} \end{bmatrix}$$

so bilden, wenn die beiden Skalierungsfunktionen genügend lokal und regulär sind, die Funktionen $(\psi_0)_{m,n}$, $(\psi_1)_{m,n}$ ($m, n \in \mathbb{Z}$) eine Orthonormalbasis von $L^2(\mathbb{R})$. Die Approximationskoeffizienten $(u_0)_{m,n}$, $(u_1)_{m,n}$ und Detailkoeffizienten $(v_0)_{m,n}$, $(v_1)_{m,n}$ (wo zum Beispiel $(u_0)_{m,n} = <(\varphi_0)_{m,n}, f>$) in

$$A_m f = \sum_n [(u_0)_{m,n} (u_1)_{m,n}] \cdot \begin{bmatrix} (\varphi_0)_{m,n} \\ (\varphi_1)_{m,n} \end{bmatrix} = A_{m+1}f + D_{m+1}f = \dots$$

$$\dots = \sum_n [(u_0)_{m+1,n} (u_1)_{m+1,n}] \cdot \begin{bmatrix} (\varphi_0)_{m+1,n} \\ (\varphi_1)_{m+1,n} \end{bmatrix} + \sum_n [(v_0)_{m+1,n} (v_1)_{m+1,n}] \cdot \begin{bmatrix} (\psi_0)_{m+1,n} \\ (\psi_1)_{m+1,n} \end{bmatrix}$$

können wiederum durch eine Filterbank wie in Figur 4.7 verarbeitet werden, wobei jetzt aber die „Filterkoeffizienten" h_k und g_k 2×2-Matrizen sind, und die Signale u_m und v_m vektorwertige Komponenten haben (zum Beispiel $u_{m,k} = \begin{bmatrix} (u_0)_{m,k} \\ (u_1)_{m,k} \end{bmatrix}$). Es gelten nämlich die zu

(4.15) und (4.17) analogen Formeln

$$u_{m+1,n} = \sum_k h_{k-2n} \cdot u_{m,k}, \quad v_{m+1,n} = \sum_k g_{k-2n} \cdot u_{m,k}$$

$$u_{m,n} = \sum_k h_{n-2k}^T \cdot u_{m+1,k} + \sum_k g_{n-2k}^T \cdot v_{m+1,k}$$

Um mit dieser Vektor-Filterbank arbeiten zu können, müssen wir wieder zuerst das „Anfangswertproblem" lösen, also festlegen, wie für eine gegebene Funktion f die Approximationskoeffizienten der feinsten Skala bestimmt werden sollen (ohne Integrale auszurechnen). Wenn wie angenommen die beiden Skalierungsfunktionen (Impulse) gleiches Integral haben und schwerpunktmäßig um 0.5 gegeneinander verschoben sind (dies würde, weil jetzt in Skala $2^0 = 1$ zwei Abtastwerte pro Skaleneinheit vorliegen, bedeuten dass

$$\int_{-\infty}^{\infty} \varphi_0(t)\,dt = \frac{1}{\sqrt{2}} = \int_{-\infty}^{\infty} \varphi_1(t)\,dt \quad \text{und} \quad \int_{-\infty}^{\infty} t\,\varphi_0(t)\,dt = \int_{-\infty}^{\infty} (t-\tfrac{1}{2})\varphi_1(t)\,dt$$

also eine Momentenbedingung; wir kommen weiter unten noch genauer darauf zu sprechen), so ist für kleines m die Annahme

$$(u_0)_{m,n} \approx 2^{\frac{m-1}{2}} f((\lambda+n)2^m), \quad (u_1)_{m,n} \approx 2^{\frac{m-1}{2}} f((\lambda+\tfrac{1}{2}+n)2^m)$$

mit $\lambda = \sqrt{2} \int_{-\infty}^{\infty} t\,\varphi_0(t)\,dt$ sinnvoll (siehe die Überlegungen zum Anfangswertproblem in

Abschnitt 4.3). Dies legt nahe, dass man von einer genügend feinen Abtastung von f ausgeht und die Vektoren $u_{m,k}$ durch Zusammenfassen je eines Wertes mit gerader und des darauffolgenden Wertes mit ungerader Nummer bildet.

In Verallgemeinerung des skalaren Falls sagt man, die Multiskalenanalyse habe *Approxi-mationsordnung (mindestens) p*, wenn die beiden Wavelets ψ_0 und ψ_1 je p verschwindende Momente haben (oder äquivalent dazu, wenn sich Polynome vom Grad $p-1$ exakt durch die Verschobenen von φ_0 und φ_1 darstellen lassen). Im skalaren Fall war dies äquivalent zu einer Faktorisierung $H(z) = (1 + z^{-1})^p Q(z)$; im vektoriellen Fall kann gezeigt werden [Plo/Str], dass eine Faktorisierung des Matrixpolynoms (man kann es auch als Polynom-matrix auffassen) $H(z) := \sum_k h_k z^{-k}$ in der Form $H(z) = C(z^2)Q(z)C(z)^{-1}$, wobei $Q(z)$

und $C(z)$ ebenfalls Matrixpolynome sind und $\det(C(z)) = (1 - z^{-1})^F$, notwendig und hin-reichend ist (daraus folgt für die Determinante von $H(z)$ eine Faktorisierung

$$\det(H(z)) = (\frac{1 - z^{-2}}{1 - z^{-1}})^p \det(Q(z)) = (1 + z^{-1})^p \det(Q(z))).$$ In den Anwendungen hat sich

aber gezeigt, dass hohe Approximationsordnung noch nicht die gewünschten Eigenschaf-ten, wie etwa Robustheit der rekonstruierten Signale gegenüber Nullsetzen kleiner Koeffi-zienten, garantiert.

Um dies zu verstehen, untersucht man eine äquivalente Filterbank, die auf den eindimensi-onalen Signalen

$$x_m := (..., (u_0)_{m,k}, (u_1)_{m,k}, (u_0)_{m,k+1}, (u_1)_{m,k+1}, ...)$$
$$y_m := (..., (v_0)_{m,k}, (v_1)_{m,k}, (v_0)_{m,k+1}, (v_1)_{m,k+1}, ...)$$

operiert (es gilt also zum Beispiel $x_{m,2k} = (u_0)_{m,k}$, $x_{m,2k+1} = (u_1)_{m,k}$). Diese Betrachtungsweise stellt einen Zusammenhang zu den im letzten Abschnitt betrachteten Mehrkanal-Filterbänken her, welcher auch bei anderen Fragen nützlich ist. Schreiben wir dazu etwa die Relation $u_{m+1,n} = \sum_k h_{k-2n} \cdot u_{m,k} = \sum_k h_k \cdot u_{m,k+2n}$ auf die neuen Bezeichnungen um:

$$x_{m+1,2n} = \sum_k (h_k)_{00} x_{m,2k+4n} + (h_k)_{01} x_{m,2k+1+4n}$$

$$x_{m+1,2n+1} = \sum_k (h_k)_{10} x_{m,2k+4n} + (h_k)_{11} x_{m,2k+1+4n}$$

Definieren wir zwei Filter H_0, H_1 durch Hintereinandersetzen der Matrizen h_k und Durch-nummerieren der Zeilen, also

$$h_{0,2k} := (h_k)_{00}, \quad h_{0,2k+1} := (h_k)_{01}$$
$$h_{1,2k} := (h_k)_{10}, \quad h_{1,2k+1} := (h_k)_{11}$$

so bedeuten diese Formeln, dass die Folge x_{m+1} durch *Verzahnen* (Interleaving, Multiple-xing) der beiden durch Filterung und Downsampling mit Faktor 4 gewonnenen Folgen $(\downarrow 4)H_0`(x_m)$ und $(\downarrow 4)H_1`(x_m)$ entsteht. Analog definieren wir die Filter G_0, G_1 und erhalten so eine *4-Kanal-Filterbank mit Verzahnung*:

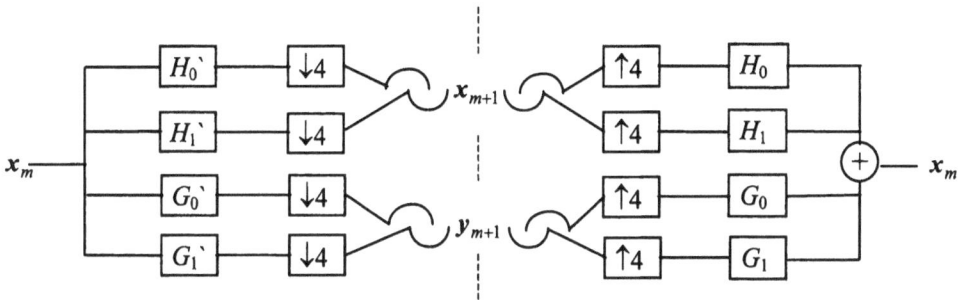

Figur 7.6: Die zu einer orthogonalen Vektorfilterbank äquivalente skalare Filterbank

Die Orthogonalitätsbedingungen der vektoriellen Zweikanal-Filterbank entsprechen dabei genau denjenigen einer Vierkanal-Filterbank ((7.1) mit $M = 4$). Die Verzahnung der Kanäle hat jedoch ein anderes Verhalten bei Iteration zur Folge, was sich beispielsweise bei der Approximation der Skalierungsfunktionen und Wavelets durch wiederholte Anwendung der Synthesebank (Kaskaden-Algorithmus) auswirkt.

Die Verzahnung der Kanäle ist auch schuld daran, dass es für viele Anwendungen nicht genügt, eine gewisse Approximationsordnung p zu verlangen. Denn die φ_0-Koeffizienten (resultierend aus Kanal 1) und die φ_1-Koeffizienten (resultierend aus Kanal 2) können, wie Beispiele zeigen, trotzdem so verschieden sein, dass bei der durch die Anwendung definierten Verarbeitung die einen unterdrückt werden, während die andern unverändert passieren, was nachher im rekonstruierten Signal als eine unangenehme Oszillation in Erscheinung tritt. Eine geeignete Bedingung, die solche Effekte verhindert, ist zum Beispiel die im Fall einer gewöhnlichen MSA zu Approximationsordnung p äquivalente Forderung, *dass der Tiefpassteil der Synthesebank jedes diskrete polynomiale Signal (also eine äquidistante Abtastung eines Polynoms) eines Grades $n \leq p-1$ in ein ebensolches überführt*. Im jetzt betrachteten Fall ist die Bedingung eine echte Verschärfung, wie durch Beispiele belegt werden kann. Man sagt, die Filterbank sei *ausgeglichen* bis Ordnung p (*order p balanced*). Auch diese Eigenschaft kann gemäß [Leb/Vet] durch eine Faktorisierung von $H(z)$ beschrieben werden:

$$H(z) = \frac{\sqrt{2}}{2^p} T(z^2)^p Q(z) T(z)^{-p} ,$$

$$\textit{wobei } T(z) = \begin{bmatrix} 1 & -1 \\ -z^{-1} & 1 \end{bmatrix} \textit{ und } Q(z) \textit{ polynomial mit } Q(1) \cdot \begin{bmatrix} 1 \\ 1 \end{bmatrix} = \begin{bmatrix} 1 \\ 1 \end{bmatrix} \qquad (7.6)$$

Zum Vergleich mit der früher erwähnten Faktorisierungseigenschaft für Approximationsordnung p beachte man, dass $\det(T(z)) = 1 - z^{-1}$.

Eine weitere, äquivalente Formulierung der Bedingung orientiert sich an der 4-Kanal-Filterbank (Figur 7.6); man erhält sie durch folgende Überlegungen: Sei $s^{(n)} = (..., (-2)^n, (-1)^n, 0^n, 1^n, 2^n, 3^n, 4^n, ...)$, und seien $s^{(n)}_g, s^{(n)}_u$ die Teilfolgen von $s^{(n)}$ der Komponenten mit gerader beziehungsweise ungerader Nummer (diese Zerlegung wird ja im Syntheseteil der Filterbank vorgenommen). Es gilt $s^{(n)}_g = 2^n s^{(n)}$ und $s^{(n)}_u$ lässt sich durch eine Linearkombination von Verschiebungen von $s^{(n)}$ erzeugen, oder im z-Bereich ausgedrückt: Es gilt $S^{(n)}_g(z) = 2^n S^{(n)}(z)$ und es gibt Polynome $T_n(z)$ (sie sind eindeutig bestimmt, wenn sie Grad n haben sollen) mit $S^{(n)}_u(z) = T_n(z) \cdot S^{(n)}_g(z)$. Zum Beispiel ist $T_0(z) = 1$, $T_1(z) = \frac{1}{2}(3 - z^{-1})$, $T_2(z) = \frac{1}{8}(15 - 10z^{-1} + 3z^{-2})$, was der Leser direkt verifizieren kann (Aufgabe 6 in 7.6, für höheres n siehe [Sele1] oder [Leb/Vet]). Es gilt dann auch $S^{(m)}_u(z) = T_n(z) \cdot S^{(m)}_g(z)$ für $m \le n$. Der Tiefpassteil der Synthesebank führt also die Signale $S^{(m)}(z)$ in

$$S^{(m)}_g(z^4) \cdot H_0(z) + S^{(m)}_u(z^4) \cdot H_1(z) = 2^m S^{(m)}(z^4) \cdot (H_0(z) + T_{p-1}(z^4)H_1(z))$$

über. Damit ist die Ausgeglichenheitsbedingung für Ordnung p umformuliert in:

Das Filter $H_0(z) + T_{p-1}(z^4)H_1(z)$ mit vorangehendem 4-Upsampling führt diskrete polynomiale Signale eines Grades $m \le p - 1$ in ebensolche über.

Dies ist nach dem in Abschnitt 7.2 Gesagten (siehe Kommentar zu (7.4)) äquivalent zu:

$$H_0(z) + T_{p-1}(z^4)H_1(z) \text{ hat bei } -1, \text{j und } -\text{j Nullstellen der Ordnung } p \qquad (7.7)$$

Sowohl (7.6) als auch (7.7) sind geeignet, um Multiwavelet-Filter mit einer gewünschten Ausgeglichenheits- und damit auch Approximationsordnung zu konstruieren. In der Literatur findet man symmetrische Skalierungsfunktionen ([Sele2]) oder solche, wo eine das Spiegelbild der anderen ist ([Leb/Vet]), ferner auch interpolierende Skalierungsfunktionen ([Sele3]) – auch dies eine Eigenschaft, die in einer gewöhnlichen orthogonalen Multiskalen-Analyse nicht möglich ist (abgesehen vom Haarschen Fall).

Eine weitere Konsequenz der Ausgeglichenheit ist erwähnenswert:

$$\int_{-\infty}^{\infty} t^k \varphi_0(t)\,dt = \int_{-\infty}^{\infty} (t - \tfrac{1}{2})^k \varphi_1(t)\,dt \qquad \text{für } 0 \le k < p \qquad (7.8)$$

Wir haben schon weiter oben festgestellt, dass für die übliche Lösung des Anfangswertproblems (einfach durch Abtasten der zu analysierenden Funktion) diese Gleichheit mindestens für $k = 0$, besser auch noch für $k = 1$, erfüllt sein sollte. Die Bedingung ist übrigens bei vorausgesetzter Approximationsordnung p ebenfalls äquivalent zu Ausgeglichenheit ([Leb/Vet]). Im nachfolgenden Beispiel ist zwar (7.8) sogar für $p = 2$ erfüllt, jedoch (7.7) nur für $p = 1$, woraus wir schließen können, dass die Approximationsordnung nur 1 ist.

Bevor wir uns dem Beispiel zuwenden, sei noch vermerkt, dass die Theorie der Multiwavelets natürlich nicht auf den Fall zweier Skalierungsfunktionen und Wavelets beschränkt ist.

Beispiel

Wir bestimmen die symmetrischen Multiwavelet-Filter mit Filterlänge 3 und 7, ausgeglichen bis Ordnung 1, unter Verwendung der Symbolic Math Toolbox von MATLAB. Im nachfolgenden MATLAB-Code steht wieder z für z^{-1}.

```
syms z a0 a1 b0 b1 b2 b3;
h0 = [a0 a1 a0 0 0 0 0 0];
h1 = [b0 b1 b2 b3 b2 b1 b0 0];
```

```
S1 = (h0+h1)*z.^(0:7).';        % Polynom ( 7.7 ) für p=1
% Gleichungen:
%   Orthogonalitätsbedingungen
gl1 = h0*h0.'-1; gl2 = h1*h1.'-1;
gl3 = h1(1:4)*h1(5:8).'; gl4 = h0*h1.';
%   die übrigen Produkte ergeben wegen der Symmetrie
%   keine neuen Gleichungen

%   Ausgeglichenheit
gl5 = subs(S1,z,-1);
gl6 = expand(subs(S1,z,j)*j);

% Normierung (reduziert Anzahl Lösungen von 8 auf 4)
gl7 = sum(h0)-sqrt(2);

% Lösen der Gleichungen
s = solve(gl1,gl2,gl3,gl4,gl5,gl6,gl7);
```

Es gibt vier Lösungen, wobei sich die vierte als die beste erweist:

```
sa = double([s.a0 s.a1])    sb = double([s.b0 s.b1 s.b2 s.b3])
    0.7071        0              -0.2500   0.3536   0.2500   0.7071
    0.7071        0               0.2500   0.3536  -0.2500   0.7071
    0.2357   0.9428               0.4857  -0.1179  -0.0143   0.7071
    0.2357   0.9428              -0.0143  -0.1179   0.4857   0.7071
```

Zur Darstellung der beiden Skalierungsfunktionen (für die beste Lösung) verwenden wir den Kaskaden-Algorithmus mit 7 Schritten in der vektoriellen Version. Dazu können wir das Matrixprodukt $H(z)^T H(z^2)^T H(z^4)^T H(z^8)^T H(z^{16})^T H(z^{32})^T H(z^{64})^T$ auf die Vektoren $\begin{bmatrix} 1 \\ 0 \end{bmatrix}$ und $\begin{bmatrix} 0 \\ 1 \end{bmatrix}$ anwenden und anschließend für beide Polynom-Vektoren die Koeffizientenfolgen der beiden Komponenten verzahnen. Zu beachten ist, dass die Skalenfaktoren in x- und y-Richtung jetzt 2^8 und 2^4 sind, statt 2^7 und $2^{3.5}$ wie im skalaren Fall.

```
i = 4;
h = [s.a0(i) s.a1(i) s.a0(i) 0 0 0 0 0;...
  s.b0(i) s.b1(i) s.b2(i) s.b3(i) s.b2(i) s.b1(i) s.b0(i) 0];
H = h(:,1:2)+h(:,3:4)*z+h(:,5:6)*z^2+h(:,7:8)*z^3;
                        % H(z) ist das Tiefpass-Vektorfilter
phi1 = [1;0]; phi2 = [0;1];
for k = 1:7,
  phi1 = H.'*subs(phi1,z,z^2); phi2 = H.'*subs(phi2,z,z^2);
end;

f = 2^8;            % Skalenfaktor
u1 = [sym2poly(phi1(1));sym2poly(phi1(2)) 0];
phi1 = sqrt(f)*u1(:)';
u2 = [sym2poly(phi2(1));sym2poly(phi2(2)) 0];
phi2 = sqrt(f)*u2(:)';
subplot(2,2,1); plot((1:length(phi1))/f,phi1);
subplot(2,2,2); plot((1:length(phi2))/f,phi2);
```

Wir wollen auch noch zwei dazu passende Wavelet-Filter berechnen; es erweist sich, dass es möglich ist, ein symmtrisches und ein antisymmetrisches Filter zu bestimmen, so dass alle Orthogonalitätsrelationen erfüllt sind:

```
syms c0 c1 c2 c3; g0 = [c0 c1 c2 c3 c2 c1 c0 0];
t = solve(g0*g0.'-1,g0(1:4)*g0(5:8).', ...
   g0*h(1,:).',g0*h(2,:).',g0(1:4)*h(2,5:8).');
syms d0 d1 d2; g1 = [d0 d1 d2 0 -d2 -d1 -d0 0];
x = solve(g1*g1.'-1,g1(1:4)*g1(5:8).', ...
   g1*h(1,:).',g1(1:4)*h(2,5:8).');
g = [t.c0(1) t.c1(1) t.c2(1) t.c3(1) ...
                             t.c2(1) t.c1(1) t.c0(1) 0;...
 x.d0(1) x.d1(1) x.d2(1) 0 -x.d2(1) -x.d1(1) -x.d0(1) 0];
G = g(:,1:2)+g(:,3:4)*z+g(:,5:6)*z^2+g(:,7:8)*z^3;
                          % G(z) ist das Hochpass-Vektorfilter

% Kontrolle der Orthogonalität
simplify(H*subs(H,z,1/z).'+subs(H,z,-z)*subs(H,z,-1/z).')

   [ 2, 0]
   [ 0, 2]

simplify(G*subs(G,z,1/z).'+subs(G,z,-z)*subs(G,z,-1/z).')

   [ 2, 0]
   [ 0, 2]

simplify(H*subs(G,z,1/z).'+subs(H,z,-z)*subs(G,z,-1/z).')

   [ 0, 0]
   [ 0, 0]
```

Die Darstellung der Wavelets erfolgt in der gleichen Art wie die der Skalierungsfunktionen, wobei jetzt aber im ersten Schritt *H* durch *G* zu ersetzen ist.

```
psi1 = G.'*[1;0]; psi2 = G.'*[0;1];
for k = 1:6,
  psi1 = H.'*subs(psi1,z,z^2); psi2 = H.'*subs(psi2,z,z^2);
end;
v1 = [sym2poly(psi1(1));sym2poly(psi1(2)) 0];
psi1 = sqrt(f)*v1(:)';
v2 = [sym2poly(psi2(1));sym2poly(psi2(2)) 0];
psi2 = sqrt(f)*v2(:)';
subplot(2,2,3); plot((1:length(psi1))/f,psi1);
subplot(2,2,4); plot((1:length(psi2))/f,psi2);
```

Die Graphik (Figur 7.7) zeigt, dass die Schwerpunkte von φ_0 und φ_1 bei 0.5 und 1 liegen, obwohl die Bedingung (7.7) für Ausgeglichenheit nur bis $p = 1$ erfüllt ist:

```
S2 = h(1,:)*z.^(0:7).'+(3-z^4)/2*h(2,:)*z.^(0:7).';
   % dies ist das Polynom ( 7.7 ) für p=2
subs(diff(S2),z,-1)

   2.2204e-016

subs(diff(S2),z,j)

   0.0000 - 0.5858i
```

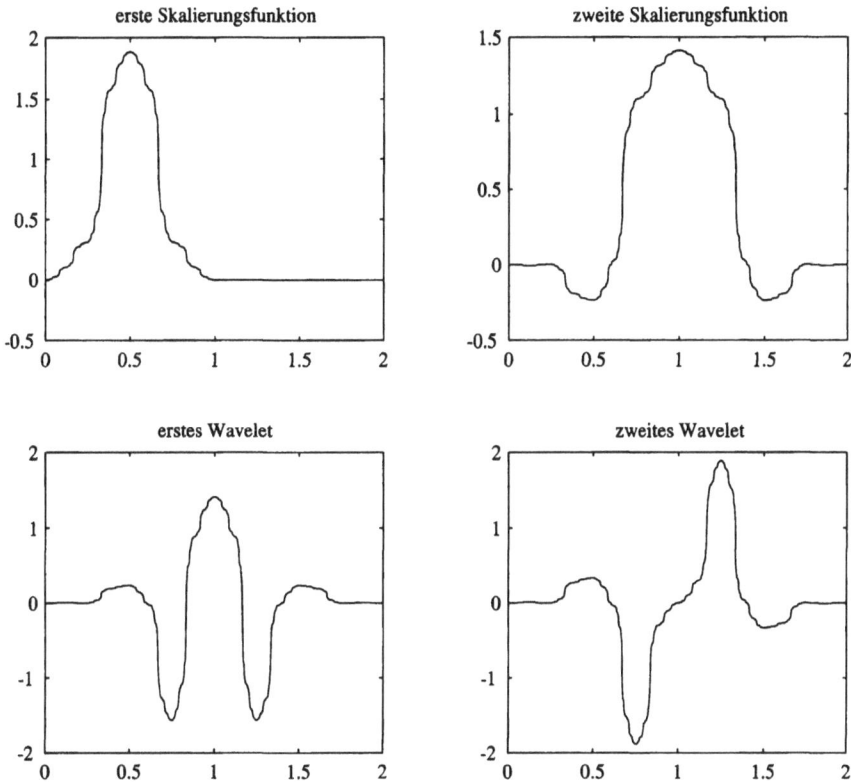

Figur 7.7: Symmetrische, ausgeglichene Multiwavelets mit Filterlänge 4 (im vektoriellen Sinne)

7.4 Wavelet-Pakete

Bei der schnellen Wavelet-Transformation, also beim Subband Coding, wird jeweils die Filterbank rekursiv auf den Tiefpasskanal angewendet, während der Hochpasskanal die Wavelet-Koeffizienten liefert. Folgende Fragen drängen sich auf: Ist es in irgendeiner Hinsicht sinnvoll, auch den Hochpasskanal erneut in die Filterbank einzuspeisen? (Die Rekonstruierbarkeit der Koeffizienten ist ja jedenfalls durch die PR-Eigenschaft der Filterbank garantiert.) Mit welchen Basisfunktionen sind diese neuen Koeffizienten zu multiplizieren und was für Eigenschaften haben diese?

Zur Untersuchung dieser Fragen wollen wir der Einfachheit halber eine orthogonale Multiskalen-Analyse im Sinne der Abschnitte 4.1 bis 4.3 zugrunde legen. Wir nehmen an, dass die feinste betrachtete Auflösung diejenige in der Skala $2^0 = 1$ ist. Die Skalierungsfunktion φ und das Wavelet ψ erfüllen die Gleichungen

$$\varphi_{1,0} = \sum_k h_k \varphi_{0,k} \quad , \qquad \psi_{1,0} = \sum_k g_k \varphi_{0,k}$$

wobei h_k und g_k Filterkoeffizienten der assoziierten Filterbank sind. Im Funktionenraum V_0 bilden die ganzzahlig verschobenen Kopien $\varphi_{0,n}$ von φ eine Orthonormalbasis; gleichzeitig haben wir in V_0 eine andere Orthonormalbasis, welche aus den Basisfunktionen $\varphi_{1,n}$ von V_1 (das heißt den um $n2^1$ verschobenen Kopien von $\varphi_{1,0}$) und den entsprechend verschobenen Wavelets $\psi_{1,n}$ zusammengesetzt ist. Letztere können wir als Orthonormalbasis eines Unterraumes W_1 von V_0 auffassen ($W_1 = \{ \sum_k v_k \psi_{1,k} \mid \sum_k |v_k|^2 < \infty \}$ ist der von den $\psi_{1,n}$ erzeugte Unterraum), wodurch der Funktionenraum V_0 in die *orthogonale Summe* seiner Unterräume V_1 und W_1 zerlegt wird; das heißt jede Funktion f aus V_0 kann in zwei zueinander orthogonale Summanden $A_1 f \in V_1$ und $D_1 f \in W_1$ zerlegt werden (Relation (4.12)). Man schreibt für diesen Sachverhalt $V_0 = V_1 \oplus W_1$. Eine analoge Zerlegung $V_m = V_{m+1} \oplus W_{m+1}$ ergibt sich durch Strecken aller Funktionen mit dem Faktor 2^m für jeden der Teilräume V_m von $L^2(\mathbb{R})$. Der Sachverhalt lässt sich aber sogar noch allgemeiner formulieren (mit einem Beweis, der ähnlich dem in Abschnitt 4.2 verläuft):

Ist W ein beliebiger Unterraum von $L^2(\mathbb{R})$ mit einer Orthonormalbasis η_n ($n \in \mathbb{Z}$), in der η_n die um $n2^m$ verschobene Kopie von η_0 ist (m fest), dann bilden die um Vielfache von 2^{m+1} verschobenen Kopien der beiden Funktionen

$$\rho := \sum_k h_k \eta_k \, , \quad \sigma := \sum_k g_k \eta_k$$

eine neue Orthonormalbasis von W. W ist also orthogonale Summe der beiden Unterräume R und S, die von den um $n2^{m+1}$ verschobenen Kopien ρ_n von ρ und σ_n von σ erzeugt werden.

Außerdem gilt wie in Abschnitt 4.3:

Ist für eine Funktion $f \in W$

$$f = \sum_n x_n \eta_n = \sum_n u_n \rho_n + \sum_n v_n \sigma_n$$

die Zerlegung in diesen Orthonormalbasen, so gewinnt man die Koeffizientenfolgen $(u_n)_{n \in \mathbb{Z}}$ und $(v_n)_{n \in \mathbb{Z}}$ durch Anwenden der Analyse-Filterbank auf die Koeffizientenfolge $(x_n)_{n \in \mathbb{Z}}$.

Damit ist geklärt, wozu das wiederholte Wiedereinspeisen *beider* Ausgabekanäle der Analyse-Filterbank führt: Wir erhalten rekursiv die Zerlegungen von $V_0 =: W_{[0,0]}$:

$$W_{[0,0]} = W_{[1,0]} \oplus W_{[1,1]}$$

$$W_{[1,0]} = W_{[2,0]} \oplus W_{[2,1]} \quad , \quad W_{[1,1]} = W_{[2,2]} \oplus W_{[2,3]}$$

$$W_{[2,0]} = W_{[3,0]} \oplus W_{[3,1]} \quad , \quad W_{[2,1]} = W_{[3,2]} \oplus W_{[3,3]} \quad ,$$

$$W_{[2,2]} = W_{[3,4]} \oplus W_{[3,5]} \quad , \quad W_{[2,3]} = W_{[3,6]} \oplus W_{[3,7]}$$

Allgemein ergibt sich in der Skala 2^m

$$V_0 = W_{[m,0]} \oplus W_{[m,1]} \oplus W_{[m,2]} \oplus \dots \oplus W_{[m,2^m-1]}$$

und jeder der Räume $W_{[m,i]}$ hat eine Orthonormalbasis, die aus den um $n2^m$ ($n \in \mathbb{Z}$) verschobenen Kopien $\psi_{[m,i],n}$ einer Funktion $\psi_{[m,i]}$ besteht. Diese Prototypen $\psi_{[m,i]}$ (und manchmal auch die verschobenen Kopien) nennt man *Wavelet-Pakete*; man erhält sie rekursiv aus den Gleichungen (startend mit $\psi_{[0,0]} := \varphi$)

$$\psi_{[m+1,2i]} = \sum_k h_k \psi_{[m,i],k} \quad , \quad \psi_{[m+1,2i+1]} = \sum_k g_k \psi_{[m,i],k} \qquad (7.9)$$

Diese Situation wird üblicherweise durch einen *binären Baum* veranschaulicht:

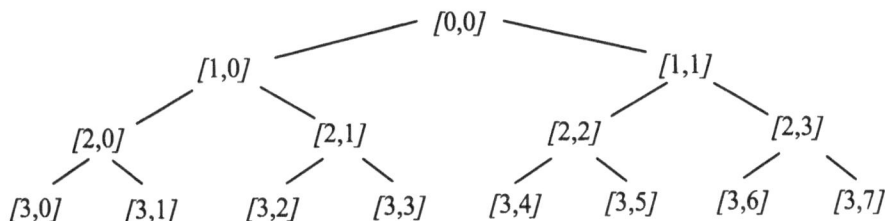

Jeder Knoten *[m,i]* steht für den entsprechenden Unterraum $W_{[m,i]}$, für das Wavelet-Paket $\psi_{[m,i]}$, für die Projektion $P_{[m,i]}f$ einer Funktion f aus V_0 in den Raum $W_{[m,i]}$ (so wie früher $A_m f$ und $D_m f$) oder für deren Koeffizientenfolge $x_{[m,i]} = (x_{[m,i],k})_{k \in \mathbb{Z}}$ bezüglich der Basisfunktionen von $W_{[m,i]}$.

Für $m \geq 1$ gilt $W_{[m,0]} = V_m$, $W_{[m,1]} = W_m$ und $\psi_{[m,0]} = \varphi_{m,0}$, $\psi_{[m,1]} = \psi_{m,0}$. In jeder Zeile des Baumes besteht außerdem die erste Hälfte der Wavelet-Pakete aus gestreckten Versionen der Wavelet-Pakete der vorhergehenden Zeile. Mit andern Worten: Zwei Pakete mit gleichem zweitem Index i sind gestreckte Versionen voneinander. Dies liegt daran, dass $\psi_{[1,0]} = \varphi_{1,0}$ eine gestreckte Version von $\psi_{[0,0]} = \varphi$ ist und deshalb der gesamte unter *[1,0]* liegende Teilbaum als gestrecktes Abbild des gesamten Baumes aufgefasst werden kann.

Die vom Haarschen Wavelet erzeugten Wavelet-Pakete sind auch als Walsh-Funktionen bekannt. In Figur 7.8 oben sind diejenigen der Stufe 3 des binären Baumes dargestellt, unten als weiteres Beispiel die analogen Pakete für das Symmlet der Ordnung 4. Die ersten vier Pakete sind wie gesagt gestreckte Versionen der Pakete auf Stufe 2, die ersten beiden gestreckte Versionen der Pakete auf Stufe 1, also von φ und ψ. Es ist augenfällig, dass mit diesen Paketen eine bessere Frequenzlokalisierung möglich ist als mit φ und ψ allein.

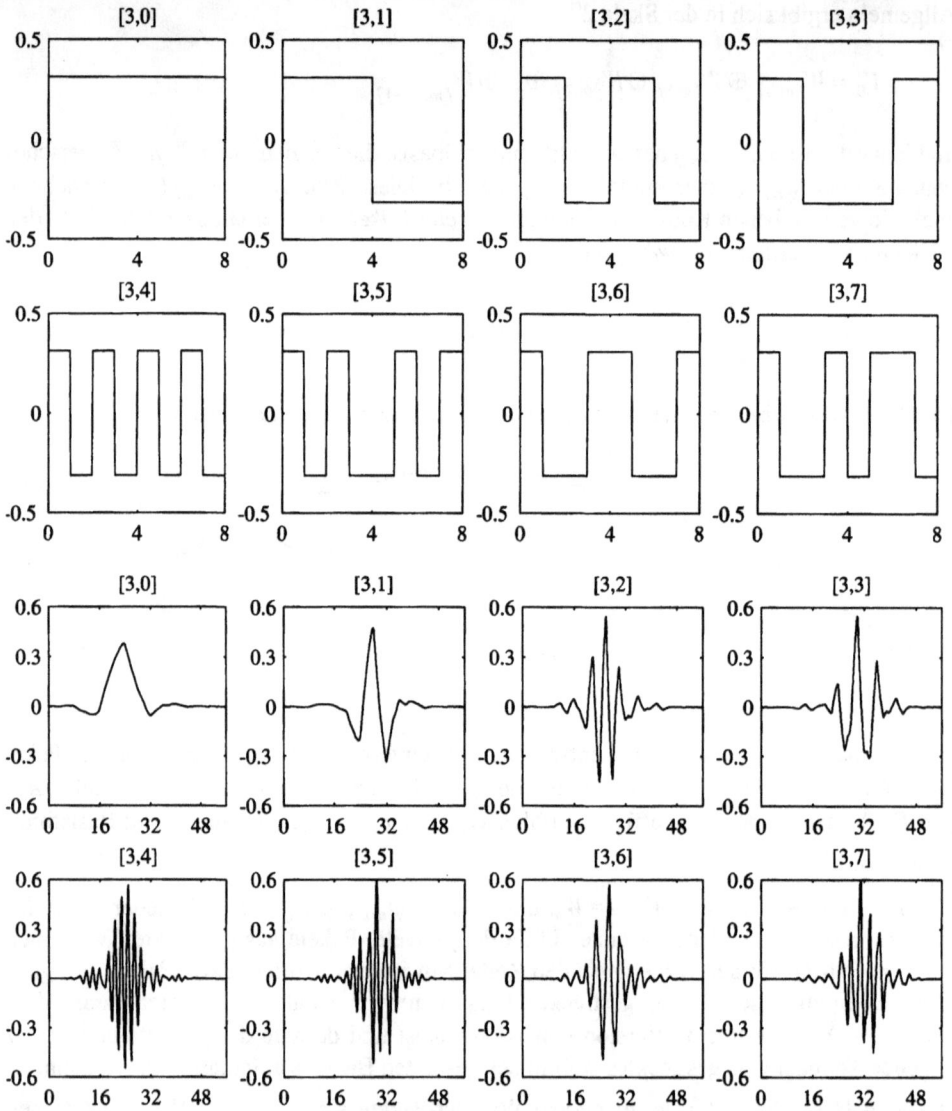

Figur 7.8: Wavelet-Pakete zum Haar-Wavelet (oben) und zum Symmlet der Ordnung 4 (unten), auf Stufe 3 des binären Baumes

Ebenso augenfällig ist aber, dass die Nummerierung im binären Baum nicht derjenigen nach aufsteigenden Frequenzen entspricht. Die nach Frequenzen geordnete Reihenfolge wäre beispielsweise für Skalendiagramme nützlich. Da die allgemeine Beschreibung der Permutation, die nötig ist, um die Pakete in diese Reihenfolge zu bringen, nicht ganz einfach ist, verweisen wir auf weitergehende Literatur (zum Beispiel [Mall]) und begnügen uns hier mit dem Fall $m \leq 3$. Auf Stufe 3 kann man die Frequenzreihenfolge aus Figur 7.8

ablesen: 0, 1, 3, 2, 6, 7, 5, 4. Sie ist für alle orthogonalen Motherwavelets gleich, da die Amplitudengänge von H, G und die Beträge der Fouriertransformierten von φ, ψ qualitativ immer gleich sind. Die Relationen (7.9) lauten nämlich in den Spektralbereich übersetzt

$$\psi_{[m+1,2i]}{}^{\wedge}(\xi) = H(e^{j2\pi2^m\xi})\,\psi_{[m,i]}{}^{\wedge}(\xi) = h^{\wedge}(2^m\xi)\,\psi_{[m,i]}{}^{\wedge}(\xi)$$

$$\psi_{[m+1,2i+1]}{}^{\wedge}(\xi) = G(e^{j2\pi2^m\xi})\,\psi_{[m,i]}{}^{\wedge}(\xi) = g^{\wedge}(2^m\xi)\,\psi_{[m,i]}{}^{\wedge}(\xi)$$

Im Idealfall (was die Frequenzlokalisierung betrifft), welcher beim Shannon-Wavelet (siehe (4.7)) verwirklicht ist, sind die Amplitudengänge von H und G zwei zueinander komplementäre 1-periodische Rechteckfunktionen, während $|\varphi^{\wedge}|$, $|\psi^{\wedge}|$ im positiven Frequenzbereich Rechtecke über $[0,0.5]$ und $[0.5,1]$ bilden (siehe etwa Figur 5.5). Damit präsentiert sich die Situation für $m+1 = 2$ wie folgt

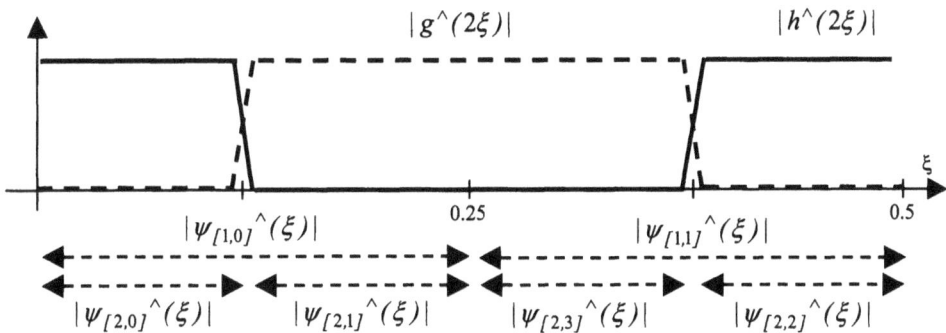

Für $m+1 = 3$ reproduziert sich diese Figur auf den Bereich $0 \le \xi \le 0.25$ verkleinert (wobei alle m-Werte um 1 zu vergrößern sind), wobei der Bereich $0.25 \le \xi \le 0.5$ so aussieht:

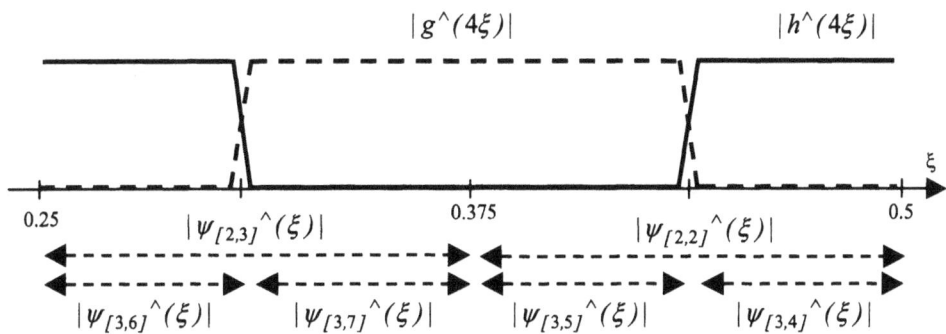

Damit ist die Reihenfolge 0, 1, 3, 2, 6, 7, 5, 4 erklärt.

Will man nun eine vorgelegte Funktion f in Wavelet-Pakete zerlegen, so startet man wie bei der Wavelet-Transformation mit einer genügend feinen Abtastung von f, interpretiert die Abtastschrittweite als Einheit und die Abtastwerte als Koeffizienten bezüglich der Orthonormalbasis von $V_0 = W_{[0,0]}$, und wendet die Analyse-Filterbank an. Anders als bei der Wavelet-Transformation darf man sie jetzt auf beide Kanäle wieder anwenden. Jede An-

wendung der Filterbank spaltet einen Knoten in zwei Unterknoten auf, und bei jedem erreichten Knoten muss man entscheiden, ob er noch weiter aufgespalten werden soll. (Der
Baum muss also nicht überall bis zur gleichen Tiefe vorangetrieben werden.) Für diese
Entscheidung benötigt man Kriterien; wir werden darauf zurückkommen. Hat man fertig
zerlegt und will man die berechneten Koeffizientenfolgen als eine codierte Form von f
speichern oder übermitteln, so muss man auch Information über den zugehörigen binären
Baum (zum Beispiel die Nummern der Endknoten) mitverpacken; nur so ist die Rekonstruktion von f möglich. (Im Fall der Wavelet-Transformation genügte die Angabe der
Rekursionstiefe.) In Figur 7.9 sind drei mögliche binäre Bäume der Rekursionstiefe 4 dargestellt.

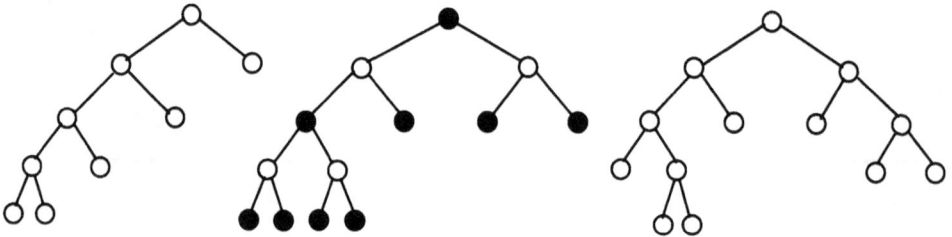

Figur 7.9: Drei binäre Bäume der Rekursionstiefe 4

Der Baum links entspricht einer Wavelet-Transformation der Rekursionstiefe 4. Auch der
mittlere Baum ist ein Spezialfall: Wenn man nur die schwarz gefärbten Knoten betrachtet,
ergibt sich der qaudräre Baum, der einer zweistufigen 4-Band-Wavelettransformation im
Sinne von Abschnitt 7.2 entspricht. Tatsächlich sind die vier Funktionen $\psi_{[0,0]}$, $\psi_{[2,1]}$, $\psi_{[2,2]}$,
$\psi_{[2,3]}$ Skalierungsfunktion und Wavelets einer 4-Kanal-Filterbank (die drei Wavelets treten
hier erstmals in Skala $4^1 = 2^2$ auf) mit den Synthese-Filtern $H(z)H(z^2)$, $H(z)G(z^2)$,
$G(z)H(z^2)$, $G(z)G(z^2)$ (siehe Aufgabe 4 in 7.6).

Die Suche nach der besten Basis

Jeder binäre Baum (in dem jeder Knoten genau 2 oder 0 Nachfolger hat) definiert eine
orthonormale Basis von $W_{[0,0]}$, indem man die Orthonormalbasen aller Endknoten vereinigt.
Man kann sich die Aufgabe stellen, die für eine gegebene Funktion f beste Basis dieser Art
zu suchen (also eine adaptive Zerlegung von f durchzuführen). Um zu definieren, was „besser" in diesem Zusammenhang bedeutet, verwendet man eine der Anwendung angepasste
Kostenfunktion $K_0(x)$, $0 \leq x \leq 1$, mit $K_0(0) = 0$, und definiert als Kosten von f in der Orthonormalbasis $\mathcal{B}$

$$K(f,\mathcal{B}) := \sum_k K_0\left(\left(\frac{v_k}{\|f\|}\right)^2\right) \qquad (7.10)$$

wobei v_k für die Koeffizienten von f bezüglich $\mathcal{B}$ steht. Wir nehmen hier an, dass f einen
endlichen Träger hat, sodass wir also nur eine endliche Anzahl N von Basisvektoren betrachten müssen. Man sagt dann, eine Basis $\mathcal{B}_0$ sei *besser* für f als die Basis $\mathcal{B}_1$, falls
$K(f, \mathcal{B}_0) < K(f, \mathcal{B}_1)$.

Ein häufig verwendetes Beispiel von Kostenfunktion ist $K_0(x) = -x \log_2(x)$; in diesem Fall ist $K(f, \mathcal{B})$ die so genannte *Entropie* von f in der Basis $\mathcal{B}$ (nicht zu verwechseln mit der Entropie im Sinne der Informationstheorie, welche über die Wahrscheinlichkeitsverteilung der Koeffizienten v_k definiert ist). Falls f das v-fache eines Basisvektors ist, wird diese Entropie $K(f, \mathcal{B}) = 0$, da $\| f \|^2 = \sum_k v_k^2 = v^2$ wegen der Orthonormalität der Basis. Andererseits wird sie dann maximal, wenn f gleichmäßig über alle N Basisvektoren verteilt ist, das heißt $\dfrac{v_k^2}{\| f \|^2} = \dfrac{1}{N}$ für alle k. (Der Leser möge dies selber zeigen; es liegt daran, dass die Funktion K_0 *konkav*, das heißt ihr Graph überall nach oben gewölbt ist.) Der maximale Wert von $K(f, \mathcal{B})$ ist $-N \cdot \dfrac{1}{N} \cdot \log_2(\dfrac{1}{N}) = \log_2(N)$. Nach diesen Überlegungen ist plausibel, dass diejenige Basis, in welcher f die kleinste Entropie aufweist, einer Konzentration von f auf möglichst wenige Koeffizienten entspricht.

Wir kommen jetzt zum eigentlichen Such-Algorithmus. Zunächst legen wir noch eine maximale Rekursionstiefe J fest, nicht größer als $\log_2(N)$, wobei N die anfängliche Anzahl der Abtastwerte von f ist, weil die Skala der Wavelet-Pakete bei jedem Schritt mit Faktor 2 wächst. Obwohl die Anzahl möglicher Basen im Allgemeinen riesig groß ist, kann die beste – oder eine nahezu beste – Basis dank der Baumstruktur mit vernünftigem Aufwand gefunden werden. Die einfachste Variante besteht darin, bei jedem Knoten $W_{[m,i]}$, den man bei der Zerlegung von f erreicht hat (mit Koeffizientenfolge $x_{[m,i]} = (x_{[m,i],k})_{k \in \mathbb{Z}}$), probeweise eine weitere Aufspaltung vorzunehmen, diese aber wieder zu verwerfen, falls die Kosten dadurch wachsen (man beachte, dass man dazu die Kostenfunktion nur auf die neu berechneten Koeffizienten anwenden muss, weil alle Koeffizienten außer denjenigen, die man gerade zu ersetzen erwägt, unverändert bleiben). Auf diese Weise kann natürlich nicht garantiert werden, dass die beste Basis erreicht wird, da nicht auszuschließen ist, dass sich die Kosten zunächst vergrößern, bei einem späteren Schritt aber wieder verkleinern. Um das Resultat zu verbessern, kann man auch zwei oder mehr Schritte vorausschauen; bei zwei Schritten gilt es die Kosten von fünf Möglichkeiten zu vergleichen: $x_{[m,i]}$ oder $\{ x_{[m+1,2i]}, x_{[m+1,2i+1]} \}$ oder $\{ x_{[m+1,2i]}, x_{[m+2,4i+2]}, x_{[m+2,4i+3]} \}$ oder $\{ x_{[m+2,4i]}, x_{[m+2,4i+1]}, x_{[m+1,2i+1]} \}$ oder $\{ x_{[m+2,4i]}, x_{[m+2,4i+1]}, x_{[m+2,4i+2]}, x_{[m+2,4i+3]} \}$. Experimente zeigen, dass man damit in den meisten Fällen eine nahezu optimale Basis erreicht. Will man mit Sicherheit die beste Basis, so ist es nötig, zuerst den ganzen Baum von Koeffizientenfolgen $x_{[m,i]}$ ($0 < m \le J$, $0 \le i < 2^m$) zu bestimmen. Dabei berechnet man bei jedem Knoten $[m,i]$ den Anteil der Kostensumme (7.10), den er liefert, falls er ein Endknoten wird:

$$K_{[m,i]} := \sum_k K_0 \left(\frac{x_{[m,i],k}}{\| f \|} \right)^2)$$

Hierauf beginnt man in der untersten Zeile des Baumes mit $C_{[J,i]} := K_{[J,i]}$ und geht dann zeilenweise von unten nach oben durch den Baum, wobei man bei jedem Knoten

$$C_{[m,i]} := \begin{cases} K_{[m,i]} & \text{falls } K_{[m,i]} \le C_{[m+1,2i]} + C_{[m+1,2i+1]} \\ C_{[m+1,2i]} + C_{[m+1,2i+1]} & \text{andernfalls} \end{cases}$$

setzt. Im ersten Falle löscht man zusätzlich alle direkten und indirekten Nachfolger von $[m,i]$ aus dem Baum. Der am Schluss übrig bleibende Baum entspricht der gesuchten besten Basis $\mathcal{B}$, und es ist $K(f, \mathcal{B}) = C_{[0,0]}$.

Zur Illustration haben wir den in Abschnitt 5.3 durchgeführten Test mit den beiden Funktionen „Chirp" und „Sprünge" aus Figur 5.10 mit Wavelet-Paketen zum Symmlet der Approximationsordnung $p = 4$ wiederholt. Wir verzichten darauf, den MATLAB-Code hier abzudrucken und geben nur die Resultate wieder.

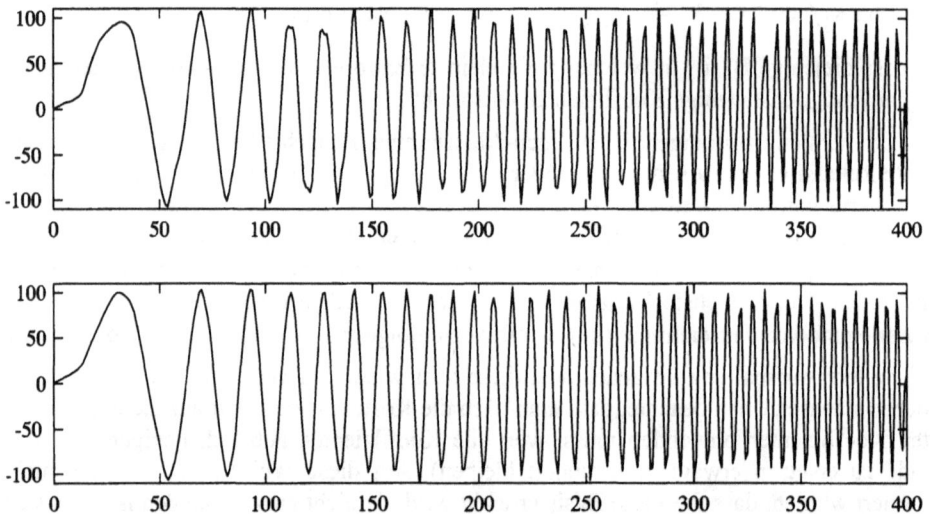

Figur 7.10: Approximation des Signals „Chirp" mit Wavelets (oben) und Wavelet-Paketen der besten Basis (unten). Es wurden alle Approximationskoeffizienten der Skala 2^4 und zusätzlich je die 100 größten Wavelet- bzw. Waveletpaket-Koeffizienten verwendet. Mother-Wavelet war das Symmlet mit Approximationsordnung $p = 4$.

Der Baum wurde bis Tiefe 4 entwickelt; anschließend wurde der oben geschilderte Algorithmus zur Bestimmung der besten Basis angewandt. Beim Signal Chirp ergibt sich folgender Baum (bei jedem Endknoten stehen die entsprechenden Kosten)

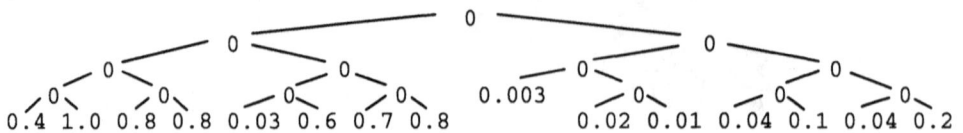

was bedeutet, dass fast durchwegs die Pakete mit der besten Frequenzlokalisation zum Zuge kommen. Die Rekonstruktion aus den Approximationskoeffizienten (links unten im Baum) und den 100 betragsgrößten Waveletpaket-Koeffizienten ergibt einen Fehler (Wurzel aus dem mittleren quadratischen Fehler) von 4.65; mit der Wavelet-Transformation hatten wir einen Fehler von 12.4 (Tabelle 5.2). In Figur 7.10 sind die beiden Approximationen visuell zu vergleichen.

Beim Signal „Sprünge" sieht das Bild total anders aus:

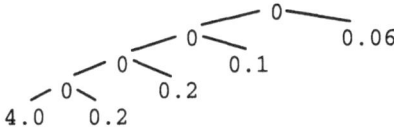

$$
\begin{array}{c}
\text{0} \\
\text{0} \quad 0.06 \\
\text{0} \quad 0.1 \\
\text{0} \quad 0.2 \\
\text{0} \\
4.0 \quad 0.2
\end{array}
$$

Dieser beste Baum entspricht der Wavelet-Transformation, was uns nicht überrascht, haben wir doch schon in Abschnitt 5.3 festgestellt, dass es bei diesem Signal wegen der Sprünge vor allem auf gute Zeitlokalisierung ankommt.

7.5   Lokale trigonometrische Basen

Wenn man die Basisfunktionen der 1-periodischen Fourierreihen (also $e^{j2\pi it}(i \in \mathbb{Z})$) mit der Haarschen Skalierungsfunktion $g(t) := \varphi_{\text{Haar}}(t)$ (also der normierten Rechteckfunktion über dem Intervall $[0,1[$) multipliziert und alle diese Funktionen um beliebige ganze Zahlen n verschiebt, erhält man eine Orthonormalbasis

$$g_{n,i}(t) := g(t-n) \cdot e^{j2\pi it}(i, n \in \mathbb{Z}) \qquad (7.11)$$

von $L^2(\mathbb{R})$. Diese Basis ist zwar *lokal* in dem Sinne, dass jede Basisfunktion einen endlichen Träger hat, besitzt aber keine Zoom-Eigenschaften wie eine Wavelet-Basis. Durch Streckung mit einem *festen* Faktor kann man sie einer gewünschten feinsten Zeitauflösung anpassen. Die Darstellung von f in dieser Basis ist eine so genannte *Block-Transformation*: Sie zerschnetzelt – die Wortwahl ist der Brutalität angemessen – eine Funktion f in Stücke der Länge 1, welche dann separat weiterverarbeitet, in diesem Fall in eine Fourierreihe entwickelt, also einer Frequenzanalyse unterworfen werden. Bei diesen Fourierreihen muss man sich das betrachtete Stück von f periodisch fortgesetzt denken; da die Fortsetzung aber im Allgemeinen unstetig ist, auch wenn f stetig ist, entstehen schlecht konvergente Fourierreihen mit Koeffizienten, die nur langsam gegen Null gehen. Bei Approximationen, beispielsweise Beschränkung auf eine vorgegebene Anzahl Koeffizienten, entstehen so unliebsame Deformationen, vor allem in der Nähe der Nahtstellen, so genannte Block-Effekte. Offensichtlich sind die Basisfunktionen im Spektralbereich schlecht lokalisiert, was man auch als Folge der Unstetigkeit der Fensterfunktion $g(t)$ anschauen kann.

Will man diesen Mangel korrigieren, muss man versuchen, eine bessere (insbesondere stetige) Fensterfunktion $g(t)$ zu finden, ohne aber die Orthonormalität und Basis-Eigenschaft der durch (7.11) definierten Funktionen-Familie zu zerstören. Nun haben aber Balian (1981) und Low (1985) festgestellt, dass dieser Versuch scheitern muss: Wenn die Funktionen (7.11) eine Orthonormalbasis von $L^2(\mathbb{R})$ bilden, ist die Fensterfunktion g entweder im Zeitbereich oder im Spektralbereich schlecht lokalisiert. Dieser Umstand hat dazu beigetragen, dass statt dessen die Entwicklung der Wavelettheorie forciert wurde, nachdem Meyer entdeckt hatte, dass für Wavelet-Reihen keine analoge Einschränkung besteht. Später (1991) bemerkten Coifman und Meyer, dass man auch im Stile von (7.11) Orthonormalbasen mit guten Fensterfunktionen finden kann, wenn man die komplexen Schwingungen $e^{j2\pi it}$ durch geeignete reelle Schwingungen ersetzt. Diskrete Versionen all dieser Aussagen waren übrigens schon früher in der Filterbanktheorie bekannt (siehe Abschnitt 7.2, Cosinus-modulierte Filterbänke statt komplex modulierte). Die einfachste dieser Orthonormalbasen ist gegeben durch

$$g_{n,i}(t) = \sqrt{2}\, g(t-n)\cos(\pi(i+\tfrac{1}{2})(t-n)) \quad (n \in \mathbb{Z},\ i \in \mathbb{N}) \qquad\qquad (7.12)$$

wobei die Fensterfunktion $g(t)$ folgende Bedingungen erfüllen muss:

– der Träger von g ist im Intervall $[-0.5, 1.5]$ enthalten

– $g(t)^2 + g(-t)^2 = 1$ für $-0.5 \leq t \leq 0.5$ und $g(t)^2 + g(2-t)^2 = 1$ für $0.5 \leq t \leq 1.5$

Die zweite Bedingung ist im Falle einer symmetrischen Fensterfunktion gleichwertig zu $g(t)^2 + g(1+t)^2 = 1$ für $-0.5 \leq t \leq 0.5$, was uns an die Bedingung für das symmetrische Prototyp-Filter einer Cosinus-modulierten Filterbank mit Filterlänge $\leq 2M$ (siehe Abschnitt 7.2) erinnert. Der Bedingung über die Filterlänge entspricht hier die erste der obigen Forderungen, welche garantiert, dass nur Funktionen von zwei direkt aufeinander folgenden Fenstern überlappen können. Ein einfaches (aber immerhin stetiges) Beispiel einer solchen Fensterfunktion ist der Sinusbogen (auch dies analog zu 7.2)

$$g(t) = \begin{cases} \sin(\tfrac{\pi}{2}(t+\tfrac{1}{2})) & \text{für } -\tfrac{1}{2} \leq t \leq \tfrac{3}{2} \\ 0 & \text{sonst} \end{cases}$$

Man kann nun dieses Beispiel wie folgt verbessern. Es sei ε eine positive Zahl ≤ 0.5 und $u(t)$ eine ungerade Funktion, die im Bereich $-\varepsilon \leq t \leq \varepsilon$ einen glatten Übergang von -0.5 auf 0.5 ergibt (solche Funktionen sind leicht zu finden). Wir können dann t in der Definition von $g(t)$ ersetzen durch $u(t)$ (für $-\varepsilon \leq t \leq \varepsilon$) und erhalten so einen glatten Übergang von 0 auf 1. Am rechten Rand ($1-\varepsilon \leq t \leq 1+\varepsilon$) verfahren wir symmetrisch dazu. Mit andern Worten:

$$g(t) := \begin{cases} \sin(\tfrac{\pi}{2}(u(t)+\tfrac{1}{2})) & \text{für } -\varepsilon \leq t \leq \varepsilon \\ 1 & \text{für } \varepsilon \leq t \leq 1-\varepsilon \\ \sin(\tfrac{\pi}{2}(u(1-t)+\tfrac{1}{2})) & \text{für } 1-\varepsilon \leq t \leq 1+\varepsilon \\ 0 & \text{sonst} \end{cases}$$

Die Bedingung $g(t)^2 + g(-t)^2 = 1$ für $-0.5 \leq t \leq 0.5$ ist nach wie vor erfüllt, weil die beiden Winkel $\tfrac{\pi}{2}(u(t)+\tfrac{1}{2})$ und $\tfrac{\pi}{2}(-u(t)+\tfrac{1}{2})$ sich zu $\tfrac{\pi}{2}$ summieren. Figur 7.11 zeigt eine Fensterfunktion, die so konstruiert wurde. Als $u(t)$ wurde ein ungerades Polynom vom Grad 5 so bestimmt, dass der Übergang zweimal stetig differenzierbar wird:

$$u(t) = \tfrac{1}{16}(15\tfrac{t}{\varepsilon} - 10(\tfrac{t}{\varepsilon})^3 + 3(\tfrac{t}{\varepsilon})^5).$$

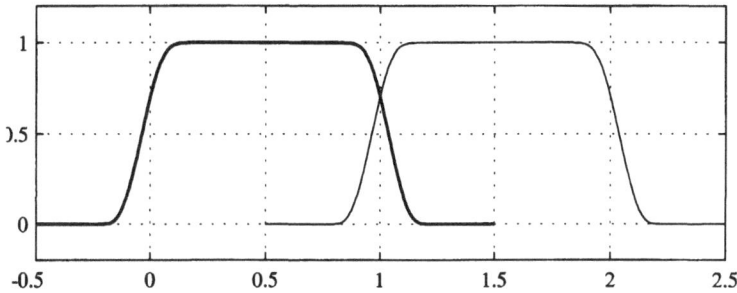

Figur 7.11: Eine Fensterfunktion mit $\varepsilon = 0.2$ und ihre um 1 verschobene Kopie

Um nun zu verstehen, warum das Funktionensystem (7.12) eine Orthonormalbasis von $L^2(\mathbb{R})$ ist, kann man von der Tatsache ausgehen, dass die Funktionen $\psi_i(t) := \sqrt{2}\,\cos(\pi(i+0.5)t)$ $(i \in \mathbb{N})$ eine Orthogonalbasis der 4-periodischen Funktionen (Fourierreihen!), welche symmetrisch (gerade) bezüglich 0 und antisymmetrisch (ungerade) bezüglich 1 sind, bilden. Die Orthogonalitätsrelationen

$$\int_0^1 \psi_i(t)\psi_{i'}(t)\,dt = \tfrac{1}{4}\int_{-2}^2 \psi_i(t)\psi_{i'}(t)\,dt = \delta_{i,i'}$$ übertragen sich dank der Eigenschaften der

Fensterfunktion und der genannten Symmetrien der ψ_i auf die Funktionen $g_{n,i}(t) = g(t-n)\,\psi_i(t-n)$ eines festen Fensters n. Zum Beispiel ist die erste Hälfte des Integ-

rals $<g_{0,i},g_{0,i'}> = \int_{-0.5}^{1.5} g(t)^2 \psi_i(t)\psi_{i'}(t)\,dt$ gleich

$$\int_0^{0.5}(g(t)^2 + g(-t)^2)\psi_i(t)\psi_{i'}(t)\,dt = \int_0^{0.5} \psi_i(t)\psi_{i'}(t)\,dt\,,$$ und zusammen mit der analogen

Relation für die zweite Hälfte ergibt sich $<g_{0,i},g_{0,i'}> = \delta_{i,i'}$. Dass das Skalarprodukt zweier Funktionen aus zwei aufeinander folgenden Fenstern null ist, folgt aus Symmetriebetrachtungen: Es ergibt sich das Integral einer antisymmetrischen Funktion, weil das Produkt der beiden Fensterfunktionen im Überlappungsbereich symmetrisch ist.

Soweit ist also plausibel gemacht, dass die $g_{n,i}$ ein orthonormiertes System bilden. Um die Basis-Eigenschaft zu begründen, also eine beliebige L^2-Funktion f als Linearkombination dieser Familie darzustellen, berechnen wir zunächst einen der Koeffizienten, etwa

$a_{0,i} = <f,g_{0,i}> = \int_{-0.5}^{1.5} f(t)\,g(t)\psi_i(t)\,dt$. Wiederum aus Symmetriegründen erhalten wir

dafür $\int_0^{0.5}((f(t)g(t) + f(-t)g(-t))\psi_i(t)\,dt + \int_{0.5}^1((f(t)g(t) - f(2-t)g(2-t))\psi_i(t)\,dt\,.$

Dies ist jedoch genau der Fourierkoeffizient bezüglich ψ_i der 4-periodischen Funktion (symmetrisch bezüglich 0, antisymmetrisch bezüglich 1), die für $-0.5 \le t \le 1.5$ definiert ist durch

$$\tilde{f}_0(t) = \begin{cases} f(t)g(t) + f(-t)g(-t) & \text{für } -0.5 \le t \le 0.5 \\ f(t)g(t) - f(2-t)g(2-t) & \text{für } 0.5 \le t \le 1.5 \end{cases} \qquad (7.13)$$

(Dort, wo $g(t) = 1$ ist, gilt $\tilde{f}_0(t) = f(t)$). Analog können wir im Fenster 1 den Koeffizienten $a_{1,i} = <f, g_{1,i}>$ als den Fourierkoeffizienten bezüglich $\psi_i(t-1)$ von

$$\tilde{f}_1(t) = \begin{cases} f(t)g(t-1) + f(2-t)g(1-t) & \text{für } 0.5 \le t \le 1.5 \\ f(t)g(t-1) - f(4-t)g(3-t) & \text{für } 1.5 \le t \le 2.5 \end{cases}$$

bestimmen. (Hier werden die 4-periodischen Funktionen verwendet, die symmetrisch bezüglich 1 und antisymmetrisch bezüglich 2 sind.) Nun gilt im potentiellen Überlappungsbereich der Fenster 0 und 1, also für $0.5 \le t \le 1.5$:

$$\sum_{i \in \mathbb{N}} a_{0,i} g_{0,i}(t) + a_{1,i} g_{1,i}(t) = \sum_{i \in \mathbb{N}} a_{0,i} g(t) \psi_i(t) + a_{1,i} g(t-1) \psi_i(t-1) =$$

$$g(t)\tilde{f}_0(t) + g(t-1)\tilde{f}_1(t) =$$

$$f(t)g(t)^2 - f(2-t)g(2-t)g(t) + f(t)g(t-1)^2 + f(2-t)g(1-t)g(t-1)$$

und wegen der Eigenschaften der Fensterfunktion $g(t)$ reduziert sich dies auf $f(t)$. Analoge Rechnungen gelten allgemein für den Überlappungsbereich der Fenster n und $n+1$, woraus folgt, dass mit $a_{n,i} := <f, g_{n,i}>$ die Rekonstruktionsformel $\sum_{n \in \mathbb{Z}} \sum_{i \in \mathbb{N}} a_{n,i} g_{n,i}(t)) = f(t)$ tatsächlich gültig ist.

Eine etwas sorgfältigere Analyse zeigt, dass die einzelnen Fenster auch verschieden lang sein dürfen; sie gehen dann natürlich nicht mehr durch Translation auseinander hervor. Wichtig ist, dass nur zwei direkt aufeinander folgende Fenster überlappen, dass diese im (effektiven) Überlappungsbereich zueinander symmetrisch sind und dass ihre Quadrate sich zu 1 summieren. Wenn die Fensterfunktion g_n des n-ten Fensters über dem Intervall $[c_n - \varepsilon_n, c_{n+1} + \varepsilon_{n+1}]$ „lebt", wobei c_n, c_{n+1} die Symmetriepunkte zu den benachbarten Fenstern bezeichnen, sind die Basisfunktionen definiert durch

$$g_{n,i}(t) = \sqrt{\frac{2}{c_{n+1} - c_n}} \, g_n(t) \cos(\pi(i + \tfrac{1}{2})(\frac{t - c_n}{c_{n+1} - c_n})) \quad (n \in \mathbb{Z}, \ i \in \mathbb{N})$$

Ihre Frequenzen werden also (bei festem i) umgekehrt proportional zur „Fensterlänge" $c_{n+1} - c_n$, was stark an Wavelets erinnert. Allerdings sind zwei Basisfunktionen mit gleichem i im Allgemeinen nicht gestreckt-verschobene Kopien voneinander, weil die Fensterfunktionen es nicht sind: Die ε_n können nicht proportional zu den Fensterlängen sein, weil jedes zu zwei Fenstern gehört.

Die Möglichkeit der Wahl verschiedener Fensterlängen kann man ausnützen, indem man von einer festen Einteilung ausgeht und diese dann rekursiv verfeinert, wo es für die zu analysierende Funktion sinnvoll scheint. Im einfachsten Fall teilt man jedes Intervall in zwei Hälften und wiederholt dies rekursiv eine feste Anzahl J-mal. Um dann die beste Zerlegung zu finden, bedient man sich einer Kostenfunktion und des im vorhergehenden Abschnitt für Wavelet-Pakete erklärten Verfahrens. In gewissem Sinne ist die ganze Konstruktion dual zu derjenigen der Wavelet-Pakete: Bei jenen wird die durch das Wavelet festgelegte Aufteilung der Frequenzachse in Oktaven durch fortgesetzte Halbierung verfeinert; hier wird die anfängliche Aufteilung der Zeitachse verfeinert. Aus diesem Grunde spricht man auch etwa von *lokalen Cosinus-Paketen*, obwohl durch diese Paketbildung keine neuartigen Basen entstehen, im Gegensatz zu der Situation bei den Wavelets.

Zum Schluss müssen wir noch auf die für die Praxis wichtige Berechnung der Koeffizienten eingehen. Wir betrachten dazu wieder den einfachen Fall (7.12) und nehmen an, dass eine Abtastfolge $f(t_k) = f((k + \frac{1}{2} - \frac{M}{2})\frac{1}{M})$ vorliegt, bestehend aus M Abtastwerten pro Skaleneinheit, wobei wir M als gerade voraussetzen. Dann approximieren wir

$$a_{n,i} = <f, g_{n,i}> = \sqrt{2} \int_{-0.5}^{1.5} f(t+n)g(t)\cos(\pi(i+\tfrac{1}{2})t)dt \quad \text{durch} \quad \text{die} \quad \text{Riemann-Summe}$$

$$\sqrt{2} \sum_{k=0}^{2M-1} f(t_k+n)g(t_k)\cos(\pi(i+\tfrac{1}{2})t_k)\frac{1}{M}. \quad \text{Setzen} \quad \text{wir} \quad x_k := f(t_k) \ (\text{für } k \in \mathbb{Z}) \quad \text{und}$$

$p_k := g(t_k)$ *(für $k = 0,1,..., 2M-1$)* so ergibt sich

$$a_{n,i} \approx \frac{\sqrt{2}}{M} \sum_{k=0}^{2M-1} x_{k+nM}\, p_k \cos(\tfrac{\pi}{M}(i+\tfrac{1}{2})(k+\tfrac{1}{2}-\tfrac{M}{2})) = \frac{1}{\sqrt{M}}((\downarrow M)D_i(x))_n$$

$$p_k{}^2 + p_{k+M}{}^2 = 1 \qquad (k = 0, ..., M{-}1)$$

wobei D_i das durch (7.3) definierte Cosinus-modulierte Filter ist und $x = (x_k)_{k\in\mathbb{Z}}$ die Folge der Abtastwerte. Dies zeigt, dass die Berechnung der Koeffizienten $a_{n,i}$ und die Rücktransformation näherungsweise durch eine Cosinus-modulierte Filterbank mit M Kanälen geschehen können. (Für $i>M{-}1$ hat man in der obigen Näherungsformel weniger als 2 Abtastwerte pro Periode, wodurch sie unbrauchbar wird.) Obwohl die Filterbank nur Näherungswerte der $a_{n,i}$ liefert, ist die Rücktransformation exakt, da es sich ja um eine PR-Filterbank handelt. Die Situation ist analog zu derjenigen in einer Multiskalen-Analyse, wo man als Näherungswerte für die Koeffizienten $u_{0,n}$ meistens einfach Abtastwerte von f verwendet. Noch näher liegend ist die Analogie zu den Fourierreihen, wo man Näherungswerte für die Fourierkoeffizienten durch Anwendung der diskreten Fouriertransformation (DFT, FFT, siehe Anhang, Abschnitt 10.2) auf eine Abtastfolge gewinnt. In der Tat können wir ja die Koeffizienten $(a_{n,i})_{i\in\mathbb{N}}$, wie wir oben gesehen haben, als Fourierkoeffizienten einer Funktion $\widetilde{f}_n$ auffassen (in (7.13) ist der Fall $n = 0$ gezeigt). In dieser Interpretation erhalten wir die obigen Näherungswerte der $a_{n,i}$ ($0 \le i \le M{-}1$) durch eine diskrete Cosinustransformation (hier DCT-IV[18]), angewandt auf eine Abtastfolge von $\tilde{f}_n$ im Intervall *[n, n+1]*. Die Abtastwerte von $\tilde{f}_n$ können wegen (7.13) leicht aus denjenigen von *f* und *g* gewonnen werden. (In der Literatur wird die so *modifizierte* DCT auch als MDCT bezeichnet.) Die DCT-IV schließlich kann durch einen „schnellen" Algorithmus (FFT, angewandt auf ein gewisses komplexes Signal halber Länge, siehe etwa [Str/Ngu]) realisiert werden.

Wir fassen zusammen: Die Koeffizienten $a_{n,i}$ einer Funktion *f* bezüglich der Orthonormalbasis (7.12) können in diskreter Näherung aus einer Abtastfolge von *f* durch eine blockweise FFT bestimmt werden, mit wenig aufwendiger Vor-Bearbeitung.

7.6   Aufgaben zu Kapitel 7

1   Wir bilden aus der Haarschen MSA wie in Abschnitt 7.1 erklärt eine separable 2D-MSA. Beschreiben Sie die Skalierungsfunktion Φ und die drei Wavelets Ψ^h, Ψ^v und Ψ^d; erstellen Sie Graphiken analog zu Figur 7.1.

2   Bestimmen Sie mit Hilfe der Symbolic Math Toolbox von MATLAB ähnlich wie in Abschnitt 7.2 eine orthogonale 4-Kanal-Filterbank mit symmetrischen bzw. antisymmetrischen Filtern der Länge ≤ 12 und mit Approximationsordnung $p = 2$. Erstellen Sie auch Graphiken der Skalierungsfunktion und der Wavelets sowie der Amplitudengänge der Filter.

3   Wir betrachten die Cosinus-modulierte Filterbank (7.3) mit $M = 4$ und dem Malvarschen Prototyp-Filter $p_k := \sin\left((k + \frac{1}{2})\frac{\pi}{8}\right)$ $(k = 0, ..., 7)$.

   a)   Zeigen Sie, dass die Approximationsordnung *p* der Filterbank 1 ist.

   b)   Erstellen Sie Graphiken der Skalierungsfunktion und der drei Wavelets sowie der Amplitudengänge der Filter.

4   Es seien *H* und *G* die Synthesefilter einer orthogonalen MSA der Approximationsordnung *p*, φ die Skalierungsfunktion und ψ das Wavelet.

   a)   Zeigen Sie, dass die vier Filter mit den Übertragungsfunktionen $H(z)H(z^2)$, $H(z)G(z^2)$, $G(z)H(z^2)$ und $G(z)G(z^2)$ als Synthesefilter einer orthogonalen 4-Kanal-Filterbank der Approximationsordnung *p* qualifiziert sind.

   b)   Zeigen Sie, dass φ die zugehörige Skalierungsfunktion ist und dass die drei Wavelet-Funktionen in der Skala 4^1 die Waveletpakete $\psi_{[2,1]}$, $\psi_{[2,2]}$, $\psi_{[2,3]}$ im Sinne von Abschnitt 7.4 sind.

---

[18]   Es gibt verschiedene Arten von DCT; siehe zum Beispiel [Str/Ngu] oder [Mall]

5 Gegeben sei ein orthogonales Matrix-Filter $(h_k)_{k\in\mathbb{Z}}$ wie in Abschnitt 7.3 (Multi-wavelets) beschrieben. Zeigen Sie, dass mit der Definition $g_k := (-1)^k h_{L-k}$ mit ungeradem L die Relation $\sum_k g_k \cdot g_{k+2n}^T = \delta_{0,n} I$ zwar erfüllt wäre, die Relation

$\sum_k g_k \cdot h_{k+2n}^T = 0$ hingegen im Allgemeinen nicht.

6 Es sei T das Filter mit der Übertragungsfunktion $T(z) := \frac{1}{8}(15 - 10z^{-1} + 3z^{-2})$ und x ein diskretes polynomiales Signal vom Grad ≤ 2, also $x_k = a + bk + ck^2$ mit Konstanten a, b, c. Zeigen Sie, dass T das Teilsignal der Komponenten mit geradem Index in das Teilsignal der Komponenten mit ungeradem Index überführt. (Dies wurde auf Seite 144 verwendet.) Eine andere, aber äquivalente Formulierung wäre: T interpoliert das Signal, das heißt $(T x)_k = a + b(k + \frac{1}{2}) + c(k + \frac{1}{2})^2$.

8 Kontinuierliche Transformation

8.1 Die Kurzzeit-Fouriertransformation

So wie die Fouriertransformation (siehe Anhang, Abschnitt 10.1) als kontinuierliches Analogon zu den Fourierreihen entwickelt wurde hat man auch eine kontinuierliche Wavelettransformation definiert. Diese ist ebenfalls aus dem Bestreben entstanden, die harmonischen Schwingungen als Grundfunktionen durch Funktionen zu ersetzen, die eine direkte zeitliche Lokalisierung von Vorgängen gestatten. Als Vorstufe zur Wavelettransformation – in der Praxis immer noch von großer Wichtigkeit – kann man die *Kurzzeit-Fouriertransformation*, auch *gefensterte Fouriertransformation* oder *Gabor-Transformation* genannt (D. Gabor, 1946) betrachten: Um eine zeitliche Lokalisierung zu erreichen, wird wie in Abschnitt 7.5 eine *Fensterfunktion g(t)* gewählt, und statt f wird das mit einer um a verschobenen Version von g „gefensterte" f, das heißt die Funktion $f(t) \cdot g(t-a)$, Fourier-transformiert, wobei dann der Verschiebungsparameter a selber auch verändert wird. Typische Beispiele von Fensterfunktionen sind etwa ein Rechteckimpuls oder eine Gausssche Glocke $g(t) := e^{-kt^2}$. Die letztere hat den Vorteil, dass ihre Fouriertransformierte wieder eine Gausssche Glocke ist (siehe Anhang 10.1). Zur Veranschaulichung verwenden wir wieder die Beispielfunktion aus der Einleitung (siehe Figur 8.1).

Die kontinuierliche Transformierte hat also zwei Variablen a, ξ und ist definiert durch

$$f^g(a,\xi) := \int_{-\infty}^{\infty} f(t)g(t-a)\, e^{-j2\pi\xi t}\, dt \qquad\qquad (8.1)$$

Es lässt sich zeigen, dass man daraus f mittels der Formel

$$f(t) = \frac{1}{\|g\|^2} \int_{-\infty}^{\infty}\int_{-\infty}^{\infty} f^g(a,\xi)g(t-a)\, e^{j2\pi\xi t}\, da\, d\xi$$

rekonstruieren kann. (Da die Transformierte von zwei Parametern abhängt, ist für die Rekonstruktion ein Doppelintegral nötig.) Dies bedeutet, dass f als Überlagerung der gefensterten komplexen Schwingungen $g(t-a)e^{j2\pi\xi t}$ aufgefasst werden kann.

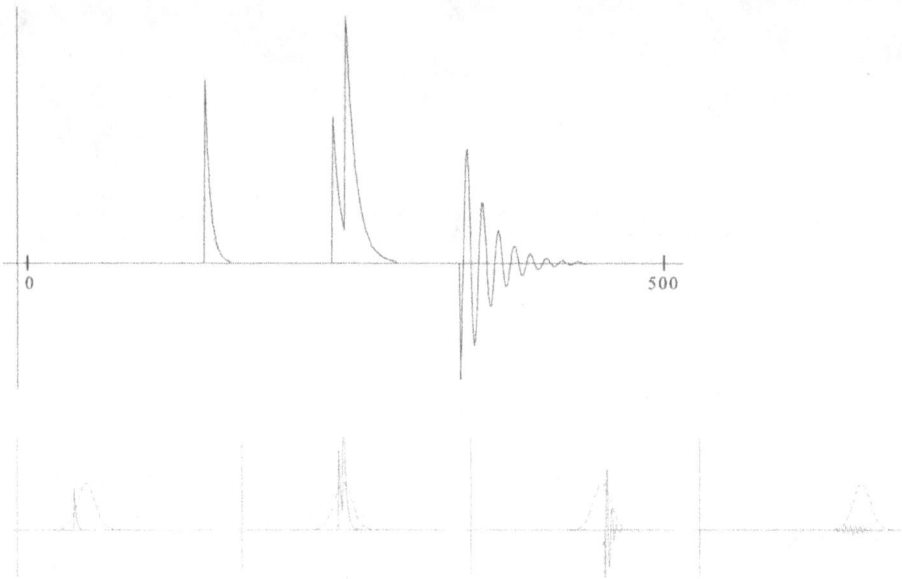

Figur 8.1: Die Beispielfunktion f (oben) wurde an 4 verschiedenen Positionen mit einer Gaussschen Glocke gefiltert (diese ist gestrichelt gezeichnet)

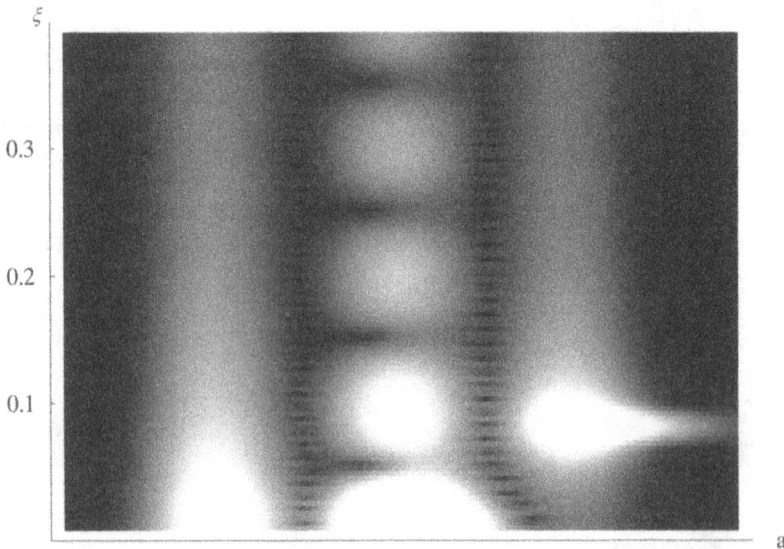

Figur 8.2: Gefensterte Fouriertransformierte von f (nur Beträge, weiß → groß, schwarz → 0)

Es ist von vornherein klar, dass die zeitliche Lokalisierung durch die Fensterbreite (etwa $\Delta t(g)$, mit der im Anhang (Seite 248) eingeführten Notation) nach unten beschränkt ist; feinere Details werden nicht im Zeitparameter a, sondern – wie bei der gewöhnlichen Fouriertransformation – im Frequenzparameter ξ aufgelöst. In Figur 8.2 ist der Betrag der gefensterten Fouriertransformierten unserer Beispielfunktion f dargestellt, und zwar – wie in Figur 8.1 – mit einer Gaussschen Glocke g der „Breite" $\Delta t(g) \approx 50$ als Fensterfunktion. Man kann in diesem Diagramm in der senkrechten Spalte über einer Stelle a der horizontalen Achse die Beträge der Fourierkoeffizienten von $f(t) \cdot g(t-a)$ anhand einer Grauwertskala abschätzen, also das Amplituden-Spektrum von f in einer Umgebung von a. Man erkennt deutlich die Lage der Impulse, aber der Doppelimpuls in der Mitte wird zeitlich nicht aufgelöst. Zwar wird klar, dass dieser Impuls von anderer Art sein muss als der erste, doch die Frequenzinformation dürfte nur von Spezialisten zu deuten sein. (Außerdem benötigt man eine entsprechende Darstellung der Phasen.) Dagegen ist aus der Frequenzlokalisierung (bei $\xi \approx 0.09$) des letzten Impulses eine Welligkeit desselben zu erwarten.

Ein weiterer Nachteil dieser Transformation zeigt sich beim Versuch, durch *Diskretisierung* der Variablen a, ξ eine Orthonormalbasis für Reihendarstellungen zu finden: Da die diskrete Fouriertransformation einer linearen Unterteilung sowohl der Frequenz- als auch der Zeitachse entspricht, ist es natürlich, die Transformierte $f^g(a,\xi)$ an äquidistanten Stellen $n\Delta a$, $m\Delta\xi$ abzutasten,

$$f^g_{n,m} := \frac{1}{\|g\|^2} f^g(n \, \Delta a, m \, \Delta\xi) \, \Delta a \, \Delta\xi$$

um so im Falle kleiner Δa, $\Delta\xi$ eine Näherungssumme für das Doppelintegral

$$f(t) \approx \sum_{n\in\mathbb{Z}} \sum_{m\in\mathbb{Z}} f^g_{n,m} \, g(t-n\Delta a) \, e^{j2\pi m\Delta\xi t}$$

zu erhalten. Diese Näherung kann man unter geeigneten Voraussetzungen sogar zu einer Gleichheit machen, indem man bei der Rekonstruktion anstelle von g eventuell eine andere Fensterfunktion $\widetilde{g}$ verwendet (diese hängt natürlich von der Wahl von Δa und $\Delta\xi$ ab, wir gehen hier nicht auf ihre Definition ein[19]):

$$f(t) = \sum_{n\in\mathbb{Z}} \sum_{m\in\mathbb{Z}} f^g_{n,m} \, \widetilde{g}(t-n\,\Delta a) \, e^{j2\pi m\Delta\xi t}$$

Nun hat sich aber gezeigt, dass für solche Funktionen $\widetilde{g}_{m,n}(t) := \widetilde{g}(t-n\Delta a) \, e^{j2\pi m\Delta\xi t}$, sofern sie eine Rekonstruktion von f überhaupt ermöglichen, von den drei Forderungen (B2) bis (B4) in der Einleitung (Seite 12) immer mindestens eine nicht erfüllt ist: Im Fall $\Delta a \cdot \Delta\xi < 1$ ist es die letzte: Die Darstellung von f ist nicht eindeutig, das heißt die Koeffizienten $f^g_{n,m}$ sind nicht redundanzfrei. Im Fall $\Delta a \cdot \Delta\xi = 1$ sagt der in Abschnitt 7.5 erwähnte Satz von Balian-Low, dass zwar Orthonormalbasen möglich sind, aber nur mit

---

[19] Was man hier benötigt, ist die Theorie der *Frames*, einer Verallgemeinerung von Orthonormalbasen. Frames können im Gegensatz zu Basen auch linear abhängig sein. Das heißt, dass die Signaldarstellung redundant ist. Wir verweisen auf weiterführende Literatur, zum Beispiel [Mall]

Satz von Balian-Low, dass zwar Orthonormalbasen möglich sind, aber nur mit schlechter Lokalisierung im Zeit- oder im Frequenzbereich, und im Fall $\Delta a \cdot \Delta \xi > 1$ ist keine Rekonstruktion möglich.

8.2   Die Wavelet-Transformation

Um die nach unten beschränkte Zeit-Auflösung der gefensterten Fouriertransformation zu überwinden, könnte man die Fensterfunktion g auch noch mit Faktoren $s > 0$ strecken beziehungsweise stauchen („umskalieren"). Durch

$$g_{s,a}(t) := s^{-\frac{1}{2}} g(\frac{t-a}{s}) \qquad\qquad (8.2)$$

ist eine mit Faktor s in t-Richtung gestreckte und dann um a verschobene Version von g definiert; der zusätzliche Streckungsfaktor $s^{-\frac{1}{2}}$ in y-Richtung dient nur Normierungszwecken[20]. Nachstehend sind für die Fensterfunktion

$$g(t) := \begin{cases} \sin(\pi t) & \text{falls} -1 \le t \le 1 \\ 0 & \text{für alle anderen } t \end{cases}$$

die gestreckt-verschobenen Versionen $g_{1,0} = g$, $g_{0.3,3}$ und $g_{2,5}$ dargestellt:

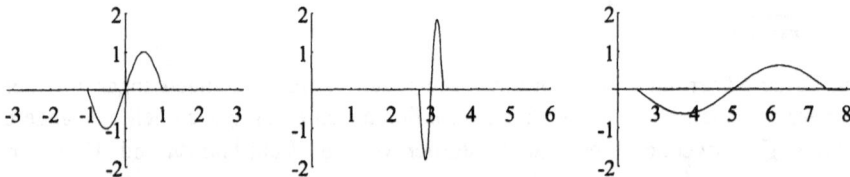

Gesamthaft hätte man dann also drei Parameter a, s und ξ. Die grundlegende Idee der Wavelet-Theorie besteht nun darin, dass der Faktor $e^{-j2\pi\xi t}$ und damit der Frequenzparameter ξ in der Transformationsformel eigentlich überflüssig werden, wenn g selber schon eine gewisse Lokalisierung im Frequenzbereich aufweist. Wenn zum Beispiel ξ_0 die in g vorherrschende Frequenz ist, dann wird mit dem Skalierungsfaktor s nebst der Breite der Fensterfunktion auch diese Frequenz ξ_0 verändert; aus ξ_0 wird dabei $s^{-1}\xi_0$. Man wähle also für g eine kurze Welle mit Frequenz ξ_0, eben ein *Wavelet*, und ersetze in der Formel (8.1) den Faktor $g(t-a)e^{-j2\pi\xi t}$ durch $s^{-\frac{1}{2}}g(\frac{t-a}{s})$. Wir bezeichnen eine solches Wavelet jetzt

---

[20]   Diese Notation stimmt nicht mit derjenigen der früheren Kapitel überein; dort war bei $\psi_{m,n}$ ein Streckungsfaktor von $s = 2^m$ und eine (anschließende) Verschiebung um $a = n2^m$ gemeint. Diese Funktion müssten wir also hier mit $\psi_{2^m, n2^m}$ bezeichnen.

wieder wie üblich mit ψ und betrachten nur reelle Wavelets, sodass die Konjugation in den Formeln der Transformation entfällt.

Damit erhalten wir die *kontinuierliche Wavelet-Transformierte* einer Funktion f bezüglich des Wavelets ψ (wir verwenden die gleiche Notation wie für die Kurzzeit-Fouriertransformation, weil wir diese nicht mehr weiter verwenden werden):

$$f^{\psi}(a,s) := \int_{-\infty}^{\infty} f(t) s^{-\frac{1}{2}} \psi(\frac{t-a}{s})\, dt = \int_{-\infty}^{\infty} f(t)\, \psi_{s,a}(t)\, dt = \langle f, \psi_{s,a} \rangle \qquad (8.3)$$

In Figur 8.3 wird die Wavelettransformierte unserer Beispielfunktion f als (kontinuierliches) Skalendiagramm dargestellt. Als Wavelet verwenden wir die obige Sinuswelle (eine Periode) mit Eigenfrequenz $\xi_0 \approx 0.5$. Hier werden die beiden nahe beieinander liegenden Impulse deutlich getrennt, aber auch die Welligkeit des letzten Impulses kommt gut zur Geltung, und zwar sowohl bezüglich Lage (Verschiebungsparameter a) als auch Frequenz ($s \approx 6$, also $\xi \approx 1/6 \cdot 0.5 \approx 0.09$).

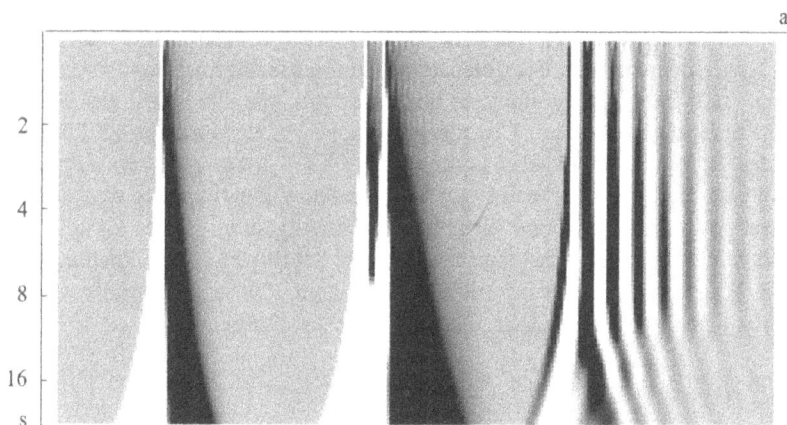

Figur 8.3: Wavelettransformierte von f (schwarz → negativ, weiß → positiv)

Kann man eine Funktion f aus ihrer Wavelet-Transformierten zurückgewinnen? Tatsächlich gelingt auch hier die Rekonstruktion, und zwar mit der folgenden Formel: [21]

---

[21] Wir verzichten auf den Beweis. A. P. Calderón fand die Formel 1964 in rein mathematischem Zusammenhang. Populär gemacht (und so benannt) wurde die Wavelet-Methode aber erst durch eine Gruppe von Forschern um den Geophysiker J. Morlet, der 1984 Wavelets zur Analyse von seismischen Signalen einführte. Die erste diskrete Waveletbasis wurde, wie in der Einleitung beschrieben, sogar schon 1910 durch A. Haar gefunden.

$$f(t) = \frac{1}{C} \int\limits_{s=0}^{\infty} \int\limits_{a=-\infty}^{\infty} f^\psi(a,s) \psi_{s,a}(t)\, da\, s^{-2} ds \,, \text{ wobei } C := \int\limits_0^\infty \frac{1}{\xi} \left| \psi^\wedge(\xi) \right|^2 d\xi \qquad (8.4)$$

Einzige Bedingung ist $C < \infty$, was insbesondere $\psi^\wedge(0) = 0$, also $\int\limits_{-\infty}^{\infty} \psi(t)\, dt = 0$ impliziert

(ein verschwindendes Moment!). Dies ist die quantitative Form der Forderung, dass ψ, wie oben verlangt, eine gewisse „Welligkeit" besitzen muss. Man kann zeigen, dass für gut lokalisierte und stetige Wavelets die Bedingung $C < \infty$ äquivalent ist zur Bedingung

$\int\limits_{-\infty}^{\infty} \psi(t)\, dt = 0$. Der Faktor s^{-2} in der Rekonstruktionsformel ist übrigens auch plausibel; wie

oben erklärt, kann man ξ als $s^{-1}\xi_0$ deuten, wodurch $d\xi$ in einem Integral zu $-s^{-2}\xi_0 ds$ wird. (Dies ist natürlich kein Beweis von (8.4)!)

So interessant und nützlich die Rekonstruktionsformel (8.4) für theoretische Zwecke sein mag, hätte sie doch kaum den Wavelets die Bedeutung verliehen, die ihnen heute zugemessen wird. Der Grund des Erfolges ist die Tatsache, dass es (wie wir nach Lektüre der Kapitel 4 bis 6 wissen, und anders als bei der gefensterten Fouriertransformation) Diskretisierungen (also *Reihen*- statt Integraldarstellungen) mit Basen gibt, die alle vier in der Einleitung aufgestellten Forderungen erfüllen. Um diese Tatsache besser würdigen zu können, beschreiben wir das Problem der Diskretisierung von (8.4) etwas genauer: Zunächst scheint es hier natürlich, die s-Achse wie in Figur 8.4 angedeutet logarithmisch einzuteilen, also $s_m = \sigma^m$ mit fest gewähltem $\sigma > 1$ und variablem, ganzzahligem m. Da der Parameter s die „Breite" der Wavelets bestimmt, passt man zweitens die Schrittweite des Schiebungsparameters a dieser s-Skala an: $a_{m,n} = n\, \tau\, \sigma^m$ mit fest gewähltem $\tau > 0$ und ebenfalls variablem, ganzzahligem n. Damit wird das Flächenelement in der (a,s)-Ebene

$$\Delta a \cdot \Delta s = \tau\, \sigma^m \cdot (\sigma^{m+1} - \sigma^m) = \tau\, (\sigma-1)\, \sigma^{2m} = \tau\, (\sigma-1)\, s_m^{\,2}$$

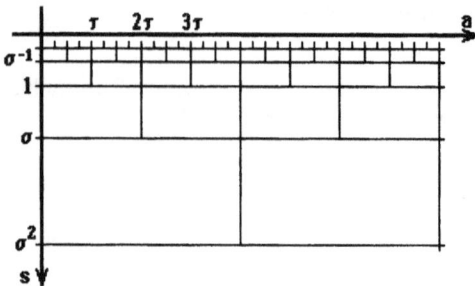

Figur 8.4: Aufteilung der (a,s)-Ebene (mit $\sigma = 2$)

Definieren wir also

$$f_{m,n}^{\psi} := \frac{1}{C} f^{\psi}(a_{m,n}, s_m) \Delta a \, s_m^{-2} \, \Delta s = \frac{\tau(\sigma-1)}{C} f^{\psi}(a_{m,n}, s_m)$$

so wird $f(t)$ für kleine τ, $\sigma-1$ gemäß (8.4) approximiert durch

$$f(t) \approx \sum_{m \in \mathbb{Z}} \sum_{n \in \mathbb{Z}} f_{m,n}^{\psi} \, \psi_{s_m, a_{m,n}}(t)$$

Der Faktor s^{-2} ist dank der gewählten Einteilung wieder verschwunden! Wie im Fall der Kurzzeit-Fouriertransformation kann man zeigen, dass sich unter gewissen Voraussetzungen über das Mother-Wavelet ψ diese Näherung mit einem passenden „Synthesewavelet" $\tilde{\psi}$ anstelle des „Analysewavelets" ψ (und zunächst mit kleinen τ, $\sigma-1$) zu einer exakten Gleichheit machen lässt:

$$f(t) = \sum_{m \in \mathbb{Z}} \sum_{n \in \mathbb{Z}} f_{m,n}^{\psi} \, \tilde{\psi}_{s_m, a_{m,n}}(t)$$

Aber hier ist es – anders als bei der Kurzzeit-Fouriertransformation – bei geeigneter Wahl von ψ sogar möglich, gute Orthonormalbasen von $L^2(\mathbb{R})$ zu erhalten. Genau dies leisten die in den Kapiteln 4 bis 6 besprochenen Basen mit $\tau = 1$, $\sigma = 2$.

Das Problem der Translationsinvarianz

Die kontinuierliche Wavelet-Transformation und die damit erstellten Skalendiagramme sind vor allem dann nützlich, wenn es darum geht, lokale Merkmale zu *erkennen*; etwa ein Elektro-Encephalogramm (EEG) eines Epilepsie-Patienten nach bestimmten Wellenformen abzusuchen oder in einem Bild die Kanten zu bestimmen. Die Skalendiagramme der diskreten Wavelet-Transformation (Abschnitt 4.5) sind schwieriger zu interpretieren (man vergleiche etwa Figur 1.10 mit Figur 8.3, wo die Wellennatur des dritten Impulses viel deutlicher zu Tage tritt), weil die Information völlig redundanzfrei vorliegt. Ein weiterer Grund dafür ist die fehlende *Translationsinvarianz*.

Die kontinuierliche Transformation ist *translationsinvariant*: Wenn man eine Funktion f um τ verschiebt, also zur Funktion $f_\tau(t) = f(t-\tau)$ übergeht, verschiebt sich ihre Transformierte mit: $f_\tau^{\psi}(a,s) = f^{\psi}(a-\tau, s)$. Diese Eigenschaft, die garantiert, dass ein Skalendiagramm nicht davon abhängt, wo man den Nullpunkt der Zeitskala wählt, geht beim Übergang zur diskreten (schnellen) Transformation verloren, weil die Gitterpunkte $(n2^m, 2^m)$ in der (a,s)-Ebene bei der Translation im Allgemeinen nicht in andere Gitterpunkte übergehen. In Figur 8.5 wurde das Signal um 3 Einheiten verschoben; in den Skalendiagrammen (mit dem Symmlet der Approximationsordnung $p = 10$ erstellt) sind deutliche Unterschiede zu erkennen.

Der Vorteil der diskreten Transformation sind die in Kapitel 4 beschriebenen schnellen Algorithmen. Die numerische Berechnung einer kontinuierlichen Wavelet-Transformierten erfordert einen großen Rechenaufwand und basiert natürlich ebenfalls auf einer Diskretisierung, etwa auf einer vorgegebenen Abtastfolge $f(n\Delta t)$ ($n \in \mathbb{Z}$). In diesem Fall kann man Translationsinvarianz sinnvollerweise nur bezüglich Vielfachen von Δt verlangen, und um diese zu erreichen, betrachten wir nur Gitterpunkte der Form $(a_n, s_m) = (n\Delta t, s_m)$ $(n \in \mathbb{Z}, s_m$ nach Bedarf gewählt, zum Beispiel wieder logarithmisch). Aufgrund der vorgegebenen $f(n\Delta t)$ lassen sich mit geeigneten Quadraturformeln Näherungswerte für die Integrale $f^\psi(a_n, s_k) = \langle f, \psi_{a_n, s_k} \rangle$ erhalten. So ergibt sich ein genügend feines Rasterbild von f^ψ, ein „kontinuierliches" Skalendiagramm von f.

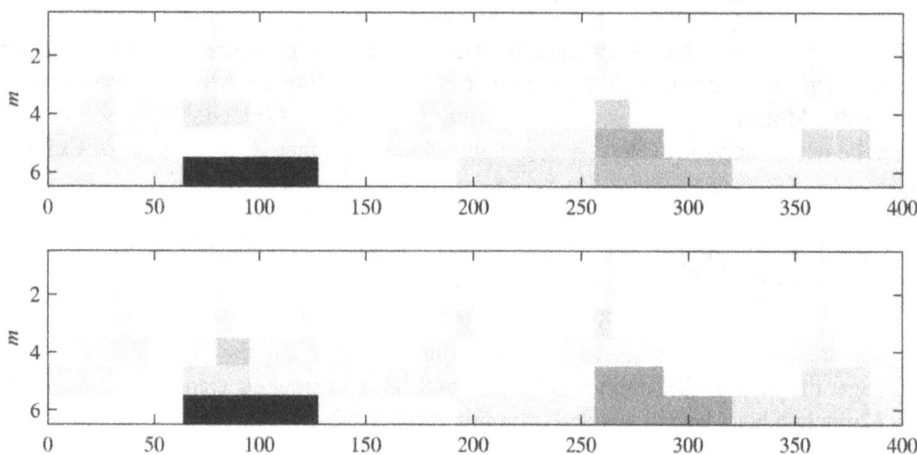

Figur 8.5: Diskrete Skalendiagramme der Funktion „Sprünge" (Figur 5.10) vor und nach einer Translation um 3 Einheiten

Im Folgenden möchten wir noch einen schnellen Algorithmus erwähnen, der unter folgenden Einschränkungen arbeitet:

- Es werden nur die Skalen $s_m = 2^m$ berücksichtigt (*dyadische* Transformation)

- Das Wavelet ψ stammt wie in Kapitel 4 aus einer orthogonalen oder biorthogonalen MSA

Wir betrachten wie früher das Abtastintervall Δt als Zeiteinheit und nehmen an, dass wir die Abtastwerte $f(n\Delta t) = f(n)$ mit genügender Genauigkeit als Skalarprodukte $c_{0,n} = \langle \varphi_{2^0, n}, f \rangle$ interpretieren können. Der Algorithmus berechnet dann ähnlich wie die schnelle Wavelettransformation in Abschnitt 4.3 durch ein rekursives Verfahren die Skalarprodukte

$$c_{m,n} := \langle \varphi_{2^m, n}, f \rangle \quad \text{und} \quad d_{m,n} := \langle \psi_{2^m, n}, f \rangle$$

für $m = 1, 2, 3, \ldots$ Das sind viel mehr Werte als in Abschnitt 4.3 (es gilt $u_{m,n} = c_{m, 2^m n}$, $v_{m,n} = d_{m, 2^m n}$ für die dort berechneten Koeffizienten), also besteht eine große Redundanz.

Die Rekursionsformeln beruhen auf der 2-Skalenrelationen (M2). Zunächst ist

$$\varphi_{2^{m+1},n}(t) = 2^{-\frac{m+1}{2}} \varphi(\frac{t-n}{2^{m+1}}) = 2^{-\frac{m+1}{2}} \sqrt{2} \sum_k h_k \varphi(2\frac{t-n}{2^{m+1}} - k) =$$

$$= 2^{-\frac{m}{2}} \sum_k h_k \varphi(\frac{t-n-k2^m}{2^m}) = \sum_k h_k \varphi_{2^m,n+k2^m}(t)$$

also

$$c_{m+1,n} = <\varphi_{2^{m+1},n}, f> = <\sum_k h_k \varphi_{2^m,n+k2^m}, f> = \sum_k h_k \, c_{m,n+k2^m} = \sum_k ((\uparrow 2)^m h)_{-k} c_{m,n-k}$$

und analog

$$d_{m+1,n} = <\psi_{2^{m+1},n}, f> = <\sum_k g_k \varphi_{2^m,n+k2^m}, f> = \sum_k g_k \, c_{m,n+k2^m} = \sum_k ((\uparrow 2)^m g)_{-k} c_{m,n-k}$$

Diese Formeln sind mit (4.15) zu vergleichen. Der Unterschied besteht darin, dass die Filterkoeffizienten von $H`$ und $G`$ vor der Faltung mit 2^m-1 Nullen gespreizt werden müssen, und dass anschließend kein Downsampling erfolgt. Bei (4.15) wird sozusagen das Strecken der Skalierungsfunktion und des Wavelets um Faktor 2 pro Stufe durch Downsampling des Signals erreicht, während hier der selbe Effekt durch Spreizen der Filter zustande kommt. Im z-Bereich können wir schreiben

$$C_{m+1}(z) = H`(z^{2^m})C_m(z), \; D_{m+1}(z) = G`(z^{2^m})C_m(z)$$

Dieser Algorithmus wurde des Spreizens wegen von seinen Erfindern „algorithme à trous" benannt. Zuweilen, insbesondere in der Wavelet Toolbox von MATLAB, findet man ihn auch unter der Bezeichnung „stationäre Wavelettransformation".

Auch für die Rekonstruktion steht ein ähnliches Verfahren zur Verfügung: Aus der Formel $\tilde{H}(z)H`(z) + \tilde{G}(z)G`(z) = 2$ (dies ist die Formel (3.12) für die zur MSA assoziierte Filterbank) ergibt sich

$$C_m(z) = \frac{1}{2}(\tilde{H}(z^{2^m})H`(z^{2^m}) + \tilde{G}(z^{2^m})G`(z^{2^m}))C_m(z) =$$

$$\frac{1}{2}(\tilde{H}(z^{2^m})C_{m+1}(z) + \tilde{G}(z^{2^m})D_{m+1}(z))$$

Bemerkung: Der Rechenaufwand pro Koeffizient ist etwa gleich dem bei der schnellen Wavelettransformation. Während aber letztere gesamthaft nur ungefähr $2N$ Koeffizienten (N = Signallänge) berechnet, müssen hier etwa $J\cdot 2N$ Koeffizienten bestimmt werden, falls man über J Stufen transformiert.

Die aus diesem Verfahren gewonnenen Skalendiagramme sind „kontinuierlich" in Bezug auf die Zeitachse, nicht aber in Bezug auf die Skalenachse. Sie stellen also eine Art Mischform aus diskreten und kontinuierlichen Skalendiagrammen dar. In Figur 8.6 sind alle drei Arten abgebildet; als Signal wurde die Summe der beiden Signale „Sprünge" und „Chirp" von Figur 5.10 verwendet; Wavelet war das Symmlet der Approximationsordnung $p = 10$. Die Struktur des Signals tritt offensichtlich in dem kontinuierlichen Skalendiagramm am deutlichsten zu Tage.

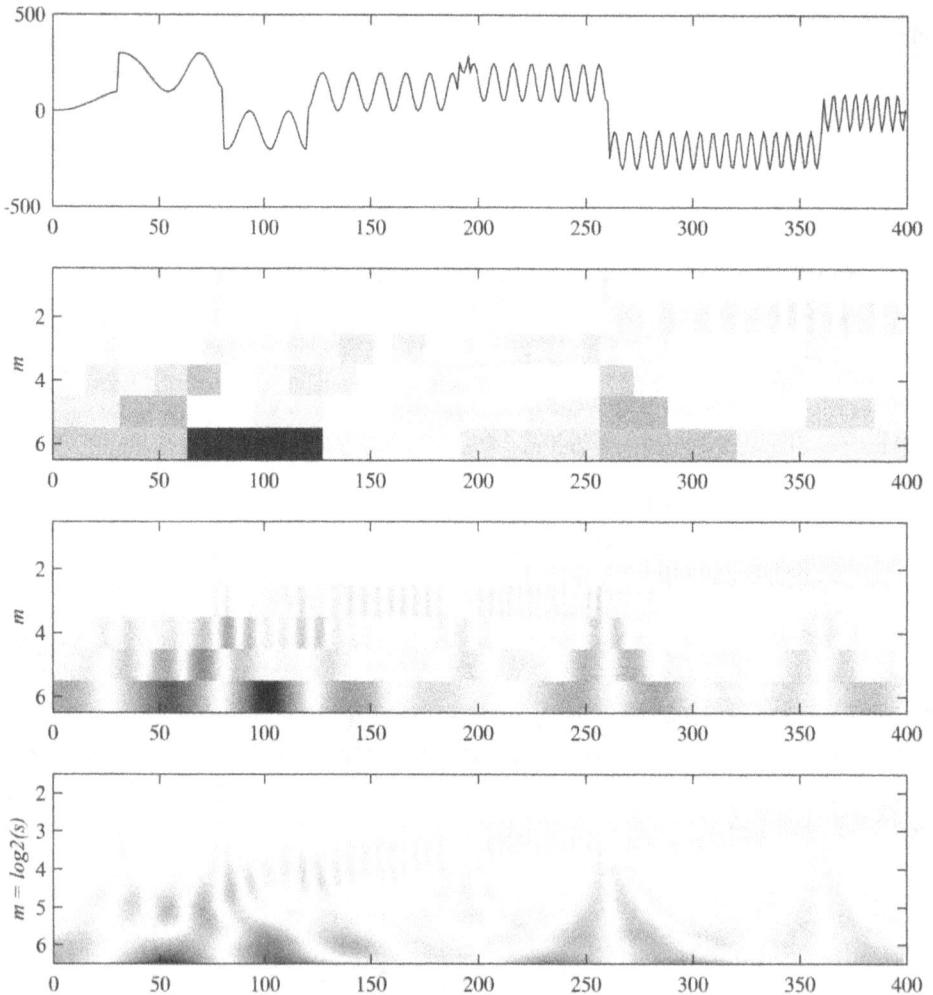

Figur 8.6: Vergleich von Skalendiagrammen des zuoberst gezeigten Signals:
Oberes Skalendiagramm: diskrete (schnelle) Wavelettransformation;
mittleres Skalendiagramm: „algorithme à trous";
unteres Skalendiagramm: kontinuierliche Wavelettransformation

8.3   Aufgaben zu Kapitel 8

1   Eine nützliche Interpretation der Wavelettransformierten f^ψ einer Funktion f ergibt sich, wenn das Wavelet ψ die p-te Ableitung einer L^2-Funktion θ ist: Zeigen Sie, dass dann

$$f^\psi(a,s) = (-1)^p \, s^{p+\frac{1}{2}} \frac{d^p}{da^p}(f * \overset{\backprime}{\theta_s})(a)$$

Dabei ist $*$ die im Anhang, Abschnitt 10.1 erklärte Faltung, und $\overset{\backprime}{\theta_s}(t) := \frac{1}{s}\theta(-\frac{t}{s})$, das heißt der schräge Apostroph ($\backprime$) bedeutet hier wie übrigens im ganzen Buch Zeitumkehr, nicht etwa Ableitung.

Wenn θ eine gut bei 0 lokalisierte Funktion mit $\int\limits_{-\infty}^{\infty}\theta(t)\,dt = 1$ ist, kann man die Faltung $f * \overset{\backprime}{\theta_s}$ als eine in der Skala s geglättete Version von f betrachten. (Der Normierungsfaktor $\frac{1}{s}$ bei $\overset{\backprime}{\theta_s}$ wurde so gewählt, dass $\int\limits_{-\infty}^{\infty}\theta(t)\,dt = \int\limits_{-\infty}^{\infty}\theta_s(t)\,dt$.) Zeigen Sie, dass in diesem Fall das Wavelet ψ genau p verschwindende Momente hat.

Beispiele:

a)   Das Haarsche Wavelet ist Ableitung einer Hutfunktion ($p = 1$).

b)   Das Wavelet $\psi(t) := (9\pi)^{-\frac{1}{4}}(1-t^2)e^{-\frac{t^2}{2}}$ („mexikanischer Hut") ist proportional zur zweiten Ableitung einer Gauss-Funktion ($p = 2$).

2   In dieser Aufgabe geht es um die effiziente numerische Approximation der Wavelettransformierten f^ψ einer Funktion f. Unter geeigneten Voraussetzungen kann der in Abschnitt 8.2 beschriebene „algorithme à trous" herangezogen werden. Ein anderes Verfahren verwendet die Formel

$$f^\psi(a,s) = (f * \overset{\backprime}{\psi_s})(a)$$

Begründen Sie diese! (Hier ist wieder wie früher $\overset{\backprime}{\psi_s}(t) := s^{-\frac{1}{2}}\psi(-\frac{t}{s})$.)

Um $f * \overset{\backprime}{\psi_s}$ zu berechnen, verwendet man den Faltungssatz, das heißt man bildet das gewöhnliche Produkt der Fouriertransformierten und wendet dann die inverse Fouriertransformation an. In MATLAB können die Fouriertransformation und ihre Inverse bei genügend feiner und vollständiger Abtastung durch die Funktionen fft und ifft approximiert werden. Wir nehmen an, dass von f eine Folge von Abtastwerten $f(n)$, $n = 0, 1, 2, ..., 2^M-1$ vorliegt (eventuell muss f zuerst normalisiert werden), und dass die Fouriertransformierte von ψ als Formel zur Verfügung steht, also an beliebigen Stellen abgetastet werden kann. Dies ist in den beiden Beispielen von Aufgabe 1 erfüllt. (Sie können die Formeln mit der Symbolic Math Toolbox erhalten.) Zeigen Sie auch, dass

$$\psi_s^{\cdot\wedge}(\xi) = s^{\frac{1}{2}}\psi^\wedge(-s\xi)$$

Sie können dann auf der s-Achse beliebige Skalenwerte s_1, s_2, ..., s_J wählen, zum Beispiel linear oder logarithmisch; überlegen Sie aber, welcher Bereich von Skalenwerten in Anbetracht der vorgegebenen Abtastung von f überhaupt sinnvoll ist.

Schreiben Sie ein MATLAB-Programm, welches diese Berechnungen durchführt und eine graphische Darstellung von f^ψ (zum Beispiel ein Skalendiagramm) liefert.

3 Das Quadrat der L^2-Norm eines Signals f wird manchmal als dessen Energie bezeichnet. Dafür gilt die Plancherel-Formel der Wavelettransformation,

$$\|f\|^2 = \frac{1}{C}\int\limits_{-\infty}^{\infty}\int\limits_{-\infty}^{\infty}\left|\frac{f^\psi(a,s)}{s}\right|^2 da\,ds$$

(C ist die in der Rekonstruktionsformel (8.4) vorkommende Konstante), was zeigt, dass man die Größe $\dfrac{1}{C}\left|\dfrac{f^\psi(a,s)}{s}\right|^2$ als Energiedichte in der (a,s)-Ebene betrachten kann. Begründen Sie die Plancherel-Formel, indem Sie in $\|f\|^2 = <f,f>$ für einen der beiden Faktoren die Rekonstruktionsformel von f einsetzen.

9 Anwendungen

9.1 Datenkompression

Datenkompression, speziell Bildkompression, ist eines der bekanntesten Einsatzgebiete der Wavelet-Technologie, und soll deshalb auch hier als erste Anwendung besprochen werden. Das verwendete Prinzip – es wurde auch schon in der Einleitung (Abschnitt 1.2) angedeutet – ist allerdings nicht an Wavelets gebunden, sondern geht von einer beliebigen Basis $(\psi_k)_{k \in J}$ des betrachteten Funktionenraumes aus. Der erste Schritt im Kompressions-Algorithmus ist dann die *Transformation* des zu komprimierenden Signals f in diese Basis, also die Berechnung der Koeffizienten c_k in der Darstellung $f = \sum_{k \in J} c_k \psi_k$.

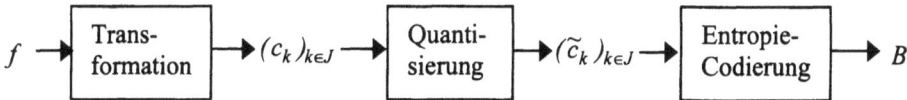

$$f \rightarrow \boxed{\begin{array}{c}\text{Trans-}\\\text{formation}\end{array}} \rightarrow (c_k)_{k \in J} \rightarrow \boxed{\begin{array}{c}\text{Quanti-}\\\text{sierung}\end{array}} \rightarrow (\tilde{c}_k)_{k \in J} \rightarrow \boxed{\begin{array}{c}\text{Entropie-}\\\text{Codierung}\end{array}} \rightarrow B$$

Im nächsten Schritt werden diese Koeffizienten quantisiert, also auf vorgegebene „erlaubte" Werte gerundet. Dieser Schritt ist irreversibel und führt zu einem Verlust von Information. Die Kunst besteht darin, Transformation und Quantisierung so zu wählen, dass nur unwesentliche Information verloren geht und trotzdem eine möglichst große Reduktion der Datenmenge eintritt. Die quantisierten Koeffizienten $\tilde{c}_k$ werden danach meist noch einer (reversiblen) Codierung unterworfen, welche ihre statistischen Eigenschaften ausnützt, um eine möglichst kurze Bitfolge B zu erzeugen. Diese Codierung wird hier allgemein als Entropie-Codierung bezeichnet, weil sich aus der Entropie (nach Shannon) eine untere Grenze für die Länge der Bitfolge ergibt.

Bei der Rekonstruktion wird zuerst die Entropie-Codierung rückgängig gemacht, was die quantisierten Koeffizienten $\tilde{c}_k$ liefert; aus diesen konstruiert man die Approximation $\tilde{f} := \sum_{k \in J} \tilde{c}_k \psi_k$ von f. Die *Verzerrung* (englisch distortion), also der Fehler der Approximation, kann mit der Norm $\left\| f - \tilde{f} \right\|$ oder deren Quadrat (um Wurzeln zu vermeiden) gemessen werden; die Differenz $f - \tilde{f}$ wird auch als *Quantisierungsrauschen* bezeichnet. In der

Praxis liegt f meist schon in diskretisierter Form vor: Wenn N Abtastwerte f_i ($i = 0, ..., N-1$) zur Verfügung stehen, so gebraucht man üblicherweise den *mittleren quadratischen Fehler* (Mean Square Error)

$$MSE := \frac{1}{N} \sum_{i=0}^{N-1} \left| f_i - \tilde{f}_i \right|^2 \qquad\qquad (9.1)$$

als Maß für die Verzerrung. Dieser ist ungefähr (je nach Feinheit der Abtastung) $\frac{1}{T} \left\| f - \tilde{f} \right\|^2$, wobei T die Länge (bei einer Funktion von zwei Variablen die Fläche) des abgetasteten Bereichs ist. Eine wichtige Größe ist auch das in Dezibel gemessene Verhältnis M^2/MSE, wobei M die maximal erlaubte Ausdehnung des Wertebereichs des Signals f bedeutet (zum Beispiel $M = 255$ bei einem 8-Bit-Graustufenbild), also (Peak Signal to Noise Ratio)

$$PSNR := 10 \cdot \log_{10}\left(\frac{M^2}{MSE}\right)$$

Verwendet man für die Transformation eine Orthonormalbasis $(\psi_k)_{k \in J}$, so lässt sich der mittlere quadratische Fehler wegen $\left\| f - \tilde{f} \right\|^2 = \sum_{k \in J} \left| c_k - \tilde{c}_k \right|^2$ bestimmen, ohne die Rekonstruktion durchzuführen. Im Falle einer Abtastung mit N Werten und Abtastschrittweite $\Delta t = 1$ ist $T = N$ und damit wird

$$PSNR = 10 \cdot \log_{10}\left(\frac{N M^2}{\sum_{k \in J} \left| c_k - \tilde{c}_k \right|^2}\right) \qquad\qquad (9.2)$$

Diese Formel kann auch als Schätzung von *PSNR* eingesetzt werden, wenn die verwendete Basis nur näherungsweise orthogonal ist, wie etwa die Wavelet-Basis des in Abschnitt 5.4 beschriebenen biorthogonalen Filterpaars. Es gibt nämlich in solchen Fällen von f unabhängige Konstanten $A < B$, die nicht allzu verschieden von 1 sind, mit $A \left\| f - \tilde{f} \right\|^2 < \sum_{k \in J} \left| c_k - \tilde{c}_k \right|^2 < B \left\| f - \tilde{f} \right\|^2$. Ohnehin sind aber *MSE* und *PSNR* nur bedingt als Qualitätskriterium geeignet: Im Falle von Ton- und Bildsignalen stellt man fest, dass diese Maße bei hohen Kompressionsraten (also grober Quantisierung) nur ungenügend mit der von Betrachtern oder Hörern empfundenen Qualität korrespondieren; wir werden weiter unten noch etwas genauer darauf eingehen. Zunächst folgen einige ergänzende Bemerkungen zu den drei Blöcken des obigen Kompressionsschemas.

Wahl der Basis: Ziel der Transformation ist es, möglichst viele vernachlässigbar kleine Koeffizienten c_k zu erzeugen, also solche, die bei der nachfolgenden Quantisierung zu null werden. Anders gesagt: Die wesentliche Information des Signals soll auf möglichst wenige

„signifikante" Koeffizienten konzentriert werden. In dieser Hinsicht sind für große Klassen von Signalen Basisfunktionen mit guten Lokalisierungseigenschaften sowohl im Zeit- (oder Raum-) als auch im Frequenzbereich gefragt. Bilder beispielsweise enthalten häufig scharfe Kanten, was nur durch örtlich gut lokalisierte Basisfunktionen effizient berücksichtigt werden kann; anderseits sind sie auch meist über große Bereiche relativ glatt, was nach regulären Basisfunktionen mit verschwindenden Momenten (also einer gewissen Lokalisierung im Frequenzbereich) ruft. Wavelets bieten hier einen guten Kompromiss. Bei Musik ist Frequenzlokalisierung dominant, aber eine gewisse Zeitlokalisierung ebenfalls erwünscht; hier gibt es gute Lösungen mit lokalen trigonometrischen Basen (im Sinne von Abschnitt 7.5) oder Wavelet-Paketen. Bei Wavelets und Wavelet-Paketen stellt sich natürlich noch die Frage „welches Wavelet?", was für einen unerfahrenen Anwender ein Nachteil ist, dem Kenner aber die Chance bietet, eine optimale Lösung zu finden, indem er aus dem reichhaltigen Sortiment von Wavelets eines auswählt, dessen Wellenform für die zu analysierende Klasse von Signalen typisch ist.

Quantisierung: Die einfachste Art der Quantisierung ist *uniforme skalare* Quantisierung, was einem Runden auf ganzzahlige Vielfache einer positiven Zahl Δ (Quantisierungsschritt) entspricht. Mit „skalar" ist hier gemeint, dass jeder Koeffizient c_k unabhängig von allen andern quantisiert wird. Im Gegensatz dazu werden bei einer *vektoriellen* Quantisierung Gruppen von Koeffizienten als Punkte in einem höherdimensionalen Raum aufgefasst und zum nächst gelegenen erlaubten Punkt „gerundet". Dies kann bei geeigneter Wahl der erlaubten Punkte eine bessere Kompressionsrate bedeuten, verlangt aber auch einen wesentlich größeren Rechenaufwand. Bei skalarer Quantisierung hat man noch die Möglichkeit, von der Uniformität abzuweichen, indem man verschieden große Quantisierungsschritte wählt. Häufig wird beispielsweise die Nullzone verbreitert, weil viele kleine Koeffizienten durch Rauschen verursacht sind. Bei Wavelet-Basen kann man für die verschiedenen Skalen verschiedene Quantisierungsschritte verwenden, wenn dies von der Art der Signale her angezeigt scheint; zum Beispiel werden Koeffizienten feiner Skalen häufig gröber quantisiert oder sogar ganz eliminiert, wenn angenommen werden kann, dass sie hauptsächlich Rauschen enthalten.

Entropie-Codierung: Hier geht es darum, die Folge $(\widetilde{c}_k)_{k \in J}$ der quantisierten Koeffizienten auf möglichst effiziente Art binär zu codieren. In der Literatur findet man eine große Vielfalt von Varianten einiger grundlegender Methoden. Meistens wird unterschieden zwischen der Aufgabe, das *Signifikanzschema* zu beschreiben, also die Position und eventuell Größenordnung und/oder Vorzeichen der von Null verschiedenen Koeffizienten, und der Codierung der Zahlenwerte selber. Eine einfache Methode zur Festlegung des Signifikanzschemas ist *Lauflängen*-Codierung: Man geht die Koeffizienten in einer bestimmten Reihenfolge durch und notiert dabei zu jedem von Null verschiedenen Koeffizienten die Anzahl der ihm vorausgehenden Nullen. So wird beispielsweise die Koeffizientenfolge

$$(0, 0, 0, 2, 13, 0, 4, 0, 0, 0, 0, 0, 0, 0, 0, 0, 0, 0, 9, 0, 0, 0, 0, 0, 5, \ldots)$$

in die Folge von Lauflängen

$$(3, 0, 13, 1, 12, 5, \ldots)$$

und die Wertefolge

$$(2, 13, 4, 9, 5, ...)$$

zerlegt. Die endgültige binäre Darstellung eines solchen oder ähnlichen Lauflängencodes kann dann durch einen Huffman-Code oder eine arithmetische Codierung erfolgen (siehe etwa [Mall]), worin häufig vorkommende Werte mit weniger Bits dargestellt werden als selten vorkommende. Anstelle von Lauflängen, welche die räumliche oder zeitliche Korrelation der Koeffizienten ausnützen, kann man bei Multiskalen-Basen auch so genannte *Null-Bäume* (zero trees) betrachten, welche die Korrelation[22] über Skalen hinweg verwenden: Wenn ein quantisierter Koeffizient Null ist, so ist es ziemlich wahrscheinlich, dass auch die Koeffizienten in feineren Skalen, welche sich auf das gleiche Zeit- oder Raumintervall beziehen (und bei Bildern die gleiche Orientierung h, v oder d gemäß Abschnitt 7.1 haben), Null sind. In der Figur 9.1, die einen Auschnitt aus einem Skalendiagramm der Funktion „Sprünge" (vgl. Figur 4.8) nach Quantisierung der Koeffizienten zeigt, sind zwei solche Null-Bäume eingezeichnet. Die beiden Nullen auf Stufe 5 gehören jedoch nicht zu Null-Bäumen; sie sind „isoliert".

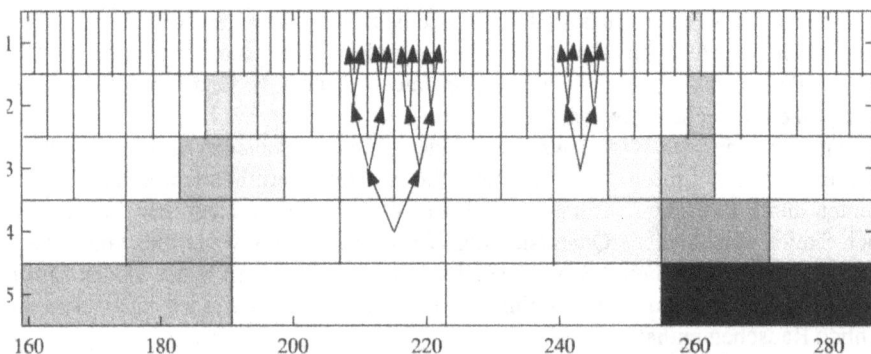

Figur 9.1: Null-Bäume im quantisierten Skalendiagramm

Wenn wir in Figur 9.1 die Zeilen von links nach rechts und von unten nach oben durchgehen, so lautet der Lauflängencode des Signifikanzschemas

$$(0, 2, 1, 3, 0, 0, 3, 0, 6, 0, 10, 0, 0, 15, 21, 1, 32, 13)$$

während ein Nullbaum-Code etwa so aussehen könnte:

(S, Z, Z, S, R, S, Z, R, R, S, S, S, R, S, S, R, R, S, S, R, R, R, R, S, S, S, R, R, R, S, Z, S, Z, S, Z, Z, S, Z)

---

[22] Diese statistische Abhängigkeit darf nicht mit der an anderer Stelle erwähnten Redundanz verwechselt werden, welche durch mathematische Abhängigkeit der Grundfunktionen bedingt ist. Orthonormalbasen führen immer zu redundanzfreier Darstellung.

(*S* für signifikant, *Z* für isolierte Null, *R* für Wurzel (root) eines Null-Baums; man beachte, dass nur die Wurzeln der Null-Bäume registriert werden). Dies sieht zwar auf den ersten Blick wesentlich länger aus, hat aber den Vorteil, dass nur drei verschiedene Symbole auftreten. Nehmen wir der Einfachheit halber an, dass die Lauflängen als gewöhnliche Binärzahlen mit je vier Bit gespeichert werden, dann muss man größere Zahlen aufbrechen, zum Beispiel $15 \rightarrow 15, 0$ und $21 \rightarrow 15, 6$ und $32 \rightarrow 15, 15, 2$, sodass also die obige Folge von Lauflängen dann 22 Einträge aufweisen und damit 88 Bit Speicherplatz erfordern würde. Beim Nullbaum-Code genügen zwei Bit pro Eintrag, was für die 38 Einträge 76 Bit ergibt. Mit zwei Bit kann man aber sogar vier verschiedene Symbole codieren, sodass man also beispielsweise anstelle von *S* zwei Symbole S_+ (signifikant, positiv) und S_- (signifikant, negativ) einführen könnte, wodurch mit ebenfalls 76 Bit noch zusätzliche Information über die 18 signifikanten Koeffizienten abgelegt wäre. Natürlich ist dieser Vergleich nicht sehr aussagekräftig, weil ja wie schon erwähnt in beiden Fällen das Resultat noch durch eine Codierung verbessert werden könnte, welche die Wahrscheinlichkeiten der einzelnen Symbole berücksichtigt (eine Entropie-Codierung im engeren Sinne), aber er illustriert die Art der Überlegungen, die bei der Entropie-Codierung im Spiel sind. Definitive Schlussfolgerungen sind wohl letztlich nur experimentell zu erhalten, wobei auch immer die Klasse von Signalen, auf die ein Algorithmus angewandt werden soll, festgelegt werden muss.

Bei den bisherigen Bemerkungen haben wir die drei Blöcke des Kompressionsschemas als voneinander unabhängig angesehen. Es gibt jedoch auch Ansätze, die zwei oder sogar alle drei Blöcke gemeinsam zu optimieren versuchen. Bei Wavelet-Paketen und lokalen trigonometrischen Basen hat man ja, wie im Kapitel 7 erklärt, die Möglichkeit, eine „beste" Basis zu suchen; dabei kann man eine Kostenfunktion verwenden, welche schon eine Quantisierung der Koeffizienten mit einbezieht. Falls ein bestimmtes Bit-Budget nicht überschritten werden darf, ist es angezeigt, Quantisierung und Entropie-Codierung nicht getrennt voneinander durchzuführen. Zu diesem Zweck wurden Algorithmen entwickelt, welche einen *eingebetteten* oder *progressiven* Bitstrom liefern; dies bedeutet, dass er jederzeit abgebrochen werden kann und dabei die gleiche Information enthält, wie wenn seine derzeitige Länge als Bit-Budget vorgegeben gewesen wäre. Diese Eigenschaft ist bei Übertragungskanälen mit variabler Kapazität (Internet!) sehr wertvoll. Praktisch wird sie erreicht, indem in mehreren Durchgängen sowohl das Signifikanzschema wie die Quantisierung verfeinert und binär codiert werden. Bei jedem Durchgang kommen neue signifikante Koeffizienten dazu, erhalten einen ersten groben Wert (1 Bit, welches zum Beispiel 2^{N-i} bedeutet, wobei *i* die Nummer des Durchlaufs ist, *N* fest), und die bisher bekannten signifikanten Koeffizienten werden um 1 Bit genauer gemacht. (Die Koeffizienten werden also „Bit-Ebenen"-weise codiert.)

Perzeptive (wahrnehmungsorientierte) Kriterien

Bei Bild und Ton ist letztlich das Urteil des Betrachters oder Hörers maßgebend. Es liegt deshalb nahe, Kenntnisse über das visuelle und akustische Wahrnehmungsvermögen des Menschen in die Algorithmen einzubringen. Möglichkeiten dazu bieten sich vor allem bei der Wahl der Transformation und bei der Quantisierung.

Im Falle von Tonsignalen werden insbesondere die *Maskierungseigenschaften* des Gehörs ausgenutzt: Ein lauter Ton macht einen leiseren Ton einer benachbarten Frequenz unhörbar, erhöht also die Hörschwelle in seiner Frequenzumgebung; sie bleibt auch nach Aussetzen des Tones eine kurze Zeitspanne erhöht. Entsprechend einer „kritischen Bandbreite" der Maskierungseigenschaft wird der Frequenzbereich bis 20 kHz in 25 kritische Bänder eingeteilt; bis etwa 500 Hz haben diese Bänder ungefähr konstante Breite, nachher ungefähr konstante relative Breite, was einer logarithmischen Skala entspricht. Je genauer die verwendete Transformation sich diesen kritischen Bändern anpasst, desto besser kann bei der Quantisierung die Maskierungseigenschaft ausgenutzt werden. Wavelets ergeben eine Aufteilung der Frequenzachse in Oktaven (also mit konstanter relativer Bandbreite); da diese noch zu grob ist, kann man sie beispielsweise mittels Waveletpaketen weiter verfeinern. In [Sri/Jam] wird ein Algorithmus vorgestellt, der adaptiv (beste Basis, vgl. Abschnitt 7.4) arbeitet und für die Entropie-Codierung die oben beschriebenen Null-Bäume verwendet. Damit soll Musik, die in CD-Qualität aufgenommen wurde (44100 Abtastwerte zu je 16 Bit pro Sekunde und Kanal) transparent bis etwa 45 KBits pro Sekunde und Kanal komprimiert werden („transparent" bedeutet, dass ein durchschnittlicher Hörer keinen Qualitätsverlust bemerkt); dies entspricht einem Kompressionsverhältnis von etwa 15 : 1, ungefähr gleich dem beim neusten MPEG-2 Audio Standard AAC (Advanced Audio Coding) und etwa 30% besser als bei MPEG-1 Audio Layer-III (bekannt als MP3)[23]. Diese beiden Codierer verwenden im Wesentlichen eine Cosinus-modulierte Filterbank, also lokale trigonometrische Basen im Sinne von Abschnitt 7.5, mit adaptiv veränderlichen Fensterlängen (bei AAC 2048 Abtastwerte, wenn nötig unterteilbar in 8 mal 256).

Da bis jetzt trotz vieler Ansätze kein befriedigendes Maß für die psychoakustische Qualität eines komprimierten Audiosignals gefunden werden konnte, wurden und werden umfangreiche Serien mit genormten Hörtests inszeniert. Größen wie MSE (9.1) oder PSNR (9.2) sind hier bedeutungslos, weil solche Algorithmen das Quantisierungsrauschen weitgehend im maskierten Bereich zu verstecken vermögen.

Im Falle von Bildern versucht man hauptsächlich folgende Eigenschaften des menschlichen visuellen Systems auszunützen, um die Bildqualität oder die Kompressionsrate zu verbessern:

- Unterschiedliche Empfindlichkeit auf Helligkeits- und Farbveränderungen: Üblicherweise wird bei Farbbildern zuerst eine Farb-Dekorrelation durchgeführt, zum Beispiel eine Umrechnung auf die YUV-Darstellung. Die Helligkeitskomponente Y wird als Graustufenbild interpretiert und meistens feiner quantisiert als die beiden Farbkomponenten U, V. Letztere werden außerdem meistens von vornherein mittels Downsampling dezimiert.

- Abhängigkeit der Empfindlichkeit von den räumlichen Frequenzen: Höhere Frequenzen scheinen weniger „ins Auge zu gehen" als tiefe; daher können Koeffizienten, die zu hochfrequenten Basisfunktionen gehören, gröber quantisiert werden. Der bekannte JPEG-Standard[23] beispielsweise enthält experimentell optimierte Tabellen für die Quan-

---

[23] Erklärung einiger Abkürzungen: MPEG (Moving Pictures Experts Group) und JPEG (Joint Photographic Experts Group) sind Kommissionen, die im Auftrag der beiden Organisationen ISO (International Standardization Organisation) und ITU (International Telecommunications Union) Standards für Video/Audio und Einzelbilder ausarbeiten. Das „Joint" in JPEG bezieht sich auf die Zusammenarbeit von ISO und ITU.

tisierungsschrittweiten aller 64 Koeffizienten (JPEG teilt das Bild in Blöcke zu 8×8 Pixel auf und übt eine diskrete Cosinustransformation darauf aus).

Bei Video kommen natürlich noch Effekte dazu, die mit dem zeitlichen Auflösungsvermögen in Zusammenhang stehen; wir gehen hier nicht darauf ein. Allgemein ist bei Bildern die Diskrepanz zwischen der subjektiven Wahrnehmung und den objektiven Kriterien geringer als bei Audiosignalen; so weisen Bilder, die bei vorgegebener Kompressionsrate nach visuellen Kriterien optimiert wurden, meist nur geringfügig schlechtere PSNR-Werte auf als solche, die direkt für PSNR optimiert wurden. Aus diesem Grunde, und in Ermangelung eines allgemein anerkannten perzeptiven Maßes, werden beim Testen verschiedener Bildkompressionsalgorithmen meist MSE oder PSNR in Abhängigkeit von der Kompressionsrate verglichen.

Beispiel: Bildkompression mit Wavelets

Nachdem sich die amerikanische Bundespolizei FBI schon 1992 bei der Kompression von Fingerabdrücken für einen Algorithmus auf Wavelet-Basis (WSQ: Wavelet Scalar Quantisation) entschieden hat, weil JPEG[23] sich für diese Zwecke als ungeeignet erwiesen hatte, verwendet nun auch der neue JPEG-Standard JPEG2000 eine Wavelet-Transformation. Während das FBI eine für seine spezielle Klasse von Bildern optimierte 2D-Waveletpaket-Basis zugrunde legt (siehe etwa [Topi, Chap. 16], arbeitet JPEG2000 mit einer gewöhnlichen 2D-Wavelettransformation (separabel, also wie in Abschnitt 7.1 erläutert). Beide Standards verwenden defaultmäßig das in Abschnitt 5.4 besprochene symmetrische biorthogonale Filterpaar mit Filterlängen 7 und 9, gestatten jedoch auch andere Filter, die dann im komprimierten Code spezifiziert sein müssen, und beide quantisieren uniform skalar, (WSQ mit verbreiterter Nullzone), wobei die Quantisierungsschritte pro Sub-Band ermittelt werden. Bei WSQ sind sie umgekehrt proportional zum Logarithmus der Varianz des Sub-Bandes; ein Gewicht pro Sub-Band berücksichtigt die perzeptive Relevanz des Sub-Bandes und ein globaler Proportionalitätsfaktor wird so eingestellt, dass nach der Entropie-Codierung (Huffman-Code der Null-Lauflängen und quantisierten Koeffizienten) das vorgegebene Bit-Budget nicht überschritten wird. Die Gewichte der Sub-Bänder und die Huffman-Tabellen wurden für die Fingerabdrücke empirisch optimiert, können aber auch pro Bild festgelegt werden. JPEG2000 geht etwas anders vor: Der Quantisierungsschritt wird zunächst in einer festen Relation zum möglichen Wertebereich des Sub-Bandes gewählt. Jedes Sub-Band wird dann noch in kleinere rechteckige Blöcke unterteilt, um die statistischen Eigenschaften verschiedener Bildregionen besser auszunutzen. Jeder solche Block wird separat in einem ausgeklügelten Verfahren (wobei unter anderem ebenfalls Null-Lauflängen verwendet werden) arithmetisch codiert, und zwar Bit-Ebene um Bit-Ebene, um einen progressiven Code zu erhalten (mit jeder dazukommenden Bit-Ebene wird sowohl das Signifikanzschema wie die Genauigkeit der Koeffizienten verfeinert). In einem nachträglichen Optimierungsverfahren wird bestimmt, wie viel des progressiven Codes jedes Blocks im definitiven Bitstrom aufzunehmen ist, damit unter Einhaltung des Bit-Budgets ein möglichst geringes Quantisierungsrauschen resultiert.

JPEG2000 bietet auch einen verlustfreien Modus an, der nach genau dem gleichen Algorithmus arbeitet; der Unterschied besteht darin, dass die Wavelet-Filter – zum Beispiel biorthogonale Spline-Filter (siehe Abschnitt 5.3) – hier rationale Koeffizienten haben (bis auf die Normierungsfaktoren $\sqrt{2}$), sodass die ganze Transformation und Rücktransformation in exakterArithmetik abgewickelt werden kann und die Quantisierung entfällt.

Hier ist nicht der Ort, einen Standard wie JPEG2000 im Detail zu beschreiben. (Die Spezifikation [JPEG] ist über 200 Seiten lang.) Einige weitere erwähnenswerte Eigenschaften des JPEG2000-Codes daher in Kürze:

- Skalierbarkeit bezüglich Pixelgenauigkeit: Der Decoder hat die Möglichkeit, mit verkleinertem Rechenaufwand ein weniger genaues Bild (aber in voller Auflösung) zu erstellen. Dies beruht auf der progressiven Bit-Ebenen-Codierung.

- Hervorhebung interessanter Bereiche: Die entsprechenden Koeffizienten werden vor der Bit-Ebenen-Codierung verstärkt, sodass sie früher als signifikant erkannt und verfeinert werden. Wird die Decodierung vorzeitig abgebrochen, erscheinen diese Bereiche genauer dargestellt als der Rest des Bildes.

- Skalierbarkeit bezüglich Auflösung: Der Decoder kann auch Bilder mit gröberer Auflösung erstellen. Dazu wird die Multiskalen-Eigenschaft der Wavelet-Transformation benützt.

- Robustheit gegenüber Bit-Fehlern: Dies wird mittels Fehlererkennungs- und Synchronisierungsmechanismen erreicht.

Zum Vergleich mit JPEG kann festgehalten werden, dass bei gleichem PSNR die Kompressionsrate durchschnittlich doppelt so groß ist. Die bei starker Kompression auftretenden Artefakte sind von anderer Art: Während sich bei JPEG die bekannten Block-Effekte bemerkbar machen, die auf die Verarbeitung in Blöcken zu 8×8 Pixeln zurückzuführen sind, erkennt man bei JPEG2000 wie bei anderen Wavelet-Verfahren Ränder entlang von Kanten (eine Art Gibbs-Effekt, in der englischen Literatur als „ringing" bezeichnet). Diese sind für den Gesamteindruck eines Bildes meist weniger schlimm als Block-Effekte. Kürzere Filter vermindern das Ringing, gestatten aber weniger verschwindende Momente der Wavelets, was die Kompressionswirkung verschlechtert. Das schon vom FBI auserkorene biorthogonale (9,7)-Filterpaar scheint ein guter Kompromiss zu sein.

Zum Schluss sollen einige der geschilderten Aspekte in einem MATLAB-Experiment veranschaulicht werden. Dabei verwenden wir die beiden Funktionen `dwt2` und `idwt2` aus der Wavelet-Toolbox von MATLAB im periodisierten Modus (`dwtmode('per')`). Diese führen einen Analyse- oder Synthese-Schritt im Subband Coding eines 2D-Signals durch, wie in Abschnitt 7.1 erläutert. Das „per" besagt, dass die 2D-Signale als periodisch zu interpretieren sind, wobei die ein- und ausgegebenen Matrizen als eine Periode betrachtet werden. Bei einem Analyseschritt entstehen aus einem periodischen Signal mit geraden Periodenlängen in beiden Dimensionen wieder periodische Signale, deren Perioden genau halb so lang sind. Die Funktion `dwt2` macht also aus einer Matrix X der Dimension $2a \times 2b$ vier Matrizen („Sub-Bänder") U (Approximationskoeffizienten), VH (Koeffizienten der horizontalen Details), VV (vertikale Details) und VD (diagonale Details) der Dimension $a \times b$. Will man nun beispielsweise eine Analyse über 5 Stufen durchführen, so sollten daher Länge und Breite des Bildes durch 32 teilbar sein; man erhält dann 16 Sub-Bänder, die total genau gleich viele Koeffizienten enthalten wie das ursprüngliche Bild, und aus denen man mittels 5-maliger Anwendung von `idwt2` das ursprüngliche Bild rekonstruieren kann. Die Periodisierung stellt eine einfache und effiziente Lösung des *Randwertproblems* dar, das darin besteht, dass zur Berechnung von Waveletkoeffizienten, deren zugehöriges Wavelet den Bildrand überlappt, auch Pixel außerhalb des Bildes benötigt werden. Der Nachteil ist, dass dadurch die Bildränder zu Kanten (Unstetigkeiten) werden können, entlang derer bei starker Kompression Ringing auftritt, zum Beispiel dann, wenn der obere Bildrand hell, der untere dunkel ist. Bei WSQ und JPEG2000 wird dieses Problem gelöst, indem nur symmetrische (linearphasige) Filter zugelassen werden. Dann kann man nämlich die Bilder vor der Periodisierung symmetrisch erweitern, was zur Folge hat, dass auch die Sub-Bänder wieder symmetrisch-periodisch ausfallen. Dabei sind allerdings subtile Fallunterscheidungen nötig (Erweiterung mit oder ohne Wiederholung des Randwertes?), abhängig vom Symmetrietyp der Filter und der Nummerierung der Filterkoeffizienten; die MATLAB Toolbox enthält keine solchen Funktionen.

Die Quantisierung in unserem Experiment ist uniform, skalar, mit verbreiterter Nullzone (Verbreiterungsfaktor c); der Quantisierungsschritt ist in allen Sub-Bändern gleich und wird so bestimmt, dass das Kompressionsverhältnis

reff = Anzahl Bits des Bildes : Anzahl Bits des Komprimates

ungefähr (aber mindestens) den vorgegebenen Wert rsoll erreicht. Überraschenderweise bringt es keinen großen Vorteil, den Quantisierungsschritt bandabhängig zu konzipieren, was sich sowohl experimentell als auch theoretisch untermauern lässt (siehe [Topi, Chap. 6]); wir begnügen uns deshalb hier mit der einfacheren Version.

Für die Entropie-Codierung erstellen wir zunächst einen Null-Lauflängen-Code, indem wir jedem signifikanten Koeffizienten die Anzahl der ihm vorangehenden Nullen beifügen, wobei wir die Subbänder der horizontalen Details zeilenweise, die der vertikalen und (der Einfachheit halber auch diejenigen der diagonalen Details) spaltenweise durchlaufen. Statt aber diese Lauflängen und quantisierten Koeffizienten nachher mit einem arithmetischen Code oder einem Huffman-Code binär darzustellen, wie es meistens gemacht wird, wählen wir eine einfachere Variante, nämlich einen so genannten *exponentiellen Golomb-Code* (eGC). Dieser liefert ebenfalls ansprechende Resultate, weil er der Statistik der Wavelet-Subbänder gut angepasst ist (siehe [Topi, Chap. 12]). Zudem hat er den Vorteil, dass die Länge des Komprimates rasch berechnet werden kann, ohne die Codierung wirklich durchzuführen. Der eGC einer ganzen Zahl $i \geq 0$ wird mit Hilfe des Baumes

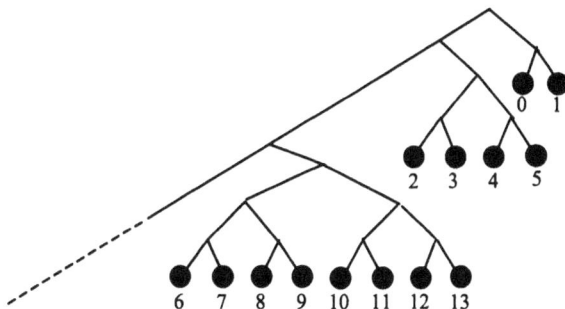

bestimmt. Dazu startet man bei der Wurzel des Baumes (oben) und durchschreitet den Pfad (nach unten), der zur gewünschten Zahl i führt. Für jede durchlaufene Kante nach links schreibt man eine ‚0', für jede Kante nach rechts eine ‚1'. So erhält etwa die Zahl 8 den

Code ‚001010'. Wichtig ist, dass es sich um einen so genannten Prefix-Code handelt: kein Codewort ist Anfangsabschnitt eines anderen Codewortes, und daher kann der Decodierer später den Bitstrom wieder auf eindeutige Art und Weise in Codewörter zerlegen. Beim eGC ist dies sogar sehr einfach: Ein Codewort besteht aus zwei gleichlangen Teilen; die erste Hälfte ist eine Folge von Nullen, die mit einer ‚1' abgeschlossen wird. Die Anzahl Bits (n) dieser ersten Hälfte ist gerade die Nummer der Stufe im Baum (für ‚001...' ist $n = 3$); die nächsten n Bits sind der gewöhnliche n-stellige Binärcode der Zahl $i - (2^1 + ... + 2^{n-1}) = i - 2 \cdot (2^{n-1} - 1) =: k$, also ist $i = k + 2 \cdot (2^{n-1} - 1)$). Aus dieser Gleichung erhalten wir umgekehrt auch die zur Codierung von i benötigte Anzahl Bits, nämlich (wobei $\lfloor x \rfloor$ =ganzzahliger Teil von x)

$$2n = 2 \cdot \log_2(1 + \tfrac{i-k}{2}) + 2 = 2 \cdot \left\lfloor \log_2(1 + \tfrac{i}{2}) \right\rfloor + 2$$

Im Falle der signifikanten Koeffizienten codieren wir den um 1 verkleinerten Betrag seiner Quantenzahl (siehe unten) und hängen dem Codewort noch ein Vorzeichenbit an. Da jedes zweite Codewort einen signifikanten Koeffizienten bedeutet, weiß ja der Decodierer jederzeit, ob er gerade eine Lauflänge oder einen Koeffizienten liest. Die unten stehende MAT-LAB-Funktion führt die eG-Codierung nicht durch (obwohl dies ein Leichtes wäre), berechnet aber die exakte Länge des Codes, was zur Bestimmung des Kompressions-Verhältnisses genügt. Im fiktiven Bitstrom sind noch 64 Bits für Breite und Höhe des Bildes, seinen Mittelwert und den Quantisierungsschritt vorgesehen. Zur Abschätzung der Effizienz des eGC wird auch noch die Entropie des Lauflängen-Codes berechnet, also die theoretische untere Schranke der pro signifikantem Koeffizient oder pro Lauflänge aufzuwendenden Anzahl Bits.

```
function [psnrbild,psnrcoef,reff,ropt]=
                         psnrfixqs(bild,wav,rsoll,t,c);
% Zweck: PSNR als Funktion des gewünschten Kompressions-
%        Verhältnisses rsoll. Es wird angenommen, dass
%        bild ein 8-Bit-Graustufenbild (Matrix mit Elementen
%        vom Typ uint8) ist. Die Wavelet-Transformation
%        mit dem Wavelet wav geht über t Stufen.
% Output:psnrbild ist der PSNR-Wert nach Rekonstruktion.
%        psnrcoef ist die aus den quantisierten Koeffizienten
%        berechnete Schätzung, welche nicht genau mit
%        psnrbild übereinstimmt, wenn die Transformation nur
%        näherungsweise orthogonal ist.
%        ropt wäre das optimale Kompressions-Verhältnis
%        (für den gewählten Lauflängen-Code)
%        reff ist das mit dem exp-Golomb-Code effektiv
%        erreichte Kompressions-Verhältnis ( ≈ rsoll)
%-------------------------------------------------------------
if nargin<=3, t = 5; end;
if nargin<=4, c = 2; end;
bild = double(bild);
N = prod(size(bild));                          % Anzahl Pixel
sz = size(bild)/2^t;                    % sollte ganzzahlig sein
imshow(bild/256,256);
```

```
% Wavelet-Transformation: Signal periodisiert
dwtmode('per');
% Alle Koeffizienten in einen Vektor schreiben
coef = []; m = round(mean(mean(bild)));
u = bild-m;
for k = 1:t,
  [u,vh,vv,vd] = dwt2(u,wav); vh = vh';
  coef = [vh(:);vv(:);vd(:);coef];
end;
coef = [u(:);coef];
% Quantisierung: Iteration bis reff ≈ rsoll
maxit = 20; it = 0; reff = 1; qsu = 0; qso = 256;
while ((reff-rsoll>0.1)|reff<rsoll)&(it<maxit),
  it = it+1; qs = (qsu+qso)/2;
  quant = abs(coef)/qs;
  quant = (quant>(c-1)/2).*round(quant-(c-1)/2);
                      % ganze Quantenzahlen (nur Beträge)
  qcoef = sign(coef).*(quant>0).*(quant+(c-1)/2)*qs;
                      % quantisierte Koeffizienten
  % Länge des exp-Golomb-Codes
  sm = find(quant);
  LL = sm-[0; sm(1:end-1)]-1;              % Null-Lauflängen
  gcLL = sum(2*floor(log2(1+LL/2))+2);
          % Länge des exp-Golomb-Codes der Null-Lauflängen
  gcquant = sum(2*floor(log2(1+(quant(sm)-1)/2))+3);
          % Länge des exp-Golomb-Codes der Quantenzahlen
  reff = N*8/(64+gcLL+gcquant);     % 64 Bit für File-Header
  if reff>rsoll, qso = qs;
    else qsu = qs;
  end;
end;

% PSNR aus Koeffizienten
psnrcoef = 10*log10(N*255^2/sum((qcoef-coef).^2));

% Entropie des Lauflängencodes (nur zum Vergleich)
sm = find(quant); azs = length(sm);
                      % Anzahl signifikante Koeffizienten
LL = sort(sm-[0; sm(1:end-1)]-1);
                      % sortierte Folge der Null-Lauflängen
LLind = find(LL-[-1; LL(1:end-1)]);
  % enthält für jeden in LL vorkommenden Wert den ersten Index
hLL = hist(LL,LL(LLind));     % Histogramm der Null-Lauflängen
quant = sort(sign(coef(sm)).*quant(sm));
qind = find(quant-[quant(1)-1; quant(1:end-1)]);
hq = hist(quant,quant(qind));  % Histogramm der Quantenzahlen
entLL = -(hLL/azs)*log2(hLL/azs)';
                      % Entropie der Null-Lauflängen
entq = -(hq/azs)*log2(hq/azs)';  % Entropie der Quantenzahlen
ropt = N*8/(64+azs*(entq+entLL));
                      % optimale Rate (bezüglich Entropie)
```

```
% Inverse Wavelet-Transformation
pc = prod(sz); d = pc;
cu = reshape(qcoef(1:d),sz);
for k = 1:t,
   cvh = reshape(qcoef(pc+1:pc+d),fliplr(sz))'; pc = pc+d;
   cvv = reshape(qcoef(pc+1:pc+d),sz); pc = pc+d;
   cvd = reshape(qcoef(pc+1:pc+d),sz); pc = pc+d;
   cu = idwt2(cu,cvh,cvv,cvd,wav); sz = 2*sz; d = prod(sz);
end;
cbild = cu+m; imshow(cbild/256,256);
psnrbild = 10*log10(N*255^2/sum(sum((cbild-bild).^2)));
```

Original

8 : 1 (32.8 dB)

16 : 1 (28.7 dB)

32 : 1 (25.6 dB)

Figur 9.2: Ein Bild nach Kompression mit verschiedenen Kompressionsverhältnissen und Rekonstruktion

Natürlich kann dieses einfache Verfahren nicht mit „State-of-the-Art"-Algorithmen konkur-
rieren; wir wollen es deshalb auch nicht mit den Standardbildern „Lena" und „Barbara"
illustrieren. Immerhin, für „Lena" erhalten wir bei einer Kompression von 32:1 einen
PSNR-Wert von etwa 32.8 dB:

```
psnrfixqs(imread('lena512.bmp'),'bior4.4',32,5,2)
32.77
```

Dabei wurde wieder das FBI-Filterpaar verwendet, in der Wavelet Toolbox von MATLAB
‚bior4.4' genannt (biorthogonal, je 4 verschwindende Momente des Analyse- und Synthese-
wavelets, Filterlänge 9/7). Eine hier nicht dokumentierte Version des Programmes, welche
symmetrisch-periodische Erweiterung des Bildes und die gleichen Filter verwendet, kommt
noch etwas höher:

```
psnrfixqssymper97(imread('lena512.bmp'),32,5,2)
33.01
```

Die besten für dieses Bild und dieses Kompressions-Verhältnis (32:1) gemeldeten PSNR-
Werte liegen bei etwa 34.6 dB. Der Unterschied ist weniger in der Art der Quantisierung als
in der Entropie-Codierung zu suchen. Die bei fester Kompressionsrate erzielbaren PSNR-
Werte sind selbstverständlich bei allen Verfahren sehr stark von der Art des Bildes abhängig;
bei einem detailreichen Bild ergeben sich viel schlechtere Werte. Damit ein komprimiertes
Bild eine dem Original vergleichbare Qualität aufweist, sollte es einen PSNR-Wert von
etwa 35 dB aufweisen. In Figur 9.2 sind ein Bild und drei komprimierte (und wieder rekonstruierte) Versionen zu sehen; die Zahlen in Klammern sind die PSNR-Werte. Schon bei
Kompression 8:1 (32.8 dB) sind schwache Details (etwa die Struktur der Bäume im Hinter-
grund) durch Verluste betroffen; das letzte Bild (Kompression 32:1, 25.6 dB) ist ver-
schwommen und zeigt deutliches Ringing (auch entlang der oberen Bildkante).

Werfen wir noch einen Blick auf alle Resultate eines Aufrufes von psnrfixqs:

```
[psnrbild,psnrcoef,reff,ropt]=
                psnrfixqs(imread('weide.bmp'),'bior4.4',16,5,2)
28.70    28.95    16.05    18.39
```

Die Zahlen besagen, dass der genaue Wert der mit dem eG-Code erreichten Kompressionsrate 16.05 : 1 beträgt und dass mit der gleichen Quantisierung und dem gleichen Lauflän-
gen-Code, aber besserer Binär-Codierung Kompressionsraten bis 18.39 : 1 (der durch die
Entropie gesetzten Schranke) theoretisch möglich wären. Ferner ist die aus den quantisierten Koeffizienten direkt – ohne Rücktransformation – berechnete Schätzung von PSNR
etwas zu groß (28.95 statt 28.70). Bei Verwendung eines orthogonalen Wavelets, zum Beispiel dem Symmlet der Approximationsordnung 4, werden die beiden PSNR-Werte gleich:

```
[psnrbild,psnrcoef,reff,ropt]=
                psnrfixqs(imread('weide.bmp'),'sym4',16,5,2)
28.21    28.21    16.04    18.54
```

Um den Vergleich verschiedener Kompressions-Algorithmen zu erleichtern oder die Wirkung der Änderung eines Parameters zu untersuchen, stellt man häufig den PSNR-Wert in
Abhängigkeit des Kompressions-Verhältnisses graphisch dar; wir nennen dies eine *Kompressionskurve* (englisch: rate-distortion curve). In Figur 9.3 bis Figur 9.5 sind verschiede-

ne solche Kompressionskurven zu sehen, die mit der obigen MATLAB-Funktion `psnrfixqs` erstellt wurden, und zwar für das Bild von Figur 9.2. Die Diagramme zeigen, dass das schon mehrfach erwähnte biorthogonale „FBI-Wavelet" geringfügig besser ist als das Symmlet der Approximationsordnung 4, aber deutlich besser als das Daublet der gleichen Approximationsordnung (Figur 9.5) und dass sich eine Verbreiterung der Nullzone günstig auswirkt (Figur 9.4): Verbreiterungsfaktor $c = 1.5$ bringt eine deutliche Verbesserung gegenüber $c = 1$, während $c = 2$ nur noch unwesentlich besser ist als $c = 1.5$. (In der Literatur findet man empfohlene Werte von $c = 1.2$ bis $c = 2$.) Was die Anzahl Stufen der Wavelet-Transformation betrifft, so sieht man (Figur 9.3), dass 4, 5 und 6 praktisch identische Resultate liefern, während 3 offenbar bei starker Kompression zu klein ist.

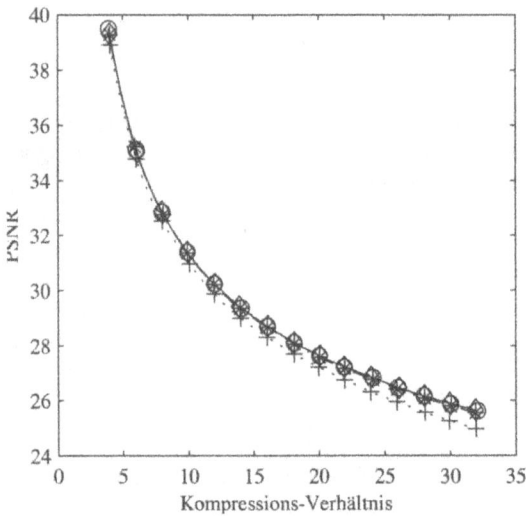

Figur 9.3: Einfluss des Parameters t (Anzahl Stufen in der Wavelet-Transformation) auf die Kompressionskurve

+⋯+ : $t = 3$
◊--◊ : $t = 4$
o—o : $t = 5$
⋯ : $t = 6$

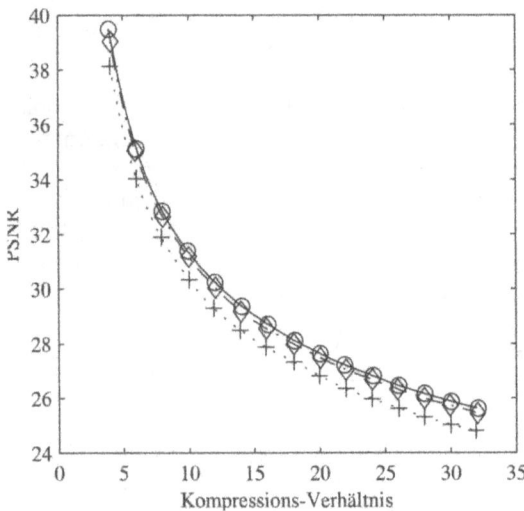

Figur 9.4: Einfluss des Parameters c (Faktor, um den die Nullzone verbreitert wird) auf die Kompressionskurve

+⋯+ : $c = 1$
◊--◊ : $c = 1.5$
o—o : $c = 2$

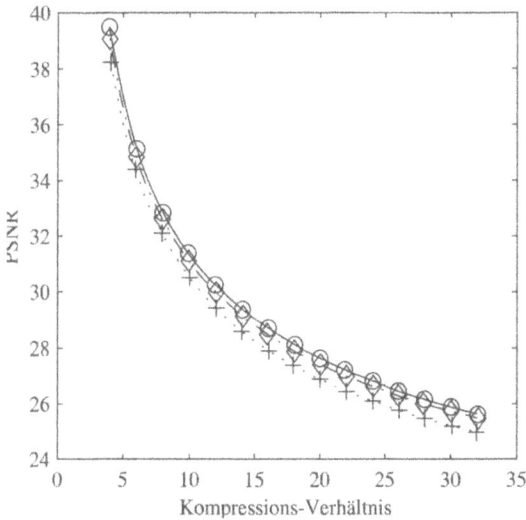

Figur 9.5: Einfluss der Wahl des Wavelets auf die Kompressionskurve
+···+ : Daublet der Ordnung p = 4
◇--◇ : Symmlet der Ordnung p = 4
o—o : biorthogonales „FBI-Wavelet"

Bemerkung zur Wavelet-Toolbox von MATLAB: Diese enthält auch ein GUI (Graphical User Interface) mit Funktionen zur Bildkompression. Statt einer echten Quantisierung wird darin aber nur ein „Thresholding" durchgeführt (das heißt: die signifikanten Koeffizienten werden nicht quantisiert), und als Maß für die Kompression dient der Anteil der dadurch erzeugten Nullen; Entropie-Codierung findet keine statt. Dieses Vorgehen liefert daher nur eine ungefähre Vorstellung von dem erzielbaren Kompressionsverhältnis; außerdem ist die Qualität des rekonstruierten Bildes besser als bei echter Quantisierung mit gleichem Nullenanteil, weil das Quantisierungsrauschen nicht nur durch Nullsetzen einiger Koeffizienten zustande kommt, sondern auch durch die Quantisierung der signifikanten Koeffizienten. In Figur 9.6 links sieht man für einige Bilder die Differenz der PSNR-Werte zwischen Thresholding und Quantisierung in Abhängigkeit des Verhältnisses $r :=$ Anzahl Pixel : Anzahl signifikanter Koeffizienten; rechts davon ist für die gleichen Bilder gezeigt, wie das mit unserer Funktion `psnrfixqs` effektiv erreichte Kompressionsverhältnis `reff` mit r zusammenhängt: Es ist um einen Faktor, der meist etwa zwischen 1 und 1.2 liegt, größer. Die PSNR-Differenz lässt sich offenbar relativ gut voraussagen, hingegen ist eine Angabe über das effektive Kompressionsverhältnis nur bis auf einen Fehler von etwa 10% möglich.

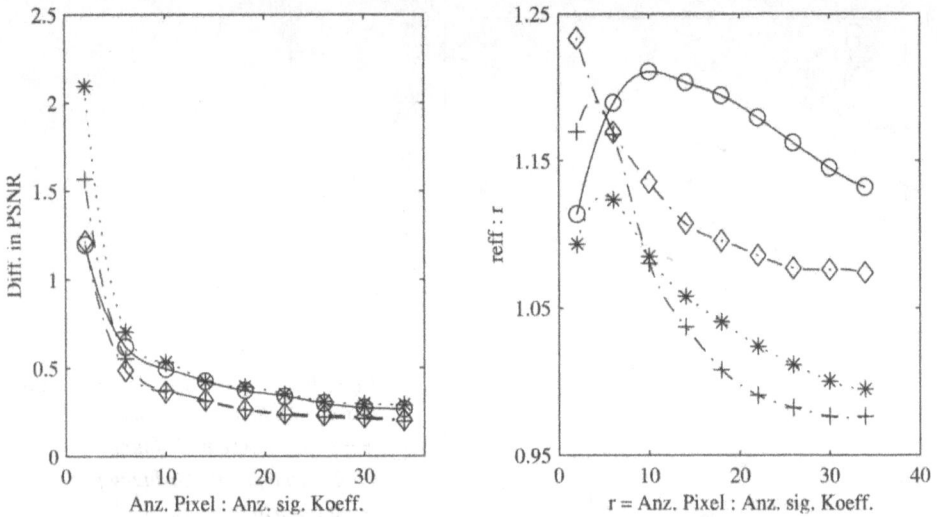

Figur 9.6: Zum Zusammenhang zwischen Thresholding und Kompression

9.2   Denoising

Unterdrückung von Rauschen, meist auch in deutschen Texten mit dem prägnanteren englischen Ausdruck „Denoising" bezeichnet, wird von namhaften Forschern als wichtigste Anwendung der Wavelet-Transformation erachtet. Überzeugend ist vor allem die Einfachheit der Methode, welche in vielen Fällen bessere Resultate liefert als kompliziertere, spezialisierte Verfahren. Wie bei der im letzten Abschnitt behandelten Datenkompression, mit der Denoising eng verwandt ist, kann die Grundidee – hier das *Thresholding* der Koeffizienten c_k in einer Darstellung $f = \sum_{k \in J} c_k \psi_k$ – bei beliebiger Basis $(\psi_k)_{k \in J}$ des betrachteten Funktionenraums angewendet werden:

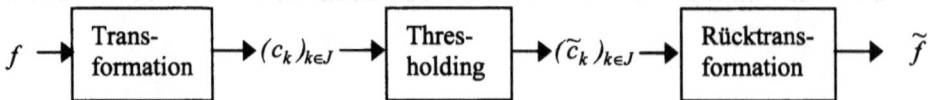

Thresholding bedeutet, dass alle Koeffizienten, deren Betrag kleiner als ein gewisser Schwellwert (engl. threshold) τ ist, auf Null gesetzt werden.

$$\tilde{c}_k := \begin{cases} 0 & \text{falls } |c_k| \leq \tau \\ c_k & \text{falls } |c_k| > \tau \end{cases} \qquad\qquad (9.3)$$

Nach Rücktransformation erhält man eine Schätzung $\tilde{f} = \sum_{k \in J} \tilde{c}_k \psi_k$ des unbekannten wahren Signals $f^{\#}$, von dem die verrauschte Version f (das *empirische* Signal) gemessen wurde.

Unter welchen Umständen können wir hoffen, dass diese Schätzung eine gute Näherung von $f^{\#}$ ist? Die ideale Situation wäre folgende (wir denken uns die empirische Funktion als Summe von wahrer Funktion und Rauschen geschrieben: $f = f^{\#} + f^R$):

- Das wahre Signal stammt aus einer Klasse von Funktionen, die in der Basis $(\psi_k)_{k \in J}$ durch relativ wenige Koeffizienten (dafür umso größere, falls die Basis orthonormiert oder nahezu orthonormiert ist), in guter Näherung dargestellt werden können. Hier zeigt sich auch die Verwandtschaft mit dem Kompressionsproblem, bei dem die gleiche Voraussetzung für gute Resultate bürgt. Wir sagen, $f^{\#}$ werde durch die Basis $(\psi_k)_{k \in J}$ komprimiert.

- Das Rauschen ist von solcher Art, dass es durch die Basis $(\psi_k)_{k \in J}$ nicht komprimiert wird. Als Beispiel sei erwähnt, dass so genanntes weißes Rauschen nachweisbar durch keine orthonormierte Basis komprimiert wird. Allgemeiner kann erwartet werden, dass ein wirklich zufallsbedingtes Rauschen ohne deterministische Merkmale (was man gemeinhin unter Rauschen versteht) in der gewählten Basis nicht komprimiert wird.

- Der Pegel des Rauschens (also die Norm $\left\| f^R \right\|$) ist genügend klein, verglichen mit dem Pegel des wahren Signals.

Sind diese Voraussetzungen mehr oder weniger gut erfüllt, so besteht die Hoffnung, einen Schwellwert τ zu finden, der die signifikanten Koeffizienten von $f^{\#}$, wenn auch verrauscht durch die entsprechenden Koeffizienten von f^R, überleben lässt und gleichzeitig die allermeisten Koeffizienten von f^R (zusammen mit unwesentlichen Koeffizienten von $f^{\#}$) annulliert. Nach der Rücktransformation ist dann der Summand f^R weitgehend eliminiert, da er ja in der Basis $(\psi_k)_{k \in J}$ nicht komprimiert war. Zu beachten ist, dass das Thresholding keine lineare Operation ist; die Vorstellung, dass es auf die beiden Summanden $f^{\#}$ und f^R einzeln angewendet werde, ist also falsch.

Um das beschriebene Denoising-Verfahren effizient zu machen, muss in erster Linie eine Basis gewählt werden, welche rauschfreie Signale der erwarteten Art möglichst gut komprimiert. Wavelet-Basen leisten aufgrund ihrer Lokalisierungseigenschaften für große Klassen von Signalen gute, wenn auch nicht immer optimale Arbeit. Jedenfalls sind sie für Signale, welche in großen Bereichen regulär verlaufen, daneben aber scharf ausgeprägte Merkmale wie Sprünge oder Spitzen aufweisen, wesentlich besser geeignet als eine Fourierbasis. Wenn bessere Frequenzlokalisierung angezeigt scheint, kann man auch Waveletpaket-Basen oder lokale trigonometrische Basen (siehe Abschnitte 7.4 und 7.5) verwenden.

Hat man sich für eine Basis entschieden, geht es darum, die Schwellwerte festzulegen (bei einer Basis mit Multiskalen-Struktur wird dies im Allgemeinen skalenabhängig erfolgen). Will man dieses Unterfangen erfolgreich beenden, braucht man ein *statistisches Modell* des Rauschens. In der Literatur wurden verschiedene Fälle untersucht; am besten durchleuchtet ist derjenige eines *weißen Gaussschen Rauschens* mit Standardabweichung σ. Gegeben sind N äquidistante Abtastwerte $f_k = f(t_0+k\Delta t)$ (wir betrachten ein eindimensionales Signal), wobei

$$f_k = f_k^{\#} + \sigma\, g_k \ , \quad k = 0, 1, ..., N-1 \tag{9.4}$$

mit unbekanntem wahrem Wert $f_k^{\#}$. Die g_k sollen voneinander unabhängige Werte einer $(0,1)$-normalverteilten Zufallsvariablen (Mittelwert 0, Standardabweichung 1) sein. Diese Art von Rauschen tritt in der Praxis recht häufig auf und wird auch vielfach als Näherung angenommen. Es lässt sich zeigen, dass bei einer orthonormierten Basis die Koeffizienten c_k dann ebenfalls einem normalverteilten Rauschen mit der gleichen Standardabweichung σ unterworfen sind. Dies rechtfertigt die Verwendung eines skalenunabhängigen, zu σ proportionalen Schwellwertes τ. Diese Schranke sollte so hoch angesetzt werden, dass bei Abwesenheit eines Signals, also bei reinem Rauschen, praktisch alle Koeffizienten c_k annulliert werden. D. L. Donoho, einer der Pioniere in diesem Gebiet, schlägt vor, die Schranke von der Anzahl N der Koeffizienten abhängig zu machen, nämlich

$$\tau = K \cdot \sqrt{2 \cdot ln(N)} \cdot \sigma \tag{9.5}$$

mit einer Konstanten K von der Größenordnung 1. Figur 9.7 begründet diese Wahl. Für die praktische Anwendung benötigt man noch eine gute Schätzung von σ; darauf soll weiter unten eingegangen werden.

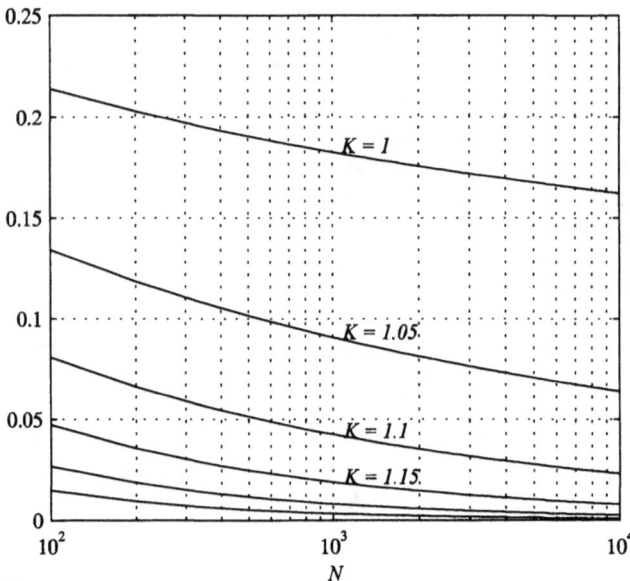

Figur 9.7: *Wahrscheinlichkeit, dass mindestens einer von N Rauschkoeffizienten den Schwellwert* $\tau = K \cdot \sqrt{2 \cdot ln(N)} \cdot \sigma$ *übersteigt, für K = 1, 1.05, 1.1 bis 1.25*

Aus der Figur ist aber auch ersichtlich, dass schon relativ kleine Beiträge des wahren Signals häufig genügen können, um einen größtenteils durch Rauschen verursachten Koeffizienten über den Schwellwert zu heben. Im rekonstruierten Signal wird sich dies als Impuls von der Form der entsprechenden Basisfunktion bemerkbar machen. Je nach Anwendung lässt sich ein solches Artefakt nicht von einem realen Objekt unterscheiden. Eine Vergrößerung von K in (9.5) könnte zwar diesem Problem abhelfen, würde aber auch den Erwartungswert des mittleren quadratischen Fehlers (das so genannte L^2-Risiko) der Schätzung $\tilde{f}$ von $f^{\#}$

$$E[\,MSE\,] = E[\,\frac{1}{N}\sum_{k=0}^{N-1}\left|\tilde{f}_k - f_k^{\#}\right|^2\,]\qquad\qquad(9.6)$$

in unerwünschtem Masse vergrößern. Eine andere Möglichkeit ist *Schrumpfung* der Koeffizienten (englisch *Shrinkage*), auch *Soft Thresholding* genannt; das gewöhnliche Thresholding (9.3) wird dann im Gegensatz dazu als *Hard Thresholding* bezeichnet. Bei der Schrumpfung werden diejenigen Koeffizienten, deren Betrag größer als der Schwellwert τ ist, betragsmäßig um τ verkleinert:

$$\tilde{c}_k := \begin{cases} 0 & \text{falls } |c_k| \le \tau \\ \text{sign}(c_k)(|c_k|-\tau) & \text{falls } |c_k| > \tau \end{cases}\qquad\qquad(9.7)$$

Donoho und seine Mitarbeiter haben beide Varianten von Thresholding theoretisch gut untermauert [Dono]. Shrinkage (mit $K = 1$ in (9.5)) kann in gewissem Sinne als Lösung des Problems aufgefasst werden, das L^2-Risiko (9.6) zu minimieren, unter der Nebenbedingung, dass die Schätzung $\tilde{f}$ mindestens so regulär sein soll wie die wahre Funktion $f^{\#}$.

Bevor wir nun an einem Beispiel prüfen können, wie gut die Sache funktioniert, muss noch gesagt werden, wie die im Allgemeinen nicht bekannte Standardabweichung σ des Rauschens geschätzt werden kann. Wir beschränken uns dabei auf den Fall einer (orthogonalen) Wavelet-Transformation. Donoho bemerkt dazu, dass in der Praxis die Waveletkoeffizienten der feinsten Skala, bei 2D-Signalen insbesondere diejenigen der diagonalen Ausrichtung, größtenteils durch Rauschen verursacht sind. Dies gilt auch meistens umso besser, je feiner das Signal abgetastet wurde. Nimmt man nun als Schätzung von σ die Standardabweichung dieser Waveletkoeffizienten der feinsten Skala, so dürfte diese nicht allzu falsch sein; sie wird eher etwas zu groß sein, weil in die Berechnung auch einige große, hauptsächlich von der wahren Funktion herrührende Koeffizienten eingegangen sind. Um den Einfluss dieser „Ausreißer" (aus der Sicht des Rauschens) zu dämpfen, wird der Median *med* der Beträge der Koeffizienten bestimmt; dieser reagiert weniger sensibel auf Ausreißer als die Standardabweichung und wird deshalb besser mit dem Median der Beträge der normalverteilten Koeffizienten des Rauschens übereinstimmen als die Standardabweichung mit σ. Wir schätzen daher

$$\sigma \approx \frac{med}{0.6745} \tag{9.8}$$

weil bei einer Normalverteilung $med = 0.6745 \cdot \sigma$ gilt.

Beispiel 1

Für unser erstes Beispiel verwenden wir die in Figur 9.8 oben gezeigte (wahre) Funktion. Von dieser wurden 600 Abtastwerte mit weißem Gaussschem Rauschen ($\sigma = 0.3$) überlagert (Mitte). Zuunterst sind die Waveletkoeffizienten (Stufen 8 bis 1, von links nach rechts hintereinander angeordnet) bezüglich des Symmlets mit Approximationsordnung 4 gezeigt sowie der gemäß (9.5) und (9.8) berechnete Schwellwert τ (mit $K = 1$ in (9.5)).

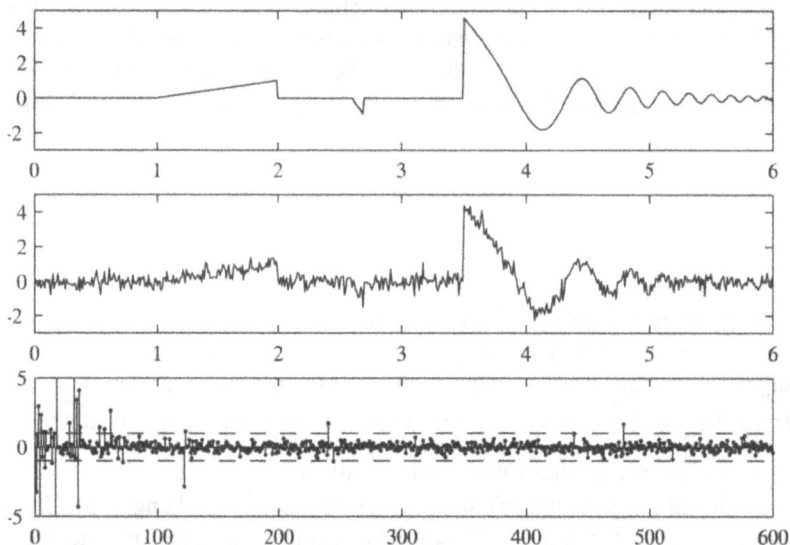

Figur 9.8: Ein Signal, eine verrauschte Version davon und Waveletkoeffizienten mit Schranke gemäß (9.5) und (9.8), wobei K = 1

Für das Denoising wurde der folgende MATLAB-Code benutzt (unter Verwendung der Wavelet Toolbox), wobei y das verrauschte Signal ist:

```
% Transformation
wav = 'sym4'; tiefe = 8;
[c,L] = wavedec(y,tiefe,wav);

% Schätzung von Sigma
sig = median(abs(detcoef(c,L,1)))/0.6745;

% Thresholding (nur Detailkoeffizienten)
T = K*sqrt(2*log(length(y)))*sig;
appc = c(1:L(1));                    % Approximationskoeffizienten
```

```
detc = c(L(1)+1:end);                    % Detailkoeffizienten
    % soft = 0: Hard Thresholding; soft = 1: Soft Thresholding
detcden = sign(detc).*(abs(detc)>T).*(abs(detc)-T*soft);
cden = [appc detcden];
```

% *Rücktransformation*
```
yden = waverec(cden,L,wav);
```

In Figur 9.9 wird das Resultat des Denoising unserer verrauschten Funktion für verschiedene Werte von K gezeigt, sowohl mit Hard- als auch mit Soft-Thresholding. Wie erwartet muss im ersten Falle die Konstante K wesentlich größer gewählt werden (mindestens 1), damit die vom Rauschen übrig bleibenden einzelnen Spikes nicht allzu störend wirken. Bei Soft Thresholding ergibt schon ein K von etwa 0.6 recht ansprechende Resultate.

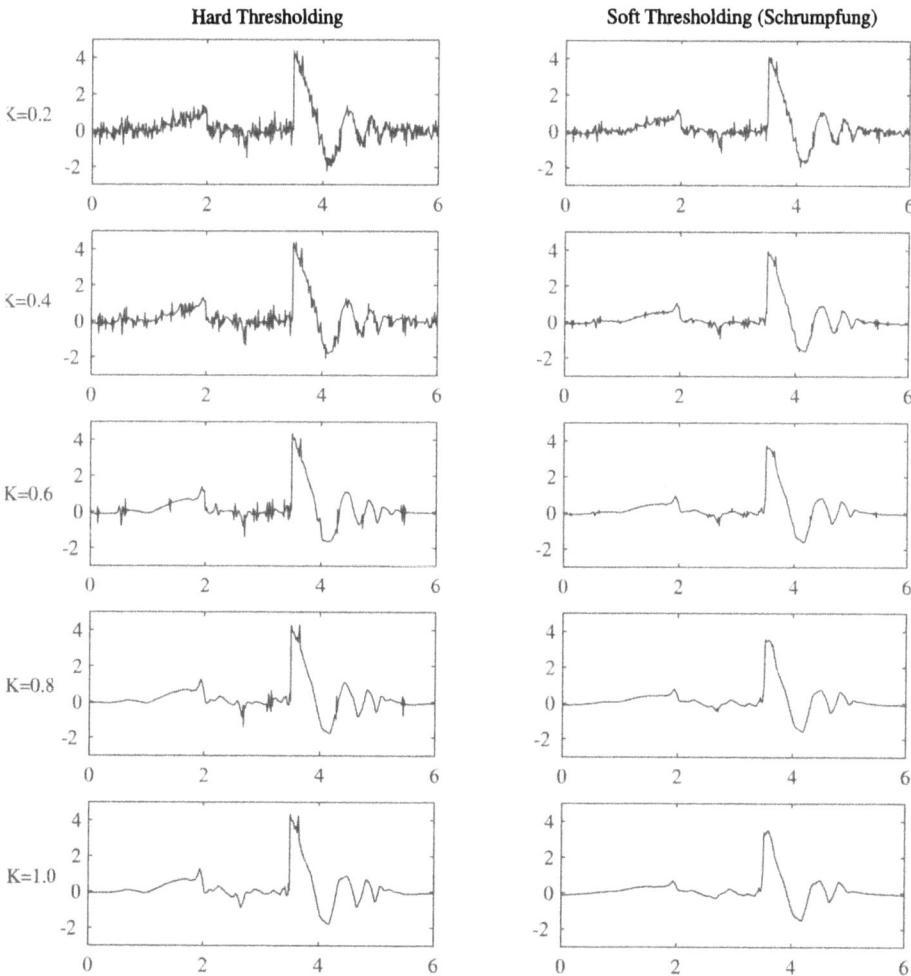

Figur 9.9: Hard- und Soft Thresholding mit verschiedenen Werten von K in (9.5)

Um eine Vorstellung von der Größe des L^2-Risikos (9.6) zu erhalten, haben wir bei festem K und festem Typ (Hard oder Soft) den Versuch jeweils zehnmal durchgeführt, jedesmal mit neu erzeugtem Rauschen, und dabei die mittleren quadratischen Fehler in Figur 9.10 eingetragen ($\star$ für Hard, o für Soft). Für Soft Thresholding wird das Minimum des L^2-Risikos etwa bei $K = 0.4$ erreicht, was aber gemäß Figur 9.9 für eine gute visuelle Qualität zu klein ist: man braucht mindestens $K = 0.6$. Im Falle von Hard Thresholding ist die Diskrepanz kleiner (Minimum etwa bei $K = 0.9$, für gute visuelle Qualität mindestens $K = 1$ nötig) und das L^2-Risiko wächst auch weniger rasch bei Vergrößerung von K. Hard Thresholding mit $K = 1$ hat kleineres L^2-Risiko als Soft Thresholding mit $K = 0.6$.

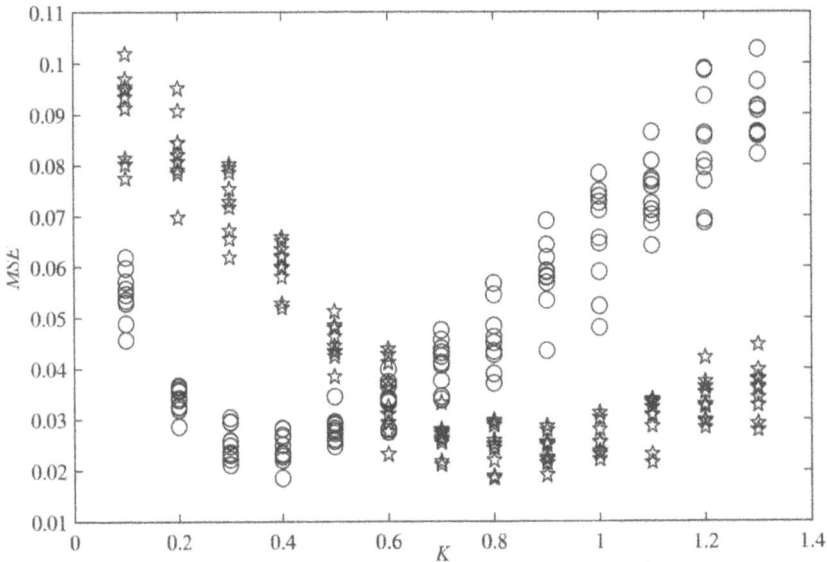

Figur 9.10: Mittlerer quadratischer Fehler (MSE) in Abhängigkeit von K ($\star$ für Hard, o für Soft)

Natürlich können diese experimentellen Befunde nicht quantitativ auf andere Signale übertragen werden. Während die angegebenen K-Werte gemäß Figur 9.7 noch etwas von der Anzahl N der Abtastwerte (bei festem Auschnitt des betrachteten Signals) abhängen dürften, sind die MSE-Werte spezifisch für das betrachtete Beispiel; sie hängen stark vom Verhältnis des Signalpegels zum Rauschpegel ab, aber auch von der Art des Signals und des verwendeten Wavelets.

Interessant ist es auch, die mit diesem Verfahren erreichbaren Resultate mit denjenigen anderer gängiger Denoising-Methoden zu vergleichen (etwa Wiener Filter oder Regression mit vorgespannten Splines). Wir verweisen hiezu auf [Dono] und [Mallat, Chap. 10], wo Beispiele zu finden sind.

Translationsinvariantes Wavelet-Denoising

Eine Verbesserung der Resultate lässt sich erzielen, wenn man die Verschiebungsabhängigkeit der diskreten Wavelet-Transformation (Seite 169) „ausbügelt": Man übe das Denoising auf verschobene Kopien des Signals aus, mache die Verschiebung rückgängig und mittle über alle in dieser Art erhaltenen Funktionen. So kann etwa der Gibbs-Effekt bei Sprungstellen vermindert werden. Generell ist dieser bei Wavelet-Basen weniger stark und besser lokalisiert als bei Fourier-Basen, und je nach Lage der Sprungstelle kann er sogar praktisch ganz wegfallen. Die beschriebene Mittelung tendiert also dazu, den Gibbs-Effekt gleichmäßig auf die verschiedenen Sprungstellen zu verteilen. Wenn man eine Wavelet-Transformation über J Stufen ausführt, muss man maximal 2^J verschobene Kopien betrachten (weil gegenüber Verschiebung um 2^J Skaleneinheiten Invarianz besteht). Die Koeffizienten, die dabei berechnet werden, erweisen sich bei genauerer Betrachtung als exakt diejenigen, welche bei dem in Abschnitt 8.2 besprochenen „algorithme à trous" vorkommen. Also wird bei geschickter Organisation der Rechnung der Aufwand nicht mit Faktor 2^J vergrößert, sondern nur etwa mit Faktor J. In der Wavelet-Toolbox von MATLAB wird diese Variante als „stationary wavelet transform de-noising" angeboten. Für Figur 9.11 haben wir allerdings die naive Tour gewählt: Mit $J = 8$ wurden 256 (periodische) Verschiebungen von f entrauscht und gemittelt. Der Vergleich mit den entsprechenden Teilfiguren von Figur 9.9 zeigt eine deutliche Verbesserung. Auch die mittleren quadratischen Fehler sind kleiner geworden: 0.0155 (Hard) und 0.0336 (Soft) anstatt 0.0325 und 0.0390. Das entspricht einer Verbesserung um etwa 3.2 dB (Hard) und 0.7 dB (Soft) für das Signal-Rausch-Verhältnis

$$SNR := 10 \cdot \log_{10}(\frac{1}{N} \sum_{k=0}^{N-1} (f_k^{\#})^2 \, / \, MSE).$$

Interessant ist auch die Tatsache, dass das Haar-Wavelet bei translationsinvariantem Denoising durchaus vergleichbare Resultate liefert: $MSE = 0.0145$ (Hard) und $MSE = 0.0290$ (Soft). Die visuelle Qualität (Figur 9.12) ist in glatten Partien etwas schlechter, bei Sprüngen aber deutlich besser.

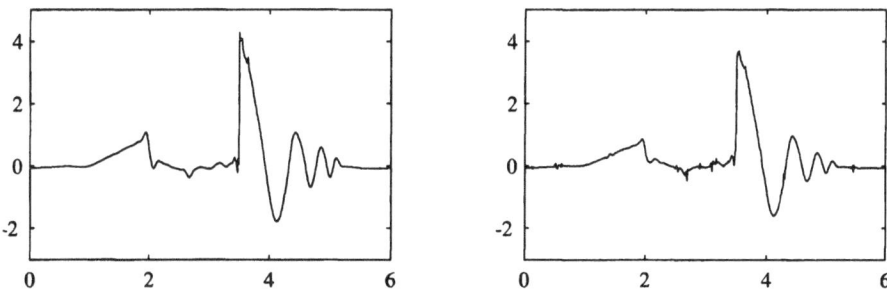

Figur 9.11: Translationsinvariantes Denoising (mit Symmlet der Ordnung 4)
Links: Hard Thresholding (K = 1); rechts: Soft Thresholding (K = 0.6)

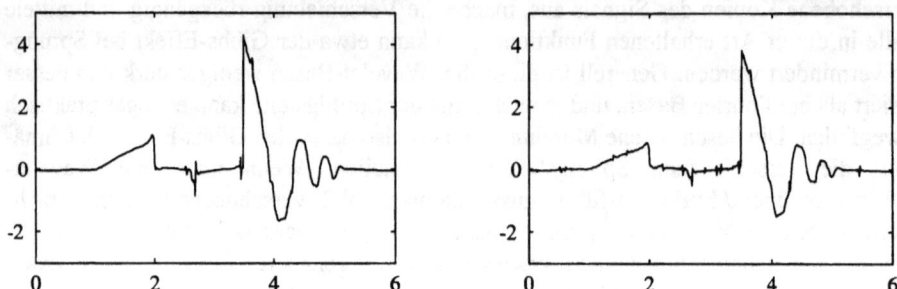

Figur 9.12: Wie Figur 9.11, aber mit dem Haar-Wavelet

Beispiel 2: Denoising eines Sprachsignals

Unser zweites Beispiel ist eher praxisorientiert: Einer Aufnahme des gesprochenen Wortes „Rauschen" – die Abtastrate betrug 22050 Samples pro Sekunde (Figur 9.14 oben) – wurde ein auf die gleiche Art aufgenommenes Rauschen, nämlich das Laufgeräusch des PCs, additiv überlagert (Figur 9.14 Mitte). Die Wavelet-Analyse des ungestörten Signals (Figur 9.13 links) lässt erkennen, in welchem Frequenzbereich die verschiedenen Bestandteile des Wortes angesiedelt sind: Die Konsonanten „R" und „sch" sind hauptsächlich durch Koeffizienten der dritten Stufe dargestellt, was einem Frequenzbereich von etwa $\frac{1}{16}$ bis $\frac{1}{8}$ der Abtastfrequenz, also ungefähr 1400 bis 2800 Hz, entspricht (siehe Abschnitt 3.4), wogegen die Vokale „au", „e" und auch das ausklingende „n" zwei bis 3 Oktaven tiefer liegen. Die Analyse des verrauschten Signals (Figur 9.13 Mitte) zeigt, dass das Rauschen zwar pro Stufe einigermassen stationär ist, sein Pegel aber mit fallender Frequenz zunimmt; es ist also „farbiges" Rauschen. Wir nehmen nun an, dass es auf jeder Stufe wenigstens näherungsweise als Gausssches Rauschen modelliert werden kann, aber mit einer von Stufe zu Stufe variierenden Standardabweichung; diese schätzen wir, indem wir die vor Beispiel 1 beschriebene Methode auf alle Stufen anwenden, obwohl die Annahme, dass die meisten Koeffizienten im Wesentlichen durch das Rauschen verursacht sind, für keine der Stufen gut erfüllt scheint. Die Schätzwerte dürften also deutlich zu hoch ausfallen. Da uns in diesem Beispiel das Rauschen separat zur Verfügung steht, können wir vergleichen: Für das Rauschen allein erhalten wir (Stufen 1 bis 9)

    0.0020 0.0040 0.0046 0.0144 0.0282 0.0794 0.0801 0.1088 0.0735

und für das verrauschte Signal

    0.0033 0.0066 0.0116 0.0200 0.0395 0.1020 0.1294 0.1135 0.0588

Die größte Abweichung ist in der dritten Stufe festzustellen; in den meisten Stufen ist der Wert etwa um einen Faktor von $\frac{3}{2}$ zu groß. Wir kompensieren diesen Effekt, indem wir für die Konstante K in (9.5) einen etwas kleineren Wert wählen. Ein Hörtest ergibt für dieses Beispiel etwa mit $K = 0.4$ die besten Resultate (bei Soft Thresholding), was gut mit dem Befund von Beispiel 1 ($K = 0.6$) und den obigen Werten der Standardabweichungen korrespondiert. Wir verzichten hier darauf, den MATLAB-Code abzudrucken, da er – abgesehen von der Stufenabhängigkeit der Standardabweichung - demjenigen von Beispiel 1 entspricht. Die Approximationskoeffizienten wurden auf Null gesetzt, da sie Frequenzen unterhalb etwa 20 Hz entsprechen.

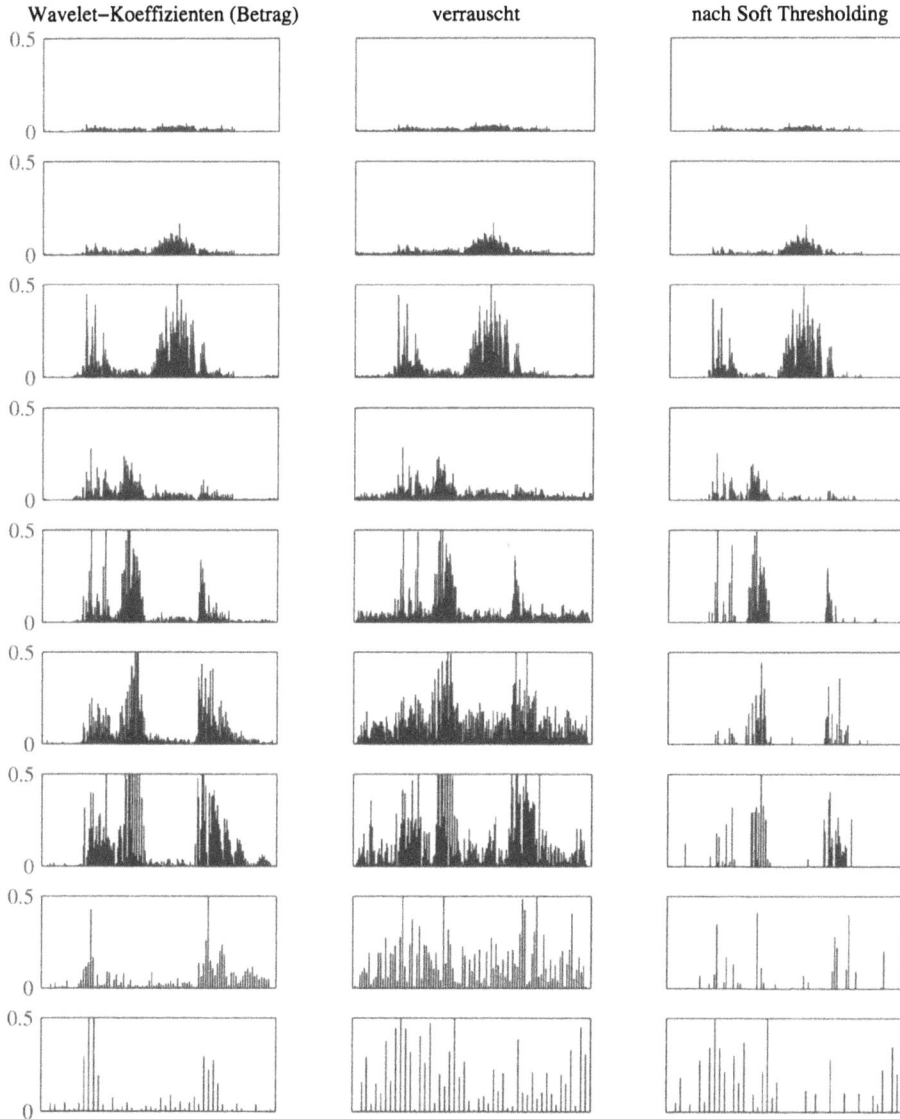

Figur 9.13: Das Wort „Rauschen": Beträge der Wavelet-Koeffizienten über 9 Stufen. Als Wavelet wurde das Symmlet der Approximationsordnung 20 verwendet, als Denoising-Methode Soft Thresholding (Schrumpfung).

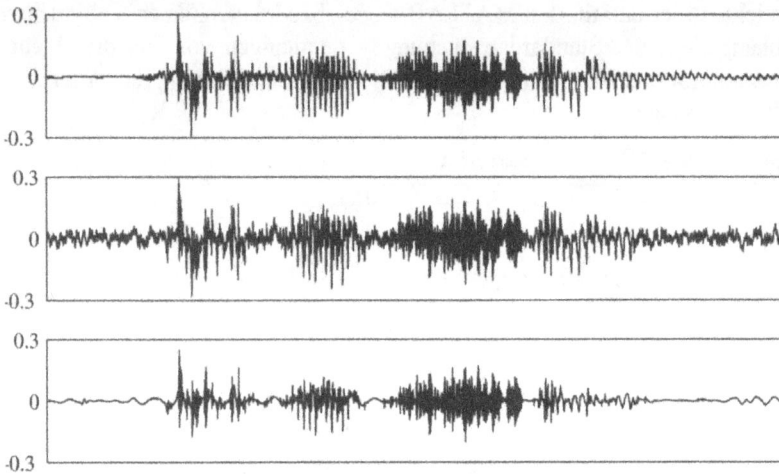

Figur 9.14: Das Wort „Rauschen": Ungestörtes Signal (oben), verrauschtes Signal (Mitte) und Rekonstruktion nach Schrumpfung der Wavelet-Koeffizienten (unten). Es wurde eine Wavelet-Transformation über 9 Stufen mit dem Symmlet der Ordnung 20 durchgeführt.

Für den Fall, dass der Leser Lust auf eigene Experimente verspürt, sei daran erinnert, dass alle MATLAB-Programme und -Daten, die für dieses Buch verwendet wurden, von der Website des Verlags (www.oldenbourg.de, Titelsuche, Downloads) heruntergeladen werden können.

Zum Schluss soll noch kurz auf die in der Praxis häufige Situation eingegangen werden, dass von einer Funktion f, für die man sich eigentlich interessiert, nur eine transformierte Version Kf gemessen werden kann, aus der dann durch Anwendung der inversen Transformation K^{-1} die gesuchte Funktion f berechnet werden muss. Man denke etwa an die Computertomographie, wo die Radontransformierte des gewünschten Querschnittbildes gemessen wird, oder an Wirtschaftsdaten, aus denen Wachstumsraten berechnet werden sollen. Es handelt sich, im Fachjargon gesprochen, um so genannte *inverse Probleme*, häufig um schlecht konditionierte, wo also die Transformation K^{-1} numerisch instabil ist.

Ist nun die gemessene Funktion Kf verrauscht, so hat man grundsätzlich zwei Möglichkeiten: Entweder man invertiert zuerst K, was eine verrauschte Version von f liefert, die anschließend einem Denoising unterworfen wird, oder man wendet das Denoising direkt auf Kf an und macht dann K rückgängig.

Im ersten Fall wird das tranformierte Rauschen, das bei f unterdrückt werden soll, ein farbiges sein, selbst wenn das ursprüngliche Rauschen von Kf weiß war; man wird also seine Standardabweichung wie oben in Beispiel 2 pro Stufe einzeln schätzen müssen. (Wir setzen voraus, dass die Transformation K^{-1} eine gewisse Translationsinvarianz besitzt, die garantiert, dass auch das transformierte Rauschen noch stationär ist.) Das Wavelet-Denoising liefert dann eine Schätzung von $f^{\#}$, die eine Linearkombination der verwendeten Wavelet-Basis ist.

Im zweiten Fall hingegen wird nicht eine Schätzung von $f^\#$, sondern von $Kf^\#$ eine Linear-kombination von Wavelets sein, und die durch Anwendung von K^{-1} bestimmte Schätzung von $f^\#$ – Linearität von K^{-1} vorausgesetzt – eine Linearkombination von transformierten Wavelets, so genannten *Vaguelettes*.

Dies kann zu visuell recht verschiedenen Resultaten der beiden Methoden führen, selbst wenn sie MSE-mäßig vergleichbar sind. Für eine genauere Beschreibung und eine detail-lierte Gegenüberstellung der beiden Varianten verweisen wir den Leser auf [Abr/Sil], wo auch die Anforderungen an die Transformation K präzisiert sind.

Zur Illustration des Gesagten verwenden wir wieder die Funktion von Beispiel 1 und stellen uns vor, dass nicht die $N = 600$ Abtastwerte f_k von Figur 9.8 oben gemessen wurden, son-

dern deren kumulative Summe $F_k = \sum_{i=0}^{k} f_i$. Die Werte f_k können dann durch $f_k = F_k - F_{k-1}$

(wobei $F_{-1} = 0$) zurückberechnet werden (wir nennen dies „Differenzierung"). Die Situation ist als diskretes Analogon zum Fall K = Integration, K^{-1} = Differentiation zu verstehen. Ist nun F_k kontaminiert mit weißem Gaussschem Rauschen, $F_k = F_k^\# + \sigma G_k$ (analog zu (9.3)), so erhalten wir $f_k = f_k^\# + \sigma g_k$ mit $g_k = G_k - G_{k-1}$, das heißt die g_k sind zwar normalverteilte Zufallsvariablen mit Standardabweichung $\sqrt{2}$, aber je zwei aufeinanderfol-gende sind miteinander korreliert, was zu einer Frequenzabhängigkeit dieses Rauschens führt.

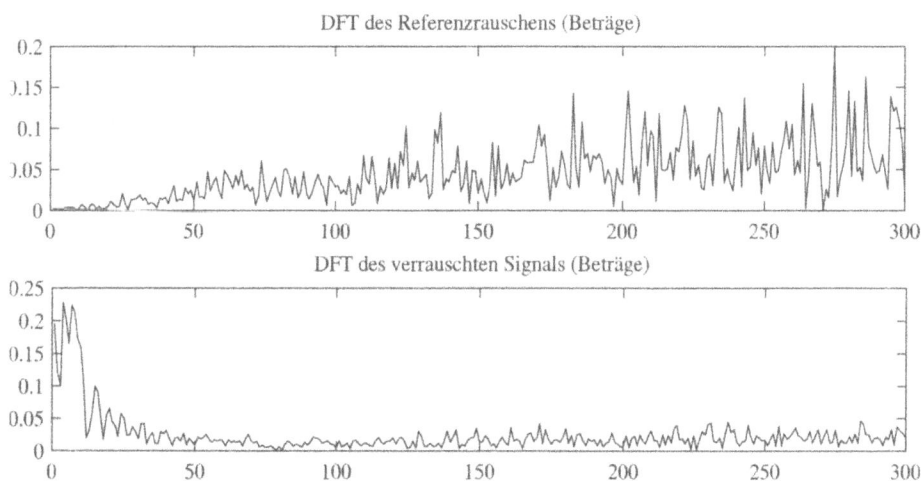

Figur 9.15: *Beträge der DFT des vermöge Differenzierung ($f_k = F_k - F_{k-1}$) aus der verrauschten kumulativen Summe berechneten Signals (unten) und eines analog transformierten weißen Rauschens G_k mit Standardabweichung $\sigma = 1$ (oben)*

In Figur 9.15 ist diese Frequenzabhängigkeit durch die Beträge der DFT-Koeffizienten bis zur halben Abtastfrequenz (siehe Abschnitt 10.2) eines durch Differenzierung aus weißem

Gaussschem Rauschen G_k erhaltenen Referenzrauschens g_k $(0 \leq k \leq N-1)$ dargestellt; man kann sie auch theoretisch begründen: Aus den Eigenschaften der DFT lässt sich zeigen, dass $\left| (g^\wedge)_k \right| = 2\sin(k\frac{\pi}{N})\left| (G^\wedge)_k \right|$. Da dieses Rauschen bei kleinen Frequenzen nur noch schwach ist, vermutet man nach einem Vergleich mit der DFT des durch Differenzierung gewonnenen Signals (gleiche Figur unten), dass hier eine Tiefpass-Filterung mit etwa 80 DFT-Koeffizienten ebenfalls gute Denoising-Wirkung haben dürfte. Dies wird durch Figur 9.16 (Mitte) bestätigt; allerdings bleibt im Gegensatz zum Ergebnis des Wavelet-Denoising (gleiche Figur unten) eine gewisse störende Welligkeit erhalten. Beim Wavelet-Denoising wurden die benötigten Standardabweichungen pro Stufe folgendermaßen geschätzt: Für die erste Stufe haben wir auf das schon früher verwendete Verfahren mit dem Median der Beträge der Waveletkoeffizienten (siehe (9.8)) zurückgegriffen, während für jede höhere Stufe aus einem Referenzrauschen das Verhältnis zur ersten Stufe übernommen wurde. So vermeiden wir, dass in den gröberen Skalen das Rauschen überschätzt wird.

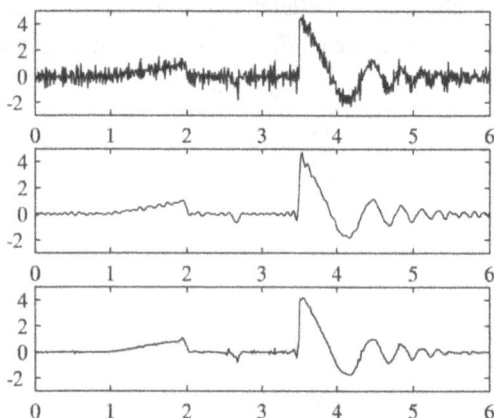

Figur 9.16:

Oben: Das aus der verrauschten kumulativen Summe durch Differenzierung berechnete Signal;

Mitte: Resultat einer Tiefpass-Filterung (mittels der ersten 80 DFT-Koeffizienten);

unten: Resultat eines Wavelet-Denoising (Symmlet der Ordnung 4, Soft Thresholding)

In Figur 9.17 ist die zweite Methode illustriert: Wavelet-Denoising direkt auf die verrauschte kumulative Summe ausgeübt, Differenzierung erst anschließend. Da wir weißes Gausssches Rauschen annehmen, ist diese Variante viel einfacher; wir können auf allen Stufen den gleichen Schwellwert für das Thresholding verwenden. Mit dem Symmlet der Ordnung 9 (unten) erhalten wir ein visuell deutlich besseres Resultat als mit demjenigen der Ordnung 4 (Mitte), nämlich ein etwa gleich gutes wie im ersten Verfahren mit dem Symmlet der Ordnung 4. Die Erklärung ergibt sich aus der oben erwähnten Vaguelette-Interpretation: Da Differenzierung eine diskrete Form der Differentiation (Ableiten) darstellt, ist die Regularität dieser Vaguelettes etwa um 1 kleiner als diejenige der Wavelets, und wir müssen daher mit Wavelets einer entsprechend höheren Regularität arbeiten, wenn wir die Ergebnisse in punkto Regularität mit denjenigen des ersten Verfahrens vergleichen wollen. Die Regularität der Daubechies-Wavelets nimmt asymptotisch etwa um 1 zu, wenn man die Ordnung um 5 vergrößert (siehe Kapitel 6).

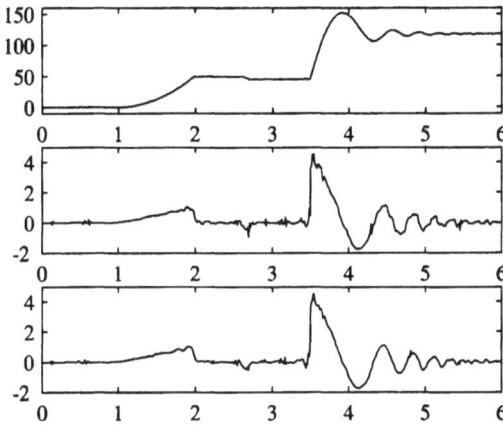

Figur 9.17:

Oben: Verrauschte kumulative Summe;

*Mitte: das durch Wavelet-Denoising der-
selben und anschließende Differenzierung
erhaltene Resultat (mit dem Symmlet der
Ordnung 4);*

*Unten: wie Mitte, aber mit dem Symmlet
der Ordnung 9*

Bemerkung

Bei der kumulativen Summe (Figur 9.17 oben) ist das Rauschen wegen des großen Werte-
bereiches fast unsichtbar (es weist eine Standardabweichung von etwa 0.3 auf). Es handelt
sich übrigens um genau dasselbe Rauschen, dem in Figur 9.8 die Werte f_k direkt ausgesetzt
waren. Durch die Differenzierung wird es in den höheren Frequenzbereichen verstärkt;
daher erscheint die Funktion in Figur 9.16 oben stärker verrauscht als diejenige in Figur 9.8
Mitte.

9.3   Breitband-Kommunikation

Die modernen Kommunikationstechniken müssen umfangreiche, meist in digitaler Form
vorliegende Datenmengen über analoge Kanäle übertragen. Selbst wenn die zu übermit-
telnden Daten ursprünglich analoger Natur sind, drängt sich eine Digitalisierung auf: Die
Übertragung kann dann standardisiert und den Charakteristiken des Übertragungskanals
optimal angepasst werden. Würden die analogen Signale eins zu eins in elektrische umgesetzt, ergäbe sich fast immer eine schlechte Ausnutzung der Kapazität des Kanals. So benutzt etwa der konventionelle Telefonverkehr auf den Kupferleitungen von den Zentralen
zu den Kunden nur den Frequenzbereich von 0 bis etwa 4 kHz, während auf den gleichen
Leitungen mit den heutigen technischen Mitteln Signale mit Frequenzen bis 1.1 MHz (in
ADSL, Asymmetric Digital Subscriber Line, bereits realisiert) oder möglicherweise, unter
günstigen Umständen, bis 30 MHz (VDSL, Very high rate Digital Subscriber Line) übertragen werden können.

Die Aufgabe besteht also darin, ein digitales Signal – mathematisch gesehen eine Folge von
statistisch unabhängigen Binärziffern (Bits) – so aufzubereiten, dass es als kontinuierliches
Signal mit Frequenzen aus dem durch den Kanal vorgegebenen Frequenzband, und mit
möglichst großer Übertragungsrate, gesendet werden kann. Der Empfänger soll in der Lage
sein, aus dem empfangenen Signal, selbst wenn es durch Dämpfung, Rauschen, Störimpul-
se etc. beeinträchtigt ist, das digitale Signal mit kleiner Fehlerrate zu rekonstruieren.

Es ist üblich, die beiden Vorgänge als *Modulation* und *Demodulation* zu bezeichnen, weil häufig ein sinusförmiges „Trägersignal" in Amplitude oder Phase oder Frequenz verändert (moduliert) wird, um die zu übertragende Information zu codieren. Wenn der zur Verfügung stehende Frequenzbereich groß ist (ein breites „Frequenzband"), ist es sinnvoll, diesen in mehrere Bänder aufzuspalten und die zu übertragenden Daten auf diese Bänder aufzuteilen. Dies bietet die Möglichkeit, auf schmalbandige Störungen zu reagieren, indem man in den (wenigen) gestörten Bändern die Datenrate reduziert oder sie gar nicht mehr benutzt; so wird die Leistung des Systems nicht wesentlich beeinträchtigt. Ferner wird es leichter, die Frequenzabhängigkeit der Dämpfung (Telefonleitungen beispielsweise haben einen ausgeprägten Tiefpasscharakter) auszugleichen (engl. „equalize").

Wir kommen jetzt zur Idee, wie Basen aus Wavelets oder Waveletpaketen, oder auch lokale trigonometrische Basen („Malvar-Wavelets"), zur Modulation und Demodulation eingesetzt werden können: Sie eignen sich als Bausteine für das durch den analogen Kanal zu übertragende kontinuierliche Signal, da sie einen gut definierten Frequenzinhalt und beschränkte zeitliche Dauer aufweisen. Bleiben wir zunächst bei der abstrakten Formulierung: Jeder Funktion ψ_k aus einer solchen Basis wird ein Koeffizient c_k zugeordnet, welcher einen kleinen Teil der zu übertragenden Information darstellt; daraus ist durch Synthese die Funktion $s(t) = \sum_k c_k \psi_k(t)$ zu bilden und über den Kanal zu übertragen; der Empfänger bestimmt dann durch Analyse von $s(t)$ wieder die Koeffizienten c_k und damit die gewünschte Information. Daraus wird klar, dass – beispielsweise für den Fall der Wavelets – die Modulation durch die *inverse* Wavelettransformation beschrieben wird, die Demodulation aber durch die Wavelettransformation selber. Die inverse diskrete Transformation liefert auf der Senderseite eine Abtastfolge von $s(t)$, welche durch einen D/A-Wandler zu einem kontinuierlichen Signal interpoliert wird; der Empfänger tastet das Signal im gleichen Takt ab und wendet die diskrete Transformation an, um die Koeffizienten c_k zu gewinnen. Im folgenden Diagramm wird als Demodulator eine diskrete Waveletpaket-Transformation (DWPT) mit voll ausgebildetem Binärbaum der Tiefe J, also mit $M = 2^J$ Ausgabekanälen (siehe Abschnitt 7.4) angenommen. Bezüglich Frequenzgehalt der Kanäle ergibt sich so eine Einteilung der Frequenzachse (bis zur halben Abtastfrequenz) in M Bänder gleicher Breite, im Gegensatz zur logarithmischen Einteilung bei der Wavelettransformation, und alle Kanäle verwenden die gleiche Übertragungsrate (gemessen in Koeffizienten pro Sekunde).

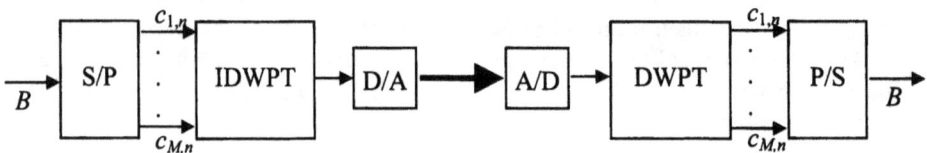

Figur 9.18: Schema der Modulation/Demodulation mittels Wavelet-Paketen

Der S/P-Block (seriell/parallel) hat nicht nur die Aufgabe, den Bitstrom auf die M Kanäle zu verteilen, sondern er muss daraus auch, einem bestimmten Code entsprechend, die Koeffizienten $c_{k,n}$ bilden. Im einfachsten Fall entspricht jedem Bit ein Koeffizient ($1 \rightarrow 1$, $0 \rightarrow -1$); allgemeiner kann man Gruppen von je d Bits bilden („Symbole") und jedes Symbol durch einen von 2^d erlaubten Werten („Niveaus") eines Koeffizienten codieren. Im Falle $d = 2$ könnte man als Niveaus etwa -1, -0.5, 0.5, 1 wählen. Dies erhöht die Übertragungsrate um den Faktor d, sofern die verschiedenen Niveaus nach der Demodulation trotz Rauschen und Störungen noch auseinander gehalten werden können. Um eine optimale Anpassung an die Gegebenheiten zu erreichen, sollten die d-Werte der verschiedenen Kanäle unabhängig voneinander gewählt werden können. Bei der Demodulation müssen *nach* Anwendung der diskreten Waveletpaket-Transformation die verrauschten und gedämpften Koeffizienten verstärkt und quantisiert werden, damit ihnen die richtigen Symbole zugeordnet werden können. Die nötigen Verstärkungsfaktoren können während einer Testphase beim Aufbau der Verbindung gelernt werden; diese Verstärkung „pro Band" ist einfacher zu realisieren als ein Ausgleich des empfangenen analogen Signals *vor* Anwendung der Transformation.

Das beschriebene Schema ist eine „Basisband"-Modulation, weil es ein bis an 0 heranreichendes Frequenzband benutzt; dieses kann jedoch durch Kombination mit klassischen Modulationstechniken leicht verschoben werden, was manchmal durch die Anwendung verlangt wird. Im Falle der Telephonleitungen sollte zum Beispiel am unteren Ende der Frequenzskala Platz für die klassische Telephonie oder für ISDN bleiben. Wir wollen der Einfachheit halber beim obigen Schema bleiben und als Nächstes den möglichen Datendurchsatz berechnen. Da bei der Waveletpaket- wie bei der Wavelettransformation die Anzahl der Basisvektoren mit der Anzahl der Abtastwerte übereinstimmt (bis auf Randeffekte am Anfang und Ende des Signals), ist die Anzahl der pro Sekunde übertragenen Symbole gleich der Abtastfrequenz f_a des A/D-Wandlers. Wenn d wie oben die pro Symbol codierte Anzahl Bits ist (Mittelwert über alle Kanäle), erhalten wir als theoretische Übertragungsleistung $d \cdot f_a$ Bits pro Sekunde, unabhängig von der Anzahl J der Stufen der Waveletpaket-Transformation. Das benutzte Frequenzband reicht dabei von 0 bis zur halben Abtastfrequenz. Will man also beispielsweise im Frequenzband von 0 bis 1.1 MHz pro Sekunde 4 Mbits übertragen, braucht man eine Abtastfrequenz von 2.2 MHz und mindestens $d = 2$ Bits pro Symbol. Die effektive Datenübertragungsrate ist dann noch um einiges kleiner: Die Mechanismen zur Synchronisation sowie zur Fehlererkennung und -korrektur fordern ihren Tribut.

Welchen Einfluss hat nun aber die Anzahl J der Stufen der Waveletpaket-Transformation? Zunächst bestimmt sie einfach die Anzahl Teilbänder, $M = 2^J$, in die das gesamte Frequenzband zerlegt wird. Man kann sich vorstellen, dass in diesen M parallelen „Frequenzkanälen" hintereinander Waveletpakete laufen. Je größer M, desto mehr, aber schmalere, Kanäle, desto länger die Waveletpakete. Die Unterteilung ist allerdings weder frequenzmäßig noch zeitlich perfekt, weil die realisierbaren Filter keine idealen Bandpass-Filter sind (siehe Kapitel 3), sodass sich benachbarte Bänder überlappen, und weil aufeinander folgende Waveletpakete zeitlich überlappen. Infolge der Überlappung der Frequenzkanäle werden Interferenzen zwischen in benachbarten Kanälen laufenden Waveletpaketen umso wahrscheinlicher, je schmaler sie sind, und umgekehrt sind Interferenzen zwischen aufeinander folgenden Waveletpaketen umso wahrscheinlicher, je kürzer diese sind. Bei kleinem J ist das System also besser gegen schmalbandige Störungen gewappnet, bei großem J besser gegen impulsartige. So kann auch J als Parameter aufgefasst werden, mit dem sich das System den Charakteristiken des Übertragungskanals und der Störungen anpassen lässt.

Statt einer Waveletpaket-Basis kann auch eine lokale trigonometrische Basis im Sinne von Abschnitt 7.5, realisiert durch eine Cosinus-modulierte Filterbank, verwendet werden. Solche Basisfunktionen werden wie erwähnt auch als Malvar-Wavelets bezeichnet; sie ergeben ebenfalls eine Aufteilung der Frequenzachse in Bänder gleicher Breite. Ein derartiges System wurde unter der Bezeichnung DWMT (Discrete *Wavelet* Multi-Tone) für den weiter oben erwähnten ADSL-Standard vorgeschlagen, aber zugunsten des technisch einfacher zu realisierenden DMT (Discrete Multi-Tone) fallen gelassen[24]. DMT ist wie DWMT ein OFDM-Verfahren (Orthogonal Frequency-Division Multiplexing), das heißt das zur Verfügung stehende Frequenzband wird in Teilbänder aufgeteilt, die zwar überlappen können, aber zueinander orthogonale Teilsignale (Summanden des Gesamtsignals) tragen. Dies garantiert die Unabhängigkeit der einzelnen Frequenzkanäle im Falle von verzerrungs- und störungsfreiem Betrieb. Bei der DMT-Modulation wird die Aufteilung durch eine blockweise diskrete inverse Fouriertransformation realisiert: M Symbole werden in M komplexen Zahlen $\gamma_0, \gamma_1, ..., \gamma_{M-1}$ codiert, mit $\gamma_0 = \overline{\gamma_0}, \gamma_{M-k} = \overline{\gamma_k}$ für $k = 1, ..., M-1$. Die inverse diskrete Fouriertransformation (siehe Anhang, Abschnitt 10.2) macht daraus reelle Zahlen $u_0, u_1, ..., u_{M-1}$, die als Abtastwerte eines Stücks (Block) des zu übertragenden Signals betrachtet werden. Wie in Abschnitt 7.5 erklärt, bewirken jedoch die möglichen Sprünge an den Blockgrenzen eine schlechte Lokalisierung im Frequenzbereich, also eine schlechte Trennung der einzelnen Frequenzkanäle – die Nebenmaxima der Kanäle liegen nur etwa 13 dB unter den Hauptmaxima („Sperrbanddämpfung"), gegenüber etwa 45 dB bei dem vorgeschlagenen DWMT-System. Dies äußert sich in schlechterer Resistenz gegenüber Verzerrungen und Störungen. Der Effekt kann etwas vermindert werden, indem der Schluss-Teil jedes Blocks (von der Länge der Impulsantwort des Übertragungskanals) dem eigentlichen Block zusätzlich vorausgeschickt wird. Dieses „zyklische Präfix", das dann bei der Demodulation ignoriert wird, schmälert zwar die (theoretische) Übertragungsleistung, hat aber mehrere günstige Effekte: Es dient als Schutzschild gegenüber Interferenzen aufeinander folgender Symbole, macht die Frequenzbänder bei gleich bleibendem Abstand

---

[24] Für VDSL, das den Frequenzbereich bis etwa 30 MHz nutzt, gibt es derzeit (Januar 2005) noch keinen Standard. Der Markt ist auch noch klein, was damit zu tun hat, dass die „letzte Meile" (Kupferkabel) hier höchstens 1.5 km betragen darf. Zur Diskussion steht neben DMT, wie schon bei ADSL, ein älteres Modulationsschema, genannt CAP (Carrierless Amplitude/Phase Modulation). Dieses ist mathematisch äquivalent zu QAM (Quadrature Amplitude Modulation), wird aber bis auf den D/A-Wandler digital implementiert. Bei QAM werden die Symbole seriell zwei zueinander orthogonalen Trägerwellen gleicher Frequenz aufmoduliert. DMT kann, etwas vereinfacht gesagt, auch als $M/2$ parallele schmalbandige QAM-Kanäle (mit langer Symboldauer) interpretiert werden, während CAP einem einzigen breitbandigen QAM-Kanal (mit kurzer Symboldauer) entspricht. Die kurze Symboldauer ist ein Vorteil von CAP, weil dadurch die mit der Übertragung verbundene Verzögerung minimal wird. Der Vorteil von DMT gegenüber CAP besteht darin, dass es besser gegen impulsartige Störungen geschützt ist. Umgekehrt ist CAP zwar besser gegen tonartige (schmalbandige) Störungen geschützt; diese sind aber häufig stationär, sodass DMT darauf reagieren kann, indem es die Anzahl Bits pro Symbol auf den entsprechenden Kanälen reduziert. Dasselbe gilt natürlich auch für DWMT.

etwas schmaler und die Sperrbanddämpfung etwas größer (für Details siehe etwa [Schl].
Trotz dieses Kunstgriffs erweist sich das DWMT-System in realer, das heißt verrauschter,
Umgebung – dank seiner besseren Trennung der Frequenzbänder – als überlegen
[San/Tza], aber der Nachteil des höheren technischen Aufwandes und der sich daraus erge-
benden höheren Produktionskosten der Modems wurde bei ADSL schließlich stärker ge-
wichtet. Der Aufwand rührt vor allem daher, dass die Filter bei DWMT mindestens Länge
$8M$ haben müssen, um die angegebene Sperrbanddämpfung von 45 dB zu erreichen. Dies
bedingt einen entsprechend höheren Rechen- und Speicherbedarf. Mit Filterlänge $2M$ und
der nach (7.3) beschriebenen Cosinusmodulation eines Malvar-Fensters erreicht man eine
Sperrbanddämpfung von etwa 23 dB (Figur 9.19 links), unabhängig von M. Zum Vergleich
sind in Figur 9.19 rechts die DMT-Kanäle bei gleichem M gezeigt.

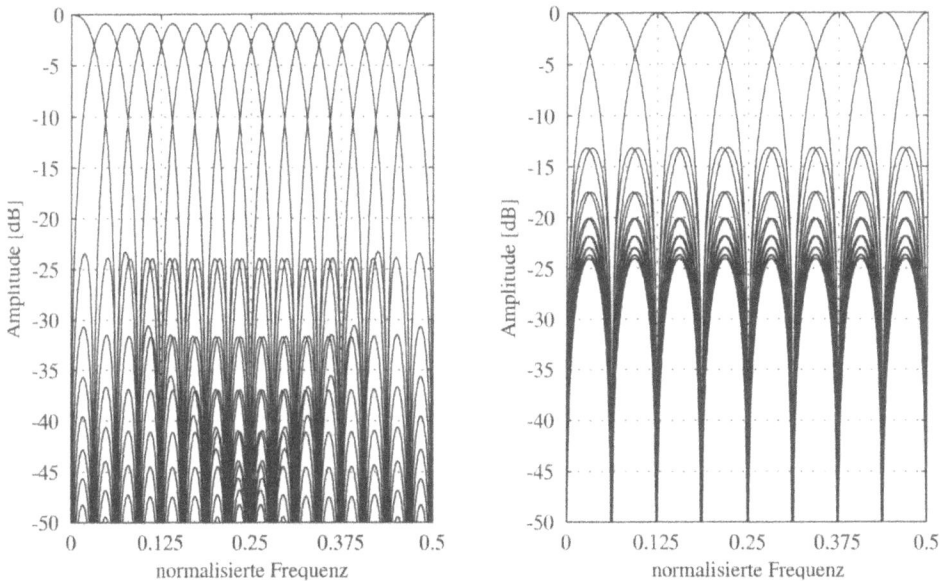

*Figur 9.19: Frequenzkanäle bei DWMT (links, M = 16, Filterlänge 32, Malvar-Fenster) und DMT
(rechts, M = 16). Zu beachten ist, dass DMT eigentlich nur M/2+1 Kanäle aufweist, davon aber
M/2–1 mit komplexem Eingang.*

In Figur 9.20 links ist die Situation im Frequenzbereich einer inversen Waveletpaket-
Transformation über $J = 3$ Stufen, also mit 8 Kanälen dargestellt. Es wurde das Symmlet
mit $p = 16$ verschwindenden Momenten (32 Filterkoeffizienten) verwendet, was auf Stufe 3
Waveletpakete einer theoretischen Länge von etwa 220 Abtastschritten ergibt; praktisch
sind nur etwa 80 Abtastwerte von Belang. Diese „Symbollänge" ist wesentlich größer als
bei DMT, was für Immunität gegenüber impulsartigen Störungen günstig ist; bei DMT ist
die Symbollänge gleich M (in Figur 9.19 rechts also 16), bei DWMT gleich der Filterlänge
$K{\cdot}M$ (in Figur 9.19 links also 32). Für die Implementation der entsprechenden Filterbank
würden 8+4+2 = 14 Filter der Länge 32 benötigt (je 7 davon gleich). Leider verschlechtert
sich mit wachsendem J die Sperrbanddämpfung, sodass Wavelets mit noch größerer Filterlänge verwendet werden müssten. Diese Überlegungen zeigen, dass die Waveletpaket-

Transformation bei dieser Anwendung den beiden Verfahren DMT und DWMT klar unterlegen ist. Der große Vorteil von DMT gegenüber DWMT besteht, wie schon erwähnt, in der kostengünstigeren Realisierung.

In Figur 9.20 rechts wurde in einen der Kanäle (er ist links markiert) eine Folge von 8000 zufälligen Symbolen zu je 2 Bits (also 4 Niveaus der Koeffizienten) eingespeist, die von der inversen Waveletpaket-Transformation gelieferte Abtastfolge einer diskreten Fouriertransformation unterworfen und das Amplitudenspektrum dargestellt.

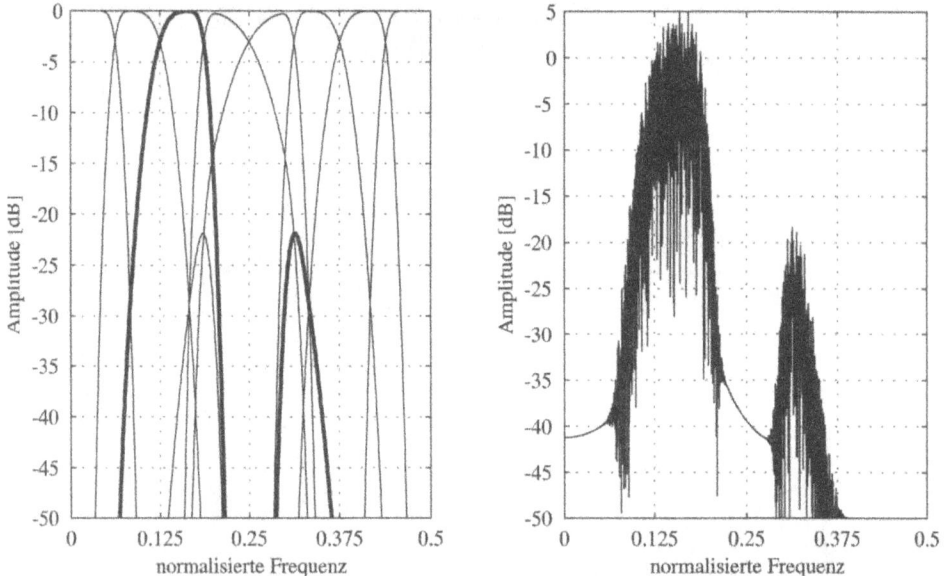

Figur 9.20: Frequenzkanäle bei inverser Waveletpaket-Transformation (Stufe $J = 3$, also $M = 8$ Kanäle, Symmlet der Ordnung $p = 16$). Rechts wurde der Kanal, der links markiert ist, simuliert (siehe Text).

Es folgt noch der MATLAB-Code für die rechte Teilfigur (unter Verwendung der Wavelet Toolbox, Version 2.x):

```
% Simulation eines oder mehrerer Kanäle
x = zeros(1,8000); J = 3;
t = wpdec(x,J,wav);      % zuerst durch Vorwärtstransformation
                         % leere Datenstruktur schaffen
for i = [3],             % hier gewünschte Kanalnummern einfüllen,
                         % Reihenfolge siehe Abschnitt 7.4
  c = size(read(t,'cfs',[J,i]));    % Format des Kanals lesen
  cfs = (round(rand(c))+1).*(round(rand(c))-0.5);
                         % Zufallskoeffizienten mit 4 Niveaus
  t = write(t,'cfs',[J i],cfs);
end;                     % Zufallskoeffizienten in Kanal einfüllen
x = wprec(t);            % inverse Waveletpaket-Transformation
fx = fft(x)/sqrt(8000);      % diskrete Fouriertransformation
plot(linspace(0,0.5,4000),20*log10(abs(fx(1:4000))));
```

9.4   Wavelets in Randwertproblemen

Viele Probleme der mathematischen Physik präsentieren sich in der Form von Randwert-problemen, das heißt partiellen Differentialgleichungen, deren Lösungen auf dem Rande des Definitionsbereichs vorgegebene Werte annehmen sollen[25]. Gewöhnlich sind Lösungen nur auf numerischem Wege zu erhalten, und dieser erfordert irgendeine Art von Diskretisie-rung. Die bekanntesten Diskretisierungsverfahren sind die *Differenzenmethode* und die Methode der *finiten Elemente*.

Bei der Differenzenmethode betrachtet man nur die Funktionswerte $u_k = u(P_k)$ der gesuch-ten Funktion u auf vorgegebenen Gitterpunkten P_k und approximiert die Ableitungen durch Differenzenquotienten. Zu jedem Gitterpunkt P_k gehören so eine Unbekannte u_k und eine angenäherte Gleichung, welche wegen der Differenzenbildung auch die zu benachbarten Gitterpunkten gehörenden Unbekannten enthält. Ersetzt man diese ungefähren Gleichungen durch exakte und löst das Gleichungssystem auf, erhält man Näherungswerte der gesuchten Funktionswerte u_k. Die Fehler entstehen also dadurch, dass die Ableitungen durch Diffe-renzenquotienten angenähert werden, und man erwartet, dass sie umso kleiner werden, je feiner das verwendete Gitter ist.

Bei der Methode der finiten Elemente teilt man den Definitionsbereich D – häufig durch eine Triangulation – in endliche Teilgebiete D_i auf, und approximiert die Einschränkungen von u auf die D_i durch „Ansatzfunktionen" eines einfachen Typs. Ist beispielsweise D zweidimensional, sind die D_i Dreiecke und wählt man als Ansatzfunktionen „lineare" Funk-tionen $a_i x + b_i y + c_i$, so sind die drei Parameter durch die Werte der Funktion in den drei Eckpunkten des Dreiecks bestimmt und man kann als Unbekannte die Funktionswerte u_k in den Knotenpunkten der Triangulation verwenden. Bei quadratischen Ansatzfunktionen ist noch je ein Funktionswert auf jeder Kante erforderlich. Durch solche Wahl der Abtast-punkte wird zwar automatisch garantiert, dass u bei den Übergängen von einem Element in ein benachbartes sich stetig verhält, aber für die Ableitungen gilt dies nicht. Die Differenti-algleichung kann daher nicht direkt in Gleichungen für die u_k umgesetzt werden und wird statt dessen in ein Variationsproblem umformuliert: Ein gewisses Integral, welches in den physikalischen Anwendungen häufig eine Energie darstellt, soll minimal werden. Dieses Integral wird elementweise berechnet; in jedem Element wird u durch die Ansatzfunktion ersetzt, und so ergibt sich eine Näherungssumme, welche dann eine Funktion der unbe-kannten Funktionswerte u_k ist, und die Minimalität des Integrals wird durch Nullsetzen der partiellen Ableitungen der Näherungssumme nach den u_k ausgedrückt. So entsteht ein Sys-tem von (ungefähren) Gleichungen für die u_k. Falls die Differentialgleichung linear war, ist

---

[25]   Bei zeitabhängigen Funktionen kommt noch eine Anfangsbedingung dazu. Die Methoden zur Behandlung der Zeitabhängigkeit bei vorgegebener Anfangsbedingung unterscheiden sich stark von denjenigen, die bei vorgegebenen Randwerten Verwendung finden. Im ersten Fall wählt man normalerweise ein Fortschreiten in der Zeit (wie z.B. in den Runge-Kutta-Methoden), während im zweiten Fall die Lösung meistens global approximiert wird. Die Ausführungen dieses Abschnitts beziehen sich auf den zweiten Fall. Differentialgleichungen wie die Maxwellgleichungen der E-lektrodynamik oder die Navier-Stokes-Gleichungen der Strömungsdynamik erfordern eine Kom-bination beider Fälle.

auch das Gleichungssystem linear; dies gilt selbstverständlich auch für die Differenzen-methode.

Eine dritte Methode besteht darin, die gesuchte Funktion u durch eine geeignet gewählte endliche Menge von Basisfunktionen ψ_k zu approximieren:

$$u \approx \sum_k a_k \psi_k$$

Hier können selbstverständlich Skalierungsfunktionen und Wavelets verwendet werden; klassisch ist der Gebrauch von komplexen Exponentialfunktionen (woraus eine diskrete Version des Lösens von Differentialgleichungen durch Fourier- oder Laplacetransformation resultiert) oder von Gauss-Funktionen. Um aus der Differentialgleichung Gleichungen für die unbekannten Koeffizienten a_k zu gewinnen, könnte man wieder Auswertungen an ge-eignet gewählten Punkten betrachten (*Kollokation*methode), was jedoch im Falle von Wavelets meistens nicht praktikabel ist, da diese ja nicht durch explizite Formeln gegeben sind. Eine Alternative bietet die *Galerkin*-Methode: Auf beiden Seiten der Gleichung die Skalarprodukte mit allen ψ_k oder anderen „Testfunktionen" bilden. Wenn die ψ_k ein ortho-gonales Funktionensystem darstellen, wählt man meistens diese selber als Testfunktionen. Man muss dann unter anderem Skalarprodukte der Art

$$< \psi_k, \mathcal{D}\psi_j >$$

berechnen, wo $\mathcal{D}$ ein in der Differentialgleichung vorkommender Differentialoperator ist. Diese – in der Literatur „Connection Coefficients" genannt – lassen sich im Falle, wo die ψ_k Basisfunktionen einer orthogonalen Multiskalen-Analyse im Sinne von Kapitel 4 sind, auf rein algebraischem Wege aus den Filterkoeffizienten bestimmen (als Lösung eines Eigenwertproblems). Auch bei dieser Methode erhält man für die Unbekannten a_k nähe-runsweise ein lineares Gleichungssystem, falls die Differentialgleichung linear war.

Bei allen drei Methoden können in praxisrelevanten Problemen die entstehenden Glei-chungssysteme ihres Umfangs wegen selten durch direkte Verfahren aufgelöst werden, und es müssen iterativ approximierende Algorithmen eingesetzt werden, im linearen Falle etwa statt des Gauss-Algorithmus der Gauss-Seidel-Algorithmus oder das Verfahren der konju-gierten Gradienten. Die dabei auftretenden Matrizen haben häufig eine sehr große Konditi-onszahl, was die benötigte Anzahl Iterationen nach oben treibt, sofern es nicht gelingt, durch eine geeignete Vorkonditionierung Abhilfe zu schaffen. (Diese Begriffe werden weiter unten an einem einfachen Beispiel erläutert.) Das Auffinden einer solchen Vorkondi-tionierung kann also entscheidend für die Wahl der Methode sein. Will man die drei be-schriebenen Methoden vergleichen, so wird letztlich die Rechenzeit maßgebend sein, die nötig ist, um eine bestimmte vorgegebene Genauigkeit der Lösung zu erreichen. Zwar ist die Literatur über die Wavelet-Methode auch schon recht umfangreich, aber die Vergleiche sind extrem problemabhängig und daher wenig aussagekräftig. Die Stärke der Wavelet-Methode scheint vor allem darin zu bestehen, eine relativ einfache Möglichkeit zur adapti-ven Verfeinerung der Auflösung zu bieten. In diesem Buch wurden nur Skalen konstanter Schrittweite betrachtet, aber es ist im Rahmen der Multiskalen-Analyse auch möglich, die Auflösung selektiv, dort wo es nötig scheint, durch Halbierung zu verfeinern. (Natürlich

werden die Algorithmen für Analyse und Synthese dadurch komplizierter.) Diese Möglichkeit ist besonders wertvoll, wenn die Lösungsfunktion sich innerhalb kleiner Dimensionen
um mehrere Größenordnungen ändert. Ein gutes Beispiel hiefür ist etwa [Goed], wo mit
solchen Methoden aus der Poissongleichung das Potential in einem Uran-Dimer (einem
Molekül mit zwei Urankernen) berechnet wird. S. Goedecker glaubt, dass diese Resultate
mit keiner andern Methode zu erreichen gewesen wären. Wichtig ist auch die Kompressionswirkung der Wavelets: Durch Thresholding, also Weglassen kleiner Waveletkoeffizienten, lässt sich der Umfang der Daten, welche von den Algorithmen verarbeitet werden müssen – Verwendung einer geeigneten Datenstruktur wie etwa „schwach besetzte" Matrizen
vorausgesetzt – ohne allzu starke Beeinträchtigung der Genauigkeit häufig stark reduzieren.
Natürlich führen auch die anderen Verfahren zu schwach besetzten Matrizen, was die Darstellung der Differentialoperatoren betrifft, nicht aber, was die Lösungsfunktion und weitere, in der Differentialgleichung vorgegebene Funktionen betrifft.

Ein physikalisch relevantes realistisches Beispiel würde den Rahmen dieses Einführungs-
kurses sprengen; wir wollen hier nur einige der angesprochenen Themen an einem einfachen eindimensionalen Beispiel erläutern. Wir betrachten Randwertprobleme der Form

$$-u''(x)+c(x)u(x)=f(x) \ , \quad u(0)=\alpha \ , \quad u(1)=\beta \qquad (9.9)$$

wobei $c(x), f(x)$ gegebene, auf dem offenen Intervall $]0,1[$ definierte Funktionen sind und
α, β die ebenfalls gegebenen Randwerte der gesuchten Funktion $u(x)$. Als Diskretisierung
von u suchen wir möglichst genaue Näherungen einer Abtastung

$$u_k \approx u(x_k)=u(k\Delta x) \ , \quad k=0, \ ..., \ N+1 \ , \quad \text{mit } \Delta x=\tfrac{1}{N+1}$$

also $u_0 = \alpha$, $u_{N+1} = \beta$. Wir wählen die u_k als Approximationskoeffizienten $u_{0,k}$ der Funktion
$\tilde{u}(x):=u(\Delta x \cdot x)$ bezüglich der Skala $2^0 = 1$ in einer orthogonalen Multiskalen-Analyse
(Kapitel 4), also

$$\tilde{u} \approx \sum_k u_k \varphi_{0,k} \quad \text{mit } u_k = \ <u,\varphi_{0,k}>$$

Als Approximationskoeffizienten von $-\tilde{u}''$ erhalten wir dann

$$< -\tilde{u}'',\varphi_{0,n}> \ = \ <\tilde{u}',\varphi_{0,n}'> \ \approx \sum_k u_k <\varphi_{0,k}',\varphi_{0,n}'> \ = \sum_k u_k <\varphi',\varphi_{0,n-k}'> \quad (9.10)$$

wenn die Skalierungsfunktion φ wenigstens einmal stetig differenzierbar ist. Die angenä-
herten Abtastwerte von $-u''$ sind dann

$$-u''(n\Delta x)=-\tilde{u}''(n)\Delta x^{-2} \approx \sum_k u_k d_{n-k} \Delta x^{-2} \quad \text{mit} \quad d_n := <\varphi',\varphi_{0,n}'> \quad (9.11)$$

Um die benötigten „Connection Coefficients" d_n zu berechnen, leiten wir Gleichungen her, denen sie genügen müssen: Mit der 2-Skalenrelation $\varphi = \sum_k h_k \varphi_{-1,k}$ erhalten wir

$$d_n = \sum_{k,p} h_k h_p < \varphi_{-1,k}{'}, \varphi_{-1,p+2n}{'}> = \sum_{k,p} h_k h_p < \varphi_{-1,0}{'}, \varphi_{-1,p+2n-k}{'}> = \dots \quad \dots = 4 \sum_{k,p} h_k h_p d_{p+2n-k},$$

wobei wir die für „beliebige" Funktionen f, g gültigen Relationen $f_{-1,n}{'} = 2 f'_{-1,n}$ und $< f, g > = < f_{-1,n}, g_{-1,n} >$ benützt haben. Es muss also

$$\sum_p C_{np} d_p = \tfrac{1}{4} d_n \qquad\qquad (9.12)$$

gelten, mit $C_{np} := \sum_k h_k h_{k-2n+p}$. Der Koeffizient C_{np} kann als Koeffizient von z^{2n-p} in der z-

Transformierten $H(z^{-1})H(z) = M(z)$ gedeutet werden, woraus hervorgehen wird, dass die Koeffizienten d_k für alle Skalierungsfunktionen, deren Filterkoeffizienten durch Faktorisierung des gleichen Polynoms $M(z)$ entstehen (Kapitel 5), gleich sind. Es spielt also beispielsweise keine Rolle, ob man Daubechies-Filter mit minimaler oder fast-linearer Phase verwendet. Die obigen Betrachtungen gelten übrigens mit den nötigen Änderungen auch im biorthogonalen Fall, sodass etwa die B-Spline-Filter mit $p = 4$, $\tilde{p} = 2$ die gleichen Koeffizienten d_k liefern wie das Daubechies-Filter mit Approximationsordnung $p = 3$. Die Synthese-Skalierungsfunktion ist in diesem Falle die Hut-Funktion. Die homogenen Gleichungen (9.12) stellen – in der Sprache der linearen Algebra – ein Eigenwertproblem dar; sie bestimmen die d_n höchstens bis auf einen konstanten Faktor, weshalb wir noch mindestens eine inhomogene Gleichung benötigen. Wenn wir verlangen, dass die Approximationsordnung der Skalierungsfunktion mindestens 3 ist, können wir die Funktionen 1, x und x^2 (über einem beliebig großen endlichen Bereich) exakt als Linearkombination der $\varphi_{0,k}$ darstellen (siehe Aufgabe 5 in Abschnitt 5.5), nämlich $1 = \sum_k \varphi_{0,k}$, $x = \sum_k (\lambda_1 + k) \varphi_{0,k}$,

$x^2 = \sum_k (\lambda_2 + 2\lambda_1 k + k^2) \varphi_{0,k}$, und daraus folgt der Reihe nach $0 = <1', \varphi'> = \sum_k d_k$,

$0 = -<x'', \varphi> = <x', \varphi'> = \sum_k (\lambda_1 + k) d_k = \sum_k k d_k$,

$-2 = -<(x^2)'', \varphi> = <(x^2)', \varphi'> = \sum_k (\lambda_2 + 2\lambda_1 k + k^2) d_k = \sum_k k^2 d_k$

Die letzte Gleichung (auch sie im orthogonalen wie im biorthogonalen Falle gültig), also

$$\sum_k k^2 d_k = -2 \qquad\qquad (9.13)$$

ist die gewünschte Ergänzung zu (9.12). Wir nehmen für die Fortsetzung als Beispiel das Polynom $M(z)$ mit $p = 3$ gemäß (5.4) und (5.6) aus Abschnitt 5.2, nämlich

$$M(z) = 2z^{-5} \left(\frac{1+z}{2}\right)^6 \left(\left(\frac{1+z}{2}\right)^4 - 5\left(\frac{1+z}{2}\right)^2 \left(\frac{1-z}{2}\right)^2 + 10\left(\frac{1-z}{2}\right)^4\right) = \ldots$$

$\ldots = \frac{3}{256} z^{-5} - \frac{25}{256} z^{-3} + \frac{150}{256} z^{-1} + 1 + \frac{150}{256} z^1 - \frac{25}{256} z^3 + \frac{3}{256} z^5$, als Skalierungsfunktion φ also etwa diejenige von Daubechies mit $p = 3$. (Diese ist knapp einmal stetig differenzierbar, siehe Kommentar zu Figur 6.6.). Weil der Träger von φ Länge 5 hat, ist $d_n = 0$ für $|n| \geq 5$. Aus (9.12) und (9.13) ergibt sich daher (wegen $C_{np} = $ Koeffizient von z^{2n-p} in $M(z)$) folgendes Gleichunssystem für $d_{-4}, \ldots, d_4$:

$$\begin{bmatrix} -64 & 0 & 0 & 0 & 0 & 0 & 0 & 3 & 0 \\ 0 & -64 & 0 & 0 & 0 & 3 & 0 & -25 & 0 \\ 0 & 0 & -64 & 3 & 0 & -25 & 0 & 150 & 256 \\ 0 & 3 & 0 & -89 & 0 & 150 & 256 & 150 & 0 \\ 0 & -25 & 0 & 150 & 192 & 150 & 0 & -25 & 0 \\ 0 & 150 & 256 & 150 & 0 & -89 & 0 & 3 & 0 \\ 256 & 150 & 0 & -25 & 0 & 3 & -64 & 0 & 0 \\ 0 & -25 & 0 & 3 & 0 & 0 & 0 & -64 & 0 \\ 0 & 3 & 0 & 0 & 0 & 0 & 0 & 0 & -64 \\ 16 & 9 & 4 & 1 & 0 & 1 & 4 & 9 & 16 \end{bmatrix} * \begin{bmatrix} d_{-4} \\ d_{-3} \\ d_{-2} \\ d_{-1} \\ d_0 \\ d_1 \\ d_2 \\ d_3 \\ d_4 \end{bmatrix} = \begin{bmatrix} 0 \\ 0 \\ 0 \\ 0 \\ 0 \\ 0 \\ 0 \\ 0 \\ 0 \\ -2 \end{bmatrix}$$

Mittels Computer-Algebra (z. B. der Symbolic Math Toolbox von MATLAB, siehe File concoef.m), sieht man, dass das System eine eindeutig bestimmte Lösung hat, in exakter Arithmetik

$$(d_{-4}, \ldots, d_4) = \left(\frac{-3}{560}, \frac{-4}{35}, \frac{92}{105}, \frac{-356}{105}, \frac{295}{56}, \frac{-356}{105}, \frac{92}{105}, \frac{-4}{35}, \frac{-3}{560}\right) \qquad (9.14)$$

Die Symmetrie ist keine Überraschung, sondern lässt sich auch leicht direkt aus der Definition der d_k folgern. Damit sind wir im Prinzip in der Lage, die Differentialgleichung (9.9) zu diskretisieren; jedoch zeigt sich ein Problem an den Rändern des Intervalls, wo die zur Berechnung der Ableitungen $-u''(k\Delta x)$ nötigen Werte u_i für $i < 0$ oder $i > N+1$ fehlen. Das Problem ist ernsthaft, weil sich Ungenauigkeiten am Rand beim Lösen der Differentialgleichung ins Innere des Intervalls fortpflanzen. Es wäre auch zu einschränkend, anzunehmen, dass die gesuchte Funktion periodisch (und auch am Rand zweimal differenzierbar) ist. Eine Möglichkeit besteht darin, die Skalierungsfunktionen (und Wavelets), welche den Rand des Intervalls überlappen, so abzuändern, dass eine echte Orthonormalbasis für die auf dem Intervall definierten Funktionen entsteht (siehe etwa [Daub, 10.7] oder [Mall, 7.5.3]), und dann die entsprechenden „Connection Coefficients" zu bestimmen, aber wir wählen hier einen einfacheren Weg. Das Filter (9.14) liefert für Polynome bis zum Grad 5 die exakten Werte von $-u''(k\Delta x)$, wie man zeigen kann oder experimentell leicht nachprüft. Wir approximieren nun $u(x)$ in der Umgebung von 0 durch ein Polynom vom Grad 5, welches die vorliegenden Werte $u_0, u_1, u_2, u_3, u_4, u_5$ annimmt, und berechnen daraus die benötigten Werte $u_{-4}, u_{-3}, u_{-2}, u_{-1}$ in Abhängigkeit von $u_0, u_1, u_2, u_3, u_4, u_5$. Dann können wir mit (9.11) die $-u''(k\Delta x)$ für $0 \le k \le 3$ bestimmen, die dadurch ebenfalls von $u_0, u_1, ...$ abhängig werden. Daraus ergibt sich für $-u''(k\Delta x)$, $0 \le k \le 3$ eine Modifikation von (9.11), welche nur vorhandene Werte u_k verwendet und im Rahmen der Genauigkeit bleibt. Die ganze Rechnung ist ebenfalls im File concoef.m enthalten und liefert

$$
\begin{bmatrix} -u''(0\Delta x) \\ -u''(1\Delta x) \\ -u''(2\Delta x) \\ -u''(3\Delta x) \end{bmatrix} \approx \begin{bmatrix} \frac{-15}{4} & \frac{77}{6} & \frac{-107}{6} & 13 & \frac{-61}{12} & \frac{5}{6} & 0 & 0 \\ \frac{-5}{6} & \frac{5}{4} & \frac{1}{3} & \frac{-7}{6} & \frac{1}{2} & \frac{-1}{12} & 0 & 0 \\ \frac{131}{1680} & \frac{-1093}{840} & \frac{271}{112} & \frac{-103}{84} & \frac{1}{336} & \frac{9}{280} & \frac{-3}{560} & 0 \\ \frac{-41}{280} & \frac{1607}{1680} & \frac{-1469}{420} & \frac{599}{112} & \frac{-575}{168} & \frac{1481}{1680} & \frac{-4}{35} & \frac{-3}{560} \end{bmatrix} * \begin{bmatrix} u_0 \\ u_1 \\ u_2 \\ u_3 \\ u_4 \\ u_5 \\ u_6 \\ u_7 \end{bmatrix} \Delta x^{-2}
$$

Symmetrisch dazu verfahren wir am rechten Intervallrand. Für die Differentialgleichung brauchen wir übrigens den Wert $-u''(0)$ nicht, da sie nur in den innern Abtastpunkten des Intervalls ausgewertet wird; die oberste Zeile der obigen Matrix wird also nicht benötigt. Wir können jetzt endlich die Diskretisierung unserer Differentialgleichung (9.9) aufschreiben, nämlich das lineare Gleichungssystem:

$$
\sum_{k=1}^{N} (A_{n,k} + c_n \delta_{n,k}) u_k = f_n - A_{n,0}\alpha - A_{n,N+1}\beta \ , \quad n = 1, ..., N \tag{9.15}
$$

wobei $A_{n,k} = d_{n-k} \Delta x^{-2}$ außer in den oben beschriebenen modifizierten Fällen $n \le 3$ und $n \ge N-2$. Zu beachten ist, dass die erste Spalte der obigen Matrix mit $u_0 (= \alpha)$ multipliziert wird und deshalb im Gleichungssystem auf die rechte Seite genommen wurde. Die Werte c_n und f_n werden wie die u_k als Abtastwerte der entsprechenden Funktionen interpretiert.

Bemerkung

Die Gleichung (9.11) kann auch als verallgemeinertes Differenzenschema zur Approximation der zweiten Ableitung aufgefasst werden; die Entwicklung von u in einer Basis von Skalierungsfunktionen ist damit eine Methode, Differenzenschemata höherer Fehlerordnung zu finden. Das in der Differenzenmethode übliche Schema $(d_{-1}, d_0, d_1) = (-1, 2, -1)$ ist für Polynome vom Grad 3 exakt, während das oben berechnete Beispiel (9.14) wie erwähnt für Polynome bis zum Grad 5 exakt ist. Allerdings gibt es einfachere Differenzenschemata mit dieser Eigenschaft, darunter eines mit Filterlänge 5 statt 9:

$$
(d_{-2}, d_{-1}, d_0, d_1, d_2) = (\frac{1}{12}, \frac{-4}{3}, \frac{5}{2}, \frac{-4}{3}, \frac{1}{12}) \tag{9.16}
$$

Auch die Randwertkorrekturen sind hier natürlich einfacher: Diejenigen für $-u''(0)$ und $-u''(1)$ sind gleich wie oben, für $n \geq 2$ ist keine nötig. Das Gleichungssystem (9.15) liefert mit diesen einfacheren Filterkoeffizienten d_n sogar etwas bessere Resultate als mit (9.14).

Wir rechnen nun ein Beispiel, mit allen drei Filtern: Die Funktion $u(x) = x \cdot \cos(100x)$ ist die Lösung der Differentialgleichung $-u''(x) - 10000\,u(x) = 200\,\sin(100x)$ mit den Randbedingungen $\alpha = 0$, $\beta = \cos(100)$. Wir multiplizieren das Gleichungssystem (9.15) mit Δx^2 und definieren zunächst die Eingangsfunktionen $c(x) = -1$ und $f(x) = 200\,\sin(100x)$ sowie zum späteren Vergleich die exakte Lösung. Wir arbeiten mit 1024 Abtastwerten im Innern des Intervalls.

```
N = 2^10; dx = 1/(N+1);
x = dx:dx:1-dx;
f = 200*sin(100*x)'*dx^2; alpha = 0; beta = cos(100);
c = spdiags(-ones(N,1)*10^4*dx^2,0,N,N);
x = 0:dx:1; uex = cos(100*x).*x;            % exakte Lösung
subplot(1,2,1); plot(x,uex);
```

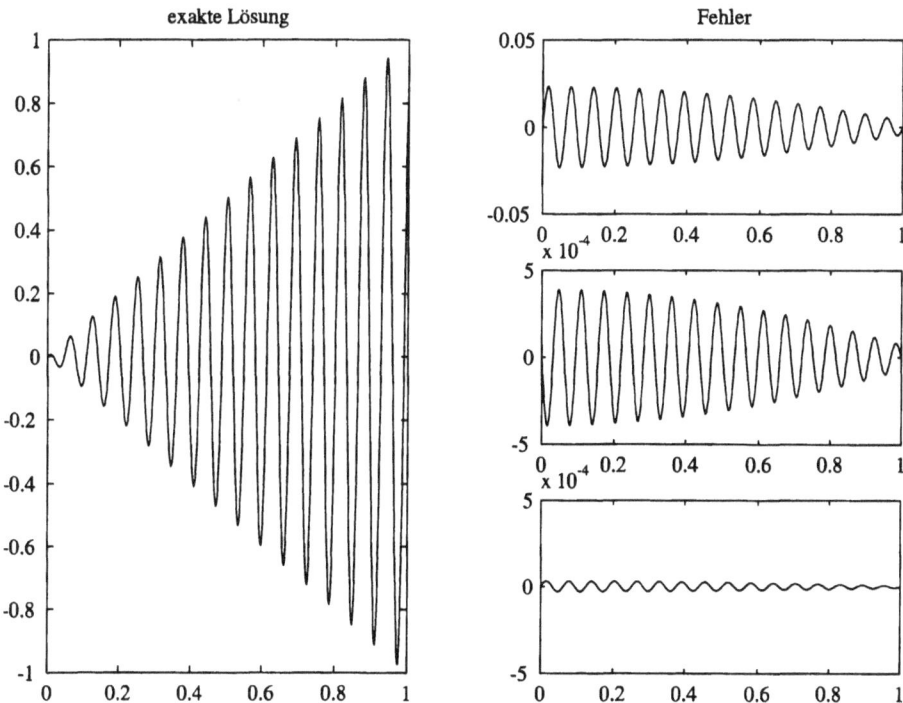

Figur 9.21: Exakte Lösung und Fehler.
Oben: mit dem Differenzenschema $(d_{-1}, d_0, d_1) = (-1,2,-1)$; Mitte: mit (9.14); Unten: mit (9.16)

Nun stellen wir die Matrizen des Systems auf, und zwar als schwach besetzte Matrizen (sparse matrices), um Platz und Rechenzeit zu sparen. Wir zeigen hier den Code für das

Differenzenschema (9.16); die andern beiden Fälle gehen analog. (Der vollständige Code ist im File dgl1.m enthalten.)

```
d = [1/12,-4/3,5/2,-4/3,1/12];                    % Filter ( 9.16 )
A = spdiags(ones(N,1)*d,-2:2,N,N);
r = [-5/6,5/4,1/3,-7/6,1/2,-1/12;...
     d,0];                              % Matrix für Randkorrektur
A(1:2,1:5) = r(1:2,2:6);                          % obere Korrektur
A(N-1:N,:) = fliplr(flipud(A(1:2,:)));            % untere Korrektur
g = f;                             % rechte Seite des Systems aufstellen
g(1:2,1) = f(1:2,1)-alpha*r(1:2,1);
g(N-1:N,1) = f(N-1:N,1)-beta*flipud(r(1:2,1));
```

Schließlich lösen wir das System mittels Matrixdivision (Gauss-Algorithmus) und stellen den Fehler graphisch dar (Figur 9.21). Interessanterweise ist er bei allen drei Differenzenschemata am linken Rand größer als am rechten.

```
u = (A+c)\g;                               % Lösen des Systems
fehler = [alpha,u',beta]-uex;
subplot(3,2,6); plot(x,fehler);
```

Wavelet-Basen

Bis hierher haben wir noch keine Wavelets verwendet, sondern nur Skalierungsfunktionen, und auch diese nur in einer Art und Weise, die gegenüber der Differenzenmethode kaum Vorteile bringt. Man kann nun jedoch innerhalb des betrachteten Funktionenraumes zu einer Darstellung mit Wavelets und Skalierungsfunktionen einer gröberen Skala übergehen, wenn dies angezeigt erscheint. Ein häufig genannter möglicher Grund, der vor allem bei mehrdimensionalen Problemen zum Tragen kommt, wurde schon weiter oben erwähnt: Die Kompressionseigenschaft der Wavelets kann durch Thresholding ausgenützt werden, um den Datenumfang soweit zu reduzieren, dass eine Verarbeitung überhaupt praktikabel wird. Obwohl bei unserem eindimensionalen Beispiel kaum von Belang, wollen wir das Vorgehen erläutern und dabei noch einen anderen numerischen Aspekt beleuchten; der mehrdimensionale Fall ist nicht grundsätzlich anders. Wir wählen also eine maximale Transformationsstufe J und betrachten die Wavelets der Stufen 1, 2, ..., J und die Skalierungsfunktionen der Stufe J als Basisfunktionen. Dabei gibt es wieder Schwierigkeiten bei denjenigen, welche den Rand des Definitionsintervalls überlappen. Auch hier wäre die sauberste Lösung, mit Skalierungsfunktionen und Wavelets zu arbeiten, welche eine Orthonormalbasis für die auf dem Intervall definierten Funktionen bilden (ohne Periodisierung, siehe wieder [Daub, 10.7] oder [Mall, 7.5.3]). Dann wäre der Übergang einfach ein orthogonaler Basiswechsel in einem endlichdimensionalen Vektorraum, beschrieben durch eine orthogonale Matrix W (das heißt $W^{-1} = W^T$, die transponierte Matrix), und das transformierte System (9.15) würde in Matrix-Schreibweise (wenn wir zur Abkürzung $B_{n,k} := A_{n,k} + c_n \delta_{n,k}$ und $g_n := f_n - A_{n,0}\alpha - A_{n,N+1}\beta$ setzen) wie folgt lauten:

$$WBW^T x = Wg \quad , \quad u = W^T x \qquad (9.17)$$

Dabei ist Wg die durch Subband Coding (mit am Rande modifizierten Filterkoeffizienten) aus g gewonnene diskrete Wavelet-Transformierte von g; das System wird nach $x = Wu$

aufgelöst, und aus diesem kann durch inverses Subband-Coding die gesuchte Wertefolge u gewonnen werden: $u = W^T x$. Die Matrix WBW^T ist als Diskretisierung der Operation $u(t) \to -u''(t) + c(t)u(t)$ in der gewählten Basis aufzufassen. Wenn wir nun in der Matrix W statt der modifizierten Filterkoeffizienten die gewöhnlichen einsetzen, wird sie nicht exakt orthogonal sein; solange sie aber invertierbar bleibt, können wir das Gleichungssystem weiterhin in der Form (9.17) schreiben, wobei jetzt $x = (W^T)^{-1} u$ ist. Dabei muss die Matrix $(W^T)^{-1}$ nicht bekannt sein, und die Berechnung der Matrix WBW^T kann als einmalige Investition betrachtet werden. Die Matrix W selber lässt sich als Produkt $W_{J-1}...W_1W_0$ beschreiben, wobei W_k die Matrix des Subband Coding der Stufe k ist, also von der Gestalt

$$W_k = \begin{bmatrix} H_{(N/2^{k+1}) \times (N/2^k)} & & 0 \\ G_{(N/2^{k+1}) \times (N/2^k)} & & \\ & & \\ 0 & & \delta_{(N-N/2^k) \times (N-N/2^k)} \end{bmatrix} \qquad (9.18)$$

worin $\delta_{..}$ eine Einheitsmatrix der angegebenen Größe bezeichnet und $H_{..}$, $G_{..}$ Matrizen bedeuten, deren Zeilen je eine Impulsantwort des Tiefpass- bzw. Hochpassfilters enthalten, von Zeile zu Zeile um zwei Positionen verschoben (wegen des Downsampling im Subband Coding), und an den Rändern der Matrix einfach abgeschnitten sind. (Bei der periodischen Transformation müsste man sich die Matrizen $H_{..}$, $G_{..}$ auf einem Zylinder vorstellen und die Impulsantworten um diesen „herumwickeln".)

Vorkonditionierung durch diagonale Reskalierung

Es sei noch einmal betont, dass das System (9.17) vollkommen äquivalent ist zum System (9.15). Allfällige Vorteile sind rein numerischer oder algorithmischer Natur. Ein Beispiel eines solchen Vorteils zeigt sich im Spezialfall, wo $c(x) = 0$ in (9.9), also bei der Poissongleichung

$$-u''(x) = f(x) \ , \quad u(0) = \alpha \ , \quad u(1) = \beta \qquad (9.19)$$

Die Matrix A ($= B$) hat hier eine Konditionszahl (Verhältnis von größtem zu kleinstem Singulärwert; der Leser braucht aber keine Singulärwerttheorie zu kennen), die quadratisch mit N zunimmt (siehe die nachfolgenden Tabellen). Dies kann sich dann negativ auswirken, wenn (9.15) durch eine iterative Methode gelöst werden soll. Nun hat zwar WAW^T eine ähnlich große Konditionszahl (weil $W^T \approx W^{-1}$), aber die Frequenzlokalisierung der Waveletbasis gestattet eine *Vorkonditionierung*, also ein Ersetzen von W in (9.17) durch $W' = KW$ mit kleinerer Konditionszahl von $W'AW'^T$, wobei K hier eine einfache Diagonalmatrix ist; man spricht daher von *diagonaler Reskalierung*. Weil nämlich die Wavelets der Stufe k im Wesentlichen auf den Frequenzbereich $2^{-(k+1)} \le \xi \le 2^{-k}$ beschränkt sind, gilt dies auch für ihre zweiten Ableitungen. (Die zweite Ableitung einer Schwingung mit Frequenz ξ ergibt wiederum eine solche, aber mit einer um Faktor ξ^2 veränderten Amplitude.) Die Matrix WAW^T reduziert deshalb die Waveletkoeffizienten der Stufe k in einem Vektor $x = (W^T)^{-1} u \approx Wu$ um einen Faktor in der Größenordnung von 2^{-2k}. Dies können wir verhindern, wenn wir W durch KW ersetzen, wobei in der Diagonalmatrix K an entsprechender Position auf der Diagonale die Zahl 2^k steht. Am einfachsten erreicht man diesen Effekt, indem man beim Subband-Coding alle Filterkoeffizienten mit 2 multipliziert, das heißt wir ersetzen in (9.18) die Matrizen $H_{..}$, $G_{..}$ durch $H'_{..} = 2H_{..}$, $G'_{..} = 2G_{..}$ und erhalten so die Matrix $W' = KW = W'_{J-1}...W'_1W'_0$. Um die Nützlichkeit dieses Konzepts zu testen, haben wir (9.15) und (9.17) mit W' anstelle von W für die Gleichung (9.19) mit Hilfe der iterativen Methode cgs von MATLAB (conjugate gradients squared, siehe MATLAB-Dokumentation) gelöst, und zwar mit dem Daubechies-Wavelet der Ordnung 3, und für alle drei weiter oben betrachteten Fälle von Ableitungskoeffizienten.

Tabelle 9.1: Konditionszahlen (approximativ) und Anzahl Iterationen in (9.15) und (9.17)
a) mit den Filterkoeffizienten (-1,2,-1) in A

N	Konditionszahl von A	Konditionszahl von $W'AW'^T$	Anzahl Iterationen mit A	Anzahl Iterationen mit $W'AW'^T$	maximaler Fehler
64	1712	60	64	22	1.3e-3
128	6'744	116	128	26	3.4e-5
256	26'768	227	256	30	8.5e-6
512	106'658	451	512	31	2.1e-6
1024	425'802	899	-	33	5.4e-7

b) mit den „Connection Coefficients" (9.14) in A

64	5'993	52	115	29	1.8e-5
128	23'629	101	237	30	1.5e-6
256	93'810	201	817	38	1.1e-7
512	373'804	403	-	36	7.0e-9
1024	1'492'330	809	-	42	6.5e-10

c) mit den Koeffizienten (9.16) in A

64	2'282	50	70	23	1.3e-6
128	8'991	92	145	28	7.1e-8
256	35'690	175	299	30	6.9e-9
512	142'210	343	589	33	4.7e-10
1024	567'735	679	997	40	5.6e-11

Die Differentialgleichung war (9.19) mit $f(x)=1.1\,(1.21-x^2)^{-\frac{3}{2}}$, $\alpha=1$, $\beta=\frac{\sqrt{0.21}}{1.1}$ und

der exakten Lösung $u(x)=\dfrac{\sqrt{1.21-x^2}}{1.1}$. Die Matrizen A und $W'AW'^T$ hängen natürlich

nicht von f ab, die Iterationszahlen von cgs nur unwesentlich, wie man durch Experimentieren mit andern Beispielen feststellt. Die Tabelle 9.1 zeigt, dass die Konditionszahl von A ungefähr quadratisch mit N zunimmt, diejenige von $W'AW'^T$ nur linear. Die Iterationszahlen für A wachsen etwa linear, diejenigen für $W'AW'^T$ nur unwesentlich. Auch hier zeigt sich übrigens wieder, dass die einfacheren Filterkoeffizienten (9.16) den eigentlich zum gewählten Wavelet gehörenden „Connection Coefficients" (9.14) überlegen sind, nicht nur bezüglich Genauigkeit (was nicht verwunderlich ist, weil ja (9.17) nur eine algebraische Umformung von (9.15) ist), sondern auch bezüglich Konditionszahl von $W'AW'^T$ und Anzahl Iterationen. Der MATLAB-Code zu Tabelle 9.1 ist im File dgl2.m enthalten, die Berechnung von W' in wtresc.m.

Bemerkung

Die Toleranz der Iterationsmethode cgs wurde so klein angesetzt, dass die letzte Spalte in der Tabelle wirklich den Diskretisationsfehler wiedergibt. Aus dem Differenzenschema $(-1,2,-1)$ ergibt sich offenbar eine Fehlerordnung von 2, das heißt bei Halbierung von Δx verkleinert sich der Fehler etwa um den Faktor $\frac{1}{2^2}=\frac{1}{4}$, während die andern beiden Schemata zu einer theoretischen Fehlerordnung von 4 führen dürften (Faktor $\frac{1}{2^4}=\frac{1}{16}$). Mit $N=128$ und dem Schema (9.16) erhalten wir schon ein genaueres Resultat als mit $N=1024$ und $d=(-1,2,-1)$. Allerdings müssen an f gewisse Anforderungen gestellt werden, wenn man solche Schlüsse ziehen will. Betrachten wir beispielsweise die Funktion

$f(x)=(1-x^2)^{-\frac{3}{2}}$ – sie hat einen Pol bei 1, und die Differentialgleichung (9.19) hat dann

mit $\alpha=1$, $\beta=0$ die exakte Lösung $u(x)=\sqrt{1-x^2}$ – so ergeben alle drei Schemata fast den gleichen Fehler, der sich bei Halbierung von Δx nur etwa um den Faktor $\frac{3}{4}$ verkleinert; für $N=1024$ ist er am rechten Rand, wo f seinen Pol hat, etwa 0.015 und nimmt gegen links auf 0 ab (Figur 9.22).

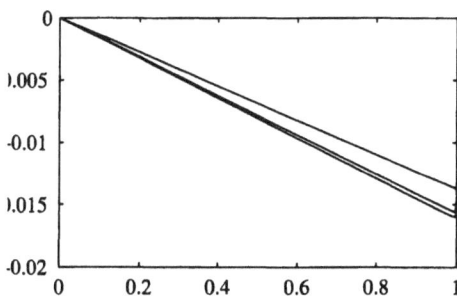

Figur 9.22: Diskretisationsfehler der drei Differenzenschemata bei der Differentialgleichung

$-u''(x)=(1-x^2)^{-\frac{3}{2}}$, $u(0)=1$, $u(1)=0$,

mit $N=1024$

9.5   Kanten-Erkennung

Kanten sind wichtige Strukturen in einem Bild; sie enthalten einen großen Teil der für das menschliche Auge relevanten Information. Die Erkennung und Verarbeitung von Kanten ist deshalb ein zentrales Thema der Bildverarbeitung. In vielen Algorithmen ist es wünschbar, etwa aus Rechenzeitgründen, bei groben Strukturen zu beginnen und nach Bedarf zu verfeinern; in Abschnitt 2.4 haben wir schon auf die Pyramidendarstellung [Bur/Ade] hingewiesen. Ein weiterer Grund für die Verwendung einer Multiskalen-Methode ist die Robustheit gegen Fehlinterpretationen infolge Rauschens: Nur Kanten, die sich über mehrere Skalen nachweisen lassen, werden als „echte" Kanten betrachtet.

Die in Abschnitt 7.1 skizzierte 2D-Multiskalenanalyse stellt ein für solche Zwecke nicht sehr geeignetes Instrument dar, denn die diskrete Wavelettransformation ist für die Erkennung von Merkmalen wegen ihrer Translationsabhängigkeit nicht ideal. Meist wird deshalb entweder eine kontinuierliche Transformation mit geeignet ausgewähltem Wavelet verwendet (mit freier Wahl der Diskretisierung des Skalenparameters s) oder der in Abschnitt 8.2 erklärte „algorithme à trous", bei welchem man sich auf die Skalen 2^n ($n = 1, 2, 3, ...$; dyadische Wavelettransformation) und eine in allen Skalen identische vorgegebene Abtastschrittweite beschränkt. Als Beispiel für den erstgenannten Fall sei [Fa/Du/Sc] angeführt, wo mittels spezieller Kantenpunkte (solche maximaler Kantenkrümmung) in Bildsequenzen Bewegung detektiert und abgeschätzt wird. Wir wollen hier mit dem algorithme à trous arbeiten, und zwar beginnen wir der Einfachheit halber mit eindimensionalen Signalen, wo die wesentlichen Ideen ebenfalls schon vorkommen; der Leser möge sich etwa eine Zeile eines Bildes vorstellen.

Wir nehmen an, dass das Signal im Wesentlichen regulär verläuft, daneben aber isolierte Sprünge oder Spitzen aufweisen kann, welche auch einen „unscharfen" Verlauf haben dürfen. Die nachfolgenden Überlegungen sollen zeigen, wie sich aus der Wavelettransformierten die wesentlichen Parameter wie Zeitpunkt, Höhe und Flankensteilheit, bei einer Spitze auch das Integral, schätzen lassen. Um die Flankensteilheit zu erfassen, scheint es sinnvoll, ein Wavelet zu wählen, das im Wesentlichen die erste Ableitung des Signals, in verschiedenen Größenordnungen gemessen, wiedergibt. Gemäß Aufgabe 1 in Abschnitt 8.3 ist dies dann der Fall, wenn ψ die Ableitung einer Funktion θ – wir nennen sie die *Glättungsfunktion* – mit nichtverschwindendem Integral ist; das Wavelet hat dann Approximationsordnung 1. Das einfachste Beispiel ist natürlich das Haar-Wavelet, welches Ableitung einer dreieckförmigen Hutfunktion ist. Eine weitere für den algorithme à trous geeignete Möglichkeit sind die biorthogonalen Splines mit $\tilde{p} = 3$, $p = 1$, aber mit vertauschten Rollen, das heißt die in Figur 5.9 zuoberst gezeigten Funktionen als Analysefunktionen verwenden. (Die Irregularität der Synthesefunktionen spielt keine Rolle, weil wir ja gar keine Synthese durchführen.) Die Filterkoeffizienten für den algorithme à trous sind (unnormiert) $h = [1, 3, 3, 1]$ und $g = [-1, 3, -3, 1]$. Die Glättungsfunktion θ ist hier ein kubischer Spline, welcher der Skalierungsfunktion φ – diese ist wie das Wavelet ψ ein quadratischer Spline – recht ähnlich sieht. Um Verwechslungen zu vermeiden, sei vermerkt, dass θ nichts mit der Skalierungsfunktion der MSA zu tun hat, aus welcher das Wavelet allenfalls gewonnen wird. Im kontinuierlichen Fall wird als Wavelet ψ häufig die erste Ableitung einer Gauss-Funktion θ verwendet. Alle genannten Beispiele haben den Vorteil, dass θ keine negativen

Werte annimmt, wodurch „Ringing" vermieden wird; Ringing würde sich durch das Auftreten von Nebenmaxima in der Wavelettransformierten bemerkbar machen.

Die Wavelettransformierte von f in einer festen Skala s wird bis auf einen skalenabhängigen Proportionalitätsfaktor als Ableitung der in Skala s mit θ geglätteten Version von f interpretiert; die Glättung wird mathematisch durch Korrelation (Zeitumkehr und Faltung) mit einer auf Skala s gestreckten Version von θ beschrieben, eine kontinuierlich gleitende gewichtete Mittelwertbildung. In Formeln:

$$\psi(t) = \frac{d\theta}{dt} \quad \Rightarrow \quad f^\psi(a,s) = -s\frac{d}{da}\int_{-\infty}^{\infty} f(t)s^{-\frac{1}{2}}\theta(\frac{t-a}{s})dt \qquad (9.20)$$

Es ist nun plausibel, dass sich ein Sprung in f über mehrere Skalen hinweg durch ein Maximum des Betrages von $f^\psi(a,s)$ manifestiert. Betrachten wir ein Beispiel! (Wir haben bei den nachfolgenden Experimenten der Einfachheit halber immer das Haar-Wavelet verwendet.)

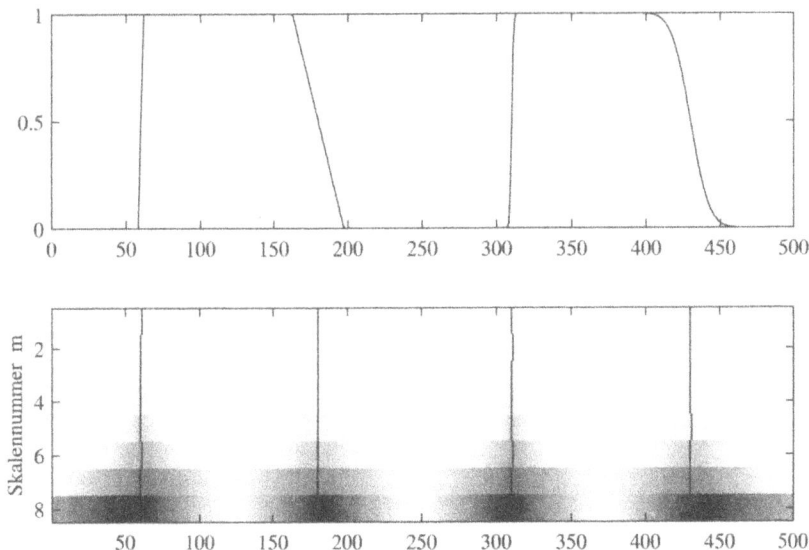

Figur 9.23: Ein Signal mit Sprüngen verschiedener Art (oben) und seine dyadische (Haar, algorithme à trous, Skalen 2^m, $m = 1,2, ...,8$) Wavelettransformierte (unten). Eingezeichnet sind in jeder Skala auch die lokalen Maxima des Betrages der Wavelettransformierten.

In Figur 9.23 sind vier Sprünge der Höhe $A = 1$ (oder -1) abgebildet, zwei davon mit linearer Flanke, zwei mit einer Flanke in Form einer integrierten Gauss-Funktion (also kumulierte Verteilungsfunktionen von gleich- oder normalverteilten Wahrscheinlichkeitsdichtefunktionen, jeweils mit gleicher Standardabweichung $\beta = 1$ bei den beiden steilen und $\beta = 10$ bei den beiden weniger steilen Sprüngen. Wir können 4β als ungefähre Breite der Übergangszone betrachten. Die Wavelettransformierte wurde unter Verwendung der Haarschen Filter mit dem algorithme à trous berechnet, wobei die Einheit auf der Abszisse gerade der Abtastschrittweite des Signals entspricht. Zusätzlich wurden in jeder Skala 2^m die lokalen Betragsmaxima bestimmt und im Diagramm markiert. Die Breite der Übergangszone bei einem Sprung äußert sich im Verlauf der Betragsmaxima p_m in Abhängigkeit der Skalennummer m, wie man aus Figur 9.24 ersieht: Die beiden am Anfang steileren Kurven gehören zu den beiden steilen Sprüngen; die spezielle Form des Übergangs scheint keine große Rolle zu spielen. Sobald die Skala 2^m die Breite 4β der Übergangszone deutlich überschritten hat, wird das Betragsmaximum hauptsächlich durch die Sprunghöhe A bestimmt. Da alle Betragsmaxima proportional zu A sind, hängen die Verhältnisse der Betragsmaxima zwischen verschiedenen Skalen (zum Beispiel $\dfrac{p_{m+1}}{p_m}$) nur von β ab, was die Möglichkeit bietet, β durch Vergleich mit analytisch oder experimentell vorberechneten Werten (Referenzkurven für $A = 1$ zu verschiedenen Werten von β) zu schätzen (zum Beispiel mittels einer Regression). Anschließend kann man aus den Verhältnissen der Betragsmaxima p_m zu denjenigen der gewählten Referenzkurve auf A schließen.

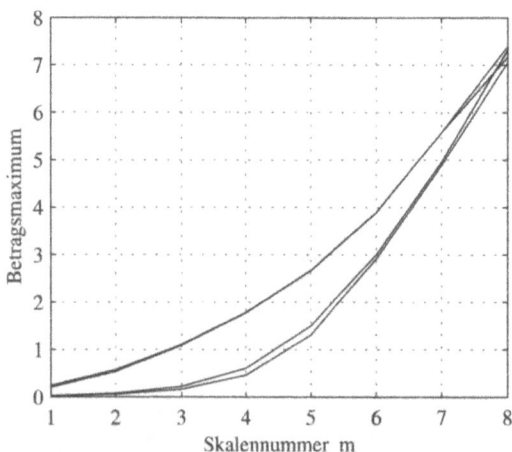

Figur 9.24: Beträge der Wavelettransformierten auf den Maxima-Linien in Figur 9.23

Um diese Berechnungen durchführen zu können, muss man die lokalen Betragsmaxima vorher skalenübergreifend zu „Linien" *verketten* (diese Aufgabe wäre im kontinuierlichen Rahmen leichter zu bewältigen als im hier betrachteten Fall). Zwei Maxima aufeinanderfolgender Skalen werden als zur selben Linie gehörig betrachtet, wenn ihre zeitliche Differenz einen gewissen skalenabhängigen Betrag nicht überschreitet. Bei Spitzen ergeben sich auch gebogene Maxima-Linien (siehe unten); überdies kann die Form der Linien in gröberen Skalen durch Interferenzen mit benachbarten Sprüngen oder Spitzen verändert werden, in geringerem Ausmaß auch durch den (als vergleichsweise regulär angenommenen) Verlauf des Signals zwischen den Singularitäten. Schließlich muss auch noch das Vorhandensein von Rauschen in Betracht gezogen werden, wenn das Verfahren wirklich nützlich sein soll. In diesem Fall wird zuerst ein Thresholding auf die Wavelettransformierte ausgeübt, wie in Abschnitt 9.2 beschrieben; dadurch werden zwar die meisten der durch das Rauschen erzeugten lokalen Maxima eliminiert, aber natürlich auch die schwächeren „echten" Maxima. Die Folge ist, dass die Maxima-Linien nur noch fragmentarisch vorhanden sind. Zur Schätzung von β und A genügen zwar theoretisch zwei Punkte einer Linie, aber die Genauigkeit der Schätzung ist umso mehr beinträchtigt, je weniger Punkte eine Linie aufweist. Wir überlassen es dem interessierten Leser, ein den skizzierten Gedanken folgendes Programm zur Detektion von isolierten Sprüngen und Spitzen zu schreiben (Aufgabe 3 in Abschnitt 9.7) und zu testen.

Die Situation bei Spitzen wird durch Figur 9.25 und Figur 9.26 gezeigt. In groben Skalen sind die durch eine Spitze induzierten Waveletkoeffizienten proportional zur Fläche F (Integral) der Spitze; wir haben deshalb den vier Spitzen in Figur 9.25 die gleiche Fläche $F = 1$ gegeben. In Figur 9.26 laufen die Graphkurven der Maximalwerte etwa ab Skala 2^7 zusammen; das Divergieren in Skala 2^8 ist durch Interferenzen der verschiedenen Spitzen zu erklären; diese sind auch in Figur 9.25 unten deutlich zu sehen. Die Breite der Spitzen ist wieder durch die Standardabweichung β definiert (das heißt innerhalb einer Breite von 4β liegen etwa 95% der Fläche); die Figur enthält dreieckige und Gauss-glockenförmige Spitzen mit $\beta = 1$ und $\beta = 10$. Für die Graphkurven der Maximalwerte spielt die spezielle Form der Impulse wiederum keine große Rolle; man kann deshalb mit ähnlichen Überlegungen wie bei den Sprüngen Schätzungen von β und F erhalten (und damit auch der Höhe $A \approx 0.4F/\beta$ der Spitze).

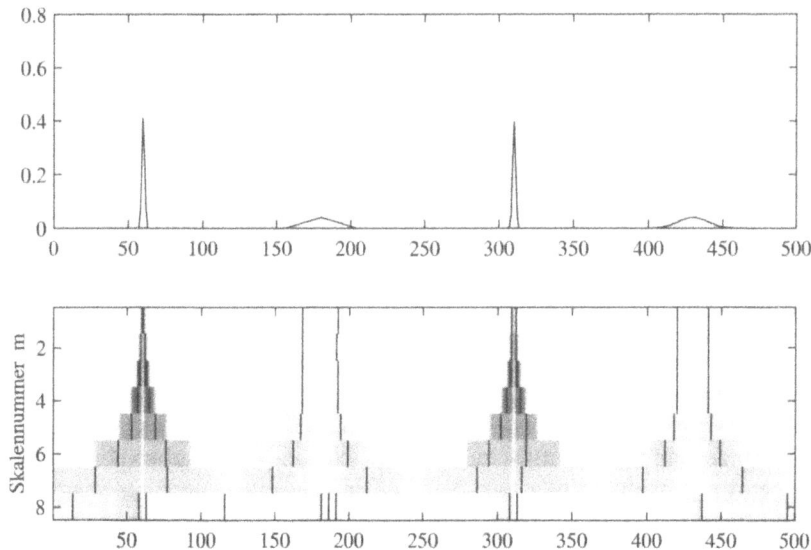

Figur 9.25: Ein Signal mit Spitzen verschiedener Art (oben) und seine dyadische (Haar, algorithme à trous, Skalen 2^m, m = 1,2, ...,8) Wavelettransformierte (unten). Eingezeichnet sind in jeder Skala auch die lokalen Maxima des Betrages der Wavelettransformierten.

Wie aber kann man Spitzen von Sprüngen unterscheiden? Der auffälligste Unterschied besteht darin, dass jede Spitze *zwei* Maxima-Linien erzeugt, die (bei ungestörtem Verlauf) mit wachsender Skala 2^m divergieren (siehe Figur 9.25). Auf der einen Linie nimmt die Wavelettransformierte positive Werte an, auf der andern negative; der Abstand der beiden Linien ist in feinen Skalen etwa 2β und wächst dann mit der Skala 2^m, sobald diese die Größenordnung von β erreicht hat. Charakteristisch ist auch der Verlauf der Maximalwerte p_m in Abhängigkeit von m (Figur 9.26). Diese wachsen anfangs; sobald aber das halbe Wavelet etwa die Breite der Spitze erreicht hat, also $4\beta \approx 2^{m-1}$, beginnen sie wieder abzunehmen (die Waveletkoeffizienten sind dann proportional zu $2^{-\frac{m}{2}}$); für $\beta = 1$ passiert dies bei $m = 3$, für $\beta = 10$ bei $m = 6$, was gut mit Figur 9.26 übereinstimmt. Bei Sprüngen wachsen die Maximalwerte auch in den gröberen Skalen, und zwar proportional zu $2^{\frac{m}{2}}$.

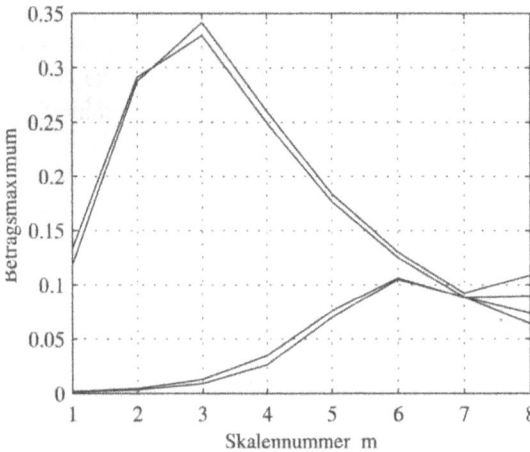

Figur 9.26: Beträge der Wavelettransformierten auf den Maxima-Linien in Figur 9.25

Nachfolgend probieren wir die Methode an einem stark verrauschten Signal aus. Die Figur 9.27 zeigt einen Sprung ($A = 1$, $\beta = 8$) bei $t = 60$, eine Spitze ($F = -6$, $\beta = 2$) bei $t = 180$, einen Sprung ($A = -0.6$, $\beta = 3$) bei $t = 310$ und einen weiteren Sprung ($A = -0.4$, $\beta = 2$) bei $t = 430$, überlagert mit weißem Gauss'schem Rauschen der Standardabweichung $\sigma = 0.3$. In der Graphik der Waveletkoeffizienten wurden nur diejenigen Betragsmaxima eingezeichnet, die den Schwellwert 1 ($\approx 3\sigma$) übersteigen. Die oben erläuterten Charakteristika der Sprünge und der Spitze sind noch deutlich zu erkennen, wenn auch erst etwa ab Skala 2^4. An den Vorzeichen der maximalen Waveletkoeffizienten (Figur 9.28) erkennt man, dass der erste Sprung positiv, die Spitze negativ und die beiden folgenden Sprünge ebenfalls negativ sind. Aus Figur 9.29 lassen sich durch Vergleich mit Figur 9.24 und Figur 9.26 die Parameter der Sprünge und der Spitze ganz grob schätzen; zum Beispiel sieht man, dass die Spitze ein β von etwa 2 und ein $|F|$ von etwa 5 haben muss und dass die Sprunghöhen etwa 1, 0.7 und 0.4 sind (siehe Skala 2^7), ferner dass der höchste Sprung wahrscheinlich ein deutlich größeres β aufweist als die beiden kleineren. Genauere Aussagen könnte man wie gesagt durch eine Regression erhalten.

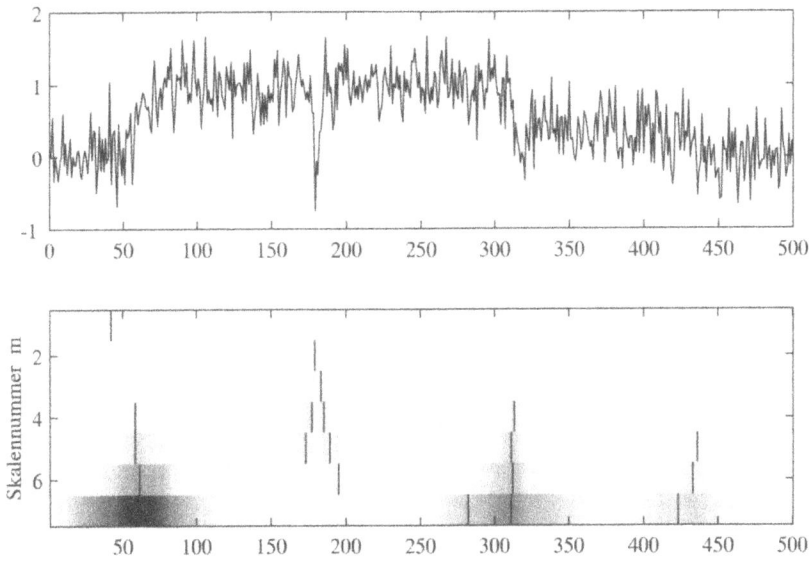

Figur 9.27: Verrauschtes Signal mit drei Sprüngen und einer Spitze (oben), seine Wavelettransformierte (Haar, algorithme à trous, Skalen 2^m, $m = 1,2, ...,7$) zusammen mit den Betragsmaxima, welche den Schwellwert 1 übersteigen (unten)

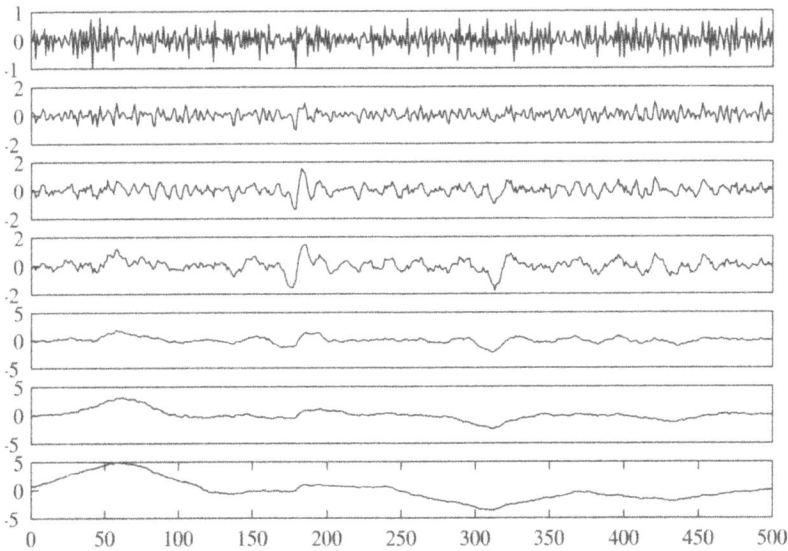

Figur 9.28: Andere Darstellung der Wavelettransformierten des Signals in Figur 9.27

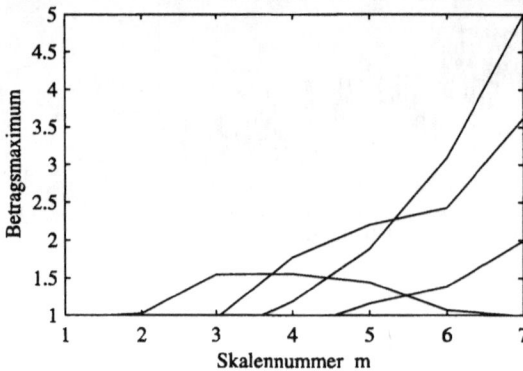

Figur 9.29: Verlauf der Betragsmaxima in den vier Vierteln von Figur 9.27 oder Figur 9.28 (jedes Viertel enthält einen Sprung oder eine Spitze) oberhalb des Schwellwertes

Zweidimensionaler Fall

Gemäß Canny [Cann] wird als Kantenpunkt in einem Bild f (hier interpretiert als Funktion $f \in L^2(\mathbb{R}^2)$) jeder Punkt (x_0,y_0) bezeichnet, bei dem der Gradient $(\frac{\partial f}{\partial x}(x,y), \frac{\partial f}{\partial y}(x,y))$ ein lokales Betragsmaximum aufweist, wenn (x,y) auf einer Linie durch (x_0,y_0) in Richtung des Gradienten variiert. Wie am Anfang des Abschnitts erklärt, ist es wünschbar, über eine effiziente Methode zur Berechnung der Kantenpunkte in verschieden groben Skalen zu verfügen, und wie im eindimensionalen Fall ist es möglich, dies durch eine Wavelettransformation zu erreichen. Die kontinuierliche Wavelettransformierte von f bezüglich eines Wavelets $\Psi \in L^2(\mathbb{R}^2)$ ist definiert durch

$$f^{\Psi}(a,b,s) := \int\limits_{-\infty}^{\infty} \int\limits_{-\infty}^{\infty} f(x,y)\, s^{-1}\, \Psi(\frac{x-a}{s}, \frac{y-b}{s})\, dx\, dy$$

Betrachten wir speziell zwei Wavelets, die durch partielle Ableitung aus einer Funktion $\Theta \in L^2(\mathbb{R}^2)$ hervorgehen, also

$$\Psi^x = \frac{\partial \Theta}{\partial x} \quad , \quad \Psi^y = \frac{\partial \Theta}{\partial y}$$

so wird analog zu (9.20)

$$f^{\Psi^x}(a,b,s) = -s\,\frac{\partial}{\partial a}\int\limits_{-\infty}^{\infty}\int\limits_{-\infty}^{\infty} f(x,y)\,s^{-1}\,\Theta(\frac{x-a}{s},\frac{y-b}{s})\,dx\,dy$$

$$f^{\Psi^y}(a,b,s) = -s\,\frac{\partial}{\partial b}\int\limits_{-\infty}^{\infty}\int\limits_{-\infty}^{\infty} f(x,y)\,s^{-1}\,\Theta(\frac{x-a}{s},\frac{y-b}{s})\,dx\,dy$$

das heißt der Vektor $(-f^{\Psi^x}(a,b,s),\,-f^{\Psi^y}(a,b,s))$ ist proportional zum Gradient einer mit Θ in der Skala s geglätteten Version von f, wobei der Proportionalitätsfaktor skalenabhängig ist. Die einfachste Art solcher Glättungsfunktionen Θ sind die separablen, also

$$\Theta(x,y) := \theta(x)\theta(y)$$

wobei θ eine „eindimensionale" Glättungsfunktion ist. Für die beiden Wavelets erhält man

$$\Psi^x(x,y) = \psi(x)\theta(y) \quad , \quad \Psi^y(x,y) = \theta(x)\psi(y)$$

wobei $\psi := \theta'$ die Ableitung von θ ist. Zu beachten ist, dass diese Wavelets nicht mit den „horizontalen" und „vertikalen" Wavelets von Abschnitt 7.1 übereinstimmen; dort ist der zweite Faktor neben ψ jeweils die Skalierungsfunktion. Wenn θ eine Gauss-Funktion ist, wird Θ eine zentralsymmetrische Gaussfunktion in zwei Variablen. Für das Haar-Wavelet haben wir in Figur 9.30 die 2D-Glättungsfunktion und die beiden Wavelets graphisch dargestellt.

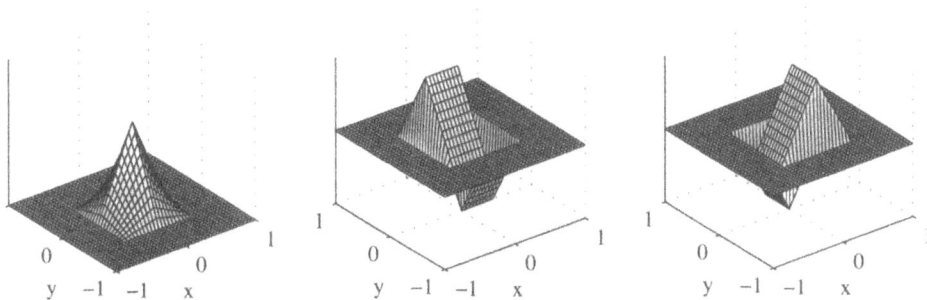

Figur 9.30: Separable, aus dem Haar-Wavelet gewonnene Glättungsfunktion (links) und Wavelets Ψ^x (Mitte) und Ψ^y (rechts)

Figur 9.32 zeigt alle relevanten Größen in den Skalen 2^m ($m = 1, 2, 3, 4$) für das Bild in Figur 9.31, eine Art Wendeltreppe mit Randmauer, mit den Wavelets von Figur 9.30. Die Treppenstufen erscheinen als einfache Kanten (Sprünge), während die Randmauer eine Doppelkante ergibt, die sich mit wachsender Skala verbreitert (analog zum Fall einer Spitze in der eindimensionalen Situation). Der Winkel des Gradienten springt zwischen der Treppenkante, die vom Zentrum in positiver y-Richtung verläuft, und der nächsten von π (weiß) auf $-\pi$ (schwarz).

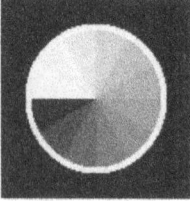

Figur 9.31: Ein Bild, bestehend aus 128^2 Pixeln

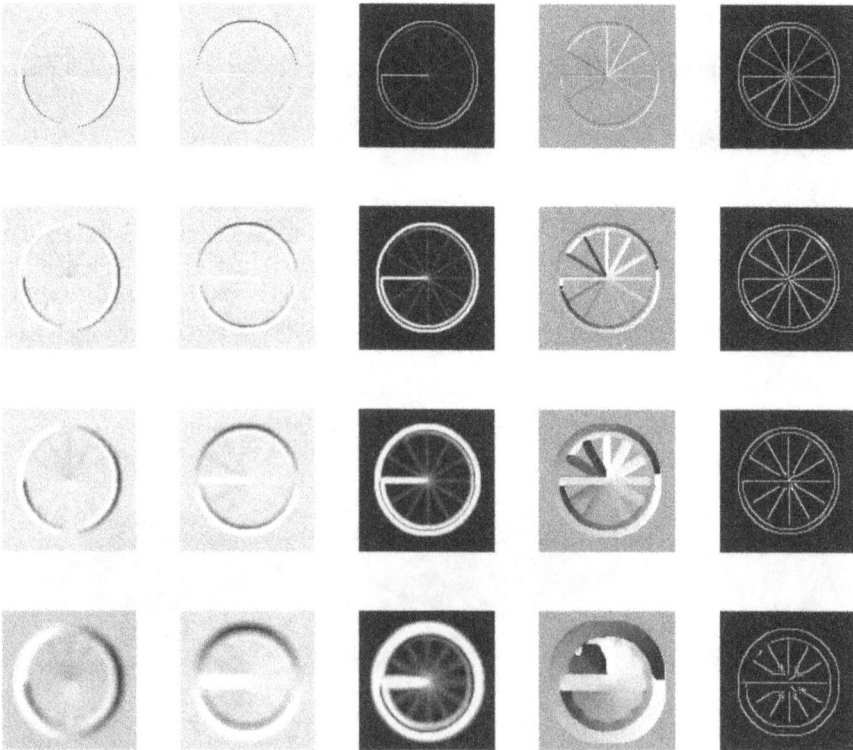

Figur 9.32: Dyadische Transformation des Bildes f in Figur 9.31 über vier Stufen
erste Spalte: mit Wavelet Ψ^x
zweite Spalte: mit Wavelet Ψ^y

dritte Spalte: Betrag des Gradienten $(-f^{\Psi^x}, -f^{\Psi^y})$

vierte Spalte: Winkel des Gradienten (zwischen $-\pi$ (schwarz) und $+\pi$ (weiß))
fünfte Spalte: Kantenpunkte, das heißt lokale Maxima (weiß) des Betrags des Gradienten (bezüglich Richtung des Gradienten)

Die Wavelettransformierten f^{Ψ^x} und f^{Ψ^y} in der obigen Figur wurden mit einer zweidimensionalen separablen Variante des „algorithme à trous" gewonnen, was wir nachfolgend erläutern wollen. Wesentlich ist die Existenz einer Skalierungsfunktion (pro Wavelet), welche einer 2-Skalenrelation genügt. Wir geben nur die Formeln für das Wavelet Ψ^x an, da diejenigen für Ψ^y ganz analog sind. Es ist $\Psi^x(x,y) = \psi(x)\theta(y)$. Wenn nun das eindimensionale Wavelet ψ aus der Skalierungsfunktion φ mit 2-Skalenrelation entsteht, also

$$\psi(x) = \sqrt{2}\sum_k g_k\,\varphi(2x-k) \quad , \quad \varphi(x) = \sqrt{2}\sum_k h_k\,\varphi(2x-k)$$

und die Glättungsfunktion θ ebenfalls eine 2-Skalenrelation

$$\theta(\frac{x}{2}) = \sqrt{2}\sum_k r_k\,\theta(x-\frac{k}{2})$$

hat (im Haarschen Fall ist dies erfüllt, weil θ eine auf halbe Breite reduzierte Hutfunktion ist, und zwar mit $r = \frac{1}{2\sqrt{2}}(1,2,1)$, alle andern Koeffizienten Null), dann können wir durch

$$\Phi^x(x,y) := \varphi(x)\theta(\frac{y}{2})$$

eine Skalierungsfunktion für Ψ^x definieren. Tatsächlich erfüllt diese die 2-Skalenrelation

$$\Phi^x(x,y) = 2\sum_{k,q} h_k r_q\,\Phi^x(2x-k,2y-q)$$

und erzeugt mittels

$$\Psi^x(x,y) = 2\sum_{k,q} g_k \varepsilon_q\,\Phi^x(2x-k,2y-q), \quad \text{wo } \varepsilon_q := \frac{1}{\sqrt{2}}\delta_q = \begin{cases} \frac{1}{\sqrt{2}} & \text{falls } q=0 \\ 0 & \text{sonst} \end{cases}$$

das Wavelet. Wir überlassen es dem Leser, diese Relationen nachzuprüfen. Mit Hilfe der Skalierungsfunktion definieren wir die Approximationskoeffizienten der Skala 2^m als

$$c^x_{m;p,n} := \int\limits_{-\infty}^{\infty}\int\limits_{0}^{\infty} f(x,y)\frac{1}{2^m}\Phi^x(\frac{x-n}{2^m},\frac{y-p}{2^m})\,dx\,dy$$

Wegen der 2-Skalenrelation können wir diese ausgehend von $c^x_{0;p,n} \approx C\cdot f(n,p)$ (die Konstante C ist das Integral der Skalierungsfunktion Φ^x) nach der Rekursionsformel

$$c^x_{m+1;p,n} = \sum_{k,q} h_k \, r_q \, c^x_{m;p+q2^m,n+k2^m}$$

berechnen, und die Werte der Wavelettransformierten in dyadischen Skalen,

$$f^{\Psi^x}(n,p,2^m) = \int\limits_{-\infty}^{\infty}\int\limits_{0}^{\infty} f(x,y)\frac{1}{2^m}\Psi^x(\frac{x-n}{2^m},\frac{y-p}{2^m})\,dx\,dy \text{ , ergeben sich zu}$$

$$f^{\Psi^x}(n,p,2^{m+1}) = \sum_{k,q} g_k \, \varepsilon_q \, c^x_{m;p+q2^m,n+k2^m} = \frac{1}{\sqrt{2}}\sum_{k} g_k \, c^x_{m;p,n+k2^m}$$

Die letzten beiden herausgestellten Formeln sind Faltungen der Matrix $(c^x_{m;n,p})_{(n,p)\in\mathbb{Z}^2}$ entlang der Zeilen mit dem Filter $(\uparrow 2)^m h\grave{}$ beziehungsweise $(\uparrow 2)^m g\grave{}$ und entlang der Spalten mit dem Filter $(\uparrow 2)^m r\grave{}$ beziehungsweise $(\uparrow 2)^m \varepsilon\grave{}$, das heißt die Filter sind umzukehren und von einer Skala zur nächsten jeweils mit Faktor 2 zu spreizen. Der MAT-LAB-Code für den algorithme à trous im Haarschen Fall könnte also etwa so lauten:

```
% Definition der Filter
r = [1 2 1]/4*sqrt(2);
e = [1]/sqrt(2);
h = [1 1]/sqrt(2);
g = [1 -1]/sqrt(2);

% algorithme à trous
cx = c; cy = c;          % c ist die Matrix der Abtastwerte von f
for m = 1:mmax,
  wx = conv2(e,g,cx);
  wy = conv2(g,e,cy);                        % Waveletkoeffizienten
  ug = 2^(m-1)-1;        % Untergrenze für korrekten Ausschnitt
  wx = wx(ug+1:ug+ly,ug+1:ug+lx);            % lx,ly sind Breite
  wy = wy(ug+1:ug+ly,ug+1:ug+lx);            % und Höhe des Bildes

  % Approximationskoeffizienten für nächsten Durchgang
  cx = conv2(r,h,cx); cy = conv2(h,r,cy);

  % Filter spreizen für nächsten Durchgang
  h = [h;zeros(size(h))]; h = h(:)';
  g = [g;zeros(size(g))]; g = g(:)';
  r = [r;zeros(size(r))]; r = r(:)';

  % Verarbeitung oder Speicherung der Waveletkoeffizienten
  % wäre hier einfügen
end;
```

Das Umkehren der Filter wurde weggelassen, was nur bei g eine Rolle spielt und gerade das Vorzeichen der Waveletkoeffizienten in den Matrizen wx, wy umkehrt. Der Gradient ist also auf jeder Skala proportional zu (wx,wy). Der Wert der Untergrenze ug zur Bestimmung des korrekten Ausschnitts aus diesen Matrizen ergibt sich aus folgender Überlegung: In dieser Filterbankinterpretation sind die Funktionen ψ und θ bei 0.5 zentriert, sodass

$(-f^{\Psi^x}(n,p,2^m),-f^{\Psi^y}(n,p,2^m))$ als Gradient an der Stelle $(n+2^{m-1},p+2^{m-1})$ zu betrachten ist. Beide Funktionen haben Träger $[0,1]$; der erste Koeffizient einer Zeile der durch die Faltungen berechneten Matrizen entspricht also der Wavelettransformierten an der Stelle $n=-2^m+1$ und damit einem Gradienten an der Stelle $-2^{m-1}+1$. Zur Bestimmung der Kantenpunkte in Figur 9.32 wurde bei jedem Punkt der Winkel des Gradienten auf Vielfache von 45 Grad gerundet, um die für den Vergleich der Beträge relevanten Nachbarpunkte festzulegen. Das vollständige Programm `edge2d` ist wie alle andern in der elektronischen Ergänzung zum Buch (www.oldenbourg.de, Titelsuche, Downloads) enthalten.

In Figur 9.33 haben wir das Verfahren auf ein natürliches Bild angewendet. Es wurden in jeder Skala 2^m nur diejenigen Kantenpunkte eingezeichnet, wo der Betrag des Gradienten den Schwellwert von 15% des Maximalwertes dieser Stufe übersteigt. Auch der Bildrand erscheint dort, wo er nicht schwarz ist, als Kante.

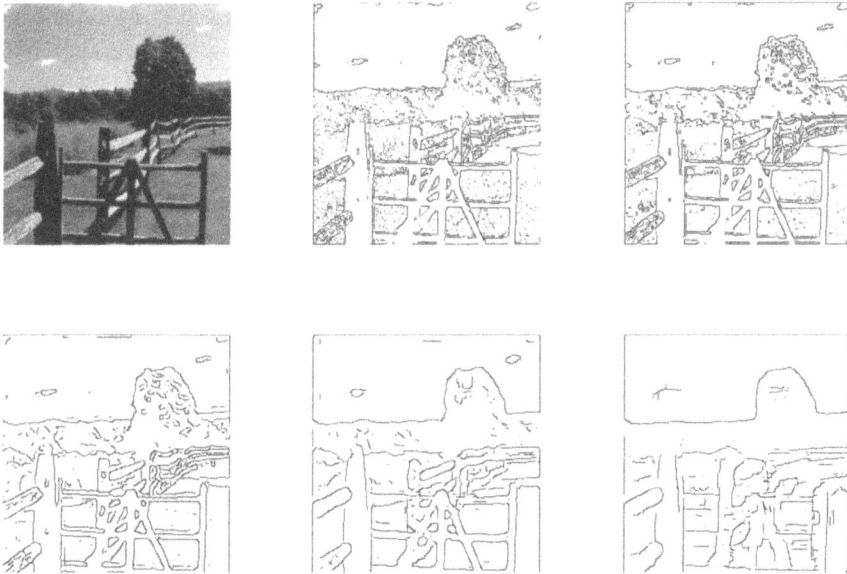

Figur 9.33: Kanten in einem natürlichen Bild, Skalen 2^m (m = 1, 2, ... ,5)

Man gewinnt den Eindruck, dass diese Kantenpunkte zusammen mit den Werten von $(f^{\Psi^x}(n,p,2^m),f^{\Psi^y}(n,p,2^m))$ in diesen Punkten schon sehr viel Information über ein natürliches Bild enthalten. In [Mal/Zho] zeigen Mallat und Zhong, dass es sich tatsächlich mit visuell unbedeutendem Fehler daraus rekonstruieren lässt. Das Verfahren lässt sich auch als Denoising-Methode auffassen, da die Maxima der Wavelettransformierten unter allen Waveletkoeffizienten durch das Rauschen am wenigsten beeinträchtigt werden.

9.6   Ein medizinisches Beispiel

Wavelets eignen sich aufgrund ihrer Zeit- (oder Ort-) und Frequenzlokalisierungseigenschaften hervorragend für viele in der biomedizinischen Signalverarbeitung anfallende Probleme. Dementsprechend zahlreich sind auch schon die diesbezüglichen Publikationen; einen guten Überblick gibt [Uns/Ald].

Wichtige Anwendungen in der medizinischen Bildverarbeitung sind Bildverbesserung (zum Beispiel Kontrastverstärkung) und Erkennung von Merkmalen (zum Beispiel Mikrokalzifizierungen in Mammogrammen). Auch Kompression und Denoising (mit Methoden, wie sie in den Abschnitten 9.1 und 9.2 beschrieben wurden) spielen eine Rolle, obwohl viele Autoren zu Vorsicht mahnen: Es könnten medizinisch relevante Details verloren gehen, oder Artefakte könnten solche vortäuschen. Bei der Gewinnung von tomographischen Bildern aus ihrer Radontransformierten können Wavelets zur Lokalisierung der Rekonstruktion (bei unvollständigen Daten) und gleichzeitigem Denoising dienen.

Die prominentesten eindimensionalen biomedizinischen Signale sind Aufzeichnungen von Herztönen (Phonokardiogramme, PKG, PCG) sowie von der elektrischen Aktivität von Herz (Elektrokardiogramme, EKG, ECG), Hirn (Elektroenzephalogramme, EEG) und Muskeln (Elektromyogramm, EMG). Auch hier geht es um Denoising und Kompression (im Zeitalter der Telemedizin nicht unwichtig, da die anfallenden Datenmengen bei Langzeitaufnahmen beträchtlich sind; eine Minute EEG produziert je nach Anzahl Elektroden etwa 1 MByte Daten), des weiteren um die Charakterisierung typischer Komponenten, etwa der P-Welle und des QRS-Komplexes in EKGs (damit krankhafte Abweichungen automatisch erkannt und zu Diagnosezwecken gebraucht werden können).

Bei EEGs werden Wavelets hauptsächlich zur Charakterisierung und Erkennung von Epilepsie-typischen Signalformen eingesetzt (auf dieses Thema werden wir weiter unten noch etwas genauer eingehen), ferner zur Untersuchung von so genannten *evozierten Potentialen* (EP), also der elektrischen Antwort der Neuronen auf äußere (visuelle, akustische oder somatosensorische) Reize. Bei den evozierten Potentialen liegt die Schwierigkeit darin, dass diese im Vergleich zur normalen, immer vorhandenen Hirnaktivität so schwach sind, dass sie manchmal kaum nachweisbar sind. Mit gewöhnlichem Denoising durch Thresholding gemäß Abschnitt 9.2 hat man daher keine Chancen auf gute Resultate. Der klassische Weg besteht darin, aus einem Ensemble von n Wiederholungen des Versuches ein gemitteltes Signal zu bilden. Wenn n genügend groß ist – man verwendet Werte von 100 bis 600 - wird sich das normale EEG, das ja von stochastischer Natur ist, weitgehend herausmitteln. Um nun auch Aussagen über einzelne EPs des Ensembles oder über die Variabilität der EPs innerhalb des Ensembles (zum Beispiel infolge Ermüdungserscheinungen des Probanden) machen zu können, wurden Methoden wie etwa die Folgende vorgeschlagen ([Quir]):

1. Man wähle eine geeignete Multiskalen-Analyse (quadratische B-Splines) und zerlege das gemittelte EP über einige (5) Stufen mittels Subband Coding.

2. Für jedes Subband wähle man ein Zeitfenster, innerhalb dessen die Koeffizienten für das Signal signifikant scheinen. Die ersten beiden Detailbänder können bei der üblichen Abtastrate ganz vernachlässigt werden.

3. Man zerlege die einzelnen EPs und rekonstruiere sie, indem alle Koeffizienten außerhalb der gewählten Zeitfenster auf Null gesetzt und die übrigen einem maßvollen

Thresholding unterworfen werden. Man beachte, dass die Zeitspannen, in denen EPs erwartet werden, bekannt sind (etwa innerhalb einer Sekunde nach Auslösung des Reizes), sodass die gewählten Zeitfenster der Subbänder des gemittelten EP auf die einzelnen EPs übertragen werden können.

So erhält man Signale, die wenigstens teilweise vom „Hintergrundrauschen" des normalen EEGs befreit sind und die wesentlichen Komponenten der EPs enthalten. Diese „entrauschten" EPs können wie gesagt verwendet werden, um Veränderungen innerhalb des Ensembles, wie etwa der Amplitude oder der Latenzzeit, aufzuzeigen. Um die Signifikanz solcher Beobachtungen zu testen, kann man Vergleiche mit Abschnitten des EEGs anstellen, welche keine EPs enthalten, zum Beispiel mit dem Ensemble der Sekundenabschnitte vor Auslösung der Reize.

Charakterisierung epileptischer Spikes

Unter Epilepsie versteht man das Auftreten synchroner Entladungen ganzer Nervenzellverbunde des Gehirns; je nach Ursache, betroffener Gehirnpartie und Umfang der Auswirkungen unterscheidet man die verschiedensten Formen. Während eines wahrnehmbaren epileptischen Anfalls (iktale Phase) zeigt das EEG mehr oder weniger typische Signalformen: ein regelmäßiges Abwechseln von kurzen, energiereichen Ausschlägen („Spitzen", „Spikes") und langen, flachen „Wellen", wobei pro Sekunde etwa drei solche S/W-Komplexe auftreten (siehe Figur 9.41). Bei etwa 70% der Patienten findet man jedoch im EEG auch während der interiktalen Phasen (also zwischen den Anfällen) solche Spikes, allerdings häufig ohne die nachfolgende lange Welle. Auch diese interiktalen Spikes können wertvolle diagnostische Informationen liefern, und da meistens eine Überwachung über längere Zeit nötig ist, drängt es sich auf, die Auswertung des EEG bezüglich Spikes zu automatisieren. Inzwischen gibt es dafür kommerzielle Software.

Im Folgenden soll erläutert werden, wie die Wavelettransformation zur Charakterisierung und damit zur Detektion solcher Spikes verwendet werden kann. Eigentlich handelt es sich nur um eine Erweiterung der im letzten Abschnitt dargelegten Prinzipien der Charakterisierung von isolierten Spitzen und Sprüngen. Das für unsere Experimente verwendete Datenmaterial und einige Ideen stammen aus einer Untersuchung [Bl/We/Ba/Fi], die im Auftrag des Inselspitals Bern an der Berner Fachhochschule durchgeführt wurde[26]. In dieser Arbeit wird als primäres Erkennungsmerkmal die Energie betrachtet, welche die Wavelettransformierte des Signals innerhalb eines bestimmten Zeitabschnitts und innerhalb eines bestimmten Skalenbereichs aufweist. Die Energie des Signals f, das ja hier eine elektrische Spannung repräsentiert, ist proportional zum Quadrat seiner L^2-Norm $\|f\|^2 = \int |f(t)|^2 dt$. Wir bezeichnen daher hier $\|f\|^2$ als Energie, und die Plancherel-Formel der Wavelettransformation (siehe Übung 3 in Kapitel 8 oder [Mall, Theorem 4.3]) berechnet diese Energie aus der Wavelettransformierten:

---

[26] Es ging in dieser Arbeit um die Frage, ob bei Kindern mit Absence-Epilepsie auch die interiktalen Spikes eine Verminderung der Aufmerksamkeit und damit möglicherweise der Schulleistung zur Folge haben.

$$\|f\|^2 = \frac{1}{C} \iint \left| \frac{f^\psi(a,s)}{s} \right|^2 da\,ds$$

(C ist die in der Rekonstruktionsformel (8.4) vorkommende Konstante). Wenn wir also eine bezüglich Verschiebungsparameter a und Skalenparameter s äquidistante Abtastung der kontinuierlichen Wavelettransformierten haben, etwa $c_{i,k} = f^\psi(k\,\Delta a, i\,\Delta s)$, so wird die

Energie (näherungsweise) proportional zu $\displaystyle\sum_i \sum_k \left| \frac{c_{i,k}}{i} \right|^2 = \sum_i \frac{1}{i^2} \sum_k |c_{i,k}|^2$. Bei der im

algorithme à trous verwendeten Abtastung $c_{i,k} = f^\psi(k\,\Delta a, 2^i)$, also einer logarithmischen

Abfolge von Skalen ($\Delta s \sim s$), ist die Energie proportional zu $\displaystyle\sum_i \frac{1}{2^i} \sum_k |c_{i,k}|^2$ und bei der

diskreten Transformation, also der Abtastung $c_{i,k} = f^\psi(k\,2^i, 2^i)$ proportional zu

$\displaystyle\sum_i \sum_k |c_{i,k}|^2$ (im Falle eines orthonormierten Wavelets sogar gleich!). Letztere ist hier

ihrer Verschiebungsabhängigkeit wegen wiederum nicht zu empfehlen.

Nun soll die Energie wie gesagt nur innerhalb eines verschiebbaren Zeitfensters und eines festen Skalenbereichs bestimmt werden. Um diese optimal festzulegen, brauchen wir eine genauere Spezifikation der zu suchenden Spikes. Gemäß medizinwissenschaftlichen Quellen dauert ein Spike 20 bis 200 ms – manchmal wird auch zwischen eigentlichen Spikes (20-70 ms) und „steilen Wellen" (70-200 ms) unterschieden – und muss sich deutlich von der Hintergrundaktivität abheben (dies soll durch einen Schwellwert für die Energie gewährleistet werden); ferner werden manchmal noch Bedingungen an die Flankensteilheit und die Krümmung in der Spitze formuliert; diese ignorieren wir vorläufig. Direkte Angaben über die vorherrschenden Frequenzen fehlen; wir werden den Skalenbereich deshalb empirisch anpassen. Als Länge des Zeitfensters wählen wir 50 Abtastwerte; dies entspricht bei der verwendeten Abtastfrequenz von 256 Hz etwa 200 ms. Zur genaueren Abklärung benutzen wir zunächst die Skalen $i = 2, 4, 6, ..., 32$ und betrachten die Energie pro Skala, also die Funktion (wir nennen sie adhoc den „Skalengang" der Energie)

$$E(i) := \frac{1}{i^2} \sum_k |c_{i,k}|^2 \tag{9.21}$$

wobei die Summation über das jeweils aktuelle Zeitfenster zu erstrecken ist (es handelt sich also eigentlich um eine pro Skala lokal gemittelte Energiedichte oder Leistung). Wir schauen uns nun einige Beispiele an. Die Figuren zeigen jeweils einen Abschnitt aus einem Kanal eines EEG eines Schulkindes mit Absence-Epilepsie (ein EEG hat je nach Anzahl Elektroden bis zu 32 Kanäle), die totale Energie (Leistung)

$$E_{total} := \sum_{i=2,4,...}^{32} E(i)$$

als Funktion der Position des Zeitfensters sowie den Skalengang (9.21) für diejenigen Maxima von E_{total}, welche den angezeigten Schwellwert überschreiten. Die entsprechenden Zeitfenster sind außerdem im Diagramm des Signals markiert. Auf der Zeitachse sind die Nummern der Abtastwerte angegeben; 256 Einheiten ergeben eine Sekunde; die Einheiten auf den Ordinatenachsen der verschiedenen Diagramme sind hier belanglos und dienen nur Vergleichszwecken.

Zur Wahl des Schwellwertes: Dieser muss für jeden Kanal einzeln festgelegt und manchmal sogar im Verlaufe der Zeit angepasst werden, weil sich der Signalpegel durch äußere Einflüsse verändern kann. In den nachfolgenden Beispielen wurde das 8-fache des Medians des gezeigten Ausschnittes als Schwellwert gewählt, mit einer Ausnahme: In der in Figur 9.41 betrachteten iktalen Phase wäre dieser Wert viel zu hoch; die Grenze wurde hier willkürlich festgelegt; man könnte auch den Schwellwert eines unmittelbar vorhergehenden interiktalen Abschnittes verwenden.

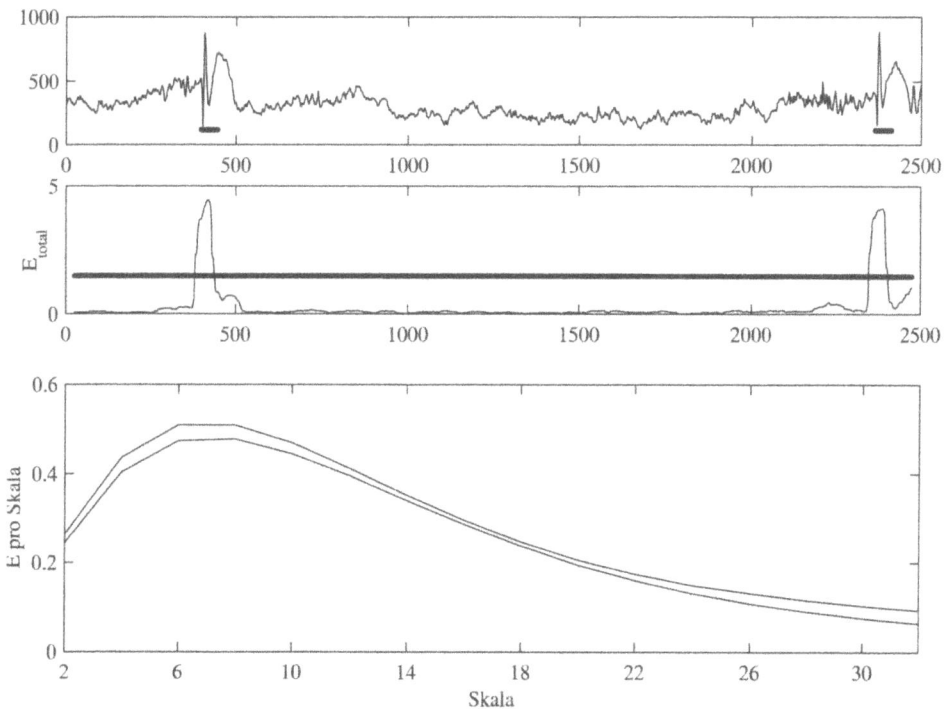

Figur 9.34: Zwei einzelne Spikes mit nachfolgender langer Welle

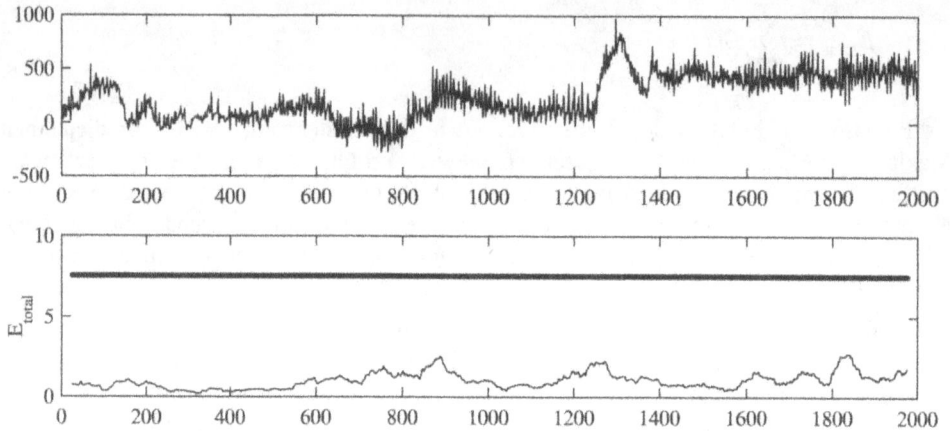

Figur 9.35: Eine interiktale Phase ohne Spikes, mit hochfrequenter Hintergrundaktivität

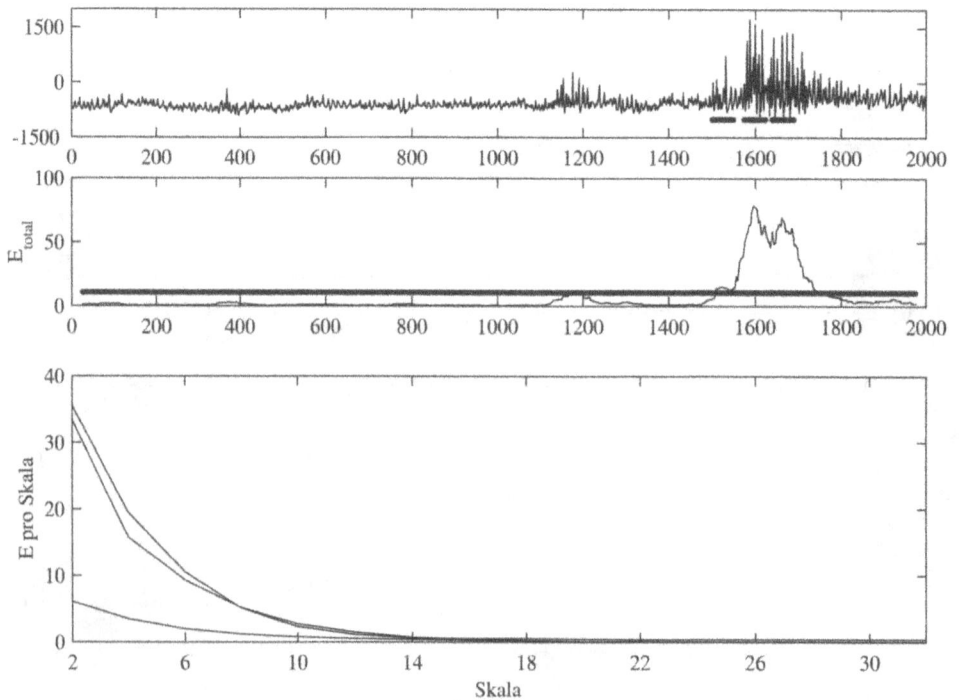

Figur 9.36: Eine hochfrequente, energiereiche „Spindel"

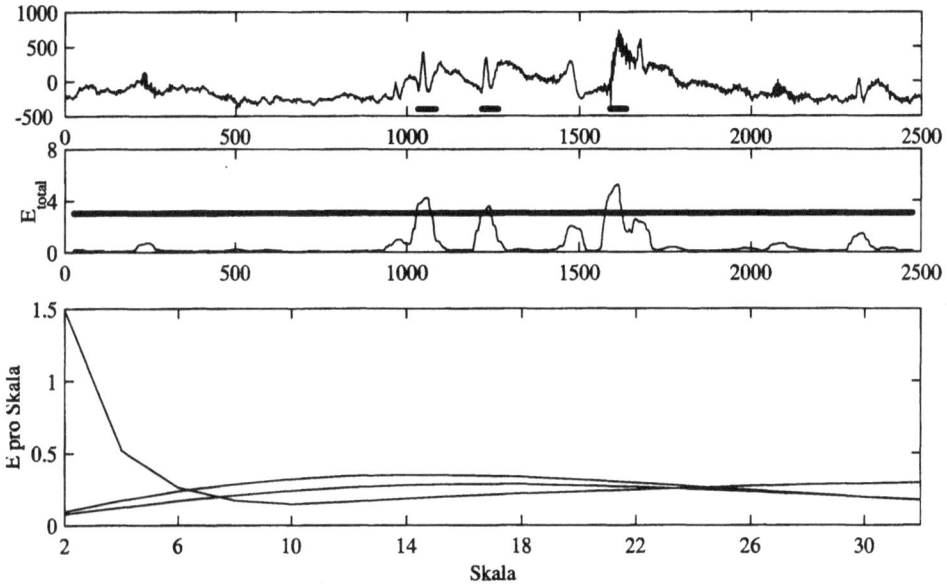

Figur 9.37: Zwei Spikes und ein sprungartiges Artefakt

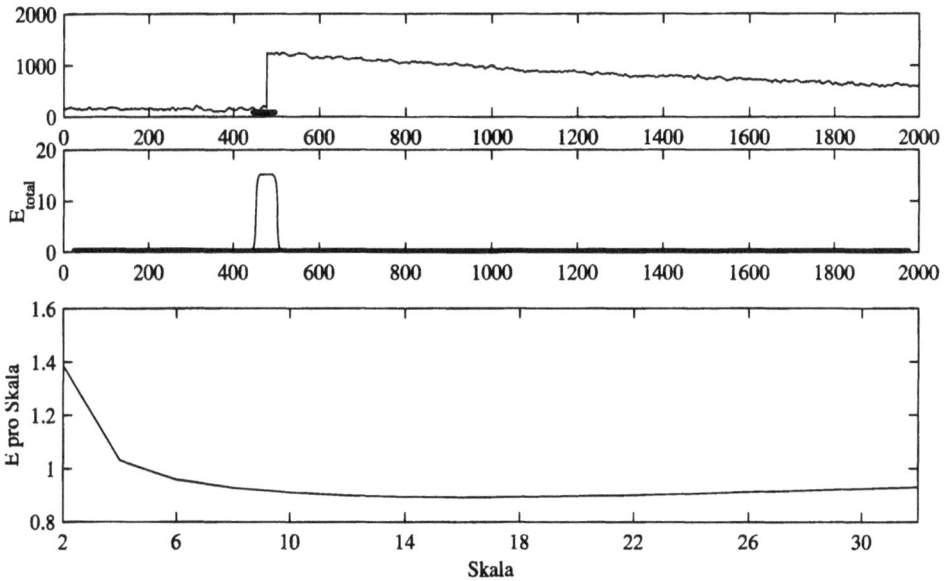

Figur 9.38: Abrupter Sprung, wahrscheinlich verursacht durch äußere mechanische Einwirkung

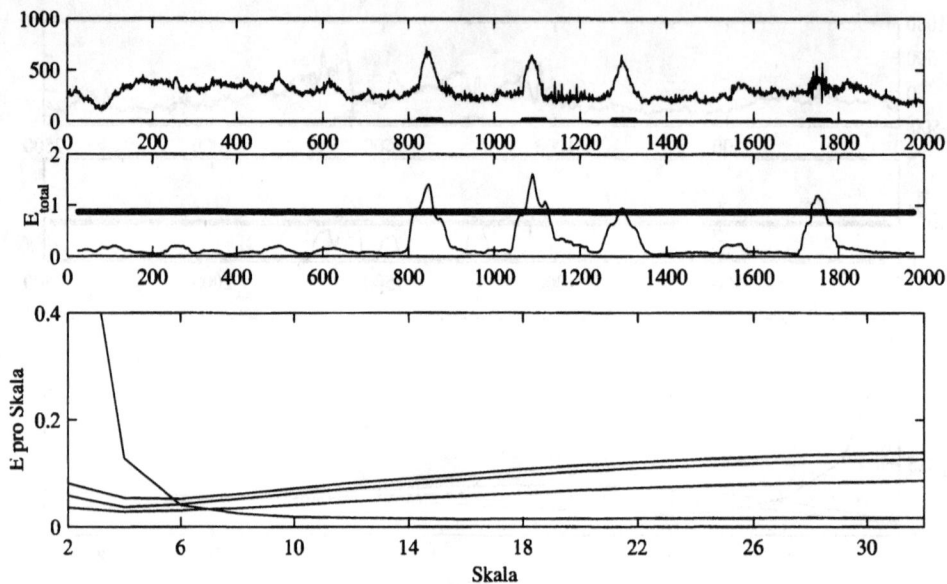

Figur 9.39: Breite, spikeähnliche Signalformen und ein hochfrequenter Ausbruch

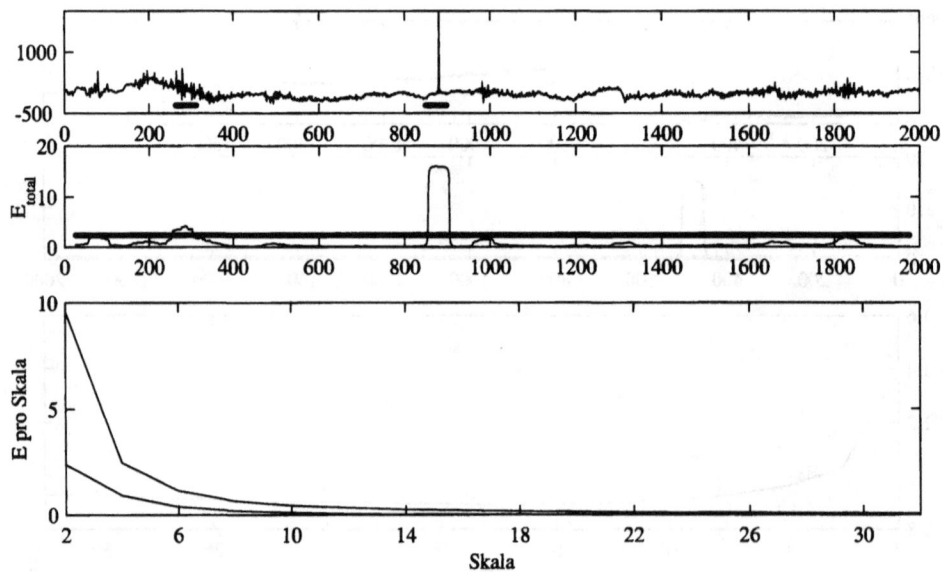

Figur 9.40: Ein einzelner Ausreißer täuscht einen Spike vor

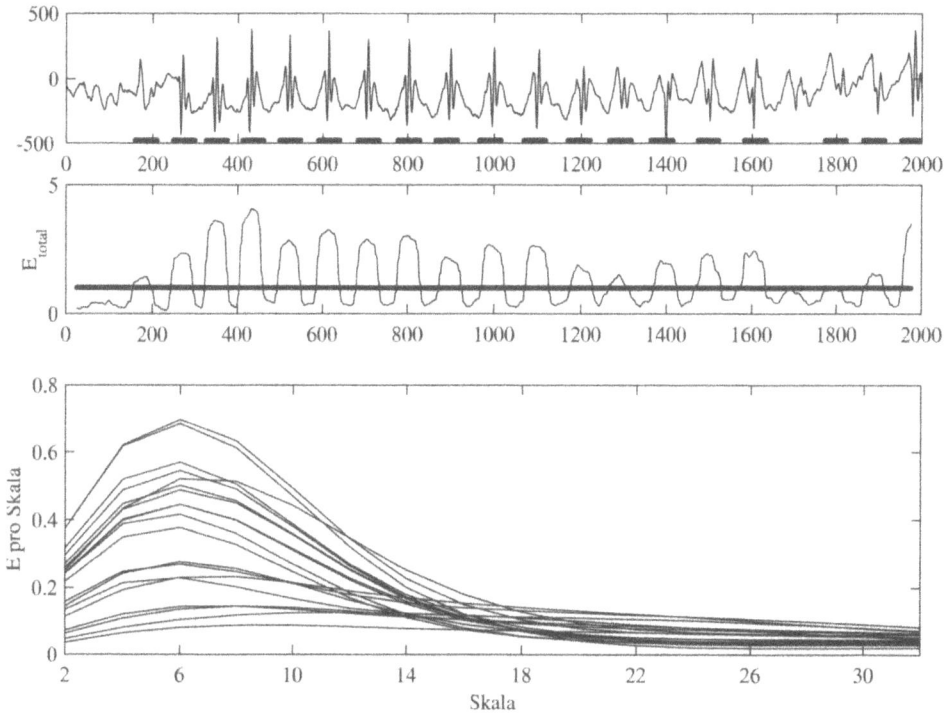

Figur 9.41: Iktale Phase

Wie lassen sich nun die echten Spikes aufgrund dieser Bilder von anderen „Ereignissen" hoher Energiedichte unterscheiden? Der Skalenbereich wurde so gewählt, dass der Skalengang (9.21) eines Spikes sein Maximum im Innern desselben annimmt (siehe Figur 9.34, die ersten beiden Ereignisse in Figur 9.37 und Figur 9.41). Stellt man diese Eigenschaft als Bedingung, so werden viele andere natürliche und künstliche Ereignisse ausgeschlossen: Sprungartige Signalformen wie in Figur 9.38 und und das dritte Ereignis in Figur 9.37 zeigen ein Maximum bei der tiefsten oder höchsten Skala (Sprünge sind häufig anzutreffen, meist als Folge mechanischer Ursachen, wie zum Beispiel Verrutschen einer Elektrode); hochfrequente Ausbrüche wie in Figur 9.36 oder in Figur 9.40 links oder in Figur 9.39 rechts sind ebenfalls sehr häufig und zeigen ein Maximum bei der tiefsten Skala, ebenso der vermeintliche Spike in Figur 9.40 (er besteht bei genauerer Betrachtung nur aus einem einzigen Abtastwert, dürfte also auch irgendeine äußere Ursache haben). Bei spikeähnlichen Signalformen mit zu breiter Basis wie etwa in Figur 9.39 weist der Skalengang ein Maximum bei der gröbsten betrachteten Skala auf. Es scheint also, dass ein Test, welcher die beiden Bedingungen

- E_{total} übersteigt einen automatisch oder manuell festgelegten Schwellwert

- der Skalengang (9.21) nimmt sein Maximum im Innern des Bereichs 2 bis 32 an

überprüft, schon eine recht hohe Treffsicherheit aufweist, ohne allzu viele Falschmeldungen zu liefern.

Bemerkungen

1. In diesen Beispielen wurde immer das Haar-Wavelet verwendet. Andere Wavelets ergeben aber ähnliche Resultate. In Figur 9.42 ist das gleiche Beispiel wie in Figur 9.37
   zu sehen, jedoch mit dem Daubechies-Wavelet der Approximationsordnung 5 berechnet. Will man, um den Test noch zuverlässiger zu machen, Kriterien über die Flankensteilheit der Spikes miteinbeziehen, so hat man bei Verwendung des Haar-Wavelets die
   nötigen Angaben zur Hand: Wie wir in Abschnitt 9.5 gesehen haben, ergibt die Wavelettransformierte in jeder Skala bis auf einen Proportionalitätsfaktor die Ableitung einer
   geglätteten Version des Signals. Die Krümmung in der Spitze lässt sich aus der Änderung der Ableitung berechnen, oder man kann, wenn man sich nur für die Krümmung
   interessiert, ein Wavelet mit Approximationsordnung 2 verwenden.

2. Der relativ stetige Verlauf des Skalenganges (9.21) legt nahe, dass es genügen sollte,
   die dyadischen Skalen 2, 4, 8, 16, 32 zu berücksichtigen, so dass man den schnellen
   „algorithme à trous" verwenden kann, um die Wavelettransformierte zu berechnen. Die
   totale Energie E_{total} ist dann proportional zu $\sum_{m=1}^{5} 2^m E(2^m)$. Figur 9.43 zeigt tatsächlich
   eine gute Übereinstimmung mit Figur 9.37. Bezüglich Rechenzeit ist zu sagen, dass die
   Berechnung der Skalengänge einen Aufwand von gleicher Größenordnung wie derjenigen der Wavelettransformation selber verursacht: pro Zeitschritt und Skala kommt zur
   Summe $E(i)$ in (9.21) ein neuer Summand dazu und ein alter muss abgezogen werden,
   was im Wesentlichen durch ein Filter der Form $(1, 0, 0, ..., 0, -1)$ realisiert werden
   kann. Die Länge des Zeitfensters spielt dabei keine Rolle.

3. Als untere Grenze des Skalenbereichs würde auch 4 genügen, da die kürzesten Spikes
   ihr Energiemaximum etwa in Skala 6 haben. Dadurch würde auch die in E_{total} berück-
   sichtigte Energie der hochfrequenten Ereignisse verkleinert, sodass viele von ihnen allein schon durch den Schwellwert von E_{total} ausgeschlossen würden.

4. In [Ba/Ch/An/Ri] wird eine etwas andere Methode zur Charakterisierung interiktaler
   Spikes beschrieben. Zunächst wird experimentell ein komplexes Wavelet der Form
   $\psi(t) = (1 + \alpha|t| + \beta t^2)e^{-\sigma|t|}e^{j2\pi t}$ bestimmt (durch Variation der Parameter), das auf die
   fraglichen Spikes möglichst gut anspricht. Auch diese Autoren finden, dass echte Spi-
   kes, im Gegensatz zu den meisten anderen Ereignissen mit hohen Amplituden, eine über
   mehrere Skalen ausgeprägte Resonanz zeigen, und schlagen als Kriterium das Produkt
   der Beträge der Waveletkoeffizienten aus drei bestimmten Skalen vor.

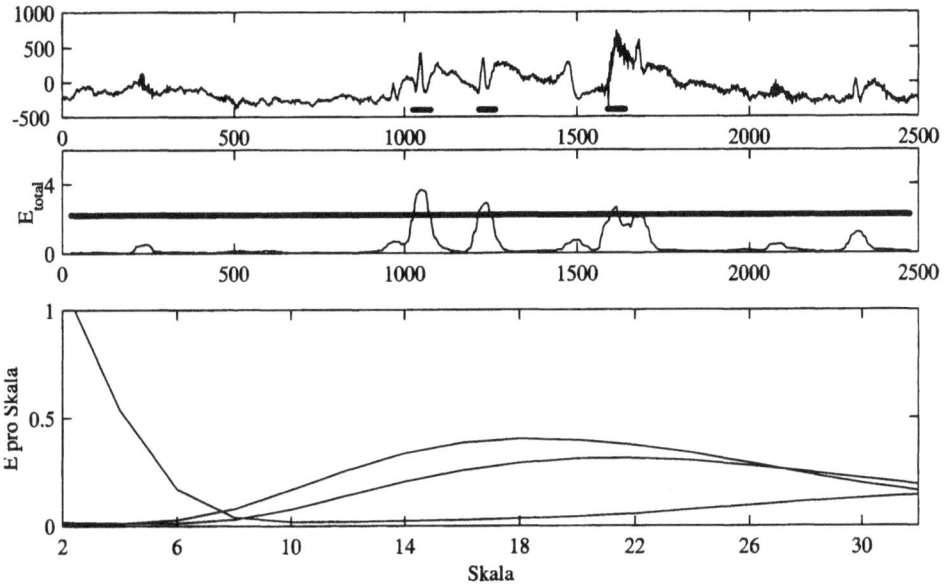

Figur 9.42: Wie Figur 9.37, aber mit dem Daublet der Approximationsordnung 5 berechnet

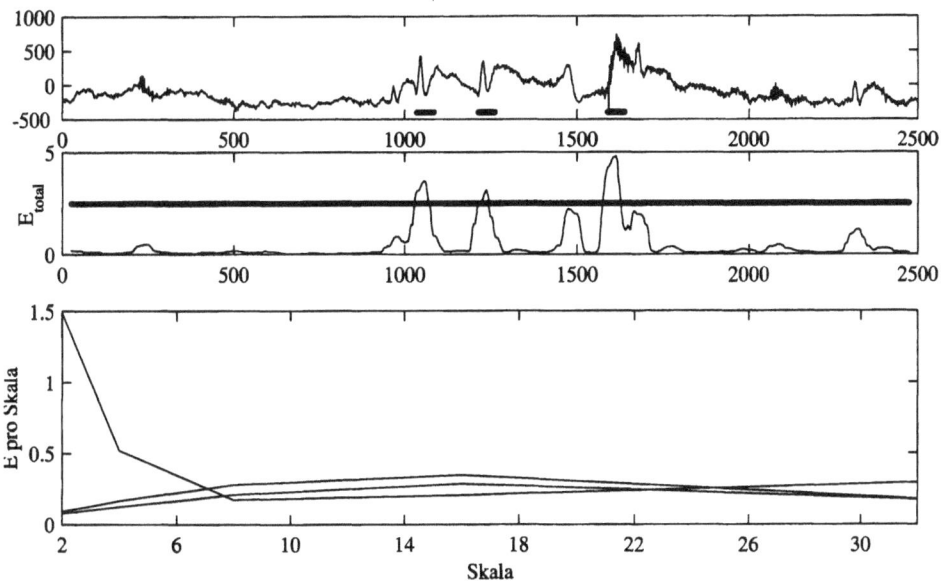

Figur 9.43: Wie Figur 9.37, aber nur aus den dyadischen Skalen 2, 4, 8, 16, 32 berechnet

9.7   Aufgaben zu Kapitel 9

1   Schreiben Sie ein Programm für das translationsinvariante Denoising (siehe Seite
        196), welches den „algorithme à trous" verwendet. Erstellen Sie auch eine 2D-
        Variante des Programms zwecks Anwendung auf Bilder (mit separablen Wavelets
        gemäß Abschnitt 7.1). Sie können die Funktionen swt, iswt (für die 2D-
        Variante swt2, iswt2) der Wavelet-Toolbox von MATLAB einsetzen oder
        den algorithme à trous selber programmieren.

2   Ergänzen Sie das Programm psnrfixqs in Abschnitt 9.2 so, dass es die Codie-
        rung des Bildes mit dem exp-Golomb-Code sowie die Decodierung tatsächlich
        durchführt. Dabei sollen die Bits durch Zahlen (0 oder 1) dargestellt werden.
        Überzeugen Sie sich davon, dass die berechnete Anzahl Bits mit der effektiven
        übereinstimmt.

3   Schreiben Sie ein Programm zur Detektion von isolierten Sprüngen und Spitzen,
        unter Verwendung der in Abschnitt 9.5 vorgestellten Ideen. Das Programm soll
        auch Schätzungen der Parameter der Sprünge und Spitzen liefern.
        Eine Anwendungsmöglichkeit: Nehmen Sie mit einem Mikrophon Töne von Mu-
        sikinstrumenten auf und bestimmen Sie die Obertonreihe (Spitzen im Amplituden-
        spektrum).

10   Anhang: Grundlagen

10.1   Die Fouriertransformation

Die im Kapitel 1 erwähnte Fourierreihe ist ein unentbehrliches Hilfsmittel zur Darstellung und Verarbeitung periodischer Funktionen. Viele in der Praxis vorkommenden Signale sind aber nicht periodisch – man denke etwa an ein Sprachsignal oder an das Geräusch beim Klatschen der Hände. Auch für solche allgemeine Signale gibt es eine Fourierdarstellung; allerdings muss man die Summe in der Fourierreihe durch ein *Integral* ersetzen. Die Grundbausteine der Fourierreihe einer Funktion f sind harmonische Schwingungen mit den

Frequenzen $\dfrac{k}{T}$ ($k \in \mathbb{N}$). Je größer also die Periode T ist, desto dichter liegen diese Frequenzen auf der Zahlengeraden; für $T \to \infty$ wird deshalb die Frequenz zu einer kontinuierlichen Variablen. Wir werden nun diesen Grenzübergang durchführen. Ausgangspunkt ist die Fourierreihe einer quadratintegrierbaren T-periodischen Funktion f in komplexer Form

((1.7) und (1.8)). Zunächst wird ω durch $\dfrac{2\pi}{T}$ ersetzt:

$$f(t) = \sum_{k \in \mathbb{Z}} c_k e^{kj\omega t} = \sum_{k \in \mathbb{Z}} (Tc_k) e^{j2\pi \frac{k}{T}t} \frac{1}{T}$$

$$Tc_k = \int_{-\frac{T}{2}}^{\frac{T}{2}} f(t) e^{-j2\pi \frac{k}{T}t} dt$$

Wenn man hier die Variable $\xi_k := \dfrac{k}{T}$ einführt und $\Delta\xi_k := \xi_{k+1} - \xi_k = \dfrac{1}{T}$ beachtet, so erhält man

$$f(t)=\sum_{k\in\mathbb{Z}}(Tc_k)\,e^{j2\pi\xi_k t}\,\Delta\xi_k$$

$$Tc_k=\int_{-\frac{T}{2}}^{\frac{T}{2}}f(t)\,e^{-jk\omega t}\,dt=\int_{-\frac{T}{2}}^{\frac{T}{2}}f(t)\,e^{-j2\pi\xi_k t}\,dt$$

Dabei hängt Tc_k also von f, T und ξ_k ab. Wenn wir diese Abhängigkeit in der Form $Tc_k=f_T{}^{\wedge}(\xi_k)$ ausdrücken, so lässt sich $f(t)$ schreiben als $f(t)=\sum_{k\in\mathbb{Z}}f_T{}^{\wedge}(\xi_k)\,e^{j2\pi\xi_k t}\,\Delta\xi_k$.

Beim Übergang $T\to\infty$ geht $f_T{}^{\wedge}(\xi_k)$ in das Integral

$$f^{\wedge}(\xi)=\int_{-\infty}^{\infty}f(t)\,e^{-j2\pi\xi t}\,dt \tag{10.1}$$

und die Reihe für $f(t)$ in

$$f(t)=\int_{-\infty}^{\infty}f^{\wedge}(\xi)\,e^{j2\pi\xi t}\,d\xi \tag{10.2}$$

über. Die Funktion $f^{\wedge}(\xi)$ heißt *Fouriertransformierte* von f, die Formel (10.2) ist die Darstellung einer Funktion $f\in L^2(\mathbb{R})$ als *Fourierintegral*.

Bemerkung

Als „Frequenzvariable" wird oft auch die Kreisfrequenz $\omega=2\pi\xi$ gewählt. Das Fourierintegral hat dann die Form

$$f(t)=\frac{1}{2\pi}\int_{-\infty}^{\infty}f^{\wedge}(\omega)\,e^{j\omega t}\,d\omega \quad\text{mit}\quad f^{\wedge}(\omega)=\int_{-\infty}^{\infty}f(t)\,e^{-j\omega t}\,dt$$

Beispiel 1

Wir berechnen die Fouriertransformierte eines Rechteckimpulses, nämlich der Haarschen Skalierungsfunktion von Kapitel 2. Es sei also

$$\varphi(t)=\begin{cases}1 & \text{falls } 0\leq t<1 \\ 0 & \text{für alle anderen } t\end{cases}$$

Aus (10.1) folgt $\varphi^\wedge(\xi) = \int\limits_0^1 e^{-j2\pi\xi t} dt = \dfrac{1-e^{-j2\pi\xi}}{j2\pi\xi} = e^{-j\pi\xi} \dfrac{e^{j\pi\xi}-e^{-j\pi\xi}}{j2\pi\xi} = e^{-j\pi\xi} \dfrac{\sin(\pi\xi)}{\pi\xi}$

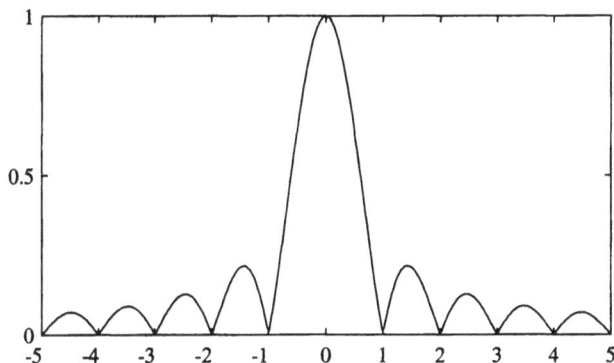

Figur 10.1: Der Betrag von $\varphi^\wedge$

Beispiel 2

Mit Hilfe der Symbolic Math Toolbox von MATLAB wird die Fouriertransformierte der Funktion $f(t):=e^{-kt^2}$ bestimmt:

```
syms k t; maple('assume(k>0)');
fourier(exp(-k*t^2))

  (pi/k)^(1/2)*exp(-1/4*w^2/k)
```

Die Gausssche Glockenfunktion $f(t)=e^{-kt^2}$ hat demnach die Fouriertransformierte

$f^\wedge(\xi) = \sqrt{\dfrac{\pi}{k}}\, e^{-\frac{(\pi\xi)^2}{k}}$, also wieder eine Glockenfunktion.

Allgemeine Eigenschaften der Fouriertransformation

Die meisten der nachstehenden Regeln folgen direkt aus den Formeln (10.1) und (10.2).

1. *Reellwertige Funktionen*

Wenn die Funktion f nur reelle Werte annimmt, so gilt $\overline{f^\wedge(\xi)} = f^\wedge(-\xi)$. Der Betrag von $f^\wedge$ ist also eine gerade Funktion. Im obigen Beispiel 1 war das der Fall. Wenn, wie in Beispiel 2, f zusätzlich gerade ist, ist auch $f^\wedge$ reell und gerade.

2. *Linearität*

Es seien f_1 und f_2 Funktionen, k_1 und k_2 Konstanten. Dann hat $k_1 \cdot f_1 + k_2 \cdot f_2$ die Fouriertransformierte $k_1 \cdot f_1^\wedge + k_2 \cdot f_2^\wedge$.

3. Zeitverschiebung

Es sei f eine Funktion, t_0 eine Konstante. Dann hat die Funktion $g(t) := f(t-t_0)$ die Fouriertransformierte $g^\wedge(\xi) = e^{-j2\pi\xi t_0} f^\wedge(\xi)$.

4. Zeitdehnung, Ähnlichkeitssatz

Es sei f eine Funktion, $a \neq 0$ eine Konstante. Dann hat die Funktion $g(t) := f(a \cdot t)$ die Fouriertransformierte $g^\wedge(\xi) = \dfrac{1}{|a|} f^\wedge(\dfrac{\xi}{a})$.

Der Ähnlichkeitssatz zeigt eine grundlegende Eigenschaft der Fouriertransformation auf: Eine Streckung im Zeitbereich hat eine Verkürzung der Bandbreite im Frequenzbereich zur Folge. Die so genannte *Unschärferelation* (siehe unten) drückt diesen Sachverhalt quantitativ aus.

5. Differentiation im Zeitbereich

Die Funktion $g^\wedge(\xi) := j2\pi\xi f^\wedge(\xi)$ (falls sie eine L^2-Funktion ist) ist die Fouriertransformierte von $g(t) := \dfrac{df(t)}{dt}$.

6. Differentiation im Frequenzbereich

Die Funktion $g(t) := -j2\pi t f(t)$ (falls sie eine L^2-Funktion ist) hat die Fouriertransformierte $g^\wedge(\xi) = \dfrac{df^\wedge(\xi)}{d\xi}$.

7. Faltungssatz

Das *Faltungsprodukt* zweier Funktionen f_1 und f_2 ist durch

$$(f_1 * f_2)(t) := \int_{-\infty}^{\infty} f_1(\tau) f_2(t-\tau) d\tau$$

definiert. Bei der Fouriertransformation geht das Faltungsprodukt in das gewöhnliche, elementweise Produkt von Funktionen über, in Formeln:

$$(f_1 * f_2)^\wedge(\xi) = f_1^\wedge(\xi) \cdot f_2^\wedge(\xi) \tag{10.3}$$

Den Faltungssatz beweist man, indem man $f_1 * f_2$ in (10.1) einsetzt, die Reihenfolge der Integrationen vertauscht und umformt.

Beispiel

Es sei φ_0 der folgende Rechteckimpuls der Länge 1:

$$\varphi_0(t) = \begin{cases} 1 & \text{für } |t| \le 0.5 \\ 0 & \text{für alle anderen } t \end{cases}$$

Aus dem obigen Beispiel 1 und dem Verschiebungssatz folgt $\varphi_0{}^\wedge(\xi) = \dfrac{\sin(\pi\xi)}{\pi\xi}$.

Ist f eine beliebige Funktion, so berechnet das Faltungsprodukt

$$(\varphi_0 * f)(t) = \int\limits_{t-0.5}^{t+0.5} f(\tau)d\tau$$

einen *gleitenden Mittelwert* von f. Zum Beispiel ist $\varphi_0 * \varphi_0$ der folgende Dreieckimpuls:

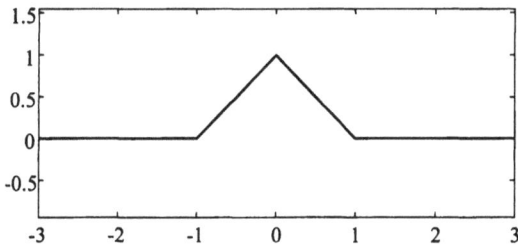

Figur 10.2: Faltungsprodukt zweier Rechteckimpulse

Seine Fouriertransformierte ist nach dem Faltungssatz $g^\wedge(\xi) = \dfrac{\sin^2(\pi\xi)}{(\pi\xi)^2}$.

Es gibt auch einen analogen *Faltungssatz im Frequenzbereich*: Sind f_1 und f_2 zwei Funktionen, so hat ihr gewöhnliches Produkt $f_1 \cdot f_2$ die Fouriertransformierte $f_1{}^\wedge * f_2{}^\wedge$.

8. *Die Formeln von Parseval und Plancherel*

Sind f_1 und f_2 zwei L^2-Funktionen, so gilt die Formel von *Parseval*:

$$\langle f_1, f_2 \rangle = \langle f_1{}^\wedge, f_2{}^\wedge \rangle \qquad (10.4)$$

Für $f_1 = f_2 = f$ folgt daraus die Formel von *Plancherel*:

$$\| f \|^2 = \| f^\wedge \|^2, \text{ also } \int\limits_{-\infty}^{\infty} |f(t)|^2 dt = \int\limits_{-\infty}^{\infty} |f^\wedge(\xi)|^2 d\xi \qquad (10.5)$$

Wir begründen die Formel von Parseval im für uns wichtigen Fall reellwertiger Funktionen. (Der komplexe Fall ist nicht wesentlich komplizierter.) Die Fouriertransformierte von $f_1 \cdot f_2$ ist nach dem Faltungssatz im Frequenzbereich

$$\int_{-\infty}^{\infty} f_1(t)f_2(t)e^{-j2\pi\xi t}\,dt = \int_{-\infty}^{\infty} f_1^\wedge(\eta)f_2^\wedge(\xi-\eta)\,d\eta.$$ Setzt man hier $\xi = 0$, so folgt, weil f_2 nur

reelle Werte annimmt, $\int_{-\infty}^{\infty} f_1(t)f_2(t)\,dt = \int_{-\infty}^{\infty} f_1^\wedge(\eta)f_2^\wedge(-\eta)\,d\eta = \int_{-\infty}^{\infty} f_1^\wedge(\eta)\overline{f_2^\wedge(\eta)}\,d\eta$, also

$$\langle f_1, f_2\rangle = \overline{\langle f_1, f_2\rangle} = \int_{-\infty}^{\infty} f_1(t)f_2(t)\,dt = \int_{-\infty}^{\infty} f_1^\wedge(\eta)\overline{f_2(\eta)}\,d\eta = \langle f_1^\wedge, f_2^\wedge\rangle.$$

9. Zeitdauer und Bandbreite

Bei der Diskussion des Ähnlichkeitssatzes stellten wir fest, dass zwischen der Dauer eines Signals und der Breite seines Spektrums ein Zusammenhang besteht. Wir werden nun diesen Zusammenhang exakter studieren. Es ist nicht ganz einfach, ein Maß für die „Zeitdauer" eines Signals $f(t)$, also für die Ausdehnung des Bereichs auf der t-Achse, auf dem $f(t)$ wesentlich von Null verschieden ist, zu finden. Die folgende Definition scheint sinnvoll:

$$\Delta t(f) := \frac{2}{\|f\|}\sqrt{\int_{-\infty}^{\infty}(t-t_0)^2|f(t)|^2\,dt}\,, \quad \text{wobei } t_0 := \frac{1}{\|f\|^2}\int_{-\infty}^{\infty} t\,|f(t)|^2\,dt$$

Sie lässt sich mit einem Argument aus der Stochastik rechtfertigen: Fasst man $\left(\dfrac{|f(t)|}{\|f\|}\right)^2$

als Dichtefunktion einer stetigen Zufallsvariablen auf (sie ist nichtnegativ und hat Integral 1), so ist t_0 gerade deren Mittelwert und $\Delta t(f)$ das doppelte ihrer Standardabweichung.

Analog definiert man die *Breite des Spektrums* („Bandbreite") $\Delta\xi(f^\wedge)$ von f.

Für die Glockenfunktion $f(t) = e^{-kt^2}$, deren Quadrat e^{-2kt^2} seine Wendepunkte an den

Stellen $t = \pm\dfrac{1}{2\sqrt{k}}$ hat, bedeutet dies also $\Delta t(f) = \dfrac{1}{\sqrt{k}}$ und $\Delta\xi(f^\wedge) = \dfrac{1}{\sqrt{\frac{\pi^2}{k}}} = \dfrac{\sqrt{k}}{\pi}$ (wegen

$f^\wedge(\xi) = Ce^{-\frac{(\pi\xi)^2}{k}}$, siehe Beispiel 2). In diesem Beispiel ist daher $\Delta t(f)\cdot\Delta\xi(f^\wedge) = \dfrac{1}{\pi}$.

Der folgende Satz besagt, dass dieses Produkt optimal klein ist. Wir verzichten auf den Beweis.

„*Unschärferelation*": *Für jede Funktion* $f \in L^2(\mathbb{R})$ *gilt*

$$\Delta t(f)\cdot\Delta\xi(f^\wedge) \geq \frac{1}{\pi} \qquad\qquad (10.6)$$

Je kleiner also $\Delta\xi(f^\wedge)$ ist, desto größer muss $\Delta t(f)$ sein, und umgekehrt. Man beachte, dass die Unschärferelation ein rein mathematischer Satz ist! Die bekannte Heisenbergsche Unschärferelation der Physik ergibt sich daraus, wenn man den Hilbertraum als mathematisches Modell der Quantenmechanik annimmt.

10. Regularität und Frequenz-Lokalisierung

Ein Zusammenhang zwischen der Regularität (Stetigkeit und Differenzierbarkeitsgrad) einer Funktion f und der Lokalisierung von $f^\wedge$ ist allgemein gegeben durch den folgenden Satz:

Wenn $\left|f^\wedge(\xi)\right| \le \dfrac{C}{(1+|\xi|)^\delta}$ *für alle ξ, mit Konstanten $C>0$, $1 \le n+1 < \delta$ (n ganz),*

dann ist f mindestens n-mal differenzierbar und die n-te Ableitung von f ist stetig [27].

Wegen des Differentiationssatzes reduziert sich die Behauptung auf den Fall $n = 0$, wobei noch die Stetigkeit von f zu zeigen ist. Wegen des Verschiebungssatzes genügt es daher zu zeigen, dass $f(t) - f(0) \to 0$ für $t \to 0$. Nun ist

$$\left|f(t) - f(0)\right| = \left|\int_{-\infty}^{\infty} f^\wedge(\xi)e^{j2\pi\xi t}d\xi - \int_{-\infty}^{\infty} f^\wedge(\xi)d\xi\right| \le \int_{-\infty}^{\infty} \left|f^\wedge(\xi)\right|\left|e^{j2\pi\xi t} - 1\right|d\xi$$

Wir wählen eine zunächst beliebige Zahl $A>0$ und teilen dieses Integral in die zwei Bereiche $|\xi| \le A$ und $|\xi| \ge A$ auf. Benützen wir im ersten Bereich die Ungleichungen $\left|e^{j2\pi\xi t} - 1\right| \le 2\pi|\xi||t|$ (Sehne < Bogen im Einheitskreis) und $\left|f^\wedge(\xi)\right| \le C$, im zweiten Bereich aber $\left|e^{j2\pi\xi t} - 1\right| \le 2$ und $\left|f^\wedge(\xi)\right| \le C(1+|\xi|)^{-\delta}$, so erhalten wir die Abschätzung

$$\left|f(t) - f(0)\right| \le C \cdot 2\pi A^2 |t| + \frac{4C}{(\delta-1)(1+A)^{\delta-1}}.$$ Mit $A := |t|^{-\frac{1}{4}}$ sehen wir, dass beide

Summanden gegen 0 gehen, wenn $|t| \to 0$ (der zweite wegen $\delta > 1$).

10.2   Diskrete Signale, Abtasttheorem

Es sei $f : \mathbb{R} \to \mathbb{C}$ eine Funktion und Δt eine reelle Zahl. Wird f an allen Stellen $t_n = n\Delta t$ ($n \in \mathbb{Z}$) ausgewertet, so entsteht eine komplexe Zahlenfolge $u = (u_n)_{n\in\mathbb{Z}}$ mit $u_n = f(n\Delta t)$. Diesen Vorgang, der einer Funktion eine Zahlenfolge zuordnet, nennt man *Abtasten* (sampling); Δt heißt *Abtastintervall* und $\dfrac{1}{\Delta t}$ *Abtastfrequenz*. In der Signalverarbeitung nennt man u das zum *analogen Signal f* gehörige *zeitdiskrete Signal*.

---

[27] Hier ist angenommen, dass f mit der Rücktransformierten von $f^\wedge$ übereinstimmt. Dies ist nicht a priori gegeben; die beiden Funktionen könnten sich an einzelnen Stellen unterscheiden.

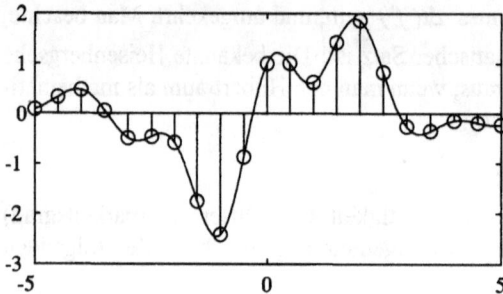

Figur 10.3: Abtastung der Funktion

$$f(t) := e^{-0.1t^2} (2\sin(t) + \cos(3t)) \ mit$$

Abtastintervall $\Delta t = 0.5$

Umgekehrt kann man versuchen, aus der Folge u die Funktion f – oder eine Approximation davon – zurückzugewinnen. Dieser Prozess heißt *Rekonstruktion*.

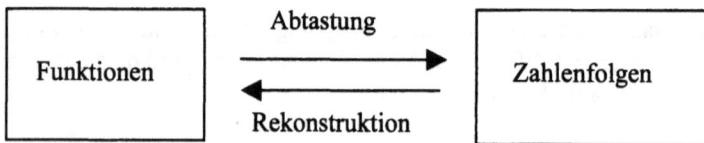

Abtastung und Rekonstruktion sind grundlegende Operationen für praktische Anwendungen, etwa für die Speicherung und die Wiedergabe von Musik auf einer Compact Disk. Im Kapitel 1 und im vorhergehenden Abschnitt wurde gezeigt, wie man eine Funktion als Fourierreihe oder -integral darstellt. Gibt es ähnliche Darstellungen für diskrete Signale? Wie genau ist die Rekonstruktion aus Abtastwerten möglich? Derartige Fragen sollen in diesem Abschnitt diskutiert werden.

Die Abtastung periodischer Funktionen, diskrete Fouriertransformation

Die Abtastung einer T-periodischen Funktion f ist besonders einfach, wenn das Abtastintervall „in der Periode aufgeht", wenn also $T = N \, \Delta t$ für eine natürliche Zahl N gilt. In diesem Fall ist $u_{n+N} = u_n$ für alle n, die Zahlenfolge u ist also ebenfalls periodisch und deshalb durch die endliche Zahlenfolge $(u_0, u_1, u_2, ..., u_{N-1})$ vollständig bestimmt. Wir geben diesem Vektor wiederum den Namen u. Man kann nun aufgrund von u Näherungswerte für die Fourierkoeffizienten von f bestimmen. Ausgangspunkt ist die Formel (1.8) für die komplexen Fourierkoeffizienten:

$$c_k = \frac{1}{T} \int_0^T f(t) \, e^{-jk\omega t} \, dt$$

Dieses Integral kann durch die folgende Rechtecksumme approximiert werden:

$$c_k \approx \gamma_k := \frac{1}{T} \sum_{n=0}^{N-1} f(n\Delta t) e^{-jk\omega n\Delta t} \, \Delta t$$

Wenn man hier $f(n\Delta t) = u_n$, $T = N\Delta t$ und $\omega T = 2\pi$ einsetzt, folgt

$$\gamma_k = \frac{1}{N}\sum_{n=0}^{N-1} u_n\, w_N^{-kn} \quad \text{mit} \quad w_N := e^{j\frac{2\pi}{N}} \qquad (10.7)$$

Die komplexe Zahl w_N liegt auf dem Einheitskreis und hat die Eigenschaft $w_N^{\,N} = 1$; sie heißt deshalb N-te *Einheitswurzel*. Die Formel (10.7) ordnet einem beliebigen Vektor $u = (u_0, u_1, u_2, ..., u_{N-1})$ komplexe Zahlen $\gamma_k\,(k \in \mathbb{Z})$ zu. Eine kurze Rechnung zeigt, dass $\gamma_{k+N} = \gamma_k$ für alle k; es genügt also, den Vektor $\gamma = (\gamma_0, \gamma_1, ..., \gamma_{N-1})$ zu berechnen. Die Zuordnung $u \to \gamma$ heißt *endliche* oder *diskrete Fouriertransformation* (DFT[28]). Die DFT ist eine lineare Abbildung mit einer Reihe allgemeiner Eigenschaften; ist zum Beispiel u ein reeller Vektor, so hat γ die Symmetrieeigenschaft $\gamma_{N-k} = \overline{\gamma_k}$ für $0 < k < N$. Für die numerische Berechnung von γ mit einem Computer verwendet man meist nicht die Formel (10.7), sondern die *schnelle Fouriertransformation* (Fast Fourier Transform, FFT); dies ist ein Algorithmus, der die Symmetrien der Potenzen von w_N ausnützt und deshalb effizient arbeitet. Besonders rasch ist FFT, wenn N eine Potenz von 2 ist.

Beispiel

Es sei $f(t)$ die 2π-periodische Sägezahnschwingung, die für $0 \leq t < 2\pi$ durch $f(t) = t$ gegeben ist:

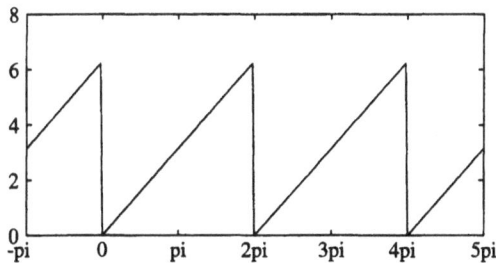

Figur 10.4: Sägezahnschwingung

Mit den folgenden MATLAB-Anweisungen wird eine Periode von f an $N = 512$ Stellen abgetastet. Anschließend wird mit Hilfe der Funktion `fft` das DFT-Spektrum berechnet, und die Zahlen $\gamma_0, \gamma_1, ..., \gamma_{15}$ werden ausgedruckt.

```
N = 512; n = 0:N-1;
u = n*2*pi/N;
gamma = fft(u)/N;
nmax = 15; n = 0:nmax;
gamma = gamma(1:nmax+1);
[n; gamma; pi i./(1:nmax)].'
```

---

[28] In der elektrotechnischen Literatur wird die DFT meist ohne den Faktor 1/N definiert. Auch bei der MATLAB-Funktion `fft` fehlt dieser Faktor.

Die dritte Spalte in der folgenden Tabelle enthält die exakten Fourierkoeffizienten $c_k = \dfrac{j}{k}$:

k	γ_k	c_k
0	3.1355	3.1416
1	-0.0061 + 1.0000i	0 + 1.0000i
2	-0.0061 + 0.5000i	0 + 0.5000i
3	-0.0061 + 0.3333i	0 + 0.3333i
4	-0.0061 + 0.2499i	0 + 0.2500i
5	-0.0061 + 0.1999i	0 + 0.2000i
6	-0.0061 + 0.1666i	0 + 0.1667i
7	-0.0061 + 0.1428i	0 + 0.1429i
8	-0.0061 + 0.1249i	0 + 0.1250i
9	-0.0061 + 0.1110i	0 + 0.1111i
10	-0.0061 + 0.0999i	0 + 0.1000i
11	-0.0061 + 0.0832i	0 + 0.0833i
13	-0.0061 + 0.0768i	0 + 0.0769i
14	-0.0061 + 0.0713i	0 + 0.0714i
15	-0.0061 + 0.0665i	0 + 0.0667i

Abtastung quadratintegrierbarer Funktionen; Abtasttheorem

Wir studieren das Problem der Rekonstruierbarkeit einer Funktion $f \in L^2(\mathbb{R})$ aus ihren Abtastwerten. Das Resultat der Abtastung ist eine komplexe Zahlenfolge $u = (u_n)_{n \in \mathbb{Z}}$ mit $\sum_{n \in \mathbb{Z}} \left| u_n \right|^2 < \infty$. Folgen mit dieser Eigenschaft nennt man *quadratsummierbar*. Wir bezeichnen die Menge aller quadratsummierbaren komplexen Zahlenfolgen mit $\ell^2(\mathbb{Z})$. Dies ist ein weiteres Beispiel eines *Hilbertraums*; das Skalarprodukt zweier Folgen u und v in $\ell^2(\mathbb{Z})$ ist durch

$$< u, v > := \sum_{n \in \mathbb{Z}} \overline{u_n} v_n$$

definiert. Wenn $u = (f(n\Delta t))_{n \in \mathbb{Z}}$ und $v = (g(n\Delta t))_{n \in \mathbb{Z}}$, dann ist die Rechtecksumme $\Delta t \cdot <u, v>$ eine Näherung des Integrals $<f, g>$. Sind hingegen u und v die Koeffizientenfolgen von f und g bezüglich einer Orthonormalbasis von $L^2(\mathbb{R})$, so ist sogar $<u, v> = <f, g>$.

Intuitiv vermutet man, dass eine Funktion f aus der Folge u ihrer Abtastwerte eindeutig rekonstruierbar ist, wenn das Abtastintervall Δt so klein ist, dass auch rasche Änderungen von f durch die Abtastung erfasst werden. Hat die Fouriertransformierte $f^{\wedge}$ für große Werte der Frequenz ξ einen Wert $\neq 0$, so enthält f hochfrequente Anteile, also „rasche Änderungen". Eine Funktion f heißt *bandbegrenzt*, falls es eine Grenzfrequenz ξ_g gibt mit $f^\wedge(\xi)=0$ für $|\xi|>\xi_g$. Der folgende Satz beantwortet die Frage der Rekonstruierbarkeit für bandbegrenzte Funktionen.

„Abtasttheorem" [29]:

Ist $f \in L^2(\mathbb{R})$ eine durch die Frequenz ξ_g bandbegrenzte Funktion, und gilt $\Delta t \le \dfrac{1}{2\xi_g}$, so

ist f aus den Abtastwerten $u_n = f(n\Delta t)$ $(n \in \mathbb{Z})$ exakt rekonstruierbar:

$$f(t)=\sum_{k\in\mathbb{Z}}f(k\Delta t)\frac{\sin(2\pi\xi_g(t-k\Delta t))}{2\pi\xi_g(t-k\Delta t)} \tag{10.8}$$

In Anbetracht der Wichtigkeit dieses Satzes führen wir einen Beweis:

Man darf $\Delta t = \dfrac{1}{2\xi_g}$ annehmen. Die Beweisidee besteht darin, die Fouriertransformierte

$f^\wedge(\xi)$ für $-\xi_g \le \xi \le \xi_g$ durch eine Fourierreihe (1.7) darzustellen; statt t haben wir hier die Variable ξ; die Periode ist $2\xi_g$:

$$f^\wedge(\xi)=\sum_{k\in\mathbb{Z}}c_k e^{jk\omega\xi}=\sum_{k\in\mathbb{Z}}c_k e^{jk\frac{2\pi}{2\xi_g}\xi}=\sum_{k\in\mathbb{Z}}c_k e^{j2\pi k\Delta t\xi} ,$$

wobei nach (1.8), wegen der Bandbegrenzung und wegen (10.2) gilt

$$c_k=\frac{1}{2\xi_g}\int_{-\xi_g}^{\xi_g}f^\wedge(\xi)e^{-jk\frac{\pi}{\xi_g}\xi}d\xi=\frac{1}{2\xi_g}\int_{-\infty}^{\infty}f^\wedge(\xi)e^{-jk\frac{\pi}{\xi_g}\xi}d\xi=\frac{1}{2\xi_g}f(-k\frac{1}{2\xi_g})=\frac{1}{2\xi_g}f(-k\Delta t)$$

Wenn man dies in der oberen Formel einsetzt, erhält man durch Rücktransformation

$$f(t)=\int_{-\infty}^{\infty}f^\wedge(\xi)e^{j2\pi\xi t}d\xi=\int_{-\xi_g}^{\xi_g}f^\wedge(\xi)e^{j2\pi\xi t}d\xi=\frac{1}{2\xi_g}\sum_{k\in\mathbb{Z}}f(-k\Delta t)\int_{-\xi_g}^{\xi_g}e^{j2\pi\xi t}e^{j2\pi k\Delta t\xi}d\xi$$

Das Integral unter dem Summenzeichen lässt sich konkret berechnen:

$$\int_{-\xi_g}^{\xi_g}e^{j2\pi\xi t}e^{j2\pi k\Delta t\xi}d\xi=\int_{-\xi_g}^{\xi_g}e^{j2\pi\xi(t+k\Delta t)}d\xi=\frac{\sin(2\pi\xi_g(t+k\Delta t))}{\pi(t+k\Delta t)}$$

---

[29] Das Abtasttheorem wurde 1915 von E. T. Whittaker bewiesen. C. Shannon hat 1949 in seiner bahnbrechenden Arbeit „Communication in the presence of noise" auf die zentrale Bedeutung des Abtasttheorems in der Nachrichtentechnik hingewiesen.

Setzt man dies ein und macht noch die Substitution $k \to -k$, so ergibt sich (10.8).

Dies schließt den Beweis des Abtasttheorems ab. Dass in (10.8) die beiden Seiten an den

Abtaststellen $k\Delta t$ übereinstimmen, wäre ohnehin klar, weil $\dfrac{sin(x)}{x}$ für $x \to 0$ gegen 1

strebt. Die rechte Seite von (10.8) *interpoliert* also immer die Abtastwerte von f. Das Ab-

tasttheorem sagt, dass für eine durch $\dfrac{1}{2\Delta t}$ bandbegrenzte Funktion f diese Interpolation mit

f übereinstimmt. Ersetzt man die unendliche Reihe durch eine endliche Summe, so erhält man eine Approximation von f.

Beispiel

Die in Figur 10.3 gezeigte Funktion $f(t) = e^{-0.1t^2}(2\sin(t) + \cos(3t))$ soll durch eine endliche Teilsumme von (10.8) approximiert werden. Zunächst schauen wir die Fouriertransformierte von f an (wir verwenden wieder die Symbolic Math Toolbox von MATLAB):

```
syms y t w xi;
y = exp(-1/10*t^2)*(2*sin(t)+cos(3*t));
yhut = fourier(y);
yhut = subs(yhut,w,2*pi*xi);
ezplot(abs(yhut),[-1,1]);
```

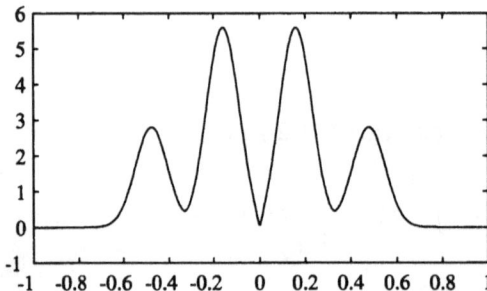

*Figur 10.5: Der Betrag der Fouriertrans-
formierten von f*

Man erkennt aus der Figur, dass f im Wesentlichen bandbegrenzt ist (mit $\xi_g = 1$); also sollte
eine Rekonstruktion aus den Abtastwerten mit $\Delta t = 0.5$ möglich sein. Da auch die Abtast-
werte $f(t)$ für $|t| > 10$ praktisch verschwinden (sie sind $\leq 3e^{-10} \approx 1.4 \cdot 10^{-4}$), sollte mit
$-20 \leq k \leq 20$ eine recht genaue Approximation erreicht werden. Figur 10.6 zeigt, dass der
Fehler nicht größer als $5 \cdot 10^{-5}$ ist.

```
syms k sinc;
dt = 1/2; xig = 1/(2*dt);
sinc = sin(2*pi*xig*t)/(2*pi*xig*t);
yapp = symsum(subs(y,t,k*dt)*subs(sinc,t,t-k*dt),k,-20,20);
diff = y-yapp;
ezplot(diff,[-15,15]);
```

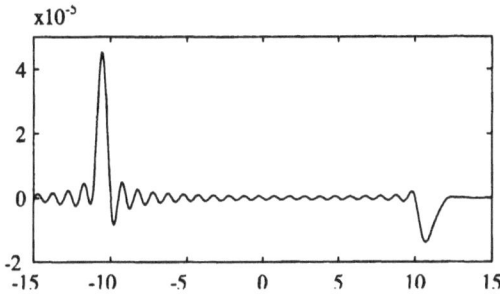

Figur 10.6: Fehler der Rekonstruktion aus 41 Abtastwerten

10.3 z-Transformation und Fouriertransformation einer Zahlenfolge

Die *z-Transformation* ordnet einer Zahlenfolge $u = (u_n)_{n \in \mathbb{Z}}$ den Ausdruck

$$U(z) := \sum_{n \in \mathbb{Z}} u_n z^{-n} \qquad (10.9)$$

zu. Sie ist ein wichtiges Hilfsmittel bei der Untersuchung und Verarbeitung diskreter Signale, ähnlich wie die Laplace-Transformation bei kontinuierlichen Signalen. Der Ausdruck (10.9) ist primär als formale Laurentreihe[30] zu behandeln, kann aber auch als Funktion über dem Konvergenzbereich der Reihe in der komplexen Ebene aufgefasst werden, wenn dieser genügend groß ist. Wir gehen nicht auf Details ein. In diesem Buch geht es meistens um *endliche* Zahlenfolgen u; in diesem Fall ist $U(z)$ ein Laurent-*Polynom*, und man hat keine Konvergenzprobleme.

Beispiel 1

Es sei a eine komplexe Zahl und

$$u_n := \begin{cases} a^n & \text{falls } n \geq 0 \\ 0 & \text{falls } n < 0 \end{cases}$$

Die z-Transformierte von u ist eine unendliche geometrische Reihe, die für $|z| > |a|$ konvergiert:

---

[30] Potenzreihen, in denen auch „negative Potenzen" der Variablen auftreten können, heißen *Laurentreihen*

$$U(z) = \sum_{n=0}^{\infty} (\frac{a}{z})^n = \frac{1}{1-az^{-1}} \text{ für } |z|>|a|$$

Die gleiche Formel, aber für $|z|<|a|$, kann auch als z-Transformierte der Folge

$$u_n := \begin{cases} 0 & \text{falls } n \geq 0 \\ -a^n & \text{falls } n<0 \end{cases}$$

aufgefasst werden. Offensichtlich wäre es falsch, daraus zu schließen, dass die Differenz der beiden Folgen Null ist! Wenn mit solchen geschlossenen Formeln gerechnet wird, ist immer darauf zu achten, dass alle vorkommenden Transformierten einen genügend großen gemeinsamen Konvergenzbereich haben.

Beispiel 2

Die Folge $u_n = \begin{cases} 1 & \text{falls } 0 \leq n < N \\ 0 & \text{für alle anderen } n \end{cases}$

beschreibt einen „Impuls der Länge N". Die z-Transformierte $U(z)$ ist eine endliche geometrische Reihe, und es gilt $U(z) = \dfrac{1-z^{-N}}{1-z^{-1}}$.

Es folgen einige allgemeine Eigenschaften der z-Transformation, die für uns wichtig sind. Wenn man in der Folge $u = (u_n)_{n \in \mathbb{Z}}$ nach jeder Komponente eine Null einsetzt, erhält man die Folge $(\uparrow 2)u = (..., u_{-1}, 0, u_0, 0, u_1, ...)$. Der Übergang von u zu $(\uparrow 2)u$ heißt *Spreizen* (*Upsampling*). Formal ist $(\uparrow 2)u$ so definiert:

$$((\uparrow 2)u)_n := \begin{cases} u_{n/2} & \text{falls } n \text{ gerade} \\ 0 & \text{falls } n \text{ ungerade} \end{cases}$$

Durch Einsetzen in die Definition stellt man fest:

> *Die Folge* $v = (\uparrow 2)u$ *hat die z-Transformierte* $V(z) = U(z^2)$ (10.10)

Wenn man in der Folge $u = (u_n)_{n \in \mathbb{Z}}$ alle ungeraden Komponenten durch Nullen ersetzt, so erhält man die Folge $v := (..., u_{-2}, 0, u_0, 0, u_2, 0, ...)$, zu der man auch mit den folgenden zwei Schritten gelangen kann: Zuerst lässt man die ungeraden Komponenten von u weg. Dieser Prozess heißt *Dezimieren* (*Downsampling*); sein Resultat ist die Folge $(\downarrow 2)u = (..., u_{-2}, u_0, u_2, ...)$. Anschließend wird $(\downarrow 2)u$ gespreizt und es entsteht $v = (\uparrow 2)(\downarrow 2)u$. Auch hier besteht zwischen den z-Transformierten von u und v ein einfacher Zusammenhang:

> $v = (\uparrow 2)(\downarrow 2)u$ *hat die z-Transformierte* $V(z) = \frac{1}{2}(U(z)+U(-z))$ (10.11)

Beweis: Der Koeffizient von z^{-n} in $U(z)+U(-z)$ ist gleich $(1+(-1)^n)u_n$.

Sind u und v zwei Zahlenfolgen, so ist ihr *Faltungsprodukt* $u*v$ die durch

$$(u*v)_n := \sum_{k\in\mathbb{Z}} u_k v_{n-k} \qquad\qquad (10.12)$$

definierte Zahlenfolge. Natürlich existiert diese Summe nur, wenn u und v gewisse Voraussetzungen erfüllen, zum Beispiel wenn eine der beiden Folgen endlich ist, oder wenn u und v quadratsummierbar sind. Man beachte, dass (10.12) nichts anderes als eine diskrete Version des Faltungsprodukts von Funktionen ist, wie es im Abschnitt 10.1 eingeführt wurde.

Beispiel 3

Die folgende Tabelle enthält zwei endliche Folgen u und v und ihr Faltungsprodukt $u*v$:

n	...	-2	-1	0	1	2	3	4	...
u_n	0	0	0	1	1	1	0	0	0
v_n	0	0	1	2	3	0	0	0	0
$(u*v)_n$	0	0	1	3	6	5	3	0	0

Sind u und v endliche Folgen, so lässt sich $u*v$ bequem mit Hilfe der MATLAB-Funktion conv bestimmen[31]. Im obigen Beispiel:

```
u = [1 1 1]; v = [1 2 3];
conv(u,v)
   1   3   6   5   3
```

Im Abschnitt 10.1 sahen wir, dass bei der Fouriertransformation das Faltungsprodukt zweier Funktionen in das gewöhnliche, elementweise Produkt ihrer Fouriertransformierten übergeht. Für die z-Transformation gibt es ebenfalls einen *Faltungssatz*:

$$\textit{Die z-Transformierte von } w = u*v \textit{ ist } W(z) = U(z)\cdot V(z) \qquad\qquad (10.13)$$

Zur Begündung überlege man sich, dass der Koeffizient von z^{-n} im Produkt $U(z)\cdot V(z)$ die Summe aller Produkte $u_k\cdot v_m$ mit $k+m = n$, also gerade gleich dem oben definierten Ausdruck für $(u*v)_n$ ist.

Beispiel 4

Im Beispiel 3 war $U(z) = 1+z+z^2$ und $V(z) = z^{-1}+2+3z$. Durch Ausmultiplizieren findet man $U(z)\cdot V(z) = z^{-1}+3+6z+5z^2+3z^3$, also die z-Transformierte von $u*v$.

Bei der Untersuchung von quadratsummierbaren diskreten Signalen $u = (u_n)_{n\in\mathbb{Z}}$ arbeitet man auch oft mit ihrer *Fouriertransformierten*. Diese erhält man durch Einschränkung der

---

[31] *convolution* ist das englische Wort für Faltung

z-Transformierten auf den Einheitskreis. Man schreibt $z = e^{j2\pi\xi}$ und wählt ξ als neue Variable:

$$u^{\wedge}(\xi) := U(e^{j2\pi\xi}) = \sum_{k\in\mathbb{Z}} u_k e^{-jk2\pi\xi} \qquad\qquad (10.14)$$

Dies ist eine periodische Funktion der reellen Variablen ξ mit Periode 1 und den Fourier-koeffizienten $c_k = u_{-k}$. In Kapitel 3 wird sie verwendet, um den Frequenzgang eines Digital-filters zu definieren. Ansonsten ziehen wir – der einfacheren Notation wegen – die z-Trans-formierte vor.

Literatur

Lehrbücher sind kursiv *[...]* gekennzeichnet

[Abr/Sil]   F. Abramovich, B. W. Silverman: *Wavelet Decomposition Approaches to Statistical Inverse Problems*, Biometrika 85(1), 115–129, 1998, oder in http://www.math.tau.ac.il/~felix/ltx/PAPERS/Biometrika.pdf.gz

[Ba/Ch/An/Ri]   A. B. Barreto, N. Chin, J. Andrian, R. Riley: *Multiresolution Characterization of Interictal Elliptic Spikes Based on a Wavelet Transformation,* Proc. 14th. IEEE South. Biomed. Eng. Conf., 193–196, 1995

[Blat]   C. Blatter: *Wavelets – Eine Einführung*, Vieweg, Braunschweig, 1998

[Bl/We/Ba/Fi]   P. Blaser, R. Weerasinghe: *Untersuchung von EEG's,* Diplomarbeit HTA Bern (Betreuung: E. Badertscher, R. Fierz), 1998

[Bur/Ade]   P. J. Burt, E. H. Adelson: *The Laplacian Pyramid as a Compact Image Code*, IEEE Trans. Comm. 31, 532–540, 1983

[Cann]   J. Canny: *A Computational Approach to Edge Detection*, IEEE Trans. Patt. Recog. and Mach. Intell. 6, 961–1005, 1986

[Daub]   I. Daubechies: *Ten Lectures on Wavelets*, SIAM, Philadelphia, 1992

[Dono]   D. L. Donoho: *Recent Technical Reports and Software by David L. Donoho and Co-Authors*, in http://www-stat.stanford.edu/~donoho/Reports/

[Fa/Du/Sc]   J. Fayolle, C. Ducottet, J.-P. Schon: *Application of Multiscale Characterization of Edges to Motion Determination*, IEEE Trans. Sig. Proc. 46(4), 1174–1179, 1998

[Goed]   S. Goedecker: *Wavelets and their Application for the Solution of Partial Differential Equations in Physics*, Presses polytechniques et universitaires romandes, Lausanne, 1998

[Gop/Bur]   R. A. Gopinath, C. S. Burrus: *On Cosine-Modulated Wavelet Orthonormal Bases*, IEEE Trans. Im. Proc. 4(2), 162–176, 1995

[JPEG]   *JPEG2000 Final Committee Draft Part 1 — Core coding system*, in http://www.jpeg.org/public/fcd15444-1.pdf

[Leb/Vet]   J. Lebrun, M. Vetterli: *High Order Balanced Multiwavelets: Theory, Factorization, and Design*, IEEE Trans. Sig. Proc. 49(9), 1918–1930, 2001, oder in http://lcavwww.epfl.ch/publications/publications/2001/Vetterli01.pdf

[Lo/Ma/Ri]	A. K. Louis, P. Maass, A. Rieder: *Wavelets*, B. G. Teubner, Stuttgart, 1994
[Mall]	S. G. Mallat: *A Wavelet Tour of Signal Processing*, Academic Press, San Diego, 1998
[Mal/Zho]	S. G. Mallat, S. Zhong: *Characterization of Signals from Multiscale Edges*, IEEE Trans. Patt. Recog. and Mach. Intell. 14(7), 710–732, 1992
[Plo/Str]	G. Plonka, V. Strela: *Construction of Multi-scaling Functions with Approximation and Symmetry*, SIAM J. Math. Anal. 29, 481–510, 1998, oder in http://www.uni-duisburg.de/fb11/staff/plonka/plvv7.ps
[Quir]	R. Q. Quiroga: *Obtaining Single Stimulus Evoked Potentials with Wavelet Denoising*, Physica D 145, 278–292, 2000, oder in http://www.vis.caltech.edu/~rodri/papers/physicaD.pdf
[San/Tza]	S. D. Sandberg, M. A. Tzannes: *Overlapped Discrete Multitone Modulation for High Speed Copper Wire Communications*, IEEE Journal on Selected Areas in Communications 13(9), 1571–1585, 1995
[Sele1]	I. W. Selesnick: *Multiwavelet Bases with Extra Approximation Properties*, IEEE Trans. Sig. Proc. 46(11), 2898–2909, 1998, oder in http://taco.poly.edu/selesi/mwlet.extra/main.ps
[Sele2]	I. W. Selesnick: *Balanced Multiwavelet Bases Based on Symmetric FIR Filters*, IEEE Trans. Sig. Proc. 48(1), 184–191, 2000, oder in http://taco.poly.edu/selesi/mwlet.sym/symbal.ps.gz
[Sele3]	I. W. Selesnick: *Interpolating Multiwavelets and the Sampling Theorem*, IEEE Trans. Sig. Proc. 47(6), 1615–1621, 1999, oder in http://taco.poly.edu/selesi/card/mwint.ps.gz
[Schl]	M. Schlegel: *High Bit Rate Data Transmission over the Telephone Loop Plant, Emphasizing on DMT Modulation Scheme*, Diplomarbeit FH Lippe 1999, in http://www.bib.fh-lippe.de/volltext/dipl/schlegel/abstract.html
[St/He/Go/Bu]	P. Steffen, P. Heller, R.A. Gopinath, C. S. Burrus: *Theory of Regular M-Band Wavelet Bases*, IEEE Trans. Sig. Proc. 41(12), 3497–3511, 1993, oder in http://cmc.rice.edu/docs/docs/Ste1993Dec1TheoryofRe.ps
[Sri/Jam]	P. Srinivasan, L. H. Jamieson: *High-Quality Audio Compression Using an Adaptive Wavelet Packet Decomposition and Psychoacoustic Modeling*, IEEE Trans. Sig. Proc. 46(4), 1085–1093, 1998, oder in ftp://ftp.ecn.purdue.edu/speech/papers/SPpaper.ps
[Str/Ngu]	G. Strang, T. Nguyen: *Wavelets and Filter Banks*, Wellesley-Cambridge Press, Wellesley, 1996
[Swe/Pie]	W. Sweldens, R. Piessens: *Wavelet Sampling Techniques*, Proceedings of the Statistical Computing Section of the ASA, 20–29, 1993, oder in http://cm.bell-labs.com/who/wim/papers/chrono.html
[Topi]	P. N. Topiwala (Ed.): *Wavelet Image and Video Compression*, Kluwer Academic Publishers, Dordrecht, 1998

[Uns/Ald]   M. Unser, A. Aldroubi: *A Review of Wavelets in Biomedical Applications*, Proceedings of the IEEE 84(4), 626–638, 1996, oder in http://bigwww.epfl.ch/publications/unser9603.html

[VdBe]   J. C. Van den Berg (Ed.): *Wavelets in Physics*, Cambridge University Press, Cambridge, 1999

[Vet/Kov]   M. Vetterli, J. Kovacevic: *Wavelets and Subband Coding*, Prentice Hall PTR, Englewood Cliffs, 1995

[WavDig]   *The Wavelet Digest*, http://www.wavelet.org

Index